高职高专“十一五”规划教材

机械制造基础

第二版

李森林　主编

·北京·

本书是根据全国高职高专课程指导委员会制订的《机械制造基础》课程的基本要求，并遵循“拓宽基础、强化能力、立足应用、激发创新”的原则编写的，着重培养学生机械制造工程技术能力，另外，为拓宽学生视野，介绍了装备制造业特种加工技术。

该书共分三篇、十六章，主要讲述了金属材料的力学性能，金属的结晶机理、铁碳合金状态图及碳钢和铸铁，钢的退火、正火、淬火、回火、表面热处理及其新技术，合金钢的类型及应用，铝、铜及锡基、铅基轴承合金，粉末冶金材料、高分子材料、陶瓷材料及复合材料，机械工程材料的选用，砂型铸造及特种铸造，自由锻、模锻、板料冲压及特种模锻，手工电弧焊、埋弧焊等焊接方法，机械零件毛坯选择，切削刀具及切削过程，机床及零件表面加工，工艺规程及典型零件加工工艺过程，先进制造技术，特种加工简介。

本书的内容已制作成用于多媒体教学的PPT课件，并配有课后习题答案，将免费提供给采用本书作为教材的院校使用。如有需要，请发电子邮件至 cipedu@163.com 获取，或登录 www.cipedu.com.cn 免费下载。

本书可作为高职高专机械专业教材，也可作为职工大学、电视大学和其他院校机电类专业教材或教学参考书，还可供机械制造技术人员参考。

图书在版编目（CIP）数据

机械制造基础/李森林主编. —2版. —北京：化学工业出版社，2010.6(2024.8重印)
高职高专“十一五”规划教材
ISBN 978-7-122-08304-3

Ⅰ. 机… Ⅱ. 李… Ⅲ. 机械制造-高等学校：技术学院-教材 Ⅳ. TH

中国版本图书馆CIP数据核字（2010）第071809号

责任编辑：高　钰　　装帧设计：史利平
责任校对：陶燕华

出版发行：化学工业出版社（北京市东城区青年湖南街13号　邮政编码100011）
印　　装：涿州市般润文化传播有限公司
787mm×1092mm　1/16　印张17¼　字数425千字　2024年8月北京第2版第11次印刷

购书咨询：010-64518888　售后服务：010-64518899
网　　址：http://www.cip.com.cn
凡购买本书，如有缺损质量问题，本社销售中心负责调换。

定　　价：49.00元

版权所有　违者必究

第二版前言

本书于2004年4月第一版发行，经多次印刷，被全国多所高校有关专业采用。许多教师通过教学实践后，给我们提出了很多宝贵意见，使我们受到了较大的鼓舞和极深的教益，在此表示深深的谢意。

本书修订遵循以下主要原则：

1. 针对性。第二版以课程编写大纲为依据，并结合高职高专学生的特点，突出重点内容、分解难点内容，力争全书层次清晰、语言精准、通俗易懂。

2. 工程性和应用性。“机械制造基础”是一门工程性和应用性较强的课程，在修订过程中，以工程技术和培养学生工程意识、工程能力为主线，并注重基本概念、知识点及制造技术的应用。

3. 先进性。本书介绍了机械制造中所涉及的新材料、新设备、新工艺及先进的制造技术。

根据同行专家提出的宝贵意见和我们五年来的教学实践，并考虑到机械制造技术的发展，对第一版进行了较全面认真的修订，修订的主要内容如下：

1. 对第一～六章的内容进行了较大量修订和重新编写，对金属材料及热处理的理论进行整合，并进行大量的删减，以了解和应用为教学目的。

2. 为方便教学，我们制作了多媒体教学的PPT课件，并配有习题解答或提示，并将免费提供给采用本书作为教材的院校使用。如有需要，请发电子邮件至cipedu@163.com获取或登录www.cipedu.com.cn免费下载。

参加第二版修订的有丛娟（第一、二、三、四、五、六、七、十一、十五、十六章）、高淑杰（第八、九、十、十二、十三、十四章），课件由丛娟和高淑杰共同完成，李森林任主编，负责全书修订的组织和最后定稿工作。

修改后的本书有较明显的改进和提高，但也不可避免地存在不足，敬请读者或同行予以批评指正。

编者

2010年3月

第一版前言

本书根据全国高职高专冶金机械课程组2002年教材编写会议精神制定的编写大纲编写，在2003年高职高专规划教材审稿会上，八所院校的专家们对本书的内容提出了许多宝贵的意见并作了修改。

本书共分三篇十六章，主要讲述金属材料及其他材料、铸造、锻压及焊接、切削刀具、切削过程、零件表面加工及先进制造技术、特种加工技术等内容。

本书可作为高职高专、职工大学、电视大学机械类专业教材或教学参考书，并可供机械制造技术人员参考。

本书由李森林教授主编，丛娟、高淑杰、胡笛川任副主编。参加本书编写的有：邓英剑（第一章)、邓根清（第二章)、李莲珍（第三章)、邹莉（第四章)、胡笛川（第五、六、七章)、张兆刚（第八章)、宁晓霞（第九章)、李森林（第十章)、丛娟（第十一、十五、十六章)、李金刚（第十二章)、高淑杰［第十三章（除第三节外)］、于维纳（第十三章第三节、第十四章)。

本书承蒙闫林洲副教授审阅，并对初稿提出了许多宝贵意见，在此表示深切的谢意。在本书编写过程中，编者参考了很多国内外相关资料和书籍，在此向其编者表示感谢。

由于作者的水平有限，加之时间仓促，书中错误之处在所难免，殷切希望广大读者批评指正。

编者

2004年4月

目　录

第一篇　工程材料

第二篇　毛坯成形方法

第三篇　切削加工

第一篇　工程材料

第一章　金属材料的力学性能

金属材料是现代工业中最重要的一种工程材料。广泛应用于工农业和国防工业等部门。为了合理地使用金属材料，必须了解和熟悉金属材料的性能。

金属材料的性能包括使用性能和工艺性能。使用性能是指金属材料在使用过程中所表现出来的性能，它决定了金属材料的应用范围、可靠性和使用寿命，它又分为物理性能、化学性能和力学性能。其中物理性能包括材料的密度、熔点、热膨胀性、导电性、导热性及磁性等；化学性能是指材料在不同条件下抵抗各种化学作用的性能，如化学稳定性、抗氧化性、耐蚀性等；力学性能是指材料在各种载荷（外力）的作用下表现出来的性能，常用的力学性能有强度、塑性、硬度、韧性和疲劳强度等。工艺性能是指材料对某种加工工艺的适应性，是决定是否易于加工或如何进行加工的重要因素，包括铸造性能、锻造性能、焊接性能、热处理性能和切削加工性能等。

第一节　强度与塑性

一、强度

金属材料在外力作用下都会发生一定的变形，甚至引起破坏。其抵抗塑性变形和断裂的能力称为强度。根据外力的作用方式不同，强度可分为抗拉强度、抗压强度、抗弯强度和抗扭强度等。通常多以抗拉强度作为基本的强度指标。

（一）拉伸试验及拉伸曲线

测定强度的最基本的方法是拉伸试验。所谓拉伸试验是指用静拉伸力（对材料缓慢施加力，使材料相对变形速度较小，一般小于 10^{-2}mm/s）对标准拉伸试样（见 GB 228—1987）进行缓慢的轴向拉伸，直至拉断的一种试验方法。试验前，首先将金属材料制成一定形状和尺寸的标准试样，标准拉伸试样可制成圆形试样和板形试样两种。由于圆形试样夹紧时易于对中，故应优先使用。图 1-1 所示为圆形拉伸试样，图中 L_0 为试样的原始标距长度（mm），d_0 为试样的原始直径（mm）。通常取 $L_0=10d_0$ 或 $L_0=5d_0$，前者称为长试样，后者称为短试样。一般 L_0 取 100mm 或 50mm。然后，将试样装夹在拉伸试验机上，并对其两端缓慢地施加轴向静拉力 F。随着拉力逐渐加大，试样沿轴向伸长，而径向缩小，直至试样拉断。若将试样从开始拉伸直到断裂前所受的拉力 F 与其对应的伸长 ΔL 绘成曲线，则得到拉伸曲线。拉伸曲线可以反映金属材料在拉伸过程中的弹性变形、塑性变形直到断裂的全部力学特

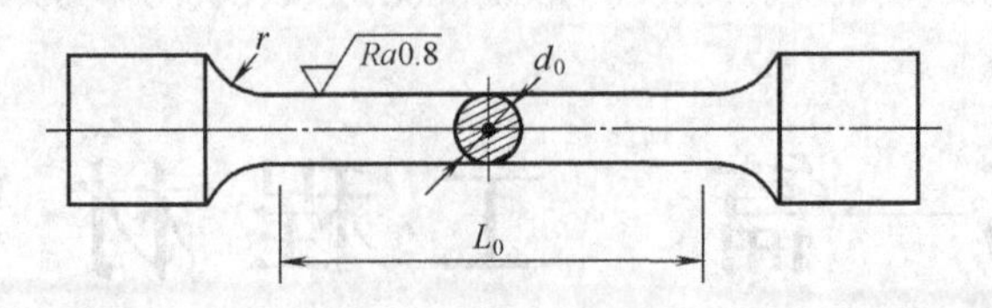

图 1-1 圆形拉伸试样

征。该图一般可由材料试验机自动绘制。

图 1-2 为退火低碳钢的拉伸曲线图，图中横坐标表示绝对伸长 ΔL（单位为 mm），纵坐标表示力 F（单位为 N）。从图可知，在载荷较小（不超过 F_e）的 Oe 段，拉伸曲线 Oe 为直线，即试样的伸长量与载荷成正比。如果卸除载荷，试样将恢复到原状，即试样的变形完全消失，这一阶段属于弹性变形阶段。当载荷超过 F_e 后，试样将进一步伸长，除发生弹性变形外，还发生不能回复的变形（塑性变形），这时若去除载荷，试样不能完全恢复到原状。当载荷达到 F_s 时，s 点附近的曲线近似于水平状态，表明载荷基本不变时，试样仍继续变形，这种现象称为"屈服"。过屈服阶段后，试样又随载荷的增加而伸长，产生比较均匀的塑性变形，称为均匀塑性变形阶段（sb 段），由于较大的塑性变形伴随着冷变形强化（加工硬化）现象，故又称强化阶段。当载荷继续增加到 F_b 时，试样出现局部截面缩小，产生所谓的"缩颈"现象。之后，试样变形集中出现在缩颈附近，由于试样局部截面的逐渐缩小，故载荷也逐渐降低，当载荷达到 F_k 时，试样在缩颈处随即断裂。

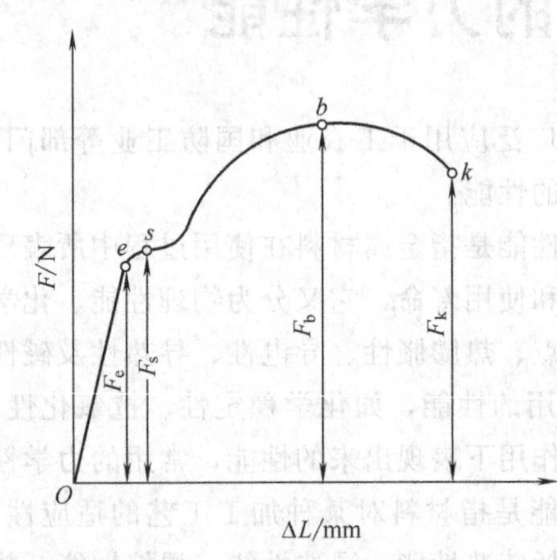

图 1-2 退火低碳钢的拉伸曲线

用 ε 代替横坐标 ΔL（$\varepsilon=\Delta L/L_0$），用 σ 代替纵坐标 F（$\sigma=F/S_0$，S_0 为试件原始横截面积），得到工程应力-应变（σ-ε）曲线。

（二）强度指标

常用的强度指标有弹性极限、屈服强度和抗拉强度。

1. 弹性极限

弹性极限指金属材料能保持弹性变形的最大应力值，用 σ_e（N/m²）表示。

$$\sigma_e=F_e/S_0 \tag{1-1}$$

式中 F_e——弹性变形范围内的最大载荷，N；

S_0——试样原始横截面积，m²。

2. 屈服强度

使材料产生屈服现象时的最小应力值，用符号 σ_s（N/m²）表示。

$$\sigma_s=F_s/S_0 \tag{1-2}$$

式中，F_s——使材料产生屈服的最小载荷，N。

有些金属材料（如铸铁、高碳钢等）在拉伸试验中没有明显的屈服现象，因此测定 σ_s

很困难。有关国标中规定，此种试样的塑性变形量为试样标距长度的0.2%时的应力为屈服强度，用符号$\sigma_{0.2}$（N/mm^2）表示。

$$\sigma_{0.2}=F_{0.2}/S_0 \tag{1-3}$$

式中，$F_{0.2}$——试样塑性变形量为标距长度的0.2%时的载荷，N。

3. 抗拉强度

材料被拉断前所能承受的最大应力值，用符号σ_b（N/mm^2）表示。

$$\sigma_b=F_b/S_0 \tag{1-4}$$

式中，F_b——试样断裂前所承受的最大载荷，N。

上述各式中，强度的单位为帕（Pa）或兆帕（MPa），$1MPa=1\times10^6Pa$。

金属材料的强度在机械设计中具有重要意义。设计弹簧和弹性零件时，材料的许用应力不应超过其弹性极限，即$\sigma_{许}<\sigma_e$；采用韧性材料制造机械零件时，材料的许用应力不应超过其屈服点，即$\sigma_{许}<\sigma_s$；采用脆性材料制造机械零件时，其许用应力不应超过抗拉强度，即$\sigma_{许}<\sigma_b$。违反了这些规则，机械零件就不能正常使用。

二、塑性

金属材料在外力作用下，产生永久变形而不破坏的能力，称为塑性，即断裂前金属发生塑性变形的能力。

金属材料的塑性值也是通过拉伸试验测得的。常用塑性值指标有断后伸长率δ和断面收缩率ψ。

1. 断后伸长率

断后伸长率是试样被拉断时，标距长度的伸长量与标距长度的百分比，用符号δ表示，即

$$\delta=\frac{L_1-L_0}{L_0}\times100\% \tag{1-5}$$

式中　L_1——试样拉断后的标距长度，m；

L_0——试样原始标距长度，m。

2. 断面收缩率

断面收缩率是指试样拉断后，试样缩颈处横截面积的最大缩减量与原始横截面积的百分比，用符号ψ表示，即

$$\psi=\frac{S_0-S_1}{S_0}\times100\% \tag{1-6}$$

式中　S_0——试样原始横截面积，m^2；

S_1——试样断裂后缩颈处的最小横截面积，m^2。

试样的尺寸对δ是有影响的。试样长短不同，测得的伸长率不同。长、短试样的伸长率分别用δ_{10}和δ_5表示，对同一材料$\delta_5>\delta_{10}$，两者不能直接比较。

δ和ψ是材料的重要性能指标。它们的数值越大，则材料的塑性越好。

金属材料只有具备足够的塑性才能承受各种变形加工，例如轧制、锻造、冲压等。

第二节 硬 度

硬度是衡量金属材料软硬程度的指标，是指金属表面上局部体积内抵抗弹性变形、塑性变形或抵抗破坏的能力。它是金属材料的重要性能之一，也是检验机械零件质量的一项重要指标。由于测定硬度的试验设备比较简单，操作方便、迅速，故在生产上和科研中应用都十分广泛。

测定硬度的方法比较多，主要有压入法（如布氏硬度）、划痕法（如莫氏硬度）、回跳法（如肖氏硬度）等。目前在机械制造生产中主要采用压入法。

常用的硬度测试方法有布氏硬度（HB）、洛氏硬度（HR）和维氏硬度（HV）等，它们均属于压入法，即用一定的压力将压头压入被测材料表层，然后根据压力的大小、压痕面积或深度确定其硬度值的大小。

一、布氏硬度

布氏硬度的测定原理如图 1-3 所示。它是用一定大小的试验力 F(N)，将直径为 D(mm) 的淬火钢球或硬质合金球压入被测金属表面，保持规定时间后卸除试验力，随即在金属表面出现一个压坑（压痕），以压痕单位面积上所承受试验力的大小，确定被测金属材料的硬度值，用符号 HB 表示。

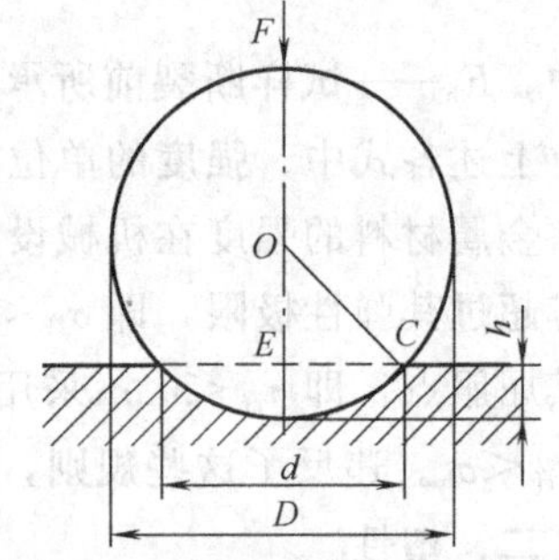

图 1-3 布氏硬度测定原理示意

$$HB=0.102\frac{F}{S}=0.102\frac{2F}{\pi D(D-\sqrt{D^2-d^2})} \tag{1-7}$$

式中 F——试验力，N；

S——金属表面压痕的面积，mm^2；

D——压头直径，mm；

d——压痕平均直径，mm。

淬火钢球作压头测得的硬度值以符号 HBS 表示，用硬质合金球作压头测得的硬度值以符号 HBW 表示。符号 HBS 和 HBW 之前的数字为硬度值，符号后面依次用相应数值注明压头球体直径（mm）、试验力（0.102N）、试验力保持时间（s）（10～15s 不标注）。

例如：500HBW5/750 表示用直径 5mm 硬质合金球在 7355N 试验力作用下保持 10～15s 测得的布氏硬度值为 500；120HBS10/1000/30 表示用直径 10mm 的钢球压头在 9807N 试验力作用下保持 30s 测得的布氏硬度值为 120。

由于金属材料有硬有软，被测工件有厚有薄，有大有小，如果只采用一种标准的试验力 F 和压头直径 D，就会出现对某些材料和工件不适应的现象。因此在生产中进行布氏硬度试验时，要求根据实际情况使用大小不同的试验力 F 和压头直径 D 及保持时间。

布氏硬度试验适用于测量退火钢、正火钢及常见铸铁和有色金属等较软材料。其优点是测定的数据准确、稳定，数据重复性较好，但操作较繁琐，压痕较大，易损坏成品的表面，不能测定太薄的试样硬度。

二、洛氏硬度

当材料的硬度较高或试样过小时，可用洛氏硬度计进行硬度测试。洛氏硬度是采用直接

测量压痕深度来确定硬度值的。

洛氏硬度试验原理如图 1-4 所示。它是用顶角为 120°的金刚石圆锥体或直径为 1.588mm（1/16 英寸）的淬火钢球作压头，先施加初试验力 F_1（98N），再加上主试验力 F_2，其总试验力 $F=F_1+F_2$，F 分别为 588N，980N，1471N 三种。图中 0-0 为压头没有和试样接触时的位置；1-1 为压头受到初试验力 F_1 后压入试样的位置；2-2 为压头受到总试验力 F 后压入试样的位置；经规定的保持时间，卸除主试验力 F_2，保留初试验力 F_1 后，试样弹性变形的恢复使压头上升到 3-3 的位置。此时压头受主试验力作用压入的深度为 h（mm），即 1-1 位置至 3-3 位置。材料越硬，h 便越小。为适应人们习惯上数值越大硬度越高的观念，故人为地规定一常数 K 减去压痕深度 h 的值作为洛氏硬度指标，并规定每 0.002mm 为一个洛氏硬度单位，用符号 HR 表示，则洛氏硬度值为

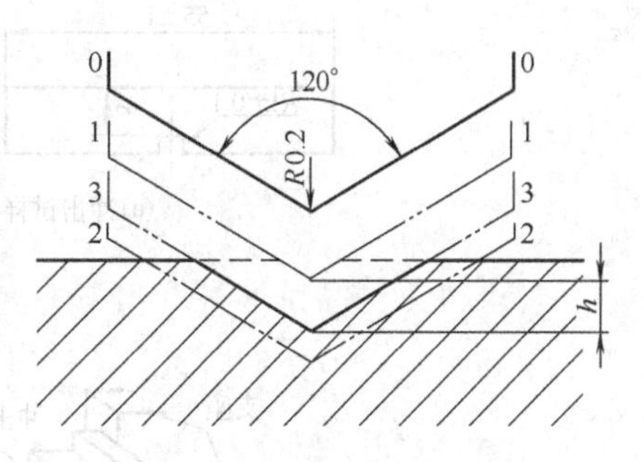

图 1-4　洛氏硬度试验原理示意

$$HR=\frac{K-h}{0.002} \tag{1-8}$$

使用金刚石压头时，$K=0.2$；使用钢球压头时，$K=0.26$。

淬火钢球压头适用于退火件、有色金属等较软材料的硬度测定；金刚石压头适用于淬火钢等较硬材料的硬度测定。

洛氏硬度试验测试方便，操作简捷，试验压痕较小，测试硬度值范围较宽，可测试硬度较高的材料。但其精确性较差，硬度值的重复性差，必须进行多点测试，取平均值作为材料的硬度。

第三节　冲击吸收功

有些机械零部件在工作过程中不仅受到静载荷或变动载荷作用，而且受到不同程度的冲击载荷作用，如锻锤、冲床、铆钉枪等。在设计和制造受冲击载荷的零件和工具时，必须考虑所用材料的冲击吸收功或冲击韧度。

目前最常用的冲击试验方法是摆锤式一次冲击试验，其试验原理如图 1-5 所示。

先将欲测定的材料加工成标准试样，标准试样尺寸为 10mm×10mm×55mm。可分为无缺口、V 形缺口、U 形缺口三种。对于脆性材料，如铸铁等，试样一般不开缺口。然后放在试验机的机架上，试样缺口背向摆锤冲击方向［见图 1-5（b）］，将具有一定重力 G 的摆锤举至一定高度 H_1，然后摆锤落下冲击试样，试样断裂后摆锤上摆到 H_2 高度，在忽略摩擦和阻尼等因素下，摆锤冲断试样所做的功，称为冲击吸收功，以 A_K 表示，则有

$$A_K=GH_1-GH_2=G(H_1-H_2)$$

用试样的断口处截面积 A_0 去除 A_K，即得到冲击韧度，用 a_K 表示，单位为 J/cm²。冲击韧度指材料抵抗冲击载荷而不破坏的能力。

$$a_K=A_K/A_0 \tag{1-9}$$

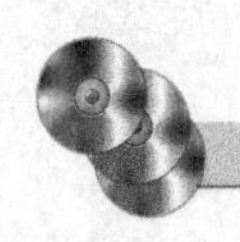

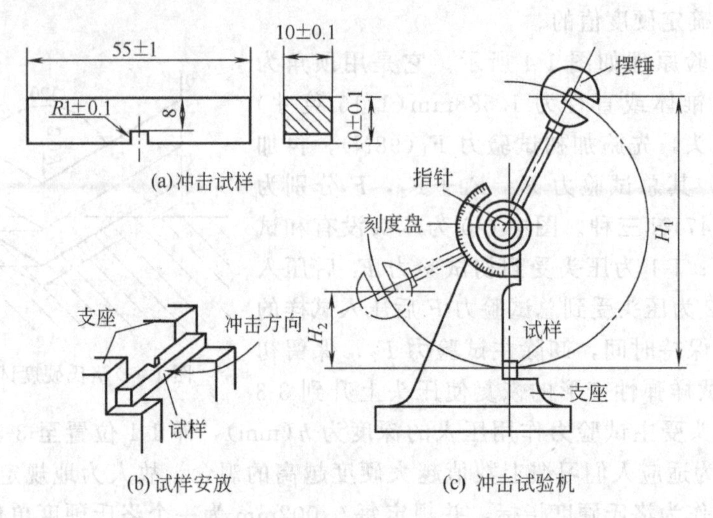

图 1-5 摆锤式冲击试验示意

a_K 值越大，材料的冲击韧度越好，断口处则会发生较大的塑性变形，断口呈灰色纤维状。a_K 值越小，材料的冲击韧度越差，断口处无明显的塑性变形，断口具有金属光泽而较为平整。

a_K 的大小与很多因素有关，除了冲击高度和冲击速度外，试样的形状和尺寸、缺口的形式、表面粗糙度、内部组织等都有影响，而且温度对它的影响也非常显著。因此，冲击韧度一般不作为选择材料的参考，不直接用于强度计算。

还应指出，长期的生产实践证明，A_K 或 a_K 值对材料的组织缺陷十分敏感，能够灵敏地反映出材料品质、宏观缺陷和显微组织方面的微小变化，因而冲击试验是生产上用来检验冶炼和热加工质量的有效办法之一。

常温下钢材的冲击试验主要按 GB/T 229—1994《金属夏比缺口冲击试验方法》和 GB/T 12778—1991《金属夏比冲击断口测定方法》的规定进行。金属低温和高温冲击试验具体要求参见 GB 4159—1984 和 GB 5775—1986。

第四节 疲劳极限与断裂韧度

一、疲劳极限

许多机械零件（如机床主轴、齿轮、连杆、弹簧等）和工程结构件是在交变应力下工作的。所谓交变应力，是指零件所受应力的大小和方向随时间作周期性变化。例如受力发生弯曲的轴，在转动时材料要反复受到拉应力和压应力，属于对称交变应力循环。零件在交变应力作用下，当交变应力远低于材料的屈服强度时，经一定循环次数后产生裂纹或突然发生完全断裂的过程称为材料的疲劳。

疲劳失效与静载荷下的失效不同，断裂前没有明显的塑性变形，发生断裂也较突然。这种断裂具有很大的危险性，常常造成严重的事故。据统计，大部分机械零件的失效是由金属疲劳造成的。

在交变载荷下，金属材料承受的交变应力 σ 和断裂时应力循环次数 N 之间的关系，通常用疲劳曲线来描述，如图 1-6 所示。金属材料承受的最大交变应力 σ 越大，则断裂时应力

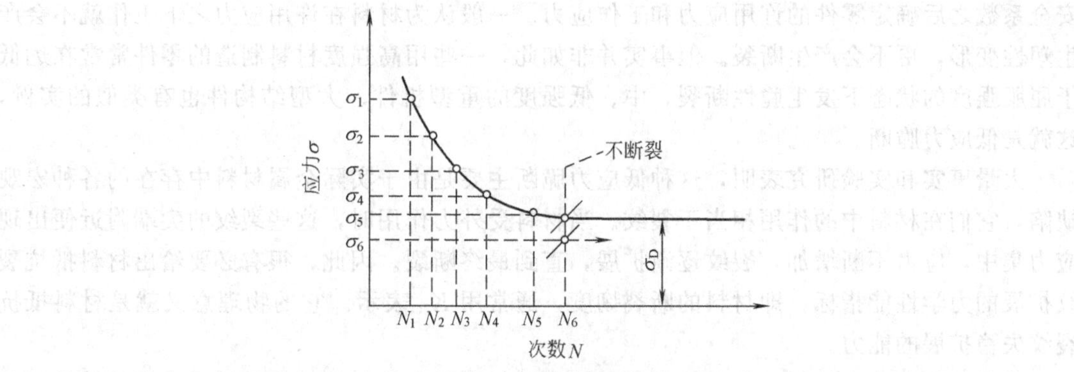

图 1-6　疲劳曲线示意

循环次数 N 越小，反之 σ 越小，则 N 越大。金属材料在经受无数次重复或交变载荷作用而不发生疲劳破坏（断裂）时的最大应力，称为材料的疲劳极限（疲劳强度），以 σ_D 表示。常用钢铁材料的疲劳曲线［见图 1-7（a）］有明显的水平部分，其他大多数金属材料的疲劳曲线［见图 1-7（b）］上没有水平部分，在这种情况下，规定某一循环次数 N_0 断裂时所对应的应力作为条件疲劳极限，以 σ_N 表示。

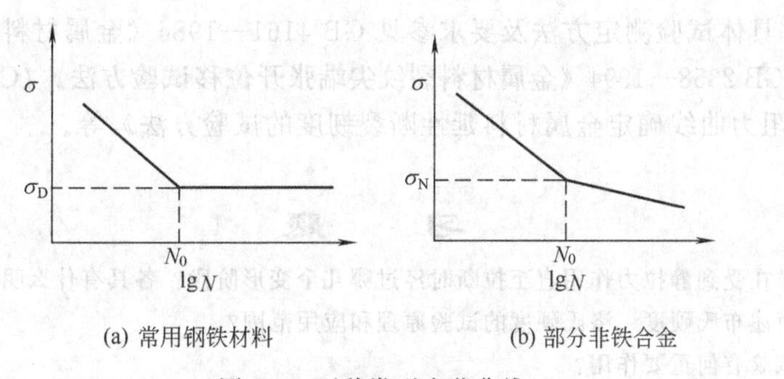

(a) 常用钢铁材料　　(b) 部分非铁合金

图 1-7　两种类型疲劳曲线

通常材料疲劳性能的测定是在旋转弯曲疲劳实验机上进行的。具体试验方法请参阅 GB 4337—1984《金属旋转弯曲疲劳试验方法》。试验规范规定了各种金属材料的指定寿命（循环基数）N_0（如合金钢为 10^7，低碳钢为 5×10^6），应力循环次数达到 N_0 次仍不发生疲劳破坏，此时的最大应力可作为疲劳极限。通常纯弯曲疲劳极限用 σ_{-1} 表示。

一般认为，产生疲劳破坏的原因是材料存在某些缺陷，如夹杂物、气孔和微观裂纹。交变应力下，缺陷处首先形成微小裂纹，裂纹逐步扩展，导致零件的受力截面减小，以致突然产生破坏。零件表面的机械加工刀痕和构件截面突然变化部位，均会产生应力集中。交变应力下，应力集中处易于产生显微裂纹，也是产生疲劳破坏的重要原因。

为了提高零件的疲劳抗力，防止疲劳断裂事故的发生，在进行零件设计和加工时，应选择合理的结构形状（如避免尖角），防止表面损伤，避免应力集中。由于金属表面是疲劳裂纹易于产生的地方，而实际零件大部分都承受交变弯曲或交变扭转载荷，表面处应力最大。因此，表面强化处理（如表面淬火、化学热处理、喷丸、滚压）是提高疲劳极限的有效途径。

二、断裂韧度

按传统力学方法对机械零件进行强度设计时，是以材料的屈服强度 σ_s 为依据，考虑了安全系数之后确定零件的许用应力和工作应力。一般认为材料在许用应力之下工作就不会产生塑性变形，更不会产生断裂。但事实并非如此，一些用高强度材料制造的零件常常在远低于屈服强度的状态下发生脆性断裂，中、低强度的重型机件、大型结构件也有类似的实例，这就是低应力脆断。

大量事实和实验研究表明，这种低应力脆断主要是由于实际金属材料中存在的各种宏观缺陷，它们在材料中的作用相当于裂纹。当材料受外力作用时，这些裂纹的尖端附近便出现应力集中，应力不断增加，裂纹逐渐扩展，直到最终断裂。因此，很有必要给出材料抵抗裂纹扩展的力学性能指标，即材料的断裂韧度，通常用 K_{IC}表示。它的物理意义就是材料抵抗裂纹失稳扩展的能力。

断裂韧度和冲击韧度一样，综合地反映了材料的强度和塑性。它是材料本身的特性，只和材料的成分、组织结构有关，而与裂纹的大小、形状无关，也与外加载荷及试样尺寸无关。因此，适当调整成分，通过合理的冶炼、加工和热处理以获得最佳的组织，就能大幅度提高材料的断裂韧性，从而也就提高了含裂纹构件的承载能力。

断裂韧度测定是把试验材料制成一定形状和尺寸的试样。在试样上预制出能反映实际情况的疲劳裂纹，然后施加载荷。试验中用仪器自动记录并绘出外力和裂纹扩展的关系曲线，经过计算和分析，确定断裂韧度。能够反映材料抵抗裂纹失稳扩展的性能指标及其试验测定的方法有多种，具体试验测定方法及要求参见 GB 4161—1984《金属材料平面应变断裂韧度 K_{IC}试验方法》、GB 2358—1994《金属材料裂纹尖端张开位移试验方法》（CTOD）、GB 2038—1991《利用 J_R 阻力曲线确定金属材料延性断裂韧度的试验方法》等。

习　题

1. 退火低碳钢试样在受到静拉力作用直至拉断时经过哪几个变形阶段？各具有什么明显特征？
2. 什么是硬度？简述布氏硬度、洛氏硬度的试验原理和应用范围？
3. 在生产中冲击试验有何重要作用？
4. 什么叫疲劳极限？采用什么办法可有效地提高材料的疲劳极限？

第二章 铁碳合金

对同一成分的钢铁材料可以通过改变材料的内部组织结构的方法改变其性能。因此，了解材料的结构是掌握材料性能的基础。

本章讲述了金属晶体结构及晶体缺陷对金属材料的物理力学性能的影响；铁碳合金相图及铁碳合金的平衡结晶过程；铁碳合金状态图的应用；钢中杂质的影响；碳钢及铸铁的种类、牌号、成分及用途。

通过本章的学习，要求大家熟悉铁碳合金相图中基本相及一些特性点及其含义，了解铁碳合金的成分、组织、性能之间的关系，并能运用铁碳合金相图进行材料的选择，制订毛坯的热轧、热锻工艺及热处理工艺。

第一节 金属的晶体结构与结晶

金属是呈规则排列的原子聚合体，金属在固态时具有一些共同的物理特性，如：导电性、导热性、密度大、强度高及良好的塑性变形等特性。由于金属的性能还受其组成原子的本性及原子的排列方式的影响，这就决定了不同金属具有不同的力学性能，甚至即使是成分相同的金属经过不同的加工工艺和热处理工艺后，金属性能也会有很大差异。

一、金属的晶体结构

（一）金属晶体结构的基本概念

根据金属离子不存在方向性，也不存在结合的饱和性的特点，将其假想为一个圆球，那么晶体中原子（或离子）在空间呈规则排列可用图 2-1（a）表示。这种规则的排列方式称为晶体的结构。为了便于研究晶体结构，假设将每个原子看作一个几何质点，通过质点的中心画出许多空间直线，便形成由这些直线组成的空间格架。这种假想的用于描述原子在晶体中的排列方式的空间几何格架在晶体学上称作晶格如图 2-1（b）所示。晶格的节点为原子（离子）平衡中心的位置。晶格的最小几何组成单元称为晶胞如图 2-1（c）所示。不难看出

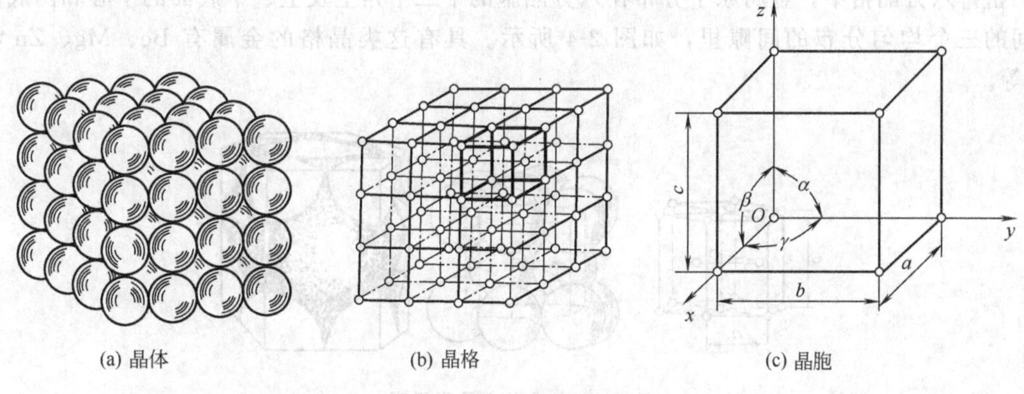

图 2-1 晶体、晶格和晶胞示意

晶胞在三维空间的重复排列构成晶格并形成晶体，晶胞可以描述晶格和晶体结构，因此通过对晶胞的基本特性研究，可以找出该种晶体中原子在空间的排列规律。

（二）常见金属的晶格类型

根据晶体晶胞中原子排列的规律，晶格的基本类型有许多种。在金属材料中，常见的晶格类型有体心立方晶格、面心立方晶格和密排六方晶格三种。

1. 体心立方晶格

体心立方晶格的晶胞是一个立方体，在立方体的八个角上和立方体中心各有一个原子，如图 2-2 所示。属于这种晶格类型的金属有 Cr、Mo、W、V、α-Fe 等。

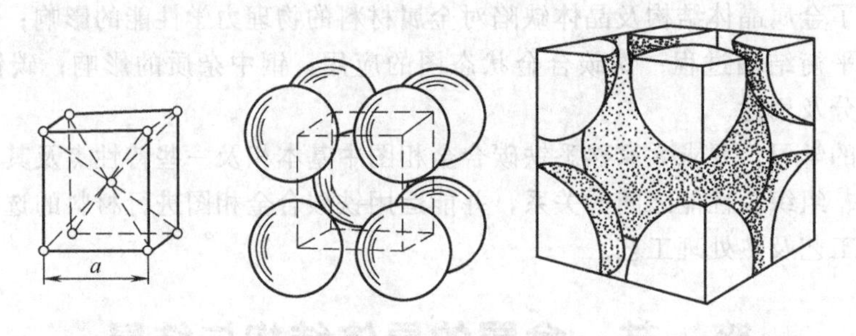

图 2-2 体心立方晶胞示意

2. 面心立方晶格

面心立方晶格的金属原子分布在立方晶胞的八个角上和六个面的中心，如图 2-3 所示。具有这类晶格的金属有 Al、Cu、Ni、Pb 和 γ-Fe 等。

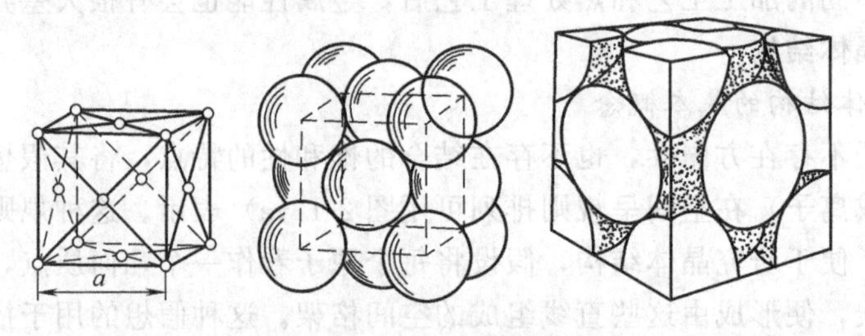

图 2-3 面心立方晶胞示意

3. 密排六方晶格

密排六方晶格中，金属原子分布在六方晶胞的十二个角上及上、下底面的中心和两底面之间的三个均匀分布的间隙里，如图 2-4 所示。具有这类晶格的金属有 Be、Mg、Zn 和 Cd 等。

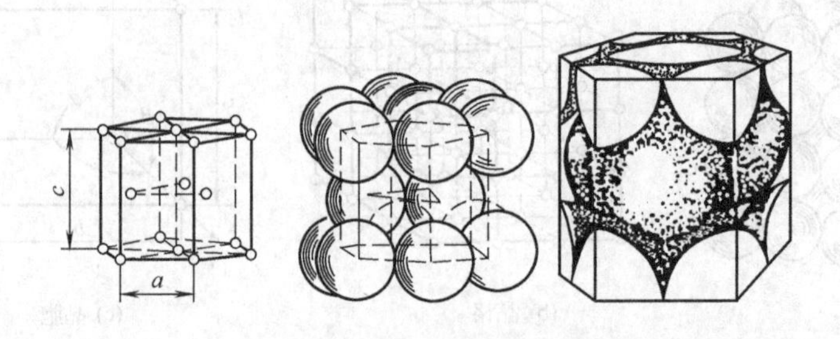

图 2-4 密排六方晶胞示意

（三）晶体缺陷

前面讨论的金属的晶体结构是理想的结构，而实际上，由于结晶过程或其他因素的影响，结构中存在许多不同的缺陷，造成实际金属的结构远不是完美的单晶体。按照几何特征，晶体缺陷可以分为点缺陷、线缺陷和面缺陷三类。

1. 点缺陷

最常见的点缺陷是晶格空位和间隙原子，如图 2-5 所示。晶格中的原子在热能作用下，逃离原来的结点，使原来的某个结点为空结点，这种空结点成为空位。某些原子不处在正常的晶格位置，而处在晶格间隙之间，这种原子称为间隙原子。金属中存在的间隙原子主要是杂质间隙原子。

晶格畸变将使晶体的性能发生改变，例如硬度的改变和电阻的增加。同时也可以在实践中利用杂质间隙原子的作用来提高金属的强度。

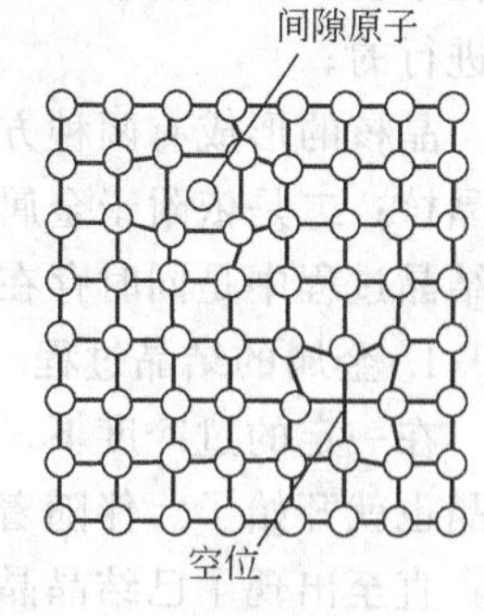

图 2-5 晶体点缺陷示意

2. 线缺陷

线缺陷主要有刃型位错和螺旋位错。

(1) 刃型位错 如图 2-6 所示，多余的原子面像刀刃（*A*、*B*）一样切入晶体，使晶体中刃部周围的原子产生了错排现象。

研究表明随着位错程度的增加，金属的强度会逐步提高，因此在目前生产中，经常采用该方法来提高金属的强度。

(2) 螺旋位错 金属中原子的排列，可能出现局部原子错排的结构，如图 2-7 所示。图中由前部晶体原子逐步向下位移了一个原子间距，并在其左部晶体的边界上形成只有几个原子宽的过渡区，过渡区中原子的正常位置发生错动，原子沿 *A*、*a*、*b*、*c*、……、*B* 移动，具有螺旋特征，称这种原子呈螺旋线形错排的线缺陷为螺旋位错。

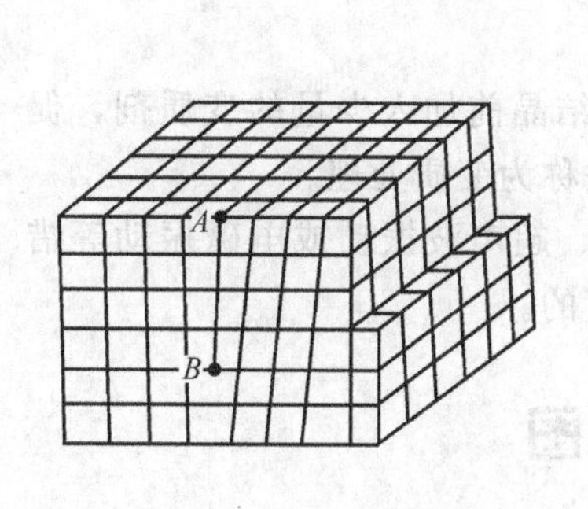

图 2-6 刃型位错示意

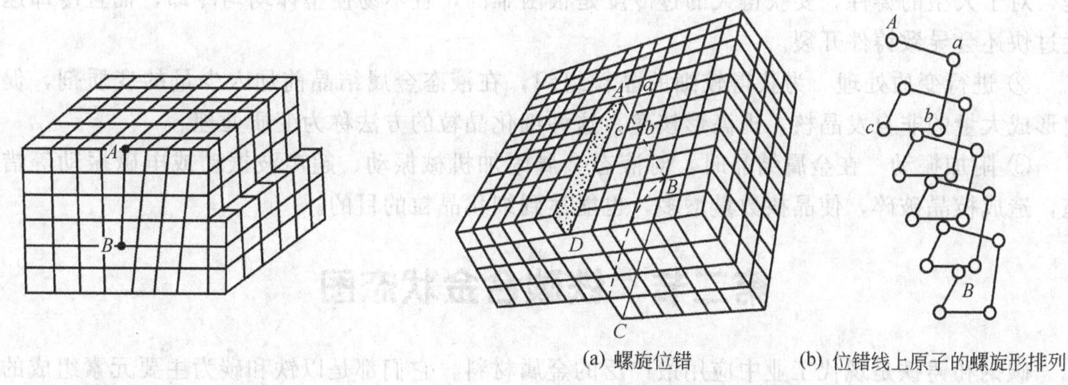

(a) 螺旋位错 (b) 位错线上原子的螺旋形排列

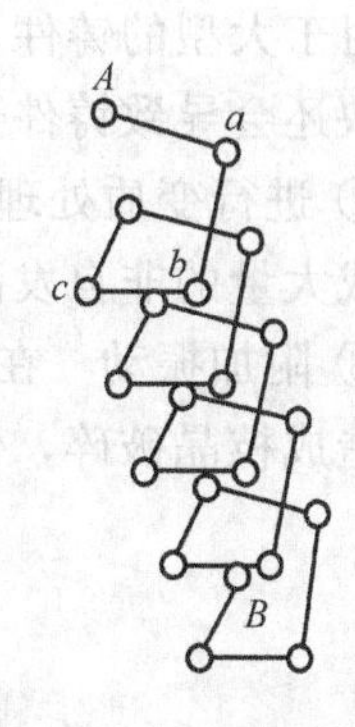

图 2-7 螺旋位错示意

位错能够在金属的结晶、塑性变形和相变等过程中形成，金属中位错的存在，使金属的强度值降低 2～3 个数量级。

二、金属的结晶

金属材料的生产一般都要经过对矿产原料的熔炼、除渣和浇铸等作业，也就是要经历由液态到凝固的过程。这种由液态金属凝结为固态金属的过程就称为结晶。而金属材料结晶时形成的组织对金属材料的性能有很大影响。因此，掌握结晶的规律可以帮助我们有效地控制金属的结晶过程，从而获得我们理想的金属材料。

实验证明，结晶是依靠两个密切联系的过程来实现的。先在液体内部生成一批极小的晶体作为结晶中心即晶核；然后这些晶核逐渐长大，并发展到整个液体。就每一个晶体的结晶过程来说，在时间上可以分为以上两个阶段，但对于整个金属而言，晶核的形成和长大是同时进行的。

晶核的形成有两种方式：一是从液体结构内部在过冷条件下自发长出的结晶核心叫做自发晶核；二是依附于金属内部的杂质而生成的晶核叫做非自发晶核。自发晶核和非自发晶核在结晶过程中是同时存在的，非自发晶核的作用还要大于自发晶核的作用。

1. 金属的结晶过程

在一定的过冷度下，一段时间以后，晶核以一定的速率生成并以一定的速度长大，金属结晶也就开始了。伴随着已有核长大的同时，又不断出现新的晶核，金属结晶速度明显加快，直至出现了已结晶晶体的接触，液体中可供结晶的空间逐渐减少，结晶速度逐渐减慢。直到整个液体的消失，结晶完毕。结果生成一种多晶体结构的金属固体。

2. 金属结晶的晶粒度大小

(1) 晶粒度的大小与性能的关系　金属的晶粒度大小对金属的性能影响很大，一般晶粒度越细，材料的强度、硬度就越高，塑性、韧性越好。一些产品的加工就对金属材料有晶粒度要求，例如 GH2132 材料，就对晶粒度有明确的要求。因此，通常我们希望钢铁材料的晶粒越细越好。

(2) 晶粒度大小的控制方法　根据金属结晶过程的基本概念，生产中常采用以下方法来获得细晶粒的结构。

① 增大过冷度　根据过冷度对形核率和晶核长大速率的影响规律，增大过冷度可使晶粒细化。增大过冷度的主要办法是提高液体金属的冷却速度。在铸造生产中，为提高铸件的冷却速度，可用金属型代替砂型、增大金属型的厚度及降低金属型的预热温度等方法。但是，对于大型的铸件，要获得大的过冷度是很困难的，且不易使整体均匀冷却，而且冷却速度过快还会导致铸件开裂。

② 进行变质处理　为获得较细的晶粒组织，在液态金属结晶前加入少量的变质剂，促使形成大量的非自发晶核，提高形核率，这种细化晶粒的方法称为变质处理。

③ 附加振动　在金属结晶时，对液态金属附加机械振动、超声波振动或电磁振动等措施，造成枝晶破碎，使晶核数量增多，也能达到细化晶粒的目的。

第二节 铁碳合金状态图

碳钢和铸铁是现代工业中应用最广泛的金属材料，它们都是以铁和碳为主要元素组成的合金，故统称为铁碳合金。合金钢和合金铸铁也是在此基础上加入合金元素而形成的特殊铁碳合金。而要了解铁碳合金，就必须首先了解并研究铁碳相图。

铁碳合金相图是研究在平衡状态下铁碳合金的成分、组织和性能之间的关系及其变化规律的重要工具，掌握铁碳相图对于制订钢铁材料的加工工艺具有重要的指导意义。

一、合金的晶体结构

在金属或合金中，凡化学成分相同、晶体结构相同并有界面与其他部分分开的均匀组成部分叫做相。液态物质为液相，固态物质为固相。若合金是由成分、结构互不相同的几种晶

粒所构成，则该合金具有几种不同的相。

合金的相结构指的是合金相的晶体结构，根据组元间相互作用不同，固态合金的相结构分为固溶体和金属化合物两大类。

（一）固溶体

当合金由液态结晶为固态时，各组元间会相互溶解形成一种成分和性能均匀的、且结构与组元之一相同的固相称为固溶体。与固溶体晶格相同的组元成为溶剂，溶剂一般在合金中含量比较多；另一组元成为溶质，相应的含量较少。因此，固溶体也可以理解为具有溶剂晶格类型的金属晶体。例如，钢中的铁素体是碳在α-Fe中的固溶体。碳是溶质，α-Fe是溶剂，溶剂是体心立方晶格，故铁素体也为立方晶格。A、B组元组成的固溶体也可表示成A(B)，其中A为溶剂，B为溶质。固溶体是固态合金中的重要合金相。工业上所用的金属材料大多数是单相固溶体或以固溶体为基体的多相合金。

1. 固溶体的分类

按溶质原子在溶剂中的位置，固溶体可分为置换固溶体和间隙固溶体两种。溶质原子代替溶剂晶格中某些结点上的原子而形成的固溶体称为置换固溶体，如图2-8所示。溶质原子进入溶剂晶格的间隙之中形成的固溶体称为间隙固溶体，如图2-9所示。

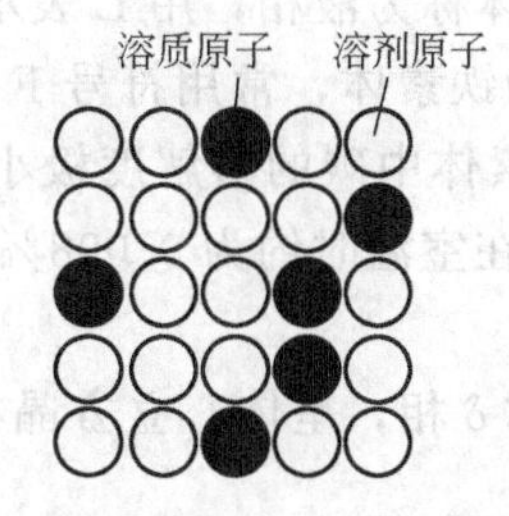

图2-8 置换固溶体示意

图2-9 间隙固溶体示意

按溶质原子在固溶体中分布是否有规律，固溶体分为无序固溶体和有序固溶体两种。溶质原子在溶剂晶格中的分布是任意而无规律的置换固溶体，称为无序固溶体。但在一定的条件下（如成分、温度等），一些合金的固溶体中的溶质原子将从无序分布过渡到有规则的分布，这个过程称为固溶体的有序化，这种固溶体称为有序固溶体。例如铜和金的原子数比为1∶1时，由高温冷却到380℃以下时，便会由无序固溶体转化为有序固溶体。

2. 固溶体的性能

由于溶质原子的溶入，引起固溶体晶格发生畸变，使金属的塑性变形抗力增大，合金的强度和硬度提高。这种通过溶入溶质元素形成固溶体，使金属的强度和硬度提高的现象称为固溶强化。固溶强化是提高金属材料力学性能的重要途径之一，是金属强化的一种重要形式。实践证明，在溶质含量适当的情况下，可显著提高金属材料的强度和硬度，而材料的塑性和韧性并没有明显降低。

固溶体与纯金属相比较，物理性能有很大变化，如电阻率上升，导电率下降等，且固溶体的综合力学性能明显比纯金属要优良。

（二）金属化合物

合金组元相互作用形成的晶格类型和特征完全不同于任一组元的新相称为金属化合物，金属化合物一般可用分子式来表示。例如钢中渗碳体（Fe_3C）是由铁原子和碳原子所组成的金属化合物。

金属化合物一般熔点较高，硬度高，脆性大。当合金中含有金属化合物时，强度、硬度和耐磨性提高，塑性和韧性降低。金属化合物是各种合金钢、硬质合金及许多非铁金属的重要组成相。

二、铁碳合金的基本知识

铁和碳可以形成一系列化合物，例如 Fe_3C、Fe_2C、FeC 等。这里研究的只是 Fe 和 Fe_3C 两个组元组成的Fe-Fe_3C相图。

（一）铁碳合金的两个组元

1. 纯铁 Fe

铁熔点或凝固点为1538℃，密度是 $7.87\times10^3kg/m^3$。

由于纯铁的强度低，所以在机械制造行业很少采用纯铁来加工零件。纯铁的冷却和液-固转变过程予以省略。

2. 渗碳体 Fe_3C

Fe_3C 是 Fe 与 C 的一种复杂的间隙化合物，通常称为渗碳体，用 C_m 表示。

（二）铁碳合金的基本组织及其性能

Fe-Fe_3C 相图中存在五种基本相，下面将五种相的相结构及其性能介绍如下。

① 液相 L　铁碳合金在熔化温度以上形成的均匀液体称为液相，用 L 表示。

② 铁素体　碳溶于 α-Fe 中形成的间隙固溶体，称为铁素体，常用符号 F 或 α 表示，又称为 α 相，呈体心立方晶格。由于晶格间隙半径小，铁素体中碳的溶解度极小，在 727℃时溶解度最大为 0.0218%，随着温度降低，溶解度降低，在室温时约为 0.008%。由于铁素体的这一特点，其力学性能与工业纯铁大致相同。

③ 高温铁素体　是碳在 δ-Fe 中的间隙固溶体，又称 δ 相，呈体心立方晶格。在 1394℃以上存在，在 1495℃时碳溶量最大，达到 0.09%。

④ 奥氏体　碳溶于 γ-Fe 中形成的间隙固溶体称为奥氏体，常用符号 A 或 γ 表示，又称为 γ 相，呈面心立方晶格。碳在 γ-Fe 中的溶解度较大，在 1148℃时碳溶量最大，达到 2.11%。奥氏体硬度不高，易于塑性变形。

⑤ 渗碳体　渗碳体既是组元，又是基本相。它的机械特点是硬度很高，约 8000MPa，因而塑性和韧性几乎等于零，是一个硬而脆的相。渗碳体是铁碳合金中主要的强化相，其形态根据生成条件有网状、片状和粒状等，渗碳体的形态、大小及分布对铁碳合金的力学性能有很大影响。

三、Fe-Fe_3C 状态图

Fe-Fe_3C 相图如图 2-10 所示。

（一）图中主要特性点及意义

A 点——纯铁的熔点（1538℃）。

D 点——渗碳体的熔点（1227℃）。

C 点—共晶体（1148℃）。此点上的液态合金将发生共晶转变，液相在恒温下，同时结晶出奥氏体和渗碳体所组成的混合物。其表达式为 $L_C\rightarrow(A_E+Fe_3C)$，此共晶转变后所获得的共晶体（$A_E+Fe_3C$）称为莱氏体，用符号 L_d 表示。

E 点——碳在 γ-Fe 中的最大溶解度点（1148℃，$w_C=2.11\%$）。*E* 点又是钢和生铁的分界点，即 $w_C<2.11\%$的铁碳合金称为钢，$w_C>2.11\%$的铁碳合金称为生铁。

P 点——碳在 α-Fe 中的最大溶解度点（727℃，$w_C=0.0218\%$）。

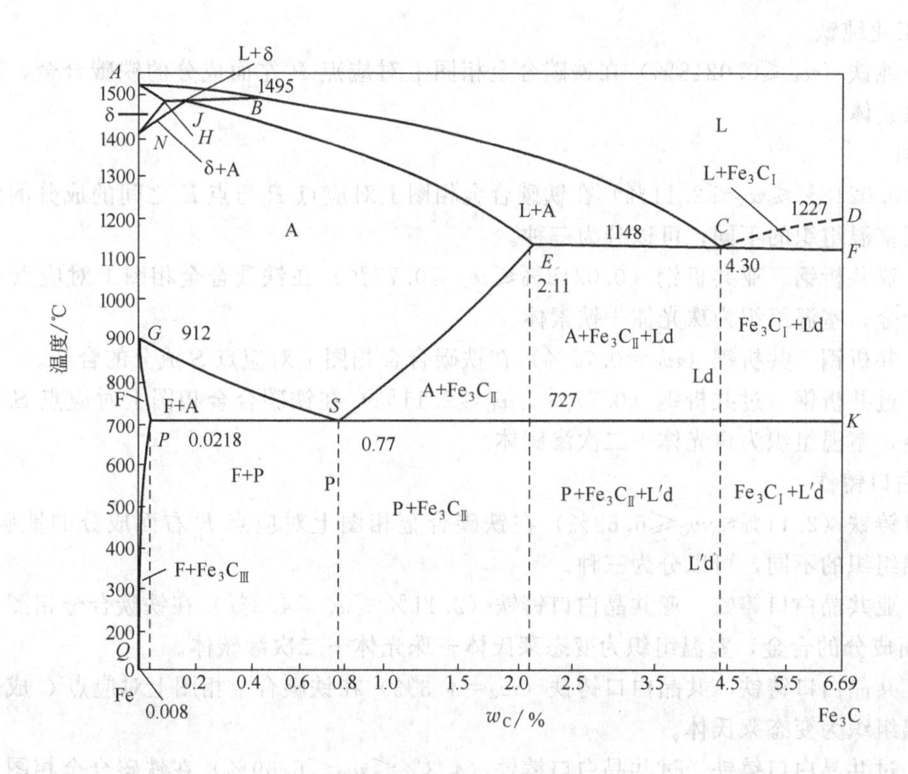

图 2-10 Fe-Fe_3C 相图

G 点——纯铁的同素异晶转变点（912℃）。

S 点——共析点（727℃，$w_C=0.77\%$）。这一点上的奥氏体将在恒温下同时析出铁素体和渗碳体的混合物。这种由一定成分的固相，在一定的温度下，同时析出成分不同的两种固相的转变，称为共析转变。其表达式为 $A_S \rightarrow (F_P+Fe_3C)$，此共析转变后所获得的产物 (F_P+Fe_3C) 称为珠光体，用符号 P 表示。

（二）图中主要特性线及其意义

ACD 线——液相线。该线以上为全部液相，当铁碳合金冷却到该线所对应的温度时开始结晶，其中在 *AC* 线以下开始结晶出奥氏体；在 *CD* 线以下开始结晶出渗碳体。

AECF 线—固相线。该线以下全部为固态，其中 *AE* 线表示奥氏体结晶终了，*ECF* 线又称共晶线，即 $L_C \rightarrow (A_E+Fe_3C)$ 共晶转变线。

PSK 线——共析线，又称 A_1 线。为 $A_S \rightarrow (F_P+Fe_3C)$ 共析转变线。

GS 线——又称 A_3 线，是奥氏体与铁素体的相互转变线。

ES 线 ——又称 A_{cm} 线，是碳在奥氏体中的溶解度曲线，随温度的降低，从奥氏体中沿晶界析出渗碳体，称为二次渗碳体（$Fe_3C_{Ⅱ}$）。

PQ 线——碳在铁素体中的溶解度曲线，随温度的降低，从铁素体中沿晶界析出渗碳体，称为三次渗碳体（$Fe_3C_{Ⅲ}$）。

GP 线——奥氏体转变为铁素体的终了线。

（三）图中铁碳合金的分类

Fe-Fe_3C 相图中不同成分的铁碳合金，在室温下将得到不同的显微组织，其性能也不一样。通常根据相图中的 *P* 点和 *E* 点将铁碳合金分为工业纯铁、钢以及白口铸铁三类。

1. 工业纯铁

工业纯铁（$w_C \leqslant 0.0218\%$）在铁碳合金相图上对应点 P 左面成分的铁碳合金，其室温组织为铁素体。

2. 钢

钢（$0.0218\% \leqslant w_C \leqslant 2.11\%$）在铁碳合金相图上对应点 P 与点 E 之间的成分的铁碳合金。根据室温组织的不同，可以分为三种。

(1) 亚共析钢　亚共析钢（$0.0218\% \leqslant w_C \leqslant 0.77\%$）在铁碳合金相图上对应点 S 左面成分的合金，室温组织为珠光体＋铁素体。

(2) 共析钢　共析钢（$w_C = 0.77\%$）在铁碳合金相图上对应点 S 成分的合金。

(3) 过共析钢　过共析钢（$0.77\% \leqslant w_C \leqslant 2.11\%$）在铁碳合金相图上对应点 S 右面成分的合金，室温组织为珠光体＋二次渗碳体。

3. 白口铸铁

白口铸铁（$2.11\% \leqslant w_C \leqslant 6.69\%$）在铁碳合金相图上对应点 E 右面成分的铁碳合金。根据室温组织的不同，可以分为三种。

(1) 亚共晶白口铸铁　亚共晶白口铸铁（$2.11\% \leqslant w_C \leqslant 4.3\%$）在铁碳合金相图上对应点 C 左面成分的合金，室温组织为变态莱氏体＋珠光体＋二次渗碳体。

(2) 共晶白口铸铁　共晶白口铸铁（$w_C = 4.3\%$）在铁碳合金相图上对应点 C 成分的合金，室温组织为变态莱氏体。

(3) 过共晶白口铸铁　过共晶白口铸铁（$4.3\% \leqslant w_C \leqslant 6.69\%$）在铁碳合金相图上对应点 C 右面成分的合金，室温组织为变态莱氏体＋一次渗碳体。

（四）典型铁碳合金的结晶过程

1. 工业纯铁

工业纯铁的冷却和平衡结晶过程如图 2-11 所示。合金在 1 点温度以上为液相 L，在 1 点温度时开始从 L 中结晶出 δ。点 1～2 之间，δ 不断结晶；2～3 点全部为 δ。3～4 点间 δ 逐渐转变为 A，至 4 点全部转变为 A；4～5 点 A 冷却，冷至 5～6 点间，不断从 A 中冷却出 F，至点 6 全部转变为 F；6～7 点间 F 冷却，7～8 点间自 F 晶界处析出 $Fe_3C_{Ⅱ}$。因此室温平衡组织为 $F + Fe_3C_{Ⅱ}$。

2. 共析钢

共析钢的冷却过程如图 2-12 中的Ⅰ线所示。当合金由液态缓冷到液相线 1 点温度时，从液相中开始结晶出奥氏体。随着温度的降低，奥氏体的量不断增加，冷却到 2 点温度时，液相全部结晶为奥氏体。冷却到 3 点温度 727℃时，奥氏体发生共析转变，形成珠光体。

当温度继续下降时，铁素体的成分沿 PQ 线变化，析出极少量的三次渗碳体。但三次渗碳体在珠光体中难以分辨，一般可以忽略不计。共析钢室温下的平衡组织为珠光体。珠光体一般呈层状，经一定的热处理后，其中的渗碳体变为球状，称为球状珠光体。

3. 亚共析钢

亚共析钢的冷却过程如图 2-12 中的Ⅱ线所示。液态合金结晶过程从 1 点到 3 点与共析钢相同。当合金冷却到 GS 线上的 3 点温度时，开始从奥氏体中析出铁素体，称为先析铁素体。随着温度的降低，铁素体的量不断增加，奥氏体的量不断减少。铁素体和奥氏体的含碳量分别沿 GP 线和 GS 线变化。冷却至与 $PS(K)$ 线相交的 4 点温度 727℃时，剩余奥氏体

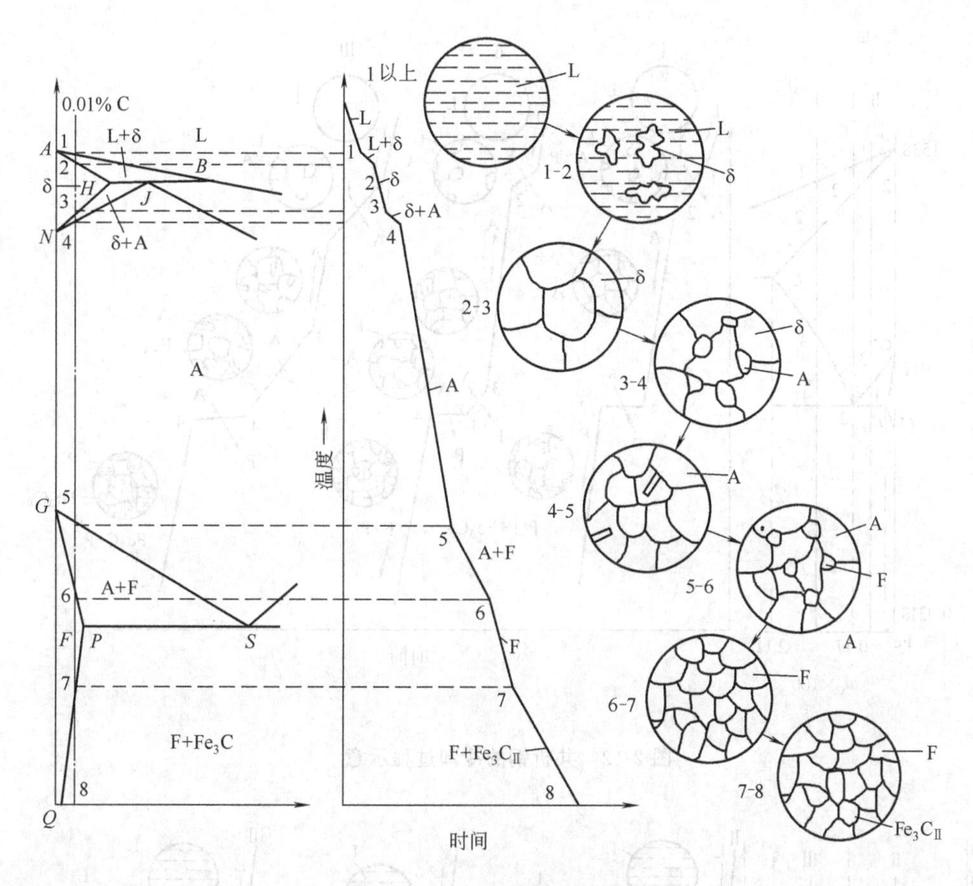

图 2-11　工业纯铁结晶过程示意

的含碳量增加到共析点成分（$w_C=0.77\%$）。此温度时剩余的奥氏体发生共析转变，生成珠光体。当温度继续下降时，铁素体中析出极少量的三次渗碳体，同样可以忽略不计。

所有亚共析钢的结晶过程均相似，其室温下的平衡组织都是由铁素体和珠光体组成。它们的差别是组织中的珠光体量随钢的含碳量的增加而逐渐增加。

4. 过共析钢

过共析钢的冷却过程如图 2-12 中Ⅲ线所示。在 3 点温度以上的结晶过程也与共析钢相同。当合金冷却到与 ES 线相交于 3 点温度时，奥氏体中的溶碳量达到饱和而开始析出二次渗碳体。二次渗碳体沿奥氏体晶界析出而呈网状分布，这种渗碳体也叫先析渗碳体。随着温度的降低，二次渗碳体的析出量不断增加，致使奥氏体的含碳量逐渐减少，奥氏体的含碳量沿 ES 线变化。当冷却到与共析线 $PS(K)$ 相交于 4 点温度时，剩余奥氏体的含碳量正好为共析成分（$w_C=0.77\%$），因此奥氏体发生共析转变，生成珠光体，温度再继续下降，合金组织基本不变。所以过共析钢室温组织为网状分布的渗碳体和珠光体。

5. 共晶白口铸铁

共晶白口铸铁的冷却过程如图 2-13 中的Ⅰ线所示。当液态合金冷却到 1 点温度(1148℃)时，将发生共晶转变，生成莱氏体。莱氏体由共晶奥氏体和共晶渗碳体组成。由 1 点温度继续冷却，莱氏体中的奥氏体将不断析出二次渗碳体，当温度下降到与共析线 $(P)SK$ 相交于 2 点的温度时，奥氏体的含碳量 $w_C=0.77\%$，奥氏体发生共析转变而形成珠光体。因此，共晶白口铸铁的显微组织是由珠光体、二次渗碳体、共晶渗碳体组成的共晶

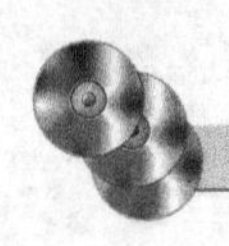

体，即变态莱氏体。

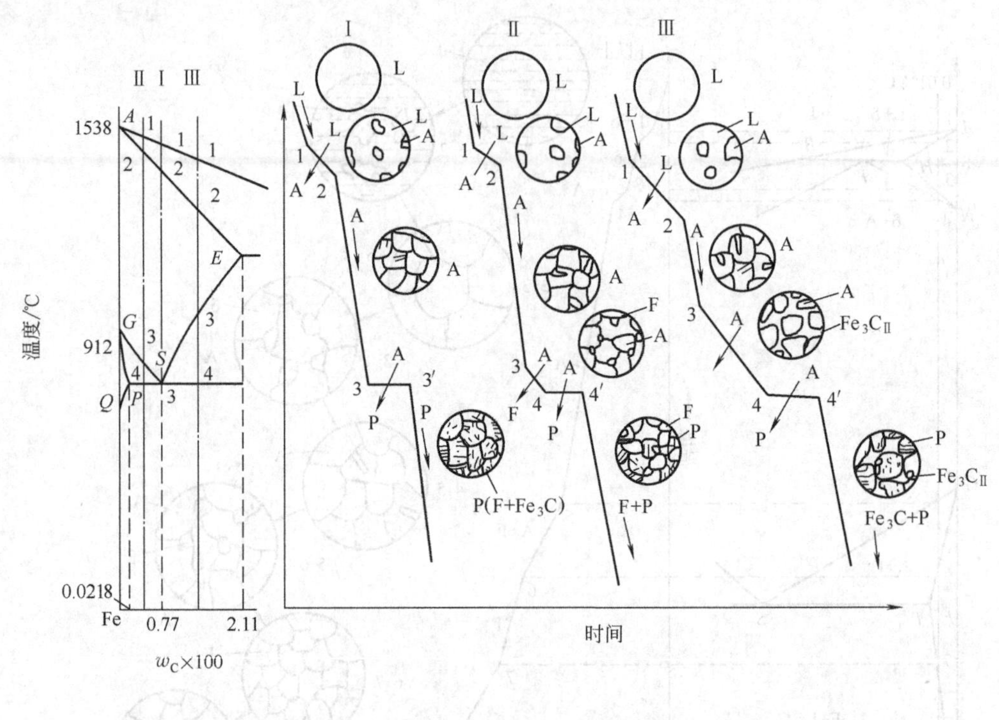

图 2-12 共析钢的冷却过程示意

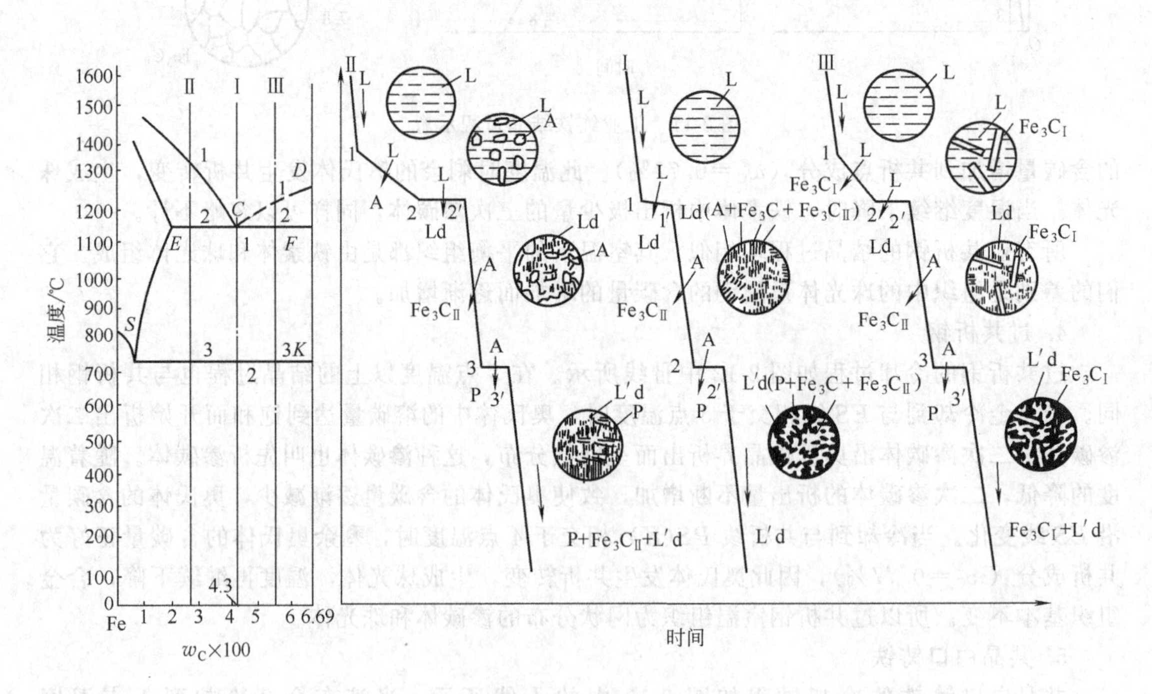

图 2-13 白口铸铁的典型结晶过程分析示意

体，即变态莱氏体。

6. 亚共晶白口铸铁

亚共晶白口铸铁的结晶过程如图 2-13 中的Ⅱ线所示。当液态合金冷却至与液相线（*A*）

C相交于1点温度时，开始结晶出的奥氏体称为初晶奥氏体。随温度的下降，结晶出的奥氏体量不断增多，其成分沿$(A)E$线变化。液相的成分沿AC线变化。当冷却到与共晶线ECF相交于2点温度（1148℃）时，奥氏体中$w_C=2.11\%$，剩余液相含碳量达到共晶点成分（$w_C=4.3\%$），发生共晶转变而形成莱氏体。在随后的冷却过程中初晶奥氏体和共晶奥氏体均析出二次渗碳体，其成分沿ES线变化。当温度下降到3点（727℃）时，奥氏体的含碳量达到0.77%，全部奥氏体将发生共析转变而生成珠光体。在室温下亚共晶白口铸铁的组织为珠光体、二次渗碳体和变态莱氏体。

7. 过共晶白口铸铁

过共晶白口铸铁的冷却过程如图2-13中的Ⅲ线所示。其结晶过程与亚共晶白口铸铁相似，不同的是在共晶转变前，液相先结晶析出一次渗碳体。当冷却到与共晶线ECF相交于2点温度（1148℃）时，剩余液相成分达到$w_C=4.3\%$，发生共晶转变而形成莱氏体。在随后的冷却中，一次渗碳体不发生转变，奥氏体中同样要析出二次渗碳体，并在3点温度时，奥氏体发生共析转变而生成珠光体。过共晶白口铸铁的室温组织为一次渗碳体和变态莱氏体。

四、Fe-Fe_3C状态图的应用

铁碳合金相图在生产实践中除可作为材料选择的参考，还是铸造、焊接、切削加工及热处理等工艺规范制订的重要依据。

（一）材料的选用方面的应用

Fe-Fe_3C相图表明了铁碳合金成分、组织及性能之间的变化规律，由此可以根据零件的工作条件和性能要求，来选择合适的材料。例如，如果需要塑性、韧性都较好的材料，可选用碳含量低的低碳钢；如果需要强度、塑性及韧性都较好的材料，可选用碳含量中等的中碳钢；如果需要硬度高和耐磨性好的材料，可选用碳含量高的高碳钢；如果需要导磁率高、矫顽力低的材料，可选用纯铁。

（二）铸造工艺方面的应用

根据Fe-Fe_3C相图可以确定合金的浇注温度。浇注温度一般在液相线以上50～100℃。从合金相图上可以看出，纯铁和共晶白口铸铁凝固温度区间最小，因而流动性好，分散缩孔少，可以获得致密的铸件。因此，铸件生产总是选在共晶成分附近。与铸铁相比，钢的熔化温度较高，流动性也较差，且易产生缩孔，所以钢的铸造性能比较差。

（三）热锻、热轧工艺方面的应用

金属的可锻性指的是金属压力加工时，能产生较大的变形而不发生裂纹的性能，同时还要考虑终锻后零件的晶粒度变化问题。钢处于奥氏体时强度较低，塑性较好，因此锻造和轧制宜选在单相奥氏体区进行。一般粗锻或粗轧温度控制在固相线以下100～200℃。温度高时，钢的变形抗力小，设备的要求吨位低。但是温度过高，钢材易发生严重氧化或晶界熔化。终锻温度一般为750～850℃。过高会导致晶粒粗大，过低会因塑性变形差而导致裂纹的产生。

（四）焊接工艺方面的应用

金属的焊接性能指的是其对裂纹的敏感程度。钢一般都可以进行焊接，但随其含碳量的增高，焊接性就越差。对于低碳钢和低碳合金钢而言，焊接时基本不需采取特殊措施，就可以得到质量较高的焊缝；对于含碳量较高的钢，必须在焊接工艺过程中采取如预热等工艺方法，才能保证焊缝的质量，防止裂纹的产生。

（五）热处理工艺方面的应用

$Fe\text{-}Fe_3C$ 相图对于制订热处理工艺有很强的指导作用。如一些退火、正火、调质等热处理工艺，其加热温度都是依据 $Fe\text{-}Fe_3C$ 相图确定的。

第三节 碳钢、铸铁

碳钢和铸铁由于价格低廉，容易加工，并且在一般条件下能满足产品的性能要求，因而广泛用于工农业生产中。

一、钢中杂质对性能的影响

常用的碳钢中除含有碳和铁两种元素外，还含有锰、硅、硫、磷、氧、氮、氢等非特意加入的元素，它们的存在对钢的性能有一定的影响。

1. 锰的影响

锰是炼钢时用锰铁脱氧而存在于钢中的。钢中锰的含量约为 0.25%～0.80%。锰的脱氧能力比较好，能够清除钢中的 FeO，降低钢的脆性。锰与硫化合成 MnS，可以减轻硫的有害作用，改善钢的热加工性能。锰能溶于铁素体，使铁素体强化，也能溶于渗碳体，提高其硬度。锰对钢的性能有良好的影响，是一种有益元素。

2. 硅的影响

硅是炼钢时用硅铁脱氧而存在于钢中的。镇定钢（用铝、硅铁和锰铁脱氧的钢）中硅的含量为 0.10%～0.40%，沸腾钢（只用锰铁脱氧的钢）中硅的含量只有 0.03%～0.07%。硅的脱氧能力比锰强，可以有效地消除 FeO，改善钢的品质。硅能溶于铁素体并使之强化，从而使钢的强度、硬度、弹性都得到提高。硅也是有益元素。需要注意的是，用做冷冲压件的非合金钢，常因硅对铁素体的强化作用，致使钢的弹性极限升高，而冲压性能变差。因此冷冲压件常常采用含硅量低的沸腾钢制造。

3. 硫的影响

硫是在炼钢时由矿石和燃料带来的。硫在一般钢中是有害物质，它不溶于铁，以 FeS 形式存在于钢中。FeS 与 Fe 形成的低熔点（985℃）的共晶体分布在晶界上。钢加热到 1000～1200℃进行锻压或轧制时，由于分布在晶界上的共晶体已经熔化，使钢在晶界开裂。这种现象称为热脆。钢中增加锰的含量，锰和硫能形成熔点高的 MnS（熔点为 1620℃）。MnS 在铸态下呈点状分布于钢中，高温时塑性好，热轧时易被拉成长条，使钢产生纤维组织，从而消除硫的有害作用。钢中的硫的含量必须严格控制。

4. 磷的影响

磷也是钢中的有害元素。在常温下能溶于铁素体，部分形成 Fe_3P，使室温下（100℃以下）钢的塑性和韧性急剧下降，脆性转化温度升高。这种现象称为冷脆。因此，钢中的磷的含量也必须严格限制。

5. 氧、氮、氢的影响

钢中的氧使钢强度和塑性降低，其氧化物，例如 Fe_3O_4、MnO 等，对钢的疲劳强度有很大影响。因此氧是有害元素。

钢中的氮使钢的硬度、强度增高而塑性下降，脆性增大。若炼钢时用 Al、Ti 脱氧，可以生成 AlN、TiN，从而消除氮的脆化作用。

钢中的氢会造成氢脆、白点等缺陷，也是有害物质。

当然，有时一定成分的有害元素的存在，对钢的某些性能有提高作用，例如一定含量的磷、硫元素，可以提高钢的切削加工性能。因为磷、硫增加钢的脆性，使钢在切削时容易断裂，从而提高切削效率，延长刀具寿命，还可改善工件表面粗糙度。易切削钢就是有意将磷、硫的含量提高而得到的。

二、碳钢的种类、牌号、成分和性能

（一）碳钢的种类

碳钢主要有以下几种分类方法

1. 按钢中的含碳量分

（1）低碳钢　$w_C \leqslant 0.25\%$。

（2）中碳钢　$0.25\% < w_C \leqslant 0.6\%$。

（3）高碳钢　$w_C > 0.6\%$。

2. 按钢的质量分

（1）普通碳素钢　$w_S \leqslant 0.055\%$；$w_P \leqslant 0.045\%$。

（2）优质碳素钢　$w_S \leqslant 0.040\%$；$w_P \leqslant 0.040\%$。

（3）高级优质碳素钢　$w_S \leqslant 0.030\%$；$w_P \leqslant 0.035\%$。

3. 按钢的用途分

（1）碳素结构钢　用于制造各种工程构件（如桥梁、船舶、建筑构件等）和机器零件（如齿轮、轴、连杆等）。

（2）碳素工具钢　用于制造各种工具（如刃具、量具、模具等）。

4. 按钢的冶炼方法分

（1）平炉钢　用平炉冶炼。

（2）转炉钢　用转炉冶炼。转炉钢又可以分为碱性转炉钢（冶炼时造碱性熔渣）、酸性转炉钢（冶炼时造酸性熔渣）、顶吹转炉钢（冶炼时吹氧）。

（二）碳钢的牌号、成分和性能

1. 碳素结构钢

碳素结构钢的牌号是由代表屈服点的字母（Q）、屈服点数值、质量等级符号（A、B、C、D）及脱氧方法符号（F、b、Z、TZ）四个部分按顺序组成。质量等级符号反映了碳素结构钢中有害元素（P、S）含量的多少，从A级到D级，钢中P和S含量依次减少。C级和D级的碳素结构钢的P、S含量最低，质量好，可做重要焊接结构件。脱氧方法符号F、b、Z、TZ分别表示沸腾钢、半镇定钢、镇定钢以及特殊镇定钢。钢号中的Z、TZ可以省略。如Q215-AF表示屈服强度数值为215MPa的A级沸腾钢。碳素结构钢的牌号、化学成分和力学性能分别见表2-1和表2-2。

2. 优质碳素结构钢

优质碳素结构钢的牌号是用两位数字表示平均含碳量的万分之几，如45钢表示平均含碳量为0.45%；若钢中含锰量较高时（0.7%～1.2%），则在数字后面加“Mn”符号，如60 Mn表示含碳量为0.60%，含锰量为0.70%～1.00%的优质碳素结构钢。若是沸腾钢，则在牌号末尾加“F”符号。优质碳素结构钢的牌号、化学成分及力学性能分别见表2-3、表2-4。

表 2-1 碳素结构钢的牌号及化学成分

牌号	等级	化学成分 w_{Me}/%					脱氧方法
		w_C	w_{Mn}	w_{Si}	w_S	w_P	
				不大于			
Q195	—	0.06～0.12	0.25～0.50	0.3	0.05	0.045	F,b,Z
Q215	A	0.09～0.15	0.25～0.55	0.3	0.05	0.045	F,b,Z
	B				0.045		
Q235	A	0.14～0.22	0.30～0.65	0.3	0.05	0.045	F,b,Z
	B	0.12～0.20	0.30～0.70		0.045		
	C	≤0.18	0.35～0.80		0.04	0.04	Z
	D	≤0.17			0.035	0.035	TZ
Q255	A	0.18～0.28	0.40～0.70	0.3	0.05	0.045	Z
	B				0.045		
Q275	—	0.28～0.38	0.50～0.80	0.3	0.05	0.045	Z

注：Q235 A，B 级沸腾钢锰含量上限为 0.60%。

表 2-2 碳素结构钢的力学性能

牌号	等级	拉伸试验														冲击试验	
		屈服点 σ_s/MPa						抗拉强度 σ_b/MPa	伸长率 δ_5/%							温度/℃	V形冲击功
		钢材厚度(直径)/mm							钢材厚度(直径)/mm								
		≤16	>16～40	>40～60	>60～100	>100～150	>150		≤16	>16～40	>40～60	>60～100	>100～150	>150			
		≥							≥								≥
Q195	—	195	185	—	—	—	—	315～390	33	32	—	—	—	—		—	—
Q215	A	215	205	195	185	175	165	335～410	31	30	29	28	27	26		—	—
	B															20	27
Q235	A	235	225	215	205	195	185	375～460	26	25	24	23	22	21		—	—
	B															20	27
	C															0	
	D															−20	
Q255	A	255	245	235	225	215	205	410～510	24	23	22	21	20	19		—	—
	B															20	27
Q275	—	275	265	255	245	235	225	490～610	20	19	18	17	16	15		—	—

表 2-3 优质碳素结构钢的牌号、化学成分

牌号	化学成分(质量分数)/%				
	C	Mn	Si	S	P
08F	0.05～0.11	0.25～0.50	≤0.03	<0.035	<0.035
10	0.07～0.14	0.35～0.65	0.17～0.37	<0.035	<0.035
20	0.17～0.24	0.35～0.65	0.17～0.37	<0.035	<0.035
35	0.32～0.40	0.50～0.80	0.17～0.37	<0.035	<0.035
40	0.37～0.45	0.50～0.80	0.17～0.37	<0.035	<0.035
45	0.42～0.50	0.50～0.80	0.17～0.37	<0.035	<0.035
50	0.47～0.55	0.50～0.80	0.17～0.37	<0.035	<0.035
60	0.57～0.65	0.50～0.80	0.17～0.37	<0.035	<0.035
65	0.62～0.70	0.50～0.80	0.17～0.37	<0.035	<0.035

表 2-4 优质碳素结构钢的力学性能

牌号	σ_b/MPa ≥	σ_s/MPa ≥	δ_5/% ≥	ψ/% ≥	a_K/J·cm^{-2}	热轧钢/HBS ≤	退火钢/HBS ≤
08F	295	175	35	60		131	
10	335	205	31	55		137	
20	410	245	25	55		156	
35	530	315	20	45	55	197	
40	570	335	19	45	47	217	187
45	600	355	16	40	39	229	197
50	630	375	14	40	31	241	207
60	675	400	12	35		255	229
65	695	420	10	30		255	229

3. 碳素工具钢

碳素工具钢的含碳量在0.65%～1.35%之间，可分为优质碳素工具钢和高级优质碳素工具钢两类。碳素工具钢的牌号由“T”和两位数字组成，数字表示钢中平均含碳量的千分之几，如果为高级优质钢，则在数字后面加“A”符号。例如，T10A表示含碳量为1.0%的高级优质碳素工具钢。含锰量较高的碳素工具钢，在牌号后面加“Mn”符号，例如，T8 Mn。碳素工具钢的牌号、化学成分及力学性能见表2-5。

表 2-5 碳素工具钢的牌号、化学成分及力学性能

牌号	化学成分 w_{Me}/%			硬度			用途举例
				退火状态/HBS ≤	试样淬火		
	C	Mn	Si		淬火温度/℃和淬火介质	HRC ≤	
T7	0.65～0.84	≤0.40	≤0.35	187	800～820 水	62	用于承受振动、冲击，硬度适中，有较好韧性的工具，如凿子、冲头、木工工具、大锤等
T8Mn	0.80～0.90	0.40～0.60	≤0.35	187	780～800 水	62	有较高硬度和耐磨性的工具，如冲头、木工工具、剪切金属用剪刀等
T8	0.75～0.84	≤0.40	≤0.35	187	780～800 水	62	与T8钢相似，但淬透性高，可制造截面较大的工具
T9	0.85～0.94	≤0.40	≤0.35	192	760～780 水	62	一定硬度和韧性的工具，如冲头、冲模、凿岩石用凿子
T10	0.95～1.04	≤0.40	≤0.35	197	760～780 水	62	耐磨性要求较高，不受剧烈振动，具有一定韧性及锋利刃口的各种工具，如刨刀、车刀、钻头、丝锥、手锯锯条、拉丝模、冷冲模等
T11	1.05～1.14	≤0.40	≤0.35	207	760～780 水	62	
T12	1.15～1.24	≤0.40	≤0.35	207	760～780 水	62	不受冲击、高硬度的各种工具，如丝锥、锉刀、刮刀、绞刀、板牙、量具等
T13	1.25～1.35	≤0.40	≤0.35	217	760～780 水	62	不受振动、要求极高硬度的各种工具，如剃刀、刮刀、刻字刀具等

三、铸铁的种类、牌号、用途

（一）铸铁的分类

在讲解铸铁的分类之前，我们需要了解石墨化这个概念。石墨化就是铸铁中碳原子析出并形成石墨的过程。石墨化的程度不同，所得到的铸铁类型和组织也不同。铸铁的分类一般是根据石墨的形态进行的，分类如下。

(1) 灰口铸铁 灰口铸铁是具有片状石墨的铸铁。它包括普通灰口铸铁和孕育铸铁两种。

(2) 可锻铸铁 可锻铸铁是具有团絮状石墨的铸铁。

(3) 球墨铸铁 球墨铸铁是具有球状石墨的铸铁。

(4) 蠕墨铸铁 蠕墨铸铁是具有蠕虫状石墨的铸铁。

(二) 铸铁的牌号、用途

1. 灰口铸铁

灰口铸铁的牌号是由“HT+数字”组成。其中“HT”表示灰铁，数字表示直径 30mm 单件铸铁棒的最低抗拉强度值。例如 HT200 表示最低抗拉强度为 200MPa 的灰口铸铁。灰口铸铁的牌号、力学性能及用途见表 2-6。

表 2-6 灰口铸铁的牌号、力学性能及用途

牌号	铸铁类型	铸件壁厚/mm	铸件最小抗拉强度 σ_b/MPa	适用范围以及举例
HT100	铁素体灰铸铁	2.5～10	130	低载荷和不重要零件，如盖、外罩、手轮、支架、重锤等
		10～20	100	
		20～30	90	
		30～50	80	
HT150	珠光体+铁素体灰铸铁	2.5～10	175	承受中等应力(抗弯应力小于10MPa)的零件，如支柱、底座、齿轮箱、工作台、刀架、端盖、阀体、管路附件以及一般无工作条件要求的零件
		10～20	145	
		20～30	130	
		30～50	120	
HT200	珠光体灰铸铁	2.5～10	220	承受较大应力(抗弯应力小于300MPa)和较重要零件，如汽缸体、齿轮、机座、飞轮、床身、缸套、活塞、刹车轮、联轴器、齿轮箱、轴承座、液压缸等
		10～20	195	
		20～30	170	
		30～50	160	
HT250		4.0～10	270	
		10～20	240	
		20～30	220	
		30～50	200	
HT300	孕育铸铁	10～20	290	承受高弯曲应力(小于500MPa)以及抗拉应力的重要零件，如齿轮、凸轮、车床卡盘、剪床和压力机的机身、床身、高压液压缸、滑阀壳体等
		20～30	250	
		30～50	230	
HT350		10～20	340	
		20～30	290	
		30～50	260	

2. 可锻铸铁

可锻铸铁的牌号采用“KTH”或“KTZ”加相应的数字构成。其中“KTH”表示黑心(铁素体)可锻铸铁，“KTZ”表示珠光体可锻铸铁，牌号后的第一组数字表示铸铁的最小抗拉强度，第二组数字表示铸铁的最小延伸率。例如 KTZ550-02 表示珠光体可锻铸铁，其最小抗拉强度为 550MPa，最小延伸率为 2%。中国常用可锻铸铁的牌号、性能和用途见表2-7。

表 2-7 中国常用可锻铸铁的牌号、性能和用途

种类	牌号	试样直径/mm	力学性能				用途举例
			σ_b/MPa	$\sigma_{0.2}$/MPa	δ/%	/HBS	
			≤				
黑心可锻铸铁	KTH300-06	12 或 15	300		6	≤150	制作三通接头等
	KTH330-08		330		8		制作机床扳手、犁刀、犁柱车轮壳等
	KTH350-10		350	200	10		汽车、拖拉机前后轮壳、减速器壳、制动器等
	KTH370-12①		370		12		
珠光体可锻铸铁	KTZ450-06	12 或 15	150	270	6	150～200	载荷较高和耐磨损零件，如曲轴、凸轮轴、连杆、齿轮、活塞环、摇臂、万向接头、传动链条等
	KTZ550-04		550	340	4	180～250	
	KTZ650-02		650	430	2	210～260	
	KTZ700-02		700	530	2	240～290	

① 为过渡牌号。

注：试样直径 12mm 只用于主要壁厚小于 10mm 的铸件。

3．球墨铸铁

球墨铸铁的牌号采用“QT”和后面的两组数据组成，“QT”为球铁二字的汉语拼音字头，后面的两组数据分别代表该铸铁的最小抗拉强度（MPa）和最小延伸率（%）。各种球墨铸铁的力学性能、牌号及用途见表 2-8。

表 2-8 各种球墨铸铁的力学性能、牌号及用途

牌号	力学性能				基体组织类型	用途举例
	σ_b/MPa	$\sigma_{0.2}$/MPa	δ/%	/HBS		
	≥					
QT400-18	400	250	18	130～180	铁素体	承受冲击、振动的零件，如汽车、拖拉机轮毂、拨叉、农机具零件齿轮箱等
QT400-15	400	250	15	130～180	铁素体	
QT450-10	450	310	18	160～210	铁素体	
QT500-7	500	320	7	170～230	铁素体＋珠光体	机器座架、传动轴飞轮、电动机架、铁路机车轴瓦等
QT600-3	600	370	3	190～270	铁素体＋铁素体	载荷大、受力复杂的零件，如汽车曲轴、连杆、凸轮轴、机床主轴、蜗杆、大齿轮等
QT700-2	700	430	2	225～305	珠光体	
QT800-2	800	480	2	245～335	珠光体或回火组织	
QT900-2	900	600	2	280～360	贝氏体或回火马氏体	高强度齿轮，如汽车后桥螺旋锥齿轮、凸轮区等

4．蠕墨铸铁

蠕墨铸铁的牌号由蠕铁的汉语拼音字首“RuT”和数字组成（JB 4403—1987），数字表示最小抗拉强度，例如 RuT340。各牌号蠕墨铸铁的主要区别在于基体组织的不同。

蠕墨铸铁的力学性能介于基体组织相同的优质灰铸铁和球墨铸铁（简称球铁）之间。当成分一定时，蠕墨铸铁的强度、韧性、疲劳极限和耐磨性等都优于灰铸铁，对断面的敏感性也较小；但蠕墨铸铁的塑性和韧性比球铁低，强度接近球铁。蠕墨铸铁抗热疲劳性能、铸造性能、减振能力以及导热性都优于球铁，接近灰铸铁。综合蠕墨铸铁的这些性能，蠕墨铸铁主要用来制造大马力柴油机盖、汽缸盖、机座、电机壳、机床床身等零件。

习　题

1. 常见的金属晶体结构类型有哪几种？
2. 什么是合金相图？了解热分析法建立合金相图的过程。
3. 解释下列名词并说明其性能和显微组织特征：铁素体、奥氏体、渗碳体、珠光体、莱氏体。
4. 试画简化的 $Fe\text{-}Fe_3C$ 相图，说明图中主要点、线的意义，填出各相区的相和组织组成物。
5. 根据 $Fe\text{-}Fe_3C$ 相图，解释下列现象。
   ① 室温下，$w_C=0.8\%$的碳钢比 $w_C=0.4\%$的碳钢硬度高，比 $w_C=1.2\%$的碳钢强度高。
   ② 钢铆钉一般用低碳钢制造。
   ③ 绑扎物件一般用铁丝（镀锌低碳钢丝），而起重机吊重物时都用钢丝绳（用 60 钢、65 钢等制成）。
   ④ 在 1100℃时，$w_C=0.4\%$的钢能进行锻造，而 $w_C=4.0\%$的铸铁不能进行锻造。
   ⑤ 钢适宜压力加工成形，而铸铁适宜铸造成形。
6. 机床的床身、床脚和箱体为什么都采用灰铸铁铸造较合适？能否用钢板焊接制造？试将二者使用性和经济性进行简要的比较。
7. 为什么可锻铸铁适宜制造壁厚较薄的零件，球墨铸铁却不适宜制造壁厚较薄的零件？
8. 试从下列几点来比较 HT150 灰口铸铁和退火状态的 20 钢：①成分；②组织；③抗拉强度；④抗压强度；⑤硬度；⑥减磨性；⑦铸造性能；⑧锻造性能；⑨切削加工性。
9. 根据下表所列的要求，归纳对比几种铸铁的特点。

种类	牌号表示	显微组织	生产方法的特点	力学及工艺性能	用途举例
灰口铸铁					
球墨铸铁					
蠕墨铸铁					
可锻铸铁					

第三章　钢的热处理

钢的热处理是指通过加热、保温和冷却工序改变钢的内部组织结构，从而获得预期性能的工艺方法。其基本过程如图 3-1 所示。热处理是改善钢材性能的重要工艺措施。在机械制造中绝大多数零件都要进行热处理，各种刃具、量具、模具和轴承等几乎全部都要进行热处理。因此，热处理在机械制造业中占有十分重要的地位，应用极其广泛。

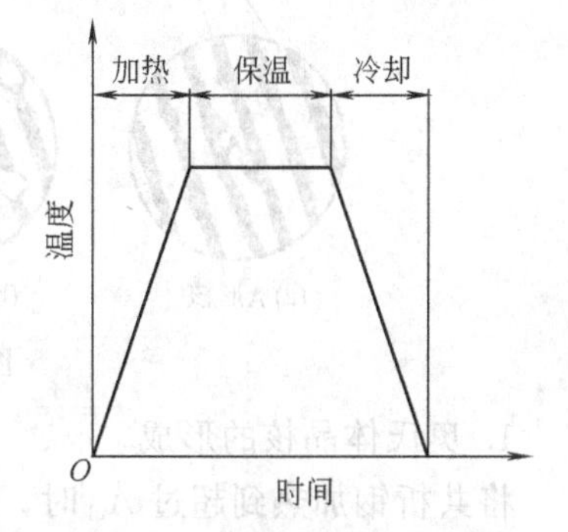

图 3-1　钢的热处理工艺曲线

钢的热处理在生产上应用的种类很多，根据加热和冷却的方式不同，大致可分为以下几种。

① 普通热处理——退火、正火、淬火、回火。

② 表面热处理——表面淬火、物理气相沉积、化学气相沉积。

③ 化学热处理——渗碳、渗氮、碳氮共渗。

热处理之所以能获得各种零件所需的性能，是由于钢在固态下的加热和冷却过程中，会发生一系列的组织结构转变。而且这些转变具有严格的规律性，即在一定的加热温度，保温时间和冷却速度的条件下，必然形成一定的组织，具有相应的性能。因此，只要掌握钢在加热（包括保温）和冷却这两个过程中组织变化的规律，就能比较容易地理解各种热处理方法的作用和目的。

第一节　钢在加热时的组织转变

由 Fe-Fe_3C 相图可知，钢在平衡条件下的固态相变点分别为 A_1、A_3 和 A_{cm}。共析钢、亚共析钢和过共析钢分别被缓慢加热到 A_1、A_3、A_{cm} 温度以上时均可获得单相的奥氏体组织。在实际生产中，加热和冷却并不是极其缓慢的，因此实际发生组织转变的温度与相图所示的 A_1、A_3、A_{cm} 有一定的偏离，为与平衡条件下的相变点区别，通常将实际加热时各相变点分别用 A_{C1}、A_{C3}、$A_{C_{cm}}$ 表示。实际冷却时的各相变点分别用 A_{r1}、A_{r3}、$A_{r_{cm}}$ 表示。如图 3-2 所示。

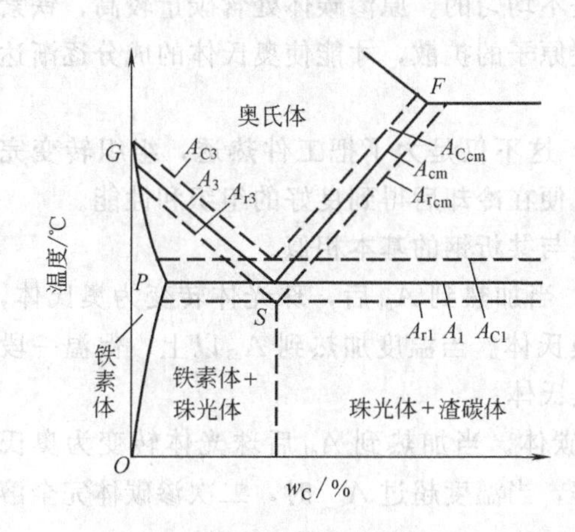

图 3-2　钢在加热和冷却时的相变点

加热是各种热处理必不可少的第一道工序，大多数机械零件进行热处理时，都要加热到相变点以上，以获得全部或部分均匀的奥氏体组织。这一过程称为奥氏体化。下面以共析钢为例，研究钢在加热时的组织转变规律。

一、奥氏体的形成

以共析钢为例说明奥氏体的形成过程。共析钢在 A_1 温度以下是珠光体组织，当把共析钢加热到 A_{c1} 以上温度时，便发生珠光体向奥氏体的转变。加热时形成的奥氏体，其成分与铁素体和渗碳体都相差很大，其转变过程必须通过原子的扩散使碳原子重新分布。因此，珠光体向奥氏体的转变属于扩散型转变。其转变过程就是一个形核及核长大的过程，可归纳为如图 3-3 所示。

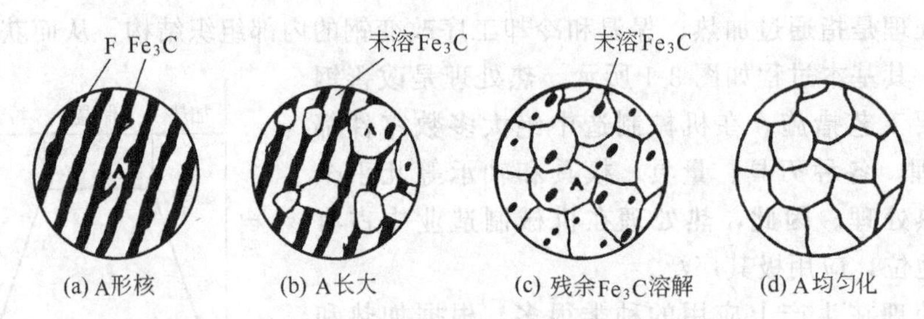

图 3-3 共析钢奥氏体形成过程

1. 奥氏体晶核的形成

将共析钢加热到超过 A_{c1} 时，珠光体处于不稳定状态而奥氏体将开始形核。通常奥氏体的晶核总是优先在铁素体与渗碳体的相界面处形成，这是由于此处成分不均匀，原子排列不规则，位错和空位密度较高。有利于奥氏体晶核的形成，如图 3-3（a）所示。

2. 奥氏体晶核的长大

奥氏体晶核形成以后，便形成两个新的相界面，一面与渗碳体相接，另一面与铁素体相接。通过原子的扩散，使其相邻的铁素体晶格改组为奥氏体晶格而邻近的渗碳体不断向奥氏体中溶解，这样奥氏体逐渐向铁素体及渗碳体两个方向长大。与此同时，新的奥氏体晶核也不断形成并随之长大，直至铁素体全部转变为奥氏体为止，如图 3-3（b）所示。

3. 残余渗碳体地溶解

在奥氏体长大过程中，铁素体比渗碳体先消失。当铁素体全部转变为奥氏体后，仍有部分渗碳体尚未溶解，随着保温时间的延长，未溶解的残余渗碳体不断地溶入奥氏体中，直至完全消失，如图 3-3（c）所示。

4. 奥氏体的均匀化

残余渗碳体完全溶解后，奥氏体的成分仍然是不均匀的。原渗碳体处含碳量较高，铁素体处含碳量较低。只有继续延长保温时间，通过碳原子的扩散，才能使奥氏体的成分逐渐达到均匀。如图 3-3（d）所示。

由此可知，钢热处理时需要一定的保温时间，这不仅是为了把工件热透，组织转变完全，而且也是为了获得成分均匀的奥氏体组织，以便在冷却后得到良好的组织和性能。

亚共析钢和过共析钢加热时奥氏体的形成过程与共析钢的基本相似。

亚共析钢的室温平衡组织为珠光体加铁素体，当加热到 A_{c1} 后，珠光体转变为奥氏体，随着加热温度的不断升高，铁素体也逐渐转变为奥氏体。当温度加热到 A_{c3} 以上，保温一段时间后，铁素体才能全部转变完毕，得到单一的奥氏体。

过共析钢的室温平衡组织为珠光体加二次渗碳体。当加热到 A_{c1} 后珠光体转变为奥氏体，温度继续升高，二次渗碳体不断向奥氏体溶解，当温度超过 A_{ccm} 时，二次渗碳体完全溶解，得到单一的奥氏体。

二、奥氏体晶粒的长大

钢在加热时所形成的奥氏体晶粒大小，对冷却转变后的组织和性能有着显著的影响。加热时获得的奥氏体晶粒细小，冷却后转变产物的晶粒也细小。其强度、塑性和韧性较好。反之，粗大的奥氏体晶粒冷却后转变产物也粗大，其强度、塑性较差，特别是韧性显著降低。因此，为了获得所期望的合适的奥氏体晶粒，就必须了解奥氏体晶粒度的概念，了解影响奥氏体晶粒大小的因素。

1. 奥氏体晶粒度

奥氏体晶粒度是表示奥氏体晶粒大小的尺度。按照 GB 6934—1986《金属平均晶粒度测定法》将奥氏体标准晶粒度分为 00、0、1、2、3、…、10 级，共 12 个等级。其中常用的 1～10 级，如图 3-4 所示。1 级最粗，10 级最细。一般 1～4 级称为粗晶粒；5～8 级称为细晶粒；9 级以上称为超细晶粒。在生产中，是将钢试样在金相显微镜下放大 100 倍观察，并与标准评级图进行对比以确定晶粒度级别。

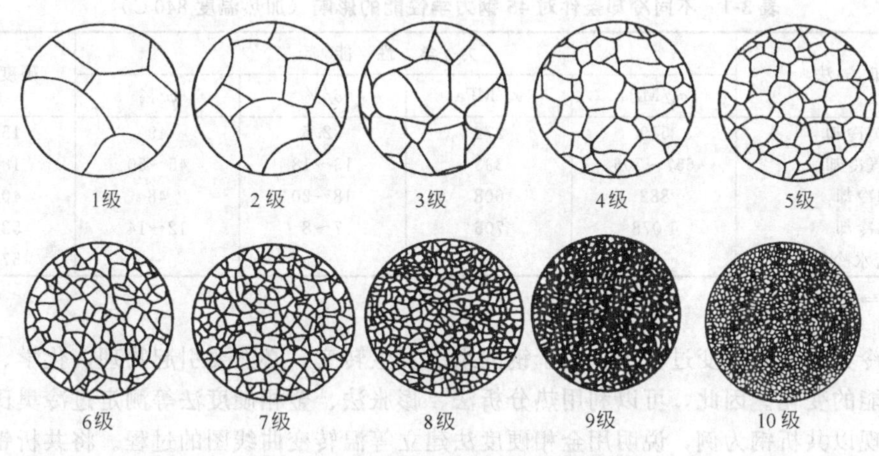

图 3-4　金属平均晶粒度标准评级图

2. 影响奥氏体晶粒大小的因素

在一定范围内，奥氏体晶粒长大的倾向随含碳量增加而增大，这是因为随含碳量的增加，碳在奥氏体中的扩散速度也随之增加的缘故。但当含碳量超过一定限度后，就会形成过剩的二次渗碳体，阻碍晶粒的长大。

至于钢中的合金元素，总的来说，除 Mn 和 P 以外，都不同程度的阻碍奥氏体晶粒长大。

第二节　钢在冷却时的转变

在钢的热处理中，冷却是一个非常关键的工序。因为在加热、保温时得到的奥氏体，当以不同的冷却条件冷却时，会得到性能差异很大的各种组织。见表 3-1。

根据不同的冷却方式，奥氏体的冷却转变可分为两种，一种是等温冷却转变，另一种是连续冷却转变。如图 3-5 所示。

一、过冷奥氏体的等温转变

把共析钢加热到均匀的奥氏体状态后，在相变点 A_1 以上时是稳定相，如冷却到 A_1 温度以下就处于不稳定状态，在一定条件下会发生分解转变。但并不是冷却至 A_1 温度以下就立即发生转变，在转变前要停留一段时间，这段时间称为孕育期。这种在 A_1 温度以下暂时存在的处于不稳定状态的奥氏体称为过冷奥氏体。

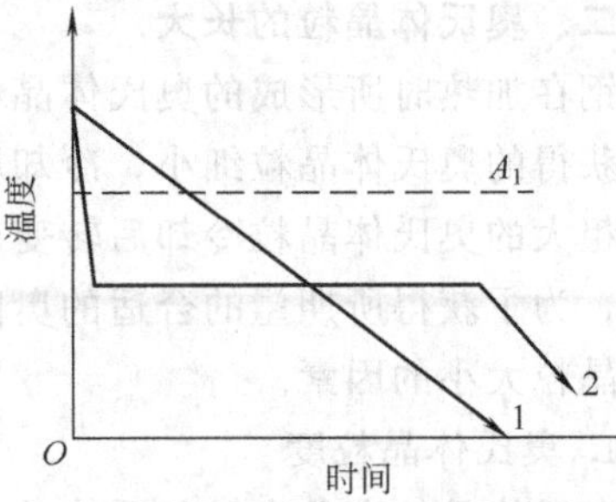

图 3-5 两种冷却方式示意
1—连续冷却；2—等温冷却

1. 过冷奥氏体的等温转变曲线

过冷奥氏体的等温转变就是将钢加热到奥氏体状态后，迅速冷却到低于 A_1 的某一温度，并保温足够时间，使奥氏体在该温度下完成其组织转变过程。

过冷奥氏体的等温转变曲线是表示过冷奥氏体在不同过冷度下的等温过程中，转变温度、转变时间与转变产物间的关系曲线图。图形形状与字母“C”相似，所以又称为C曲线。

表 3-1 不同冷却条件对 45 钢力学性能的影响（加热温度 840℃）

冷却方法	力学性能				硬度/HRC
	σ_b/MPa	σ_s/MPa	δ/%	ψ/%	
随炉冷却	519	272	32.5	49	15～18
空气冷却	657～706	333	15～18	45～50	18～24
油冷却	882	608	18～20	48	40～50
水冷却	1 078	706	7～8	12～14	52～60
15%盐水冷却①	—	—	—	—	57～62

① $w_{NaCl}=15\%$。

在过冷奥氏体的转变过程中，由于钢的组织发生转变，必然要引起物理、化学、力学等一系列性能的变化。因此，可以利用热分析法、膨胀法、金相硬度法等测定过冷奥氏体的转变过程。现以共析钢为例，说明用金相硬度法建立等温转变曲线图的过程。将共析钢制成若干一定尺寸的试样，在相同条件下，加热至 A_1 温度以上使其奥氏体化，然后分别迅速投入到 A_1 温度以下不同温度的等温槽中，使过冷奥氏体进行等温转变。每隔一段时间取出一块试样急速淬入水中，冷却后测定其硬度并观察显微组织。这样就可以找出在不同过冷度下进行等温转变时，过冷奥氏体开始转变的时间和转变终了的时间。并把它们绘制在温度-时间坐标图上。把所有的转变开始点和转变终了点分别用光滑的曲线连接起来，便得到如图 3-6 所示的曲线图。同时通过金相观察和硬度测试，获得各试样在不同时刻的组织和硬度，标注到图上，就可以得到共析钢完整的奥氏体等温转变图。如图 3-7 所示。

2. 过冷奥氏体等温转变图的分析

由图 3-7 所见，A_1 为珠光体向奥氏体转变的相变点，A_1 以上区域为稳定奥氏体区。在两条C曲线中，左边的曲线为转变开始线，该线以左区域为过冷奥氏体区。右边的曲线为转变终止线，该线以右为转变产物区。两条C曲线之间的区域为过冷奥氏体与转变产物共存区。水平线 M_s 为马氏体转变开始线，M_s 与 M_f 两条水平线之间为马氏体和过冷奥氏体共存区。

3. 过冷奥氏体等温转变产物的组织和性能

由上述等温转变曲线可知，奥氏体可以在过冷度从几度到几百度（A_1～M_s）的温度区间内进行相应的转变。由于转变温度不同，其转变特征和转变产物也不同。大致可以分为高温转变（珠光体型转变）和中温转变（贝氏体型转变）。

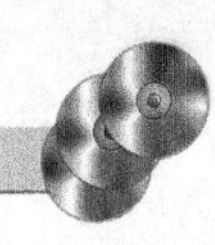

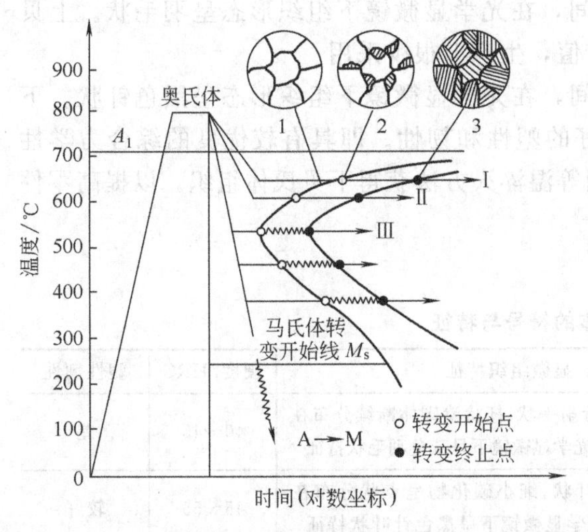

图 3-6　共析钢奥氏体等温转变图的建立

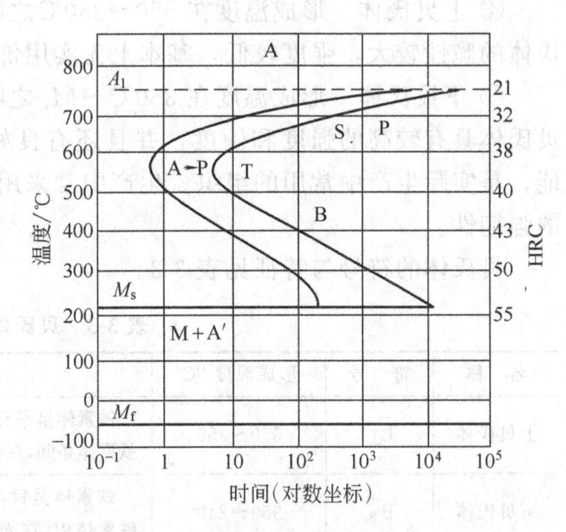

图 3-7　共析钢奥氏体等温转变图

(1) 珠光体型转变　过冷奥氏体在 727(A_1)～550℃温度范围内将发生珠光体型转变。由于转变温度较高，铁、碳原子的扩散都能比较充分地进行，使奥氏体分解成为成分、结构都相差很大的渗碳体和铁素体交替重叠的层状组织，即为珠光体组织。由此可见，奥氏体向珠光体的转变属于扩散型转变。等温温度越低，铁素体层和渗碳体层越薄，层间距越小，为区别起见，将这些片层间距不同的珠光体组织分为三种，即珠光体 (P)、索氏体 (S) 和托氏体 (T)。

珠光体、索氏体、托氏体都是铁素体和渗碳体片层相间的机械混合物，三者之间并无本质区别，其形成温度也无严格界限，只是片层厚度不同而已。转变温度越低，片层间距越薄，相界面越多，强度和硬度越高，塑性及韧性也略有改善。珠光体组织的名称、符号与特征见表 3-2。

表 3-2　珠光体组织的名称、符号与特征

名　称	符号	形成温度/℃	片层间距	显微组织特征	硬　度	
					HB	HRC
珠光体	P	727～650	约 0.6～0.7	在低倍放大下能看到渗碳体与铁素体的片层状特征	170～230	7～20
索氏体	S	650～600	约 0.25～0.3	放大 500 倍以上才能看出片层状特征	230～320	22～35
托氏体	T	600～550	约 0.1～0.15	在光学显微镜下看不到片层状特征，只有在电子显微镜下放大 500 倍以上才能看清	330～400	36～42

(2) 贝氏体型转变　贝氏体型转变的温度范围在 550℃～M_s 之间。在此温度范围内过冷奥氏体转变为贝氏体，用符号“B”表示。它是含过饱和碳的铁素体与渗碳体的机械混合物，其组织形态和性能与珠光体有所不同。

贝氏体的形成过程也是通过形核及核长大完成的。但由于转变温度较低，铁原子不能扩散，碳原子的扩散也不充分，因此，贝氏体转变属于半扩散型转变。与珠光体转变有本质的区别。由于转变温度不同，贝氏体的形态也不同，所以贝氏体分为上贝氏体 ($B_上$) 和下贝氏体 ($B_下$) 两种。

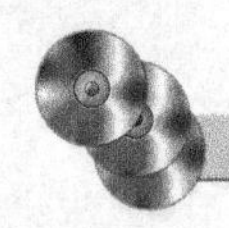

① 上贝氏体　形成温度在550～350℃之间，在光学显微镜下组织形态呈羽毛状。上贝氏体的脆性较大，强度较低，基本上无实用价值，生产上很少采用。

② 下贝氏体　形成温度在350℃～M_s之间，在光学显微镜下组织形态呈黑色针状。下贝氏体具有较高的强度和硬度，并且还有良好的塑性和韧性。即具有较优良的综合力学性能，是实际生产中常用的组织。生产中常采用等温淬火方法获得下贝氏体组织，以提高零件的强韧性。

贝氏体的符号与特征见表3-3。

表3-3　贝氏体的符号与特征

名　称	符　号	形成温度/℃	显微组织特征	硬度/HRC	塑性韧性
上贝氏体	$B_上$	550～350	铁素体呈平行扁平状，杆状渗碳体断续分布在铁素体条间，在光学显微镜下呈灰色羽毛状特征	40～45	差
下贝氏体	$B_下$	350～240	铁素体呈针叶状，细小碳化物呈点状分布在铁素体内，在光学显微镜下呈黑色针叶状特征	45～55	较好

4. 亚共析钢和过共析钢的等温转变图

亚共析钢和过共析钢的C曲线与共析钢相比，在过冷奥氏体转变为珠光体之前，首先分别析出铁素体和二次渗碳体。所以在C曲线上多了一条先共析铁素体和先共析二次渗碳体的析出线，如图3-8所示。同时C曲线的位置也相对左移，这说明亚共析钢和过共析钢的过冷奥氏体稳定性比共析钢差。

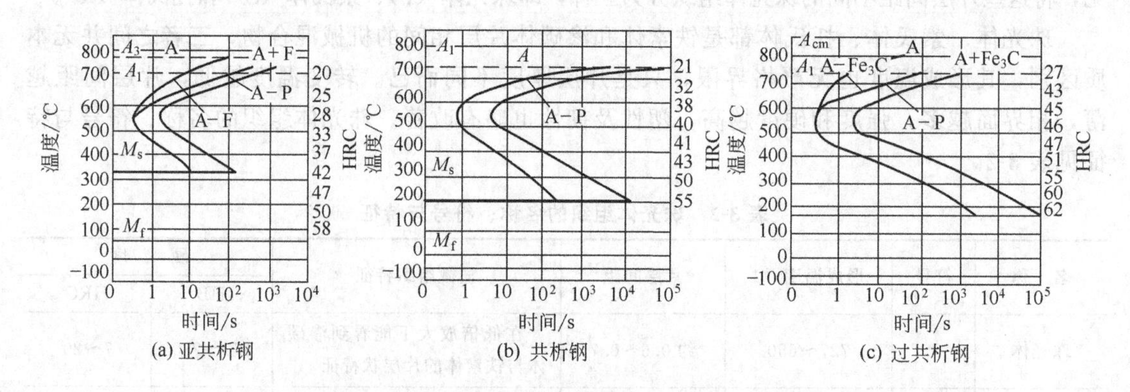

图3-8　亚共析钢、共析钢和过共析钢等温转变图

二、过冷奥氏体的连续冷却转变

1. 过冷奥氏体的连续冷却转变图

在生产实践中，过冷奥氏体大多是在连续冷却条件下完成转变的（如随炉冷却、空气中冷却、水中冷却、油中冷却等）。为了研究过冷奥氏体在连续冷却时的转变规律，应以连续冷却转变图为依据。

连续冷却转变图是指钢经奥氏体化后，在不同冷却速度的连续冷却条件下，过冷奥氏体转变为亚稳态产物时，转变开始及转变终了的时间与转变温度之间的关系曲线图。共析钢的连续冷却转变如图3-9所示。图中P_s线为珠光体转变开始线，P_f为珠光体转变终了线，P_k为珠光体型转变终止线。当冷却曲线与P_k线相交时，过冷奥氏体就不再发生珠光体型转变，未转变的过冷奥氏体一直保留到M_s温度以下直接转变为马氏体组织。v_k称为上临界冷

却速度（或称马氏体临界冷却速度），它是获得全部马氏体组织的最小冷却速度，v_k 越小，钢件在淬火时越容易得到马氏体组织。v_k' 称为下临界冷却速度，它是获得全部珠光体型组织的最大冷却速度。v_k' 越小，则退火所需的时间越长。图中标出了不同冷却速度的冷却曲线。

2. 过冷奥氏体连续冷却转变产物的组织和性能

共析钢连续冷却转变曲线较等温转变曲线向右下方移一些，而且只有C曲线的上半部分，没有中温贝氏体转变区域。实验表明，按不同冷却速度冷却时，过冷奥氏体的转变产物接近于连续冷却转变曲线与等温转变曲线相交温度范围所发生的等温转变产物。

由于连续冷却转变曲线的测定比较困难，而且目前等温转变曲线的资料又比较多，所以，生产实践中常利用同种钢的等温转变曲线来分析过冷奥氏体连续冷却转变产物的组织和性能。以共析钢为例，将连续冷却的冷却曲线叠画在等温转变图上，如图 3-10 所示。根据它们的相对位置，就可以大致估计过冷奥氏体的转变情况。具体的转变产物的组织和性能见表 3-4。

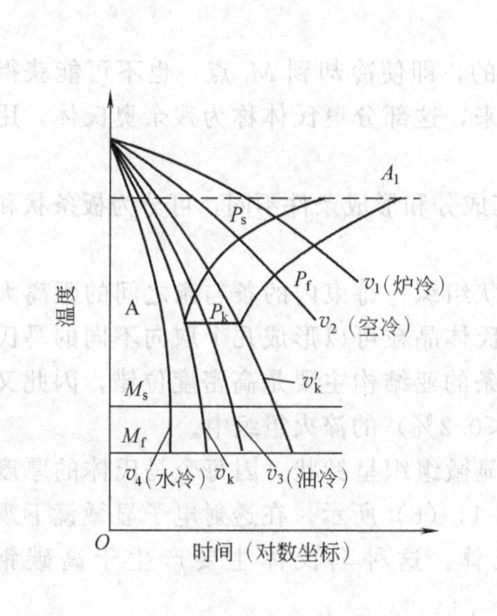

图 3-9　共析钢的连续冷却

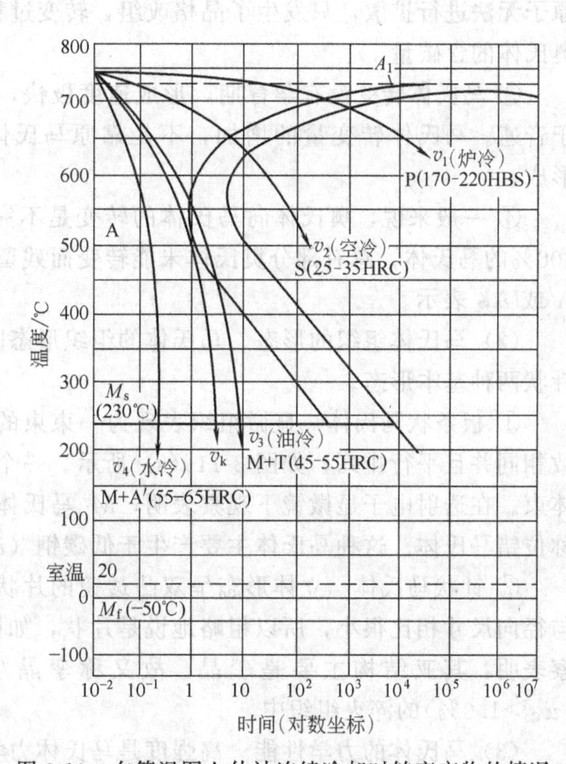

图 3-10　在等温图上估计连续冷却时转变产物的情况

表 3-4　共析钢过冷奥氏体连续冷却转变产物的组织和性能

组织名称	符号	转变温度/℃	组织形态	层间距/μm	分辨所需放大倍数	硬度/HRC
珠光体	P	727～650	粗层状	约 0.3	<500	<25
索氏体	S	650～600	细层状	0.1～0.3	1000～1500	25～35
托氏体	T	600～550	极细针状	约 0.1	10000～100000	35～40
下贝氏体	$B_下$	350～M_s	黑色针状	—	>400	45～55

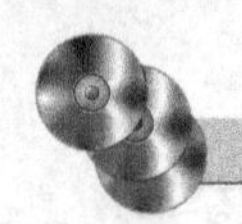

3. 马氏体转变

当冷却速度大于 v_k 时，奥氏体很快地被过冷到 M_s 温度以下，此时温度极低，过冷度很大，转变非常快，故铁、碳原子来不及扩散，只是依靠铁原子进行短距离移动来完成晶格改组（即 γ-Fe→α-Fe），而过饱和的碳来不及以渗碳体的形式从 α-Fe 中析出，结果奥氏体中的碳全部过量地溶解在 α-Fe 晶格中，因此，马氏体实质上是碳在 α-Fe 中的过饱和固溶体，用符号“M”表示。马氏体转变是强化金属材料的重要途径之一。

(1) 马氏体转变的特点　马氏体转变也是一个形核及核长大的过程，但有许多独特的特点。

① 马氏体的转变是在一定温度范围内连续冷却中进行的。当奥氏体快速过冷到 M_s 点(对共析钢约为230℃）以下时，将发生马氏体转变。M_s 点称为上马氏体点。在以后继续冷却时，马氏体的数量随温度的下降而不断地增多。当奥氏体冷却至 M_f 点时，马氏体转变终止，M_f 称为下马氏体点。

② 马氏体转变是一个无扩散型转变。马氏体转变的过冷度很大，转变温度低，铁、碳原子无法进行扩散，只发生了晶格改组，转变过程中没有成分变化，马氏体的含碳量就是原奥氏体的含碳量。

③ 马氏体转变没有孕育期，形成速度极快，瞬间形核，瞬间长大。其线长大速度接近于音速。马氏体转变量的增加，不是靠原马氏体片的长大，而是靠新的马氏体片的不断形成。

④ 一般来说，奥氏体向马氏体的转变是不完全的，即使冷却到 M_f 点，也不可能获得100%的马氏体，总有部分奥氏体未能转变而残留下来，这部分奥氏体称为残余奥氏体，用 A′或 $A_{残}$ 表示。

(2) 马氏体组织的形态　马氏体的组织形态因其成分和形成条件不同，可分为板条状和针状两种基本形态。

① 板条状马氏体　显微组织表现为一束束的条状组织，每束内的条与条之间的距离大致相同并且平行排列，如图 3-11 (a) 所示。一个奥氏体晶粒可以形成几个取向不同的马氏体束。在透射电子显微镜下观察表明，M_f 马氏体板条的亚结构主要是高密度位错，因此又称位错马氏体。这种马氏体主要产生于低碳钢（w_C<0.2%）的淬火组织中。

② 针状马氏体　立体形态呈双凸透镜的片状，显微组织呈针状。因每个马氏体的厚度与径向尺寸相比很小，所以粗略地说是片状，如图 3-11 (b) 所示。在透射电子显微镜下观察表明，其亚结构主要是孪晶，故又称孪晶马氏体。这种马氏体主要产生于高碳钢(w_C>1.0%)的淬火组织中。

(3) 马氏体的力学性能　高强度是马氏体力学性能的主要特点，它之所以能获得高的硬度，其主要原因是由于过饱和的碳引起的晶格畸变，即固溶强化。此外马氏体转变时造成的大量晶体缺陷（如位错、孪晶等）和组织的细化，以及过饱和的碳以弥散碳化物的形式析出都对马氏体的强化起重要的作用。

马氏体的硬度主要受其含碳量的影响，如图 3-12 所示。随含碳量的增加，马氏体的硬度也随之增加。在含碳量较低时，硬度增加较为明显，但当钢中含碳量超过 0.6%时，马氏体的硬度的增加趋于平缓。合金元素对马氏体的硬度影响不大。

针状马氏体由于碳的过饱和度大，晶格畸变严重，而且形成时相互接触撞击而产生显微裂纹等原因，硬度虽高，但脆性大，塑性和韧性差。

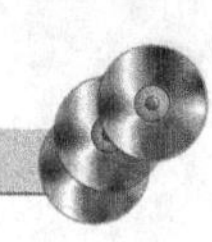

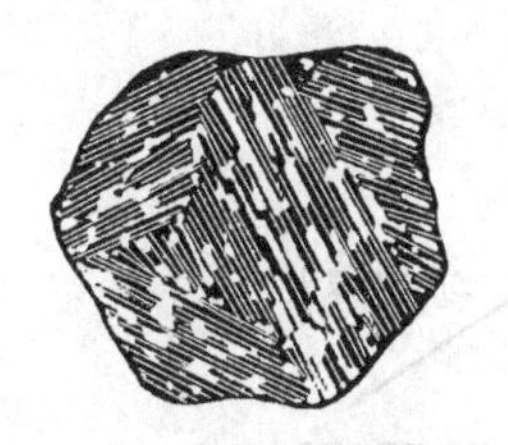

(a) 板条状马氏体

(b) 针状马氏体

图 3-11　马氏体形态

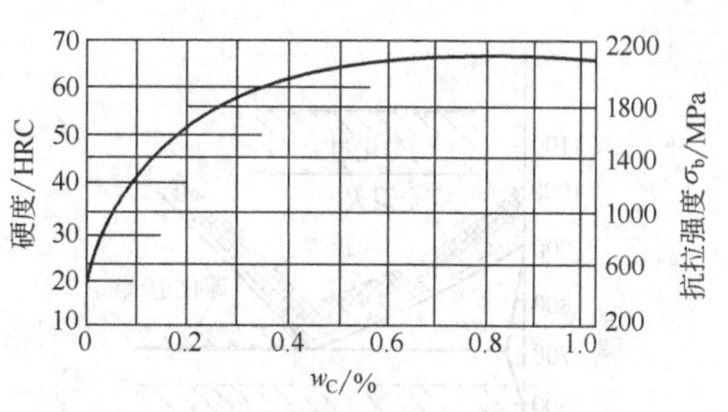

图 3-12　马氏体的硬度与含碳量的关系

板条状马氏体亚结构是高密度位错，含碳量低，形成温度较高，会产生“自回火”现象，碳化物析出弥散均匀，因此，在具有高硬度的同时，还有较高强度和良好的塑性和韧性，在生产中得到广泛的应用。

第三节　热处理工艺

一、钢的退火与正火

退火与正火是应用很广泛的热处理工艺，其主要目的是用以消除钢材在前一道工序带来的某些缺陷，并为后一道工序做好准备。因此，也称为预备热处理。对少数铸件、焊件及一些性能要求不高的零件，也可作为最终热处理。

退火与正火的目的如下。

① 消除前道工序（铸、锻、焊）所造成的组织缺陷，细化晶粒，提高力学性能。

② 调整硬度以利于切削加工。经铸、锻、焊制造的毛坯，常出现硬度偏高、偏低或不均匀的现象，可用退火与正火将硬度调整到 170～230HB，从而改善切削加工性能。

③ 消除残余内应力，防止工件变形。

④ 为最终热处理（淬火、回火）做好组织上的准备。

1. 退火

退火是将钢加热到适当温度，保温后缓慢冷却，获得以珠光体为主要组织的热处理工艺。根据退火工艺与退火目的不同，退火可以分为完全退火、等温退火、球化退火、均匀化退火、去应力退火，如图 3-13 所示。

（1）完全退火　完全退火是把钢件加热到 A_{c3} 以上 30～50℃，保温后随炉缓冷到 500℃以下出炉空冷，其组织为珠光体＋铁素体。

完全退火主要用于亚共析钢的铸、锻件及热轧型材，以改善组织、细化晶粒、降低硬度、消除内应力。为切削加工和淬火做好组织准备。完全退火不能用于过共析钢，因为缓冷时二次渗碳体会以网状形式沿奥氏体晶界析出，严重地削弱了晶粒与晶粒之间的结合力，使钢的强度和韧性大大降低。

（2）等温退火　等温退火是将钢件加热到 A_{c3} 以上 30～50℃（亚共析钢）或 $A_{c_{cm}}$ 以上 20～40℃（过共析钢），保温后以较快速度冷却到 A_{r1} 以下某一温度，并在此温度下停留，使奥氏体转变为珠光体组织，然后出炉在空气中冷却的退火工艺。

等温退火可以大大缩短退火时间，而由于组织转变时工件内外处于同一温度，故能得到均匀的组织和性能。主要用于处理高碳钢，合金工具钢和高合金钢。

（3）球化退火　球化退火是使钢中的渗碳体成为颗粒状。即球状化的退火。实际上是一

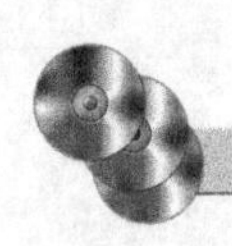

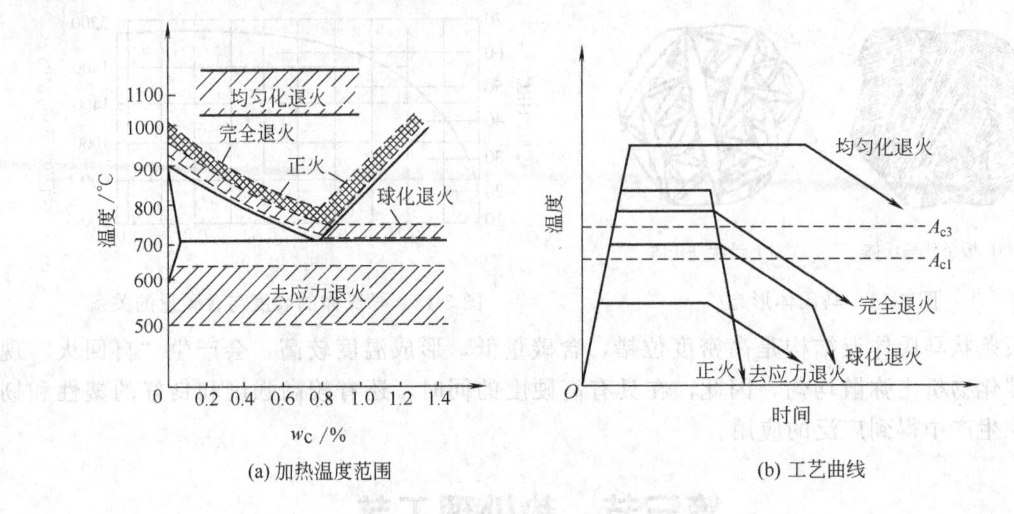

图 3-13 常用退火正火工艺示意

种不完全退火。球化退火是将钢件加热到 A_{c1} 以上 20～40℃，充分保温使二次渗碳体球化，然后随炉缓冷，使那些细小的二次渗碳体成为珠光体相变的结晶核心而形成球化组织，之后再出炉空冷。

球化退火的组织是在铁素体基体上弥散分布着颗粒状渗碳体，称为球状珠光体。对于有严重网状二次渗碳体存在的过共析钢，在球化退火前，应先进行正火处理，以消除网状渗碳体，便于球化。

近年来，球化退火应用于亚共析钢已获得成效，使其得到最佳的塑性和较低的硬度，从而有利于冷挤、冷拉、冷冲压成形加工。

(4) 均匀化退火（扩散退火） 均匀化退火是将钢加热到略低于固相线的温度（1050～1150℃），长时间保温（10～20h），然后缓慢冷却的退火工艺。其目的是为了减少金属铸锭、铸件或锻坯的枝晶偏析和组织不均匀性。它是一种耗费能量很大，成本很高的热处理工艺，因此，主要用于质量要求高的优质合金钢铸锭和铸件。

(5) 去应力退火 去应力退火是将钢加热到 A_{C1} 以下某一温度（一般是 500～650℃），保温后缓冷至 300～200℃以下再出炉空冷的退火工艺。由于加热温度低于 A_{C1}，钢在退火过程中不发生组织变化。其目的主要是消除工件在铸、锻、焊和切削加工过程中产生的内应力，稳定尺寸，减少变形。

2. 正火

正火是将钢件加热到 A_{C3}（亚共析钢）或 $A_{C_{cm}}$（过共析钢）以上 30～50℃，保温后在空气中冷却的热处理工艺。与退火相比，正火冷却速度较快，获得的组织细小，钢的硬度和强度也较高。正火后组织通常为索氏体。

正火的目的是细化晶粒、调整硬度、消除网状渗碳体，为后续加工、球化退火及淬火等做好组织准备。正火操作简便，生产周期短，成本较低，因此应用比较广泛，主要应用范围如下。

① 作为低、中碳钢的预先热处理，从而获得合适的硬度，改善切削加工性，并为淬火做好组织准备。

② 消除过共析钢的网状渗碳体，为球化退火作组织准备。

③ 消除中碳结构钢铸、锻、焊等热加工中的过热组织缺陷，细化晶粒，均匀组织消除内应力。

④ 作为普通结构零件的最终热处理。使之达到一定的力学性能，在某些场合可以代替调质处理。

二、钢的淬火与回火

淬火是将钢加热到 A_{C3} 或 A_{C1} 以上 30～50℃，保温后快速冷却获得马氏体或下贝氏体组织的热处理工艺。钢件淬火后，再加热到 A_{C1} 以下某一温度，保温一定时间后冷却到室温的热处理工艺称为回火。

淬火与回火在生产中是应用最广泛的热处理工艺，常紧密地配合在一起，赋予工件最终的使用性能，是强化钢材，提高零件使用寿命的重要手段。通过淬火和适当温度的回火，可获得不同的组织和性能，满足各类零件或工具对使用性能的不同要求。

（一）钢的淬火

1. 淬火加热温度的选择

碳钢的淬火加热温度可利用 Fe-Fe_3C 状态图来确定，如图 3-14 所示。亚共析钢的淬火温度在 A_{C3} 以上 30～50℃可获得细马氏体组织，如果温度过高，会引起马氏体粗大，并增加工件变形开裂倾向。反之，若温度过低，在淬火组织中将出现未溶的铁素体，降低钢的强度和硬度。对于过共析钢加热温度在 A_{C1} 以上 30～50℃，淬火组织为细马氏体＋均匀分布的颗粒状渗碳体＋少量的残余奥氏体。合金钢的淬火温度也根据相变点来确定。但由于大多数合金元素在钢中都有细化晶粒的作用，因此，为了使合金元素充分溶解和均匀化，淬火温度要比碳钢高，一般为相变点以上 50～100℃。某些高合金钢会更高一些。

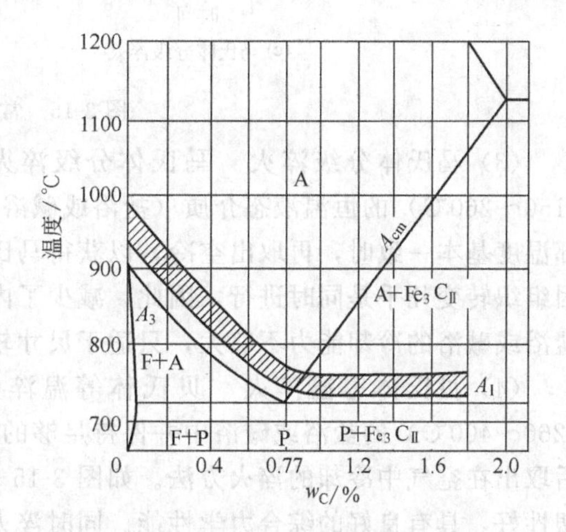

图 3-14　碳钢的淬火加热温度范围

2. 淬火方法

由于目前还未找到一种符合要求的理想的淬火介质，所以必须在淬火方法上加以研究，以便既能把工件淬硬，又能减小淬火内应力。生产中常采用的淬火方法有以下几种，如图 3-15 所示。

(1) 单介质淬火　单介质淬火是将加热好的工件直接放入某一种淬火介质中冷却，如图 3-15（a）所示。一般碳钢用水淬，合金钢用油淬等。这种淬火方法操作简便，容易实现机械与自动化生产。为减小淬火应力，可采用“延时淬火”方法。即先在空气中冷却一下，再置于淬火介质中冷却。

(2) 双介质淬火　双介质淬火是将加热好的工件先放入一种冷却能力较强的介质中冷却，避免珠光体转变。在钢件还未达到该淬火介质温度之前取出，然后转入另一种冷却能力较弱的介质中冷却，让其发生马氏体转变的方法。如图 3-15（b）所示。常用的有先水冷后油冷，先水冷后空冷等。此法主要用于形状复杂的高碳钢零件和尺寸较大的合金钢零件。这种方法利用了两种介质的优点，淬火条件比较理想。但操作复杂，在第一种介质中停留的时间不易掌握。需要有实践经验。

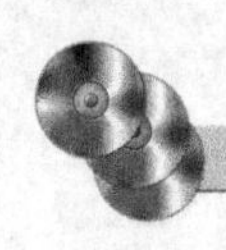

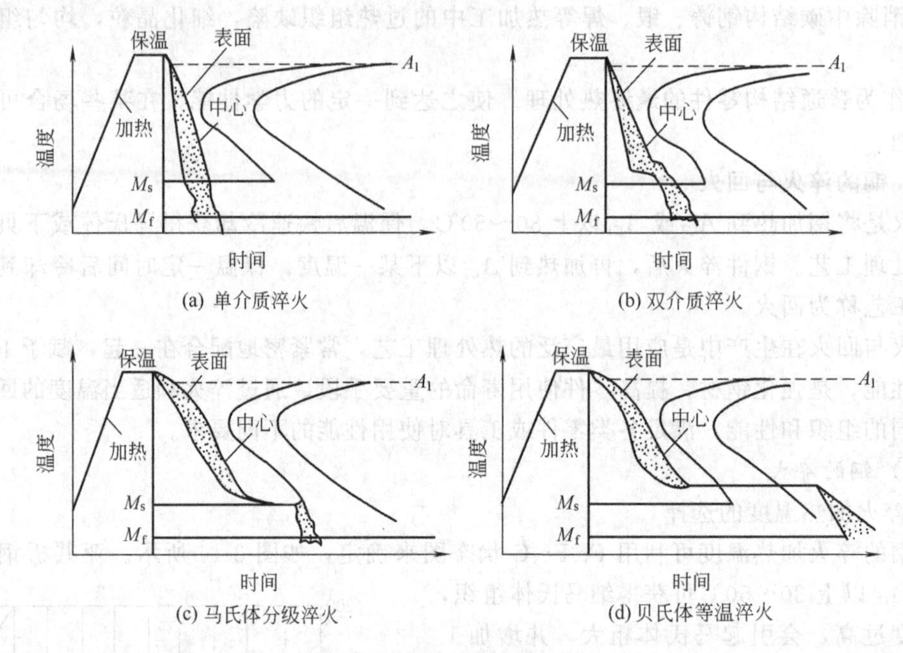

图 3-15 常用的淬火方法

(3) 马氏体分级淬火 马氏体分级淬火是将加热好的工件，放入温度在 M_s 点附近 (150～260℃) 的恒温液态介质（盐浴或碱浴）中短暂停留（约 2～5min)，待工件表面和心部温度基本一致时，再取出空冷，以获得马氏体的淬火工艺。如图 3-15 (c) 所示。此方法因组织转变几乎是同时进行，因此，减少了内应力，显著降低了变形和开裂的倾向。但由于盐浴或碱浴的冷却能力不够大，只适于尺寸较小、形状复杂或截面尺寸不均匀的零件。

(4) 贝氏体等温淬火 贝氏体等温淬火是将加热好的工件淬入温度稍高于 M_s 点 (260～400℃) 的盐浴或碱浴中并保持足够的时间，使过冷奥氏体转变为下贝氏体组织，然后取出在空气中冷却的淬火方法。如图 3-15 (d) 所示。此方法淬火的零件强度高，韧性和塑性好，具有良好的综合力学性能。同时淬火应力小，变形小。但生产周期长，效率低，故多用于形状复杂和精度要求高的小零件。如各种模具、成形刀具和弹簧。

(二) 钢的回火

回火是把钢件加热到 A_{C1} 以下某一温度，保温后进行冷却的热处理工艺。回火是紧接着淬火后进行的。钢件经过淬火后，都具有较高的强度和硬度，但是脆性较大，并且存在很大的应力，如不及时回火就会变形开裂。因此，一般淬火后的零件都要及时回火才能使用。除等温淬火外，回火的主要目的是降低脆性、消除淬火应力、稳定组织、防止工件变形和开裂、调整硬度、稳定尺寸、以满足使用性能的要求。

1. 钢在回火时的组织和性能的转变

钢淬火后的组织为马氏体和残余奥氏体，它们都是不稳定组织，有自发向稳定组织转变的倾向，回火正是促使这种转变较快地进行。在回火过程中，随着组织的变化，性能也发生变化。淬火钢在回火时组织的转变随着温度的升高，大致发生以下四个阶段的转变：马氏体的分解；残余奥氏体的分解；碳化物类型的转变；渗碳体的聚集长大。如图 3-16 所示。与此同时力学性能也发生变化。总的变化趋势是随回火温度的升高，硬度和强度降低，塑性和韧性提高。

2. 回火的种类及应用

淬火钢回火后的组织和性能主要取决于回火温度，根据回火温度不同把回火分为三类。

(1) 低温回火　回火温度为 150～250℃，组织为回火马氏体。其目的是降低淬火应力及脆性，保持钢淬火后的高硬度（58～64HRC）和高耐磨性。广泛用于处理各种切削刃具、量具、滚动轴承、渗碳件及表面淬火件等。

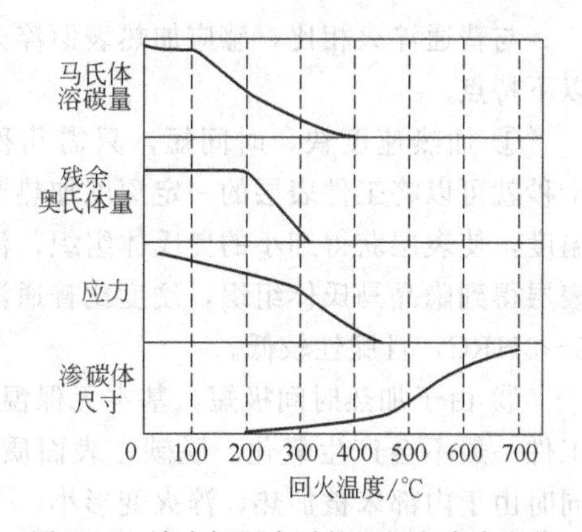

图 3-16　淬火钢回火时的组织和应力变化

(2) 中温回火　回火温度为 350～500℃，组织为回火托氏体。目的是使钢具有较高的屈服强度和弹性极限以及一定的韧性。硬度为 35～45HRC。主要用于处理各种弹簧和模具。

(3) 高温回火　回火温度为 500～650℃，组织为回火索氏体，硬度为 25～35HRC。目的是为了获得较高强度的同时，还具有良好的塑性和韧性。通常把淬火后高温回火的热处理工艺称为“调质处理”。调质处理广泛用于处理各种重要的结构零件，尤其是在交变载荷下工作的连杆、螺栓、齿轮及轴类等。

第四节　钢的表面热处理

表面热处理是指仅对工件表层进行热处理以改变表层组织和性能的热处理工艺。目前常用的表面热处理方法有表面淬火和表面气相沉积等。

一、表面淬火

表面淬火是在不改变钢件的化学成分和心部组织的情况下，采用快速加热将表层奥氏体化后进行淬火，以达到强化工件表面的热处理方法。工件表面经淬火后，表层得到马氏体组织，具有高的硬度和耐磨性，而心部仍为淬火前的组织，保持了足够的强度和韧性。因此，表面淬火主要用于表面要求具有高硬度高耐磨性，心部则具有足够的强度和韧性的零件，如齿轮，轴类等。

表面淬火最常用的是感应加热表面淬火。此外还有火焰加热表面淬火，接触电加热表面淬火及激光热处理等。

(一) 感应加热表面淬火

感应加热表面淬火是利用工件在交变磁场中所产生的感应电流通过工件所产生的热效应，使工件表面被迅速加热并进行快速冷却的一种淬火工艺。通常简称为感应淬火。

1. 感应加热表面淬火的基本原理

如图 3-17 所示，将工件放入由铜管制成的感应器内，感应器内通入一定频率的交流电。在感应器周围将产生一个同频率的交变磁场，于是工件内就会产生同频率的感应电流，这个电流在工件内形成回路，称为涡流。此涡流能使电能变为热能加热工件。涡流在工件内分布是不均匀的，表面密度大，心部密度小。通入电流的频率越高，涡流集中的表层越薄，这种现象称为集肤效应。由于集肤效应使工件表面被迅速加热到淬火温度，而心部仍处于相变点温度以下，然后喷水快速冷却，从而达到表面淬火的目的。

2. 感应加热表面淬火的特点

与普通淬火相比，感应加热表面淬火具有以下特点。

① 加热速度快，时间短，只需几秒到几十秒就可以将工件表层的一定深度加热至淬火温度，使表层获得细小的奥氏体组织，淬火后表层得到隐晶马氏体组织，硬度比普通淬火高2～3HRC，且脆性较低。

② 由于加热时间极短，基本无保温时间，工件一般不会产生氧化、脱碳，表面质量好，同时由于内部未被加热，淬火变形小。

③ 由于马氏体转变产生体积膨胀使工件表面存在残余压应力，因而具有较高的疲劳强度。有效淬硬深度也易于控制。

④ 生产率高，易实现机械化与自动化，适于大批量生产。

感应加热表面淬火在生产中应用广泛，但由于设备比较昂贵，维修保养技术要求高，零件形状复杂的感应器制造困难，因而不适于单件小批生产。

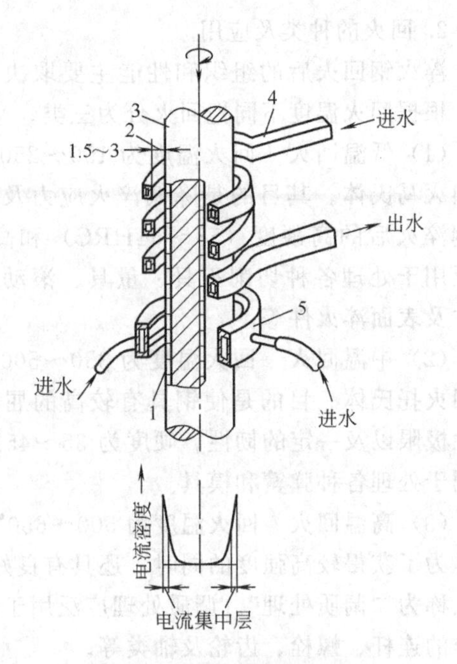

图 3-17　感应加热表面淬火

1—加热淬火层；2—间隙；3—工件；4—加热感应圈（接高频电源）；5—淬火喷水套

(二) 火焰加热表面淬火

火焰加热表面淬火是利用乙炔-氧或煤气-氧等混合气体燃烧的火焰，对工件表面加热到淬火温度，然后喷水冷却，以获得预期的硬度和淬硬层深度的一种表面淬火方法。如图 3-18 所示。淬硬层深度一般为2～6mm。

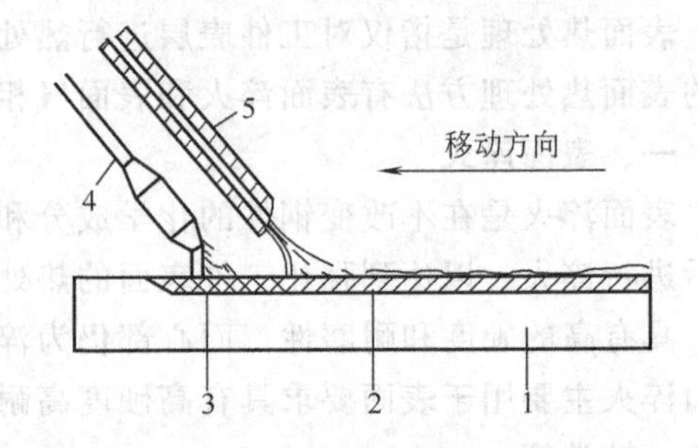

图 3-18　火焰加热表面淬火

1—工件；2—淬硬层；3—加热层；4—烧嘴；5—喷水管

二、表面气相沉积

表面气相沉积是利用气相中的纯金属或化合物沉积于工件表面形成涂层，提高工件的耐磨性，耐腐蚀性，或获得某些特殊的物理化学性能的一种表面涂覆新技术。

表面气相沉积包括化学气相沉积（CVD）和物理气相沉积（PVD）。

1. 化学气相沉积

化学气相沉积是在高温下将炉内抽成真空或通入氢气，再将反应气体导入，通过化学反应在工件表面形成涂层的方法。换言之，就是利用气体在固体表面进行化学反应生成固态沉积层的过程。这一技术是靠热激活的过程，因此，沉积温度较高。化学气相沉积反应装置如图 3-19 所示。以在钢表面沉积 TiC 为例，简述其工作原理。将反应气体 $TiCl_4$ 与气态或蒸发状态的碳氢化合物一起通入真空高温的反应室内（一般为 900～1100℃），用氢作为载体和稀释剂，就会发生化学反应生成 TiC 沉积在钢的表面，使其发生性能的改变。

近十多年来，用 CVD 法生产耐磨硬质涂层有了很大的发展。在工模具上涂上几个微米厚的超硬耐磨材料，就能使钢具有工模具钢本身强度高，韧性好，易加工，价格便宜等特

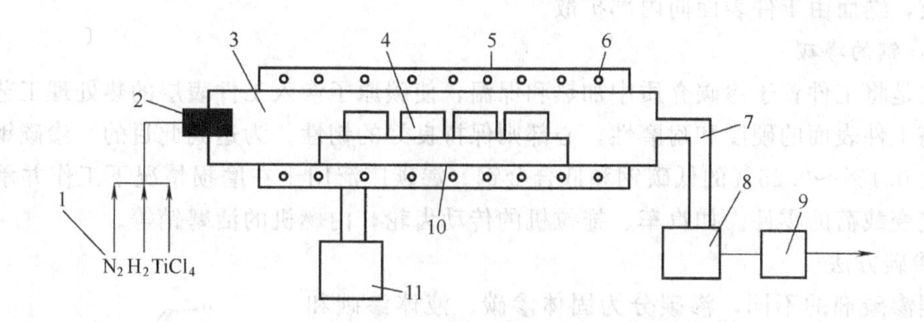

图 3-19　化学气相沉积反应装置示意

1—反应气体；2—进气系统；3—反应室；4—工件；5—加热炉体；6—加热炉丝；
7—排气管；8—机械泵；9—废气处理系统；10—夹具；11—加热炉电源及测温仪表

点，且由于涂层具有硬度高、耐磨、耐腐蚀、耐氧化，不与其他材料起反应等优点。使寿命提高了 3～10 倍，得到广泛应用。

2. 物理气相沉积

物理气相沉积是通过真空蒸发、电离或溅射等过程，产生金属离子沉积于工件表面形成金属涂层，或与反应气体化合形成化合物涂层的方法。

物理气相沉积的方法有真空蒸镀、离子镀和真空溅射等。后两种属于离子气相沉积，涂层沉积过程是在低气压气体放电条件下进行的。真空蒸镀是物理气相沉积中应用最广泛的一种干式镀膜技术。基本原理是：在很高真空度的反应室中，将镀层材料加热至熔化成为蒸发原子。大量的蒸发原子离开熔池表面，进入气相，径直达到工件表面凝结成金属薄膜。

与化学气相沉积相比，物理气相沉积温度低于 600℃，沉积速度更快。适用于钢铁材料和陶瓷、玻璃、塑料等非金属材料。应用十分广泛。目前主要有两种，一种是用于提高表面性能的 PVD 硬质涂层，另一种是用于表面装饰的 PVD 涂层。前者应用比较普遍，工艺成熟的有 TiC、TiN 涂层，主要用于一些切削刃具和模具，收到良好的效果。用于装饰的，通过 PVD 处理可以获得极高的表面光泽度，而且还具有不同颜色的金属化合物涂层。由于 PVD 处理时基本材料温度很低，所以只要在真空下不会汽化的固体材料，无论是金属或非金属，都可以采用适当的 PVD 处理，为工艺品的表面装饰提供了有效途径。

近十年来，表面沉积技术发展很快，各种气相沉积技术层出不穷，应用范围涉及宇航、核能、机械、电子、声、光、瓷器件及装饰品等多方面。

三、化学热处理

化学热处理是将工件置于一定的介质中，通过加热和保温，使介质中分解出某些元素的活性原子，并渗入工件表面层，从而改变表面层的化学成分和组织，以获得所需性能的一种热处理工艺。也称表面合金化。与表面淬火相比，它不仅改变了表层组织，而且还改变了其成分。

化学热处理的主要作用是提高工件表面的硬度、耐磨性、疲劳强度、耐蚀性和抗氧化性等。

化学热处理种类很多，按渗入元素的不同分为渗碳、渗氮、碳氮共渗、渗金属等。本章只介绍渗碳、渗氮、碳氮共渗。

化学热处理的基本过程无论是哪一种方式，都是通过分解、吸附和扩散三个过程完成的。活性介质在高温下通过化学反应进行分解，形成渗入元素的活性原子，活性原子被工件表面吸收，继而由工件表面向内部扩散。

（一）钢的渗碳

渗碳是将工件置于渗碳介质中加热和保温，使碳原子渗入工件表层的热处理工艺。其目的是提高工件表面的硬度和耐磨性，心部则保持良好的韧性。为达到此目的，渗碳钢一般是含碳量为0.1%～0.25%的低碳钢和低合金钢。渗碳广泛用于在磨损情况下工作并承受冲击载荷、交变载荷的零件。如汽车、拖拉机的传动齿轮，内燃机的活塞销等。

1. 渗碳方法

根据渗碳剂的不同，渗碳分为固体渗碳、液体渗碳和气体渗碳三种，其中气体渗碳生产率高，渗碳过程容易控制，生产中应用广泛。

气体渗碳如图3-20所示。将工件放入密封的渗碳炉内，加热到900～950℃，滴入煤油、丙酮或甲醇等渗碳剂，使其在高温下分解，产生的活性碳原子被工件表面吸收并向内部扩散形成渗碳层。从而达到渗碳的目的。渗碳层的厚度在一定温度下取决于保温时间。保温时间越长，渗碳层越深。生产中一般按每小时0.10～0.15mm估算或用试棒实测而定。

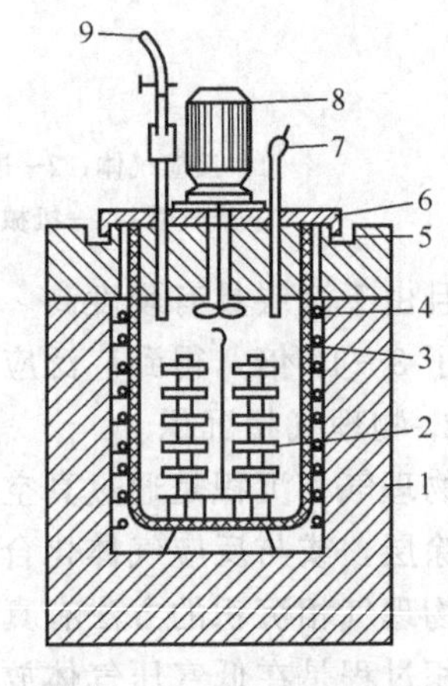

图3-20 气体渗碳法示意
1—炉体；2—工件；3—耐热罐；4—电阻丝；5—砂封；6—炉盖；7—废气火焰；8—风扇电动机；9—煤油

气体渗碳的优点是生产效率高，渗层质量好，劳动强度低，便于直接淬火，易实现机械化与自动化。但设备成本高，不宜单件、小批量生产。

2. 渗碳后的组织

钢经渗碳后，表层碳的质量分数为0.9%～1.05%，从表面到心部逐渐减少。心部为原来低碳钢的含碳量。因此，低碳钢渗碳缓冷到室温的组织是，表层为过共析钢组织，依次是共析钢组织，再是亚共析钢组织，心部是原始组织。

3. 渗碳后的热处理

工件渗碳后必须进行淬火和低温回火，才能有效地发挥渗碳层的作用。常用的热处理方法有直接淬火法和一次淬火。如图3-21所示。直接淬火是将渗碳后的工件从渗碳温度降至淬火温度后，直接进行淬火，然后低温回火。这种方法简便，但淬火后马氏体较粗，残余奥氏体量也较多，因此，这种方法只适用于性能要求不高的零件。

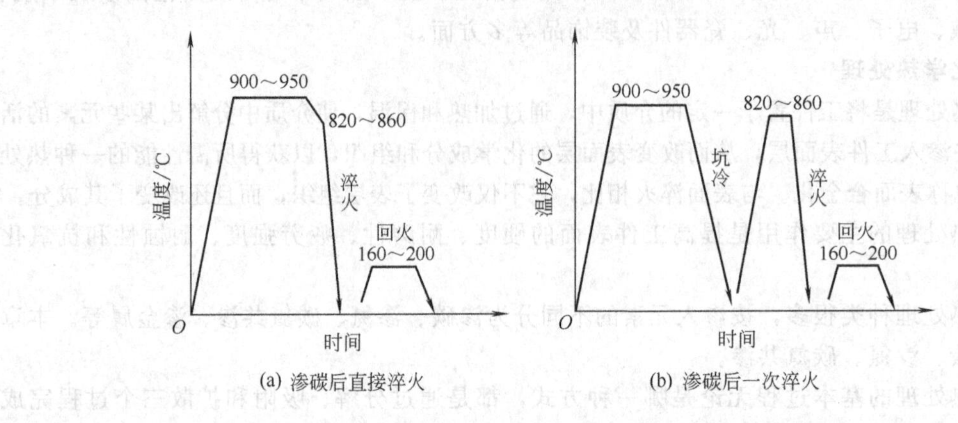

(a) 渗碳后直接淬火
(b) 渗碳后一次淬火

图3-21 渗碳后常用的热处理方法

一次淬火是将渗碳件出炉缓冷后，再加热到淬火温度进行淬火和低温回火。目的是为了细化心部组织和消除表层网状渗碳体。一般温度在 A_{c3} 以上。

（二）钢的渗氮

渗氮是在一定温度下（一般在 A_1 温度以下），使活性氮原子渗入工件表面的一种化学热处理工艺方法。目的是提高表面的硬度，耐磨性，疲劳强度及耐蚀性。

1. 渗氮的方法

常用的渗氮方法有气体渗氮，离子渗氮和液体渗氮。

气体渗氮的原理是将工件放入通有氨气的井式渗氮炉内，加热到 500～570℃，使氨气分解出活性氮原子，反应式为

$$2NH_3 = 3H_2 + 2[N]$$

活性氮原子被工件表面吸收，并向内部扩散形成渗氮层。为了保证渗氮后工件表层具有高的硬度和耐磨性，心部具有足够的强度和韧性，用于渗氮的钢中必须含有铝、钒、钨、钼、铬、锰等易形成氮化物和提高淬透性的合金元素。为了保证心部具有良好的力学性能，渗氮前工件应进行调质处理。

2. 渗氮的特点与应用

与渗碳相比，渗氮后工件无需淬火便具有很高的表层硬度和耐磨性，良好的耐蚀性和高的疲劳强度。同时由于渗氮温度低，故工件变形小。但是渗氮生产周期长，一般要得到 0.3～0.5mm 的渗氮层，需要 30～50h，成本高，渗氮层薄而脆，不能承受冲击振动。因此，渗氮主要用于要求表面硬度高，耐磨、耐蚀、耐高温的精密零件。如精密机床的主轴、丝杠、镗杆，高速传动的精密齿轮、阀门等。

（三）钢的碳氮共渗

碳氮共渗是将碳和氮同时渗入工件表面的一种热处理过程。碳氮共渗的方法有液体碳氮共渗和气体碳氮共渗两种，目前常用的是气体碳氮共渗和气体氮碳共渗。碳氮共渗是以渗碳为主。氮碳共渗是以渗氮为主。

按处理温度可分为高温碳氮共渗、中温碳氮共渗和低温氮碳共渗。共渗层的碳、氮含量主要取决于温度，温度低时，以渗氮为主，随着温度的升高共渗层的含氮量减少，而含碳量增加。高温碳氮共渗与渗碳相似，应用较少。目前以中温气体碳氮共渗和低温气体氮碳共渗应用较广泛。

1. 气体碳氮共渗

以渗碳为主，其工艺与渗碳相似，常用渗剂为煤油＋氨气，加热温度为 820～860℃，与渗碳相比，加热温度低，零件变形小，生产周期短，渗层具有较高的硬度、耐磨性和疲劳强度。但由于共渗层薄，故生产中主要用于要求变形小，耐磨及抗疲劳的薄件、小件，如自行车、缝纫机及仪表零件，以及汽车、机床的变速箱齿轮和轴类。

2. 气体氮碳共渗

以渗氮为主，目的是提高钢的耐磨性和抗咬合性。所用渗剂为尿素＋氨气＋渗碳气体的混合气。共渗温度为 520～570℃，由于有活性碳原子和氮原子的同时存在，渗入速度大为提高，一般仅 1～3h 渗层深度为 0.01～0.02mm。与一般渗氮相比，渗层硬度较低，脆性小，故也称软氮化。但由于渗层薄，故不适用于对在重载条件下工作零件的处理。氮碳共渗不仅适用于碳钢、合金钢，也可用于铸铁。常用于高速刃具、模具及轴类零件。

第五节　其他热处理及热处理新技术简介

一、可控气氛热处理

工件在炉气成分可以控制的炉内进行的热处理称为可控气氛热处理。钢在热处理时，如果炉内存在氧化性气体，便会引起氧化和脱碳，严重降低表面质量，并对高强度钢的断裂韧性产生很大影响。可控气氛热处理的目的就是减少和防止工件加热时的氧化和脱碳，提高工件表面质量和尺寸精度，还可控制渗碳时渗碳层的碳浓度，而且还可以使脱碳的工件重新复碳。

用于热处理的可控气氛类型很多。目前中国常用的有吸热式气氛、放热式气氛、放热-吸热式气氛和有机滴注式气氛等，其中以放热式气氛制备成本最低。

二、真空热处理

真空热处理是将工件放在低于一个大气压的环境中进行加热的热处理工艺。它包括了真空退火、真空淬火和真空化学热处理等。

真空热处理是在 1.33～0.0133Pa 真空度的真空介质中加热。它实质上也是一种可控气氛热处理。其特点是使工件表面无氧化，不脱碳。表面光洁，变形小。可以显著提高耐磨性和疲劳极限。此外真空热处理作业条件好，生产周期短，节约能源，无污染，有利于机械化和自动化。目前真空热处理发展较快，中国已有各种型号的真空热处理设备，不但能在气体、水、油中进行淬火，而且广泛应用到化学热处理中。如渗碳、镀铬等，可以缩短渗入时间，提高渗层质量。但是真空热处理设备投资大，目前主要用于工模具，精密零件和某些特殊金属零件的热处理。

三、形变热处理

形变热处理是将塑性变形和热处理有机结合在一起，以提高材料力学性能的复合工艺。这种方法能同时收到形变强化与相变强化的综合效果，因而能提高钢的综合性能，已成为提高钢强度、韧性的有效手段，在生产中得到广泛的应用。

形变热处理的方法：通常是在奥氏体状态塑性变形，然后立即进行冷却使其发生相变。典型的形变热处理工艺可以分为高温和低温两种。

1. 高温形变热处理

高温形变热处理是将钢加热至稳定的奥氏体区内，保温后进行塑性变形，然后立即进行淬火回火的热处理工艺。又称为高温形变淬火。如图 3-22（b）所示。锻热淬火、轧热淬火均属于高温形变热处理。这种热处理对钢的强度增加不大，只能提高 10%～30%，但能大大提高韧性，塑性可提高 40%～50%。降低缺口敏感性，减小回火脆性，大幅度提高抗脆能力。高温形变热处理对材料无特殊要求，一般碳素钢，低合金钢均可应用。

2. 低温形变热处理

低温形变热处理是将钢加热到奥氏体状态后，快速冷却到 A_{C1} 温度以下 M_s 点以上某温度范围（一般为 500～600℃）进行大量塑性变形达 50%～70%，然后进行淬火。如图 3-22（a）所示。这种热处理可在保持塑性、韧性不降低的条件下，大幅度提高钢的强度和抗磨损能力。此外，还明显提高钢的疲劳强度。

低温形变热处理由于运用了形变强化和相变强化的良好结合，使其具有上述优点，但受设备和工艺条件的影响，它的应用受到了一定的限制，对形状比较复杂的零件进行形变热处

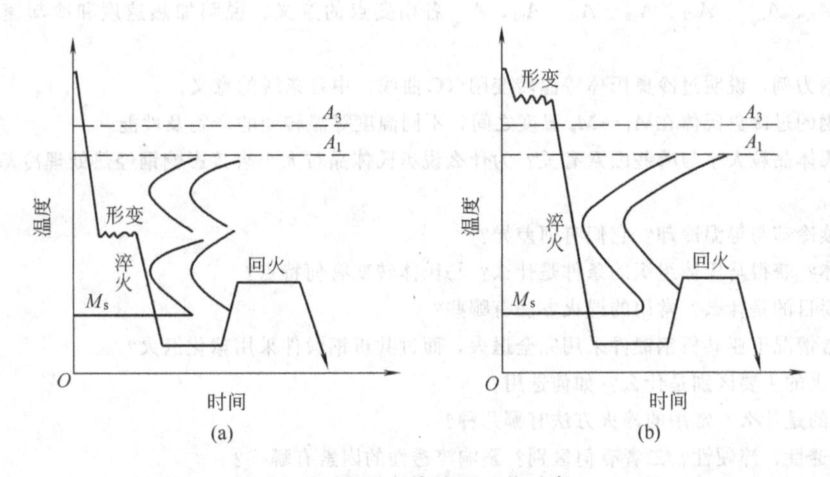

图 3-22　形变热处理工艺示意

理尚有困难，形变热处理后零件的切削加工和焊接也困难，这些问题尚待进一步解决。目前形变热处理主要用于要求具有高韧性的零件，如高速钢刀具、弹簧、飞机起落架等。

四、激光热处理和电子束表面淬火

激光是一种具有极高能量密度、高亮度和方向性的强光源。激光热处理是利用激光作为热源的热处理。目前应用于热处理的这种高能量密度的强激光主要由二氧化碳激光器供给。

激光热处理就是利用高能量密度的激光束对工件表面扫描照射，使工件表面极快地被加热到相变点以上，停止扫描照射后，靠工件本身的热传导来冷却，从而达到自冷淬火的目的。自冷淬火后使工件表面得到强化。

电子束淬火是利用电子枪发射成束电子，轰击工件表面，使之急速加热，自冷淬火后使工件表面得到强化的热处理。

这两种表面热处理工艺具有加热速度快，加热区域小，不需要淬火冷却介质，可细化晶粒，显著提高工件表面的硬度和耐磨性，变形极小，表面光洁，不受钢材种类限制，不需再进行表面加工就可直接使用等特点。目前主要用于精密零件的局部表面淬火，也可对微孔、沟槽、盲孔等部位进行淬火。

五、化学热处理

1. 电解热处理

电解热处理是将工件和加热容器分别接在电源的负极和正极上，容器中装有渗剂，利用化学反应使渗剂元素的原子渗入工件表面。电解热处理可以进行电解渗碳、渗硼和渗氮等。

2. 离子化学热处理

离子化学热处理是在真空炉中进行的。炉内通入少量与热处理目的相适应的气体，在高压直流电场作用下，稀薄的气体放电，起辉加热工件。与此同时，渗剂元素从通入的稀薄气体中离解出来，渗入工件表层。离子化学热处理比一般化学热处理速度快，在渗层较薄的情况下尤其显著。可进行离子渗氮、离子渗碳、离子碳氮共渗、离子渗硫和离子渗金属等。

习　题

1. 何谓热处理？其目的是什么？有哪些基本类型？

2. 指出 A_1、A_3、$A_{C_{cm}}$、A_{C1}、A_{C3}、A_{r1}、A_{r3}、$A_{r_{cm}}$ 各相变点的意义。说明加热速度和冷却速度对它们的影响。
3. 试以共析钢为例，说明过冷奥氏体等温转变图（C 曲线）中各条线的意义。
4. 简述共析钢的过冷奥氏体在 $A_1 \sim M_s$ 温度之间，不同温度等温转变的产物及性能。
5. 加热时奥氏体晶粒大小与哪些因素有关？为什么说奥氏体晶粒大小直接影响钢经热处理冷却后的组织和性能？
6. 什么叫连续冷却与等温冷却？它们有何差异？
7. 何谓马氏体？获得马氏体组织的条件是什么？马氏体转变有何特点？
8. 退火的主要目的是什么？常用的退火方法有哪些？
9. 为什么通常情况下亚共析钢锻件采用完全退火，而过共析钢锻件采用球化退火？
10. 正火与退火的主要区别是什么？如何选用？
11. 淬火的目的是什么？常用的淬火方法有哪几种？
12. 什么叫淬透性、淬硬性？二者有何区别？影响淬透性的因素有哪些？
13. 将两个相同尺寸的 T12 钢试样分别加热到 780℃和 860℃，保温相同时间后以大于 v_k 的同一冷却速度冷至室温，试问：

    ① 哪个试样中马氏体的 w_C 较高？

    ② 哪个试样中残余奥氏体量较多？

    ③ 哪个试样中未溶碳化物较多？

    ④ 哪个淬火加热温度较合适？为什么？
14. 为什么淬火后的钢一般都要进行回火？按回火温度的不同，回火可分为哪几种？指出各种回火后得到的组织和性能及应用范围。
15. 什么是钢的表面热处理？常用方法有哪几种？说明其目的和应用范围。
16. 什么是钢的化学热处理？常用方法有哪几种？说明其目的和应用范围。
17. 比较表面淬火与渗碳，回答为什么机床主轴、齿轮等中碳钢零件常采用感应加热表面淬火，而汽车变速轴、变速齿轮等低碳钢零件常采用渗碳淬火作为最终热处理。

第四章　合　金　钢

第一节　概　述

碳钢容易加工，通过改变含碳量和采用不同的热处理，可以获得不同的性能。但是碳钢存在着淬透性低、高温强度低、回火稳定性差和不能满足某些特殊物理化学性能等缺点，使其应用受到一定的限制。为了克服碳钢的上述缺点，以及满足现代科学技术不断发展的需要，生产中，需使用一定数量的合金钢。合金钢就是为了改善钢的组织和性能，在碳钢的基础上有目的地加入一些合金元素而得到的钢种。常使用的合金元素有：Si 、Mn、Cr、Ni、Mo、W、V、Ti、B、Al、Cu、Zr、Nb、RE 等。

一、合金钢的分类

合金钢种类繁多，为了便于生产、选用、管理和研究，必须对合金钢进行分类。

目前常用的分类方法如下。

1. 按合金元素的总含量分类

① 低合金钢。钢中合金元素总含量 $w_{Me}<5\%$

② 中合金钢。钢中合金元素总含量 $w_{Me}=5\%\sim10\%$

③ 高合金钢。钢中合金元素总含量 $w_{Me}>10\%$

2. 按钢中所含主要合金元素种类分类

按钢中所含主要合金元素种类分，合金钢有铬钢、锰钢、铬锰钢、铬镍钢、铬钼钢、硅锰钢、硅锰钼钒钢、铬镍钼钢、锰钒硼钢等。

3. 按主要用途分类

（1）结构钢

① 建筑及工程用结构钢：建筑工程用钢、桥梁工程用钢、船舶工程用钢、车辆工程用钢

② 机械制造用结构钢：调质钢、渗碳钢、弹簧钢、滚动轴承钢

（2）工具钢：刃具钢、模具钢、量具钢

（3）特殊性能钢：不锈钢；耐热钢；磁钢；耐磨钢；超高强度钢（$\sigma \geqslant 1400$MPa）

二、合金钢的编号

中国合金钢的编号是按其碳含量、合金元素的种类及含量、质量级别等来编制的。

1. 合金结构钢

合金结构钢的编号是用“数字＋化学元素＋数字”来表示的。前面的数字表示钢的平均含碳量，以万分之几表示。后面的数字表示合金元素的含量，以平均含量的百分之几表示。若合金元素在合金钢中的含量≤1.5%时，编号中只标明元素，不标注含量。若合金元素在合金钢中的含量≥1.5%、2.5%、3.5%等，则该合金元素符号后标注 2、3、4 等数字。

例如含有 0.37%～0.44%C、0.80%～1.10%Cr 的钢，其牌号以 40Cr 表示。含有 0.60%C、1.50%～2.0%Si、0.60%～0.90%Mn 的钢，其牌号以 60Si2Mn 表示。

含硫、磷量少的高级优质钢，在其牌号后面加符号“A”，如 60Si2MnA。此外，为了表示钢的用途，在牌号前再加字母，例如滚动轴承钢在牌号前加“G”。如 GCr9，后面的数字表示 Cr 的含量，以千分之几表示，碳的含量不标出。GCr9 表示含 Cr 量为 0.9%。

2. 合金工具钢

合金工具钢的编号原则与合金结构钢相似，不同之处是含碳量的表示方法。若含碳量在 1.0%以下，则在钢牌号前用一位数字表示，例如 9SiCr，表示平均含碳量为 0.9%。若含碳量在 1.0% 以上或接近 1.0% 时，则牌号前不加数字。例如 CrWMn，其含碳量为 0.90%～1.05%。

高速钢牌号中含碳量均不表示，但当其他的合金成分相同，仅含碳量不同时，则在含碳量高的牌号前加“C”字。如 W6Mo5Cr4V2 和 CW6Mo5Cr4V2。前者含碳为 0.8%～0.9%，后者含碳为 0.95%～1.05%，其余成分相同。

3. 特殊性能钢

特殊性能钢的牌号表示方法与合金工具钢基本相同。只是，当钢中碳的平均质量分数小于等于 0.03%或小于等于 0.08%时，则在牌号前分别冠以“00”或“0”表示碳的质量分数为超低碳或低碳。如 0Cr19Ni9，表示平均含碳量小于等于 0.08%，平均含铬量约为 19%，平均含镍量约为 9%的不锈钢。

应该指出，上述钢中能起重要作用的微量元素如 Ti、Nb、Zr 等虽然含量较低（一般小于 1%甚至小于 0.01%），但应在钢号中标出，且元素符号后不附加数字。而当其在某些钢中的含量大于 1%时，则必须在元素符号后加上其含量的百分数。

第二节　合金元素在钢中的作用

合金元素在钢中的作用是极为复杂的，当钢中含有多种合金元素时更是如此。合金元素加入到钢中后，会使钢的组成相、组织等发生变化，同时对钢在热处理时的加热、冷却和组织转变也产生不同程度的影响，从而使钢的性能发生一系列变化。下面仅简述合金元素的几个最基本的作用。

一、强化铁素体

大多数合金元素都能溶于铁素体，形成合金铁素体。合金元素溶入铁素体后，产生固溶强化作用，使其强度、硬度升高，塑性和韧性下降。图 4-1 和图 4-2 为几种合金元素对铁素体硬度和韧性的影响。由图可知，硅、锰能显著提高铁素体的硬度，当 Si 含量大于 0.6%、Mn 含量大于 1.5%时，将强烈地降低其韧性，而铬和镍比较特殊，在适当的含量范围内（Cr 含量小于等于 2%、Ni 含量小于等于 5%），不但能提高铁素体的硬度，还能提高其韧性。因此，在合金结构钢中，为了获得良好的性能，对铬、镍、硅、锰等合金元素要控制在一定的含量范围内。

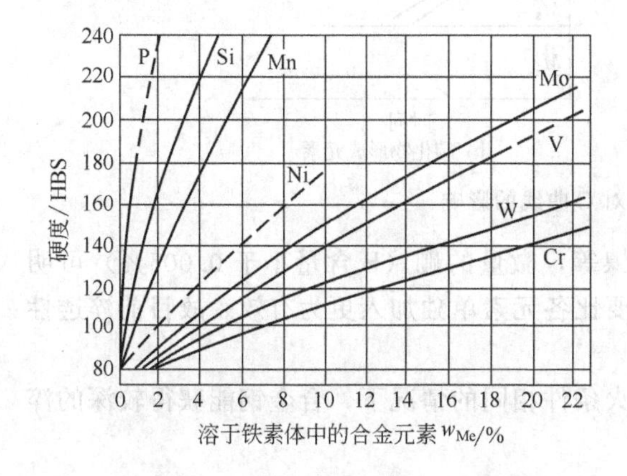

图 4-1　合金元素对铁素体硬度的影响

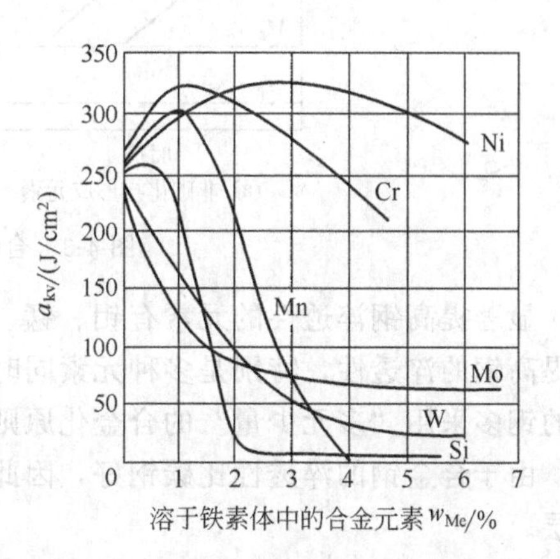

图 4-2　合金元素对铁素体韧性的影响

二、形成合金碳化物

合金元素按其与钢中碳的亲和力的大小，可分为碳化物形成元素和非碳化物形成元素两大类。

常见的非碳化物形成元素有镍、钴、铜、硅、铝、氮、硼等。它们不与碳形成碳化物而固溶于铁的晶格中，或形成其他化合物。

常见的碳化物形成元素有：铁、锰、铬、钼、钨、钒、铌、锆、钛等（按照与碳亲和力由弱到强排列）。通常钒、铌、锆、钛为强碳化物形成元素。锰为弱碳化物形成元素。铬、钼、钨为中强碳化物形成元素。

合金渗碳体是合金元素溶入渗碳体（置换其中的铁原子）所形成的化合物，如 $(Fe、Mn)_3C$、$(Fe、Cr)_3C$ 等。合金渗碳体与 Fe_3C 的晶体结构相同，但比 Fe_3C 略为稳定，硬度也略高，是一般低合金钢中碳化物的主要存在形式。

合金碳化物的种类、性能和在钢中的分布状态，直接影响钢的性能和热处理时的相变。例如，在钢中存在弥散分布的特殊碳化物时，将显著提高钢的强度、硬度与耐磨性而不降低韧性，这对提高工具钢的使用性能极为有利。

三、阻碍奥氏体晶粒长大

几乎所有的合金元素（除锰外）都有阻碍钢在加热时的奥氏体晶粒长大的作用，但影响程度不同。强碳化物形成元素钒、铌、锆、钛等容易形成特殊碳化物，它们弥散地分布在奥氏体晶界上，由于比较稳定，不易分解溶入奥氏体，从而对奥氏体晶粒长大起机械阻碍作用。

四、提高钢的淬透性

合金元素（除钴外）溶入奥氏体后，都能降低原子扩散速度，增加过冷奥氏体的稳定性，使C曲线位置向右下方移动（见图4-3），临界冷却速度减小，从而提高钢的淬透性。

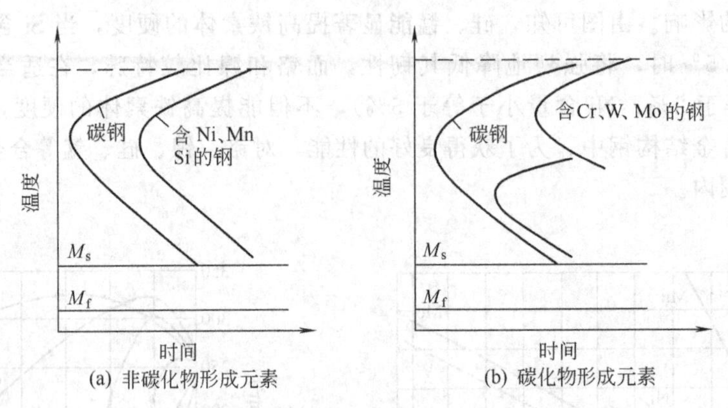

图4-3 合金元素对C曲线的影响

显著提高钢淬透性的元素有钼、锰、铬、镍等，微量的硼（B含量小于0.005%）可明显提高钢的淬透性，特别是多种元素同时加入要比各元素单独加入更为有效。故目前淬透性好的钢多采用“多元少量”的合金化原则。

由于合金钢的淬透性比碳钢好，因此在淬火条件相同的情况下，合金钢能获得较深的淬硬层。

五、提高淬火钢的回火稳定性

淬火钢在回火时，抵抗软化（强度、硬度下降）的能力，称为回火稳定性。淬火钢的回火转变都是依靠原子的扩散进行的。由于合金元素溶入马氏体，使原子扩散速度减慢，因而在回火过程中，马氏体不易分解，残余奥氏体不易转变，碳化物不易析出，析出后也不易聚集长大。这就使淬火钢的强度、硬度下降缓慢，提高了钢抵抗软化的能力，即提高了钢的回火稳定性。

高的回火稳定性使钢在较高温度下仍能保持高的硬度和耐磨性。钢在高温（>550℃）下保持高硬度（60HRC）的能力叫热硬性。这种性能对工具钢具有重要的意义。

提高钢的回火稳定性的元素有钒、钼、钨、锰、硅、镍等。

第三节 合金结构钢

合金结构钢是在碳素结构钢的基础上，适当地加入一种或几种合金元素而获得的钢。它用于制造重要的结构件和机械零件，是用途最广、用量最大的一类合金钢。

根据用途和热处理方法等的不同，常用的合金结构钢有以下几类。

一、低合金结构钢

低合金结构钢从成分上看为含低碳、低合金元素的钢种。加入的主要合金元素是锰，辅以微量的铌、钛、钒等。锰的主要作用是强化铁素体。铌、钛、钒等主要是细化晶粒，提高钢的强度、塑性和韧性。低合金结构钢通常在热轧退火或正火状态下使用。它的屈服极限σ_s比相同含碳量的碳钢高得多。例如15钢的$\sigma_s=225$MPa，而低合金结构钢16Mn的$\sigma_s=275\sim345$MPa，所以，低合金结构钢又称为低合金高强度钢。用它代替普通碳素结构钢，可使

其结构质量减轻20%～30%。此外，它还具有良好的冲压成形和焊接性能，切削加工性也很好，并具有抵抗大气腐蚀的能力。

中国列入（原）冶金工业部标准的低合金结构钢，按其屈服强度值分为300MPa级，350MPa级，400MPa级，450MPa级，500MPa级和650MPa共六个级别21种。具有代表性的钢种牌号、性能及主要用途见表4-1。

表4-1 常用低合金结构钢的牌号、性能及主要用途

级别	牌号	性能				主要用途
		厚度或直径/mm	σ_s/MPa	σ_b/MPa	δ/%	
300MPa	12Mn	≤16	300	450	21	船舶、低压锅炉、容器、油罐
	09MnNb	≤16	300	420	23	桥梁、车辆
350MPa	16Mn	≤16	350	520	21	船舶、桥梁、大型容器、钢结构、车辆、起重机械
	12MnPRE	6～20	350	520	21	建筑结构、船舶、化工容器
400MPa	16MnNb	≤16	400	540	19	桥梁、起重机械
	10MnPNbRE	≤10	400	520	19	港口工程结构、造船、井架
450MPa	14MnVTiRE	≤12	450	560	18	大型船舶、桥梁、高压容器
	15MnVN	≤10	480	650	17	焊接结构、车辆、造船
500MPa	14MnMoVBRE	6～10	500	650	16	中温高压容器(≤500℃)
	18MnMoNb	16～38	≥520	≥650	≥17	锅炉，化工石油等工业的高压厚壁容器(≤500℃)
650MPa	14CrMnMoVB	6～20	650	750	15	中温高压容器400～560℃

二、优质合金结构钢

优质合金结构钢常用来制造重要的零件，如轮、轴、轴承、弹簧等，又称为零件用钢。

（一）渗碳钢

渗碳钢是低碳钢，经渗碳、淬火及低温回火后使用。主要用于受一定冲击力，并要求表面硬度高、耐磨的零件。截面小、载荷不大的零件，一般采用碳素渗碳钢制造。大截面或重载荷零件要采用合金渗碳钢制造。

根据淬透性的不同，合金渗碳钢又分为以下三类。

(1) 低淬透性合金渗碳钢　如15Cr、20Cr、15Mn2等。这类钢淬透性低，一般用于制造受冲击力不大，不需要高强度的耐磨小型零件。

(2) 中淬透性合金渗碳钢　如20CrMnTi、20CrMnMo等。这类钢含合金元素总量较高，它们的淬透性和力学性能均较高。可用于制作受中等动载荷的耐磨零件。

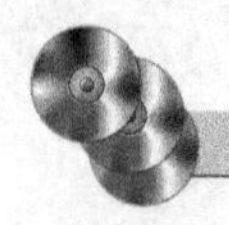

(3) 高淬透性合金渗碳钢 如 18Cr2Ni4WA、20Cr2Ni4A 等。这类钢淬透性很大，尤其含 Ni 量较多，可在提高强度的同时，使钢材具有良好的塑性。常用于制作受重载荷和强烈磨损的大型零件。

常用合金渗碳钢的牌号、热处理、性能和一般用途见表 4-2。

表 4-2 常用合金渗碳钢的牌号、热处理、性能和一般用途

牌号	试样直径/mm	热处理工艺				力学性能					一般用途
		渗碳/℃	一次淬火/℃	二次淬火/℃	回火/℃	σ_s/MPa	σ_b/MPa	δ/%	ψ/%	A_K/J	
						≥					
15Cr	15		880 水油	780 水	200	490	735	11	45	55	船舶主机螺钉，活塞销，凸轮，机车小零件
20Cr	15		880 水油	800 油	200	540	835	10	40	47	机床齿轮，齿轮轴，蜗杆，活塞销
20Mn2	15		850 水油	780 油	200	590	785	10	40	47	代替 20Cr
20MnVB	15	900～950	860 油		200	885	1080	10	45	55	代替 20CrMnTi，20CrNi 钢
12Cr2Ni4	15		860 油	780 油	200	835	1080	10	50	71	大齿轮，轴
20Cr2Ni4	15		880 油	780 油	200	1080	1175	10	45	63	大型渗碳齿轮，轴
18Cr2Ni4WA	15		950 空	850 空	200	835	1175	10	45	78	高级大型渗碳齿轮(飞机齿轮)，渗碳轴承
20MnVB	15		860 油		200	885	1080	10	45	55	代替 20CrMnTi，20CrNi 钢
12Cr2Ni4	15		860 油	780 油	200	835	1080	10	50	71	大齿轮，轴
20Cr2Ni4	15		880 油	780 油	200	1080	1175	10	45	63	大型渗碳齿轮，轴
18Cr2Ni4WA	15		950 空	850 空	200	835	1175	10	45	78	高级大型渗碳齿轮(飞机齿轮)，渗碳轴承
20CrMnTi			880 油	870 油	200	853	1080	10	45	55	汽车、拖拉机齿轮，凸轮，是铬-镍钢的代用品
20Mn2B	15		880 油		200	785	980	10	45	55	代替 20Cr，20CrMnTi
12CrNi3	15		860 油	780 油	200	685	930	11	50	71	大齿轮，轴
20CrMnMo	15		850 油		200	885	1 175	10	45	55	代替镍钢作汽车、拖拉机齿轮、活塞销等大截面零件

(二) 调质钢

调质钢是中碳钢，经调质处理后使用。主要用于制作对综合力学性能即强度和韧性要求高的零件。如机床主轴、汽车拖拉机后桥半轴、曲轴、连杆及高强度螺栓等。

合金调质钢含碳量在 0.25%～0.5%之间。含碳量过高时，零件的韧性不足。过低时又不易淬硬。加入合金元素对调质钢主要起两方面作用：一是强化铁素体；二是提高淬透性。铬、镍、锰、硅等都能强化铁素体，增加淬透性。在合金调质钢中加入少量钨、钼、钒、钛等，可防止淬火加热时产生过热现象，细化晶粒并提高回火稳定性。

根据淬透性不同，合金调质钢可分为以下三类。

(1) 低淬透性合金调质钢　如 40Cr、40MnB 等。它们有较好的力学性能和工艺性能，但淬透性低，常用于尺寸较小的重要零件。

(2) 中淬透性合金调质钢　如 38CrSi、35CrMo 等。这类钢含合金元素较多，淬透性较高。用于制作承受中等载荷、截面尺寸较大的中型或较大型零件。

(3) 高淬透性合金调质钢　如 38CrMoAlA、40CrMnMo、25Cr2Ni4WA 等。这类钢含铬、镍元素较多，可大大提高钢的淬透性，调质处理后得到极为优良的力学性能。常用于制作大截面和承受重载荷的重要零件。

常用合金调质钢的牌号、热处理、性能和用途见表 4-3。

表 4-3　常用合金调质钢的牌号、热处理、性能和用途

牌号	热处理			力学性能					退火或调质硬度/HBS	用途
	淬火温度/℃	回火温度/℃	试样尺寸/mm	σ_s/MPa	σ_b/MPa	δ/%	ψ/%	A_K/J		
40Cr	850	520	25	785	980	≥9	≥45	47	207	轴类，连杆，螺栓，重要齿轮
40MnB	850	500	25	785	980	≥9	≥45	47	207	代替 40Cr
40MnVB	850	520	25	785	980	≥10	≥5	45	207	代替 40Cr
30CrMnSi	880	520	25	885	1080	≥10	≥45	39	229	高速高载荷轴
35CrMo	850	550	25	835	980	≥12	≥45	63	229	重要曲轴，连杆，大截面轴
38CrMoAl	940	640	30	835	980	≥14	≥50	71	207	氮化零件
37CrNi3	820	500	25	980	1130	≥10	≥50	47	269	高强度高韧性大截面零件
40CrMnMo	850	600	25	785	980	≥10	≥45	63	217	相当于 40CrNiMo
25CrNi4W	850	550	25	930	1080	≥11	≥45	71	269	力学性能要求高的大截面零件
40CrNiMo	850	600	25	835	980	≥12	≥55	78	269	高强度零件

（三）弹簧钢

用来制造弹簧或类似弹簧性能零件的钢种，称为弹簧钢。弹簧是机器上的重要部件，它在周期性的弯曲、扭转等交变应力下工作，往往还受到振动和冲击载荷。如汽车叠板弹簧、仪表弹簧、汽阀弹簧等。弹簧是利用其弹性变形吸收和释放能量，缓和机械振动。所以应该具有高的弹性极限、疲劳极限及足够的塑性及韧性。

合金弹簧钢的含碳量一般在 0.45%～0.70%之间，以保证高的弹性极限和疲劳强度。钢中所含合金元素有硅、锰、钒、铬、钨和钼等。硅可显著提高钢的屈服强度与回火稳定性。锰和铬可提高钢的强度和淬透性，但锰会增加钢的过热敏感性和回火脆性。在重要位置或特殊情况下使用的弹簧钢，还常加入钒、钨、钼等元素，以进一步提高钢的淬透性和回火稳定性，细化晶粒，提高钢的屈服比（σ_s/σ_b）和耐热性。

合金弹簧钢根据弹簧尺寸和成形方法的不同，可分为两类。

（1）热成形弹簧 用热轧钢丝或钢板制成，成形后要进行淬火和中温回火，具有高的弹性极限与疲劳强度。一般用于制作大型弹簧或形状复杂的弹簧。

（2）冷成形弹簧 用冷拉弹簧钢丝或冷轧弹簧钢带在冷态下制成。适于制作直径小或厚度薄的弹簧。若弹簧丝是退火状态的，则冷卷成形后还需淬火和中温回火；若弹簧丝在卷簧前已有很高的强度和足够的塑性，冷卷成形后不需再进行淬火和中温回火，只需进行一次去应力退火，以消除内应力，并使弹簧定型。

弹簧经热处理后，一般还要进行喷丸处理，使表面强化，并在表面产生残余压应力，以提高弹簧的疲劳强度和寿命。

60Si2Mn 钢是应用最多的合金弹簧钢，被广泛用于制造汽车、拖拉机上的板簧、螺旋弹簧等。

常用合金弹簧钢的牌号、热处理、性能和用途见表 4-4。

表 4-4 常用合金弹簧钢的牌号、热处理、性能和用途

牌号	热处理		力学性能				用途
	淬火/℃	回火/℃	σ_s/MPa	σ_b/MPa	δ/%	ψ/%	
65Mn	830 油	480	800	1000	8	30	小于 ϕ25mm 的各种螺旋弹簧和板弹簧
60Si2Mn	870 油	460	1200	1300	5	25	小于 ϕ25～30mm 的各种弹簧
50CrVA	850 油	520	1100	1300	10	45	用于 ϕ30～50mm 重载荷的各种重要弹簧
50CrMnA	840 油	490	1200	1300	6	35	拖拉机小于 ϕ50mm 的弹簧零件
65Si2MnWV	850 油	420	1700	1900	5	20	高温（≤350℃）小于 ϕ50mm 的高强度弹簧
60Si2MnBRE	870 油	460±25	≥1400	≥1600	≥5	≥20	大截面的板弹簧和螺旋弹簧
60Si2CrVA	850 油	410	1700	1900	6	20	温度不高于 250℃，小于 ϕ50mm 重要或重载荷工作弹簧
55SiMnMoV	880 油	550	1300	1400	6	20	小于 ϕ75mm 的重型汽车、越野车的大型弹簧

（四）滚动轴承钢

滚动轴承在工作中承受极高的交变载荷，滚珠与套圈之间接触面很小，呈点接触或线接触，产生极大的接触交变应力，应力交变次数每分钟可达数万次甚至更高，因而要求这类钢有高的接触疲劳强度、高且均匀的硬度、高耐磨性、一定的韧性及淬透性及并在大气和润滑介质中有一定的抗蚀能力。轴承钢对内部组织成分的均匀性，所含的非金属夹杂物以及钢的脱碳程度等均要求很严格。

滚动轴承钢一般是高碳低铬钢，其碳的质量分数为 0.95%～1.10%，以保证轴承钢具有高的强度、硬度和形成足够的碳化物，来保证高的耐磨性。铬的质量分数为 0.40%～1.65%。Cr 元素可增加轴承钢的淬透性和奥氏体的稳定性，使钢中的碳化物细化并均匀分

布，从而提高钢的强度、屈服极限和耐磨性。对制造大型轴承的滚动轴承钢还需要加入锰、硅等元素，以进一步提高淬透性。适量的硅，一般为 0.40%～0.60%，能明显提高钢的硬度和弹性极限。

滚动轴承钢的冶金质量要求极高，非金属夹杂物及 S、P 等杂质的质量分数限制很严(一般磷的含量小于 0.027%，硫的含量小于 0.020%)，是一种高级优质钢。

GCr15、GCr15SiMn 钢是应用最多的轴承钢。前者用于制作中、小型滚动轴承，后者用于制作大型滚动轴承。由于滚动轴承钢的成分、性能与工具钢相近，故常用来制作刀具、量具、冷冲模及性能要求与滚动轴承相似的耐磨零件。表 4-5 是常用滚动轴承钢的牌号及相关性能。

表 4-5 常用滚动轴承钢的牌号、成分、热处理和用途

牌号	化学成分/%				热处理		回火硬度/HRC	用途
	C	Cr	Si	Mn	淬火温度/℃	回火温度/℃		
GCr6	1.05～1.15	0.40～0.70	0.15～0.35	0.20～0.40	800～820	150～170	62～66	小于 10mm 的滚珠、滚柱和滚针
GCr9	1.0～1.10	0.9～10.12	0.15～0.35	0.20～0.40	800～820	150～160	62～66	20mm 以内的各种滚动轴承
GCr9SiMn	1.0～1.10	0.9～1.2	0.40～0.70	0.90～1.20	810～830	150～200	61～65	壁厚小于 14mm，外径小于 250mm 的轴承套，25～50mm 的钢球；直径 25mm 左右的滚柱
GCr15	0.95～1.05	1.30～1.65	0.15～0.35	0.20～0.40	820～840	150～160	62～66	与 GCr9SiMn 相同
GCr15SiMn	0.95～1.05	1.30～1.65	0.40～0.65	0.90～1.20	820～840	170～200	>62	壁厚大于等于 14mm，外径 250mm 的套圈；直径20～250mm 的钢球
GMnMoVRE	0.95～1.10		0.15～0.40	1.10～1.40	770～810	170±5	≥62	代替 GCr15
GSiMoMnV	0.95～1.10		0.45～0.65	0.75～1.05	780～820	175～200	≥62	与 GMnMoVRE 相同

(五) 易切削结构钢

切削加工性是钢的重要工艺性能之一。改善切削加工性可以提高机械加工的生产率。

易切钢是为了提高钢材的切削加工性，在钢中加入一定量的硫、碲、铅、硒、钙等合金元素而得到的钢种。这些合金元素对切削加工性的影响基于：①改变非金属夹杂物的组成、性能，并起变质作用，如 S、Se、Te；②形成金属夹杂，但又不溶于固溶体，如 Pb。这些夹杂物本身硬度不高，与刀具之间的摩擦系数较低，可以降低刀具的磨损，同时，这些夹杂物的存在又可以使切屑容易折断，容易处理。

根据所含元素的不同，易切钢可分为以下三种。

(1) 硫系易切钢 主要是低、中碳钢，硫含量在 0.08%～0.35%范围内，以便使钢中的锰生成 MnS，MnS 在切削时可起断屑作用。

(2) 铅系或铅复合系易切钢 可弥补硫系易切钢力学性能及耐腐蚀性差的缺点。常温下铅在钢中不固溶，呈单相金属铅的微粒均匀分布着。它的应力集中效应和减磨性，使钢的切削性能得到了改善。

(3) 钙系易切钢 钙易切钢中含有钙铝硅酸盐，这种钙夹杂物可生成具有润滑作用的保护膜，从而减少了刀具的磨损。钙易切钢适用于高速下切削。

易切钢的编号以“Y”为首，后继的数字为平均含碳量，以万分之几表示。如 Y12、Y40Mn、Y10Pb 等。

所有易切钢的锻造、焊接工艺性都不好，应用时要注意。

第四节 合金工具钢

用于制造各种加工和测量工具的钢统称为工具钢。按其用途分为刃具、量具和模具用钢。按化学成分不同可分为碳素工具钢和合金工具钢。碳素工具钢易加工，价格便宜，但其热硬性差，淬透性低。因此，尺寸大、精度高、形状复杂及工作温度高的工具，都采用合金工具钢制造。

合金工具钢按其用途又分为刃具钢、模具钢和量具钢三大类。但是，各类钢的实际使用界限并非绝对，可以交叉使用。如某些低合金刃具钢也可用于制造冷冲模或量具。

一、合金刃具钢

合金刃具钢主要用来制造刃具，如车刀、铣刀、钻头等。合金刃具钢又分为低合金刃具钢和高合金刃具钢。

1. 低合金刃具钢

低合金刃具钢是在碳素工具钢的基础上加入少量（<3%）的合金元素形成的。表 4-6 是常用的该类钢的牌号、热处理及用途。

表 4-6 常用低合金刃具钢的牌号、热处理及用途

牌号	热处理及硬度				合金元素含量/%					用途举例
	淬火/℃	淬火后/HRC	回火/℃	回火后/HRC	C	Mn	Si	Cr	其他	
9SiCr	830～860 油	62～64	150～200	61～63	0.85～0.95	0.30～0.60	1.20～1.60	0.95～1.25		丝锥，板牙，钻头，铰刀，冷冲模
Cr2	830～850 油	62～65	150～170	60～62	0.95～1.10	≤0.40	≤0.40	1.30～1.65		车刀，插刀，铰刀，冷轧辊
CrWMn	800～830 油	62～63	160～200	61～62	0.90～1.05	0.80～1.10	≤0.40	0.90～1.20	W1.2～1.6	板牙，拉刀，长丝锥，长铰刀，冷作模具
9Mn2V	760～780 油	>62	130～170	60～62	0.85～0.95	1.70～2.00	≤0.40		V0.1～0.25	丝锥，板牙，铰刀，量规，块规
CrW5	800～860 油	65～66	160～180	64～65	1.25～1.50	≤0.40	≤0.40	0.40～0.70	W4.5～5.5	低速切削硬金属刃具如车刀，铣刀

从表中可以看出，低合金刃具钢的含碳量较高，一般在 0.75%～1.5%范围内，以保证高硬度和高耐磨性。通常加入的合金元素是 Cr、Si、Mn、W 和 V 等。其中，Si、Cr、Mn 等元素主要增加钢的淬透性和回火稳定性。W、V 等元素可形成特殊碳化物，显著提高钢的耐磨性，同时可提高钢的热硬性。

9SiCr 是最常用的低合金刃具钢，被广泛用来制作各种薄刃刀具，如板牙、丝锥、铰刀等。

2. 高合金刃具钢

在高速切削加工中，刀具的刃部温度可达 600℃，低合金刃具钢已不能满足这种要求。以低合金刃具钢中较好的 9SiCr 来说，工作温度高于 300℃时，其硬度便下降到 60HRC 以下，因此就必须选用合金元素含量较高，能适应高速切削的高合金刃具钢。

高合金刃具钢常称为高速钢。高速钢具有高的硬度、耐磨性和热硬性。它比低合金刃具钢具有更高的切削速度，所以称为高速钢。高速钢刀具的切削速度比碳素工具钢和低合金工具钢增加 1～3 倍，而其耐用性却增加 7～14 倍，当刃部温度高达 600℃时，仍能使硬度保持 55HRC 以上。因此，高速钢在机械制造工业中被广泛使用。

表 4-7 为常用高速钢的性能及热硬性。

表 4-7 常用高速钢的性能及热硬性

类型	牌 号	热处理			硬 度		
		退火/℃	淬火/℃	回火/℃	退火/HB,≤	淬火+回火/HRC,>	热硬性/HRC
钨系	W18Cr4V	850～870	1270～1280	550～570	255	63	61～62
钨钼系	W6Mo5Cr4V2	840～860	1210～1245	540～560	241	64～66	60～61
	W6Mo5Cr4V3	840～885	1200～1240	560	255	64～67	64
钼系	Mo8Cr4V2		1175～1215	540～560	255	63	60～62
超硬系	W6Mo5Cr4V2Al	870～900	1270～1320	540～590	277	66～68	64
	W18Cr4VCo10	850～870	1220～1250	540～560	255	68～69	64

图 4-4 所示为 W18Cr4V 钢的铸态组织。由图可知，高速钢的铸态组织中含有大量的鱼骨状合金碳化物，分布在晶界，使钢的强度和韧性下降。这种现象不能用热处理方法消除，只能通过压力加工（轧制、锻造），将粗大的碳化物击碎，使其呈小块均匀分布在基体内。压力加工后钢的硬度很高，无法进行切削加工，必须安排必要的热处理。

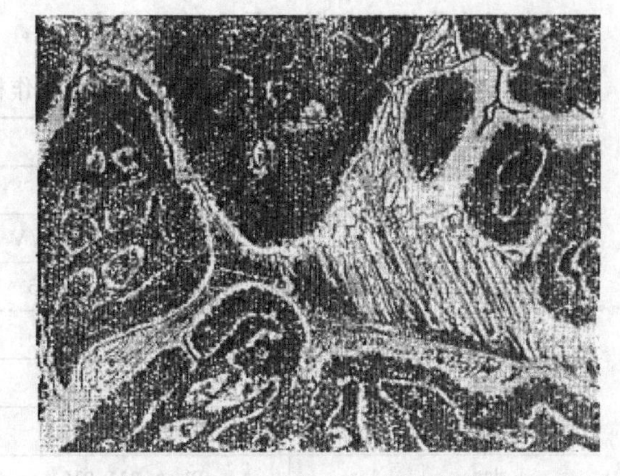

图 4-4 W18Cr4V 钢的铸态组织

近年来，国内外开始应用粉末冶金的方法制造高速钢，粉末高速钢碳化物细小、分布均匀，无偏析，从根本上解决了高速钢的碳化物不均匀性，使刀具切削性能成倍提高。

(1) 高速钢的热处理　高速钢的热处理包括退火、淬火和回火，其特点是退火温度低，淬火温度高，回火温度高且次数多。

① 退火：高速钢锻造以后，必须进行球化退火，以消除锻造时产生的内应力、降低锻造后的钢的硬度，利于切削加工，并为随后的淬火作组织上的准备。退火温度略高于该钢的 A_{c1} 温度，以利于奥氏体的转化。

对于某些要求表面粗糙度较低的刃具，可在退火后进行一次调质处理。

② 淬火：高速钢的优越性只有在正确的淬火及回火之后才能发挥出来，其淬火温度 1250～1300℃，较一般合金工具钢要高得多，以保证有足够数量碳化物溶入奥氏体，从而提

高淬透性、回火稳定性和热硬性；但合金元素多也使高速钢导热性差，传热速度低，故淬火加热时必须要有中间预热；而冷却也多用分级淬火（油淬）。

③ 回火：为了消除淬火应力，稳定组织，减少残余奥氏体的数量，达到所需要的性能，高速钢一般进行三次 560℃保温 1h 的回火处理。通过回火，可以使钨、钼、钒的碳化物从马氏体中析出，呈弥散分布，提高钢的硬度；同时，由于残余奥氏体转变为马氏体，也使硬度上升，保证了钢的高硬度、高耐磨性及良好的热硬性。

(2) 高速钢的表面强化　为改善刀具的切削效率和提高耐用度，生产上常采用表面强化处理。表面强化的方法主要有化学热处理（如气体软氮化、离子氮化等）和表面复层处理（即使高速钢表面形成耐磨的氧化钛、氧化钛复层）。

二、合金模具钢

模锻和模压是材料成形的重要方法，材料成形所用模具的钢材称为模具钢，模具一般可分为冷态变形模具与热态变形模具，与之相应的有冷态变形模具钢（冷作模具钢）与热态变形模具钢（热作模具钢）。

1. 冷作模具钢

冷作模具钢是用来制造使金属在常温下变形的模具。如冷冲、冷镦、切边、搓丝、拉丝等模具。其工作条件特点是模具工作时受到高的压力、冲击力、弯曲力及摩擦，模具的正常失效一般是磨损。为了保证模具的几何精度，减小磨损，提高使用寿命，模具钢应具有高的硬度、耐磨性以及足够的强度与韧性。同时，要求热处理时变形要小，淬透性高。热处理后的硬度应在 58～64HRC 范围内。

冷作模具钢的化学成分、热处理特点基本上与刃具钢相似。对于小型冷作模具，可用低合金刃具钢制造。如 9SiCr、CrWMn 等。其热处理也是球化退火、淬火和低温回火。对于大型模具，必须采用淬透性好、耐磨性高、热处理变形小的钢种。如 Cr12 钢或 Cr12MoV 钢等。

常用冷作模具钢的牌号和性能见表 4-8。

表 4-8　常用冷作模具钢的牌号和性能

模具种类	牌号		
	简单轻载	复杂轻载	重载
硅钢片冲模	Cr12、Cr12MoV 、Cr6WV	Cr12、Cr12MoV	—
落料冲孔模	T10A、9Mn2V、GCr15	CrWMn、9Mn2V、Cr6WV	Cr12MoV
剪刀	T10A、9Mn2V	9SiCr、CrWMn	—
冷挤模	T10A、9Mn2V	9Mn2V、9SiCr、Cr12MoV	Cr12Mo、18-4-1、6-5-4-2
冷墩模	T10A、9Mn2V	基体钢、Cr12MoV	基体钢、Cr12MoV、18-4-1
小冲头	T10A、9Mn2V	Cr12MoV	18-4-1、6-5-4-2
压弯模	T10A、9Mn2V	—	Cr12MoV
拉丝模	T10A、9Mn2V	—	Cr12MoV
拔丝模	T10、9Mn2V	—	Cr12MoV

2. 热作模具钢

材料在一定形状的型腔内流动成形的加工方法可以是将金属在固态下加热至高温，然后

在巨大压力或冲击力作用下使其沿型腔形状变形而成形，如模锻、热挤压等；也可以是将金属熔化成液态，用压力将液态金属注入型腔后，凝固成形，如压铸。

热作模具钢就是用以制造热锻模，热挤压模，压铸模的钢。它们的工作条件虽然不完全相同，但对钢的基本性能的要求却是相似的。

从上述两种热作模具的工作条件来看，热作模具在工作过程中承受到很大的压力和冲击力，并反复受热及冷却，其正常的失效形式是磨损以及由于热疲劳所产生的龟裂（网状裂纹）。因此，要求热作模具钢有好的综合力学性能，包括高温下能保持较高的力学性能，良好的耐热疲劳性，良好的导热性，抗氧化性能，同时，还应具有高的淬透性和较小的热处理变形。

主要热作模具钢的化学成分见表 4-9。

表 4-9　主要热作模具钢的化学成分

牌　号	化 学 成 分/%						
	C	Si	Mn	Cr	Mo	W	V
5CrMnMo	0.50～0.60	0.25～0.60	1.20～1.60	0.60～0.90	0.15～0.30	—	—
5CrNiMo	0.50～0.60	≤0.40	0.50～0.80	0.50～0.80	0.15～0.30	—	—
3Cr2W8V	0.30～0.40	≤0.40	≤0.40	2.20～2.70	—	7.50～9.00	0.20～0.50
5CrSiMnMoV	0.45～0.55	0.80～1.00	0.80～1.10	1.30～1.60	0.20～0.40	—	0.20～0.30
4Cr5MoSiV	0.32～0.42	0.80～1.20	≤0.40	4.50～5.50	1.00～1.50	—	0.30～0.50
3Cr3Mo3V	0.25～0.35	≤0.50	≤0.50	2.50～3.50	2.50～3.50	—	0.30～0.60
4Cr3W4Mo2VTiNb	0.37～0.47	≤0.50	≤0.50	2.50～3.50	2.00～3.00	3.50～4.50	1.00～1.40
5Cr4W5Mo2V	0.40～0.50	≤0.40	0.20～0.60	3.80～4.50	1.70～2.30	4.50～5.30	0.80～1.20

从表中可以看出，热作模具钢一般是中碳合金钢，其含碳量为 0.3%～0.6%，以保证钢具有高强度、高韧性和较高的硬度及较高的热疲劳强度。加入的合金元素有 Cr、Mn、Si、Ni、W 等，主要是提高钢的淬透性、回火稳定性和热硬性，细化晶粒，提高钢的强度和抗热疲劳性。

目前，制作热锻模的典型钢种有 5CrMnMo 和 5CrNiMo 钢。5CrMnMo 钢适用于制造中、小型锻模（即锻模高度小于 275mm 或在 275～400mm 之间），5CrNiMo 钢则用于制造形状复杂、受力大的大型锻模，即锻模高度大于 400mm。

典型的压铸模具钢是 3Cr2W8V 钢，钢中碳的质量分数较低，以保证钢具有高的韧性及良好的导热性。W 是钢中的主要合金元素，且质量分数较高，它使钢具有高的回火稳定性和红硬性，同时，可以细化晶粒，增加淬透性，铬主要是提高钢的淬透性及耐蚀性。热作模具钢必须经过反复锻造使碳化物分布均匀；锻造后退火以消除内应力，并降低硬度，以便于切削加工。表 4-10 为热作模具选材举例。

三、量具用钢

量具是用于度量工件尺寸的工具，如卡尺、块规、塞规等，其最基本的要求是保证长期存放和使用中尺寸不变，形状不变，即要有高的尺寸稳定性（尺寸精度），并且在存放和使用时不磨损（高的耐磨性），不腐蚀。

量具用钢没有专用钢种。前面介绍的工具钢都可以根据量具的具体要求加以选用。表 4-11 为常用量具钢选材举例。

表 4-10 热作模具选材举例

名称	类型	选材举例	硬度/HRC
锻模	高度小于 400mm 的中、小型热锻模	5CrMnMo,5Cr2MnMo	39～47
	高度大于 400mm 的大型热锻模	5CrNiMo,5Cr2MnMo	35～39
	寿命要求高的热锻模	3Cr2W8V,4Cr5MoSiV,4Cr5W2SiV	40～54
	热镦模	4Cr3W4Mo2VTiNb,4Cr5MoSiV,4Cr5W2SiV,3Cr3Mo3V	39～54
	精密锻造或高速锻造	3Cr2W8V,4Cr3W4Mo2VTiNb,4Cr5MoSiV,4Cr5W2SiV	
压铸模	压铸锌、铝、镁合金	3Cr2W8V,4Cr5MoSiV,4Cr5W2SiV	
	压铸铜和黄铜	3Cr2W8V,4Cr5MoSiV,4Cr5W2SiV,钨基粉末冶金材料,钼、钛、锆等难熔金属	
	压铸钢铁	钨基粉末冶金材料,钼、钛、锆等难熔金属	
挤压模	温挤压 300～800℃	8Cr8Mo2SiV,基体钢	
	热挤压	挤压钢、钛镍合金用 4Cr5MoSiV,3Cr2W8V(>1000℃)	43～47
		挤压铜合金用 3Cr2W8V(<1000℃)	36～45
		挤压铝、镁合金用 4Cr5MoSiV,4Cr5W2SiV(<500℃)	46～50
		挤压铅用 45 钢(<100℃)	16～20

表 4-11 常用量具钢选材举例

用途	选用钢举例	
	钢类别	钢牌号
尺寸小、精度不高、形状简单的量规、塞规、样板	非合金工具钢	T10A,T11A,T12A
精度不高、耐冲击的卡板、样板、直尺	渗碳钢	15,20,15Cr
块规、螺纹塞规、环规、样柱、样套	低合金工具钢	CrWMn
块规、塞规、样柱	滚动轴承钢	GCr15
各种要求高精度的量具	冷作模具钢	Cr12MoV,9Mn2V,Cr12
要求高精度和耐腐蚀性的量具	不锈钢	3Cr13,4Cr13,9Cr18

第五节 特殊性能钢

随着工业技术的发展，在机械制造、航天航空、石油化工、电机仪表及国防等工业部门，广泛需要具有某些特殊的物理、化学、力学性能，能在特殊的环境、工作条件下使用的钢，即特殊性能钢。工程上常用的特殊性能钢有不锈钢、耐热钢、耐磨钢等。

一、不锈钢

在自然环境或一定工业介质中具有耐蚀性的一类钢，称为不锈钢。不锈钢通常是不锈钢和耐酸钢的统称，能抗大气、蒸汽和水腐蚀的钢称为不锈钢，能抗酸、碱、盐溶液腐蚀的钢称为耐酸钢。一般情况下，不锈钢不一定耐酸，而耐酸钢均有良好的不锈性能。

按化学成分的不同，不锈钢分为铬不锈钢、铬镍不锈钢和铬锰不锈钢等。按金相组织的

不同，不锈钢分为马氏体型、铁素体型、奥氏体型、铁素体-奥氏体型及奥氏体-马氏体型不锈钢等。

1. 马氏体型不锈钢

其含碳量为0.1%～0.4%，含铬量为13%～18%，属于铬13型不锈钢。这类钢具有很好的力学性能，热加工性能和切削加工性能，可用热处理方法强化。马氏体型不锈钢只在氧化性介质中耐腐蚀，在非氧化性介质中耐蚀性很低，而且随着钢中含碳量的增加，其强度、硬度及耐磨性提高，而耐蚀性下降。1Cr13、2Cr13具有良好的抗大气、海水、蒸汽等介质腐蚀的能力，且具有较好的塑性、韧性。常用于制作耐腐蚀的结构件。如汽轮机叶片、医疗器械等。碳含量较多的3Cr13、4Cr13等常用于制作不锈钢轴承、弹簧等力学性能要求较高，而耐蚀性要求较低的零件。

2. 铁素体型不锈钢

这类钢的铬含量在17%～30%范围内，碳含量小于0.15%。工业上常用的有1Cr17、1Cr17Ti、1Cr28、1Cr25Ti 、1Cr17MoTi等，即Cr17型不锈钢。这类钢在退火或正火状态下使用，其组织为单相铁素体，即使加热至高温900～1100℃组织也不发生明显变化，因此，不能用热处理方法强化。这类钢的耐蚀性、塑性、焊接性均优于马氏体型不锈钢，而且随铬质量分数的增加，耐蚀性进一步提高，但其强度比马氏体不锈钢低。因此，主要用于制作要求较高耐蚀性，而受力不大的构件。如化工设备中的容器、管道、食品工厂的设备等。

3. 奥氏体型不锈钢

奥氏体型不锈钢是工业上应用最广泛的不锈钢，在铬含量为18%的钢中加入8%～11%的Ni，即为18-8型不锈钢，属于铬镍不锈钢。由于合金元素铬、镍的共同作用，使这类钢具有优良的耐蚀性，其塑性、韧性、焊接性亦优于其他不锈钢。但切削加工性较差，易粘刀和产生加工硬化。因此，这类钢广泛用于制作在强腐蚀介质中工作的设备、管道、贮槽等，也广泛用于制作要求无磁性的仪表、仪器元件等。

奥氏体型不锈钢的品种很多，中国原以1Cr18Ni9Ti为主，近年逐步被低碳或超低碳的0Cr18Ni10、00Cr18Ni11所取代，超低碳的奥氏体型不锈钢可避免晶间腐蚀，塑性亦有提高。

4. 其他类型不锈钢

(1) 铁素体-奥氏体不锈钢（双相不锈钢）双相不锈钢是近年发展起来的新型不锈钢。研究表明，当不锈钢的铬含量为18%～26%，镍含量为4%～7%时，不锈钢的组织由奥氏体和δ铁素体两相组成，其中δ铁素体占15%～20%。由于其同时兼有奥氏体型钢和铁素体型钢的特征，不仅克服了奥氏体不锈钢应力腐蚀抗力差的缺点，而且还提高抗晶间腐蚀及焊缝热裂的能力。0Cr21Ni5Ti，1Cr21Ni5Ti，1Cr18Mn10Ni5Mo3Si2等都属于双相不锈钢。这类钢室温屈服强度比铬镍奥氏体不锈钢高一倍左右，同时，还具有较高的塑性、冲击韧性，并且冷、热加工性及焊接性也较好。双相不锈钢的优越性能需要在正确的加工和合适的环境中才能得到保证，在生产上需特别注意。

(2) 奥氏体-马氏体不锈钢（超高强度不锈钢）又称沉淀硬化不锈钢。由于航天航空事业的迅速发展，飞机、航天器、飞船、火箭等飞行速度的提高，其结构件的表面温度也随之升高，铝合金已不能满足要求，需要有能耐热的高强度不锈钢来代替。这类钢的镍含量较低，使钢在淬火后有不稳定的奥氏体，在冷处理或塑性变形时奥氏体发生马氏体转变，然后通过沉淀硬化，析出金属间化合物Ni_3Al、Ni_3Nb等，使马氏体进一步被强化。这类钢具有奥氏体型不锈钢的优点，易于加工成形，随后强化处理又具有马氏体型钢的优点。其强度

σ_b 可达 1250～1600MPa，因此能满足航空航天设备零件和军工机械的要求。如 0Cr17Ni4Cu4Nb4、Cr17Ni7Al 和 Cr15Ni7Mo2（PH15-7Mo）。

二、耐热钢

在航天航空、发电机、热能工程、化工及军事工业部门，有许多机器零部件是在高温下工作的。高温工作条件与室温不同，机器零部件会在远低于材料的抗拉强度的应力作用下破断。高温条件下工作的构件其失效原因一是因为高温氧化；二是由于高温下的强度不够。因此，耐热钢即是抗氧化钢（耐热不起皮钢）和热强钢的总称。

（一）金属材料的耐热性能

金属材料的耐热性包含高温抗氧化和高温强度两方面的性能。

1. 高温抗氧化性

材料的高温抗氧化性是指在高温下零件表面能迅速氧化形成一层致密的氧化膜，隔离了高温氧化环境与钢基体的直接作用，使钢不再继续氧化。碳钢在高温下很容易氧化，主要是由于在高温下，钢的表面生成疏松多孔的 FeO，容易剥落，而且，氧原子不断地通过 FeO 向内部扩散，使钢继续被氧化。若向钢中加入相当数量合金元素 Cr、Si、Al，由于它们与氧的亲和力比铁大，又只形成一种致密的氧化物 Cr_2O_3、Al_2O_3、SiO_2，氧原子不易通过这些氧化层扩散，就可以保护钢不再继续氧化，从而提高了钢的抗氧化性。零件的工作温度愈高，则保证钢具有高温抗氧化性的 Cr、Al、Si 的含量也愈高，钢的抗氧化性主要取决于其成分，而与组织无关。

2. 高温强度

当钢在再结晶温度以上受力作用时，将出现以下现象：温度愈高，强度愈低；在一定应力作用下，变形量随时间而增大，即产生蠕变。也就是说，钢在高温下的强度及变形量不仅与温度有关，而且也与时间有关。因此，在评定钢的高温强度时，采用蠕变极限和持久强度来综合衡量。

蠕变极限指在一定温度下，一定时间内产生一定变形量时所能承受的最大应力，表示为 $\sigma_{\delta/t}^{T}$。其中 σ 为应力；T 为温度；δ 为变形量；t 为试验时间。表征的是材料在高温下对塑性变形的抗力。

持久强度指在一定温度下，在规定时间内材料断裂所能承受的最大应力，用 σ_{τ}^{T} 表示。其中，T 为温度；τ 为断裂时间。表征的是材料在高温下对破断的抗力，材料能支持不断裂的时间愈长；或在一定的温度，时间条件下，材料的断裂应力愈高，则材料的持久强度愈好。持久强度对组织非常敏感，故提高持久强度的途径主要是改变钢的成分与组织结构，如设法提高钢的再结晶温度，并使组织在使用温度下保持稳定。

（二）常用耐热钢

选用耐热钢时，需特别注意，钢的工作温度范围以及在这个温度下的力学性能指标。各种耐热材料的适宜工作温度及应用见表 4-12。

1. 抗氧化钢

（1）铁素体型抗氧化钢　铁素体型抗氧化钢是在铁素体不锈钢的基础上进行抗氧化合金化而形成的钢种，具有单相铁素体基体。表面容易获得连续的保护型氧化膜，按照使用温度的不同，可分为在 800～850℃范围内使用的 Cr13Si3 钢，Cr13SiAl 钢等；在 1000℃左右使用的 Cr18Si2、Cr17Al4Si 等；在 1050～1100℃范围内使用的 Cr24Al2Si、Cr25Si2 等。多用作受力不大的加热炉构件。

表 4-12　各种耐热材料的适宜工作温度及应用

工作温度/℃	适宜材料	应用举例
<300	普通合金结构	一般机器零件
350～620	铁素体-珠光体耐热钢	锅炉用钢,汽轮机用钢,汽轮机叶片
350～650	马氏体耐热钢	
600～800	奥氏体耐热钢	燃汽轮机,喷气发动机涡轮盘及叶片
650～1100	镍基、钴基耐热合金	航空发动机涡轮叶片
>900	铌基、钼基、陶瓷材料	宇航上的短时结构件

(2) 奥氏体型抗氧化钢　奥氏体型抗氧化钢是在 18-8 型铬镍不锈钢的基础上经硅、铝抗氧化合金化而形成的系列耐热钢钢种。如 18-8 型的 1Cr18Ni9Ti，2Cr18Ni8W2；14-14 型的 4Cr14Ni4W2Mo；15-25 型的 Cr14Ni26MoTi；15-35 型的 Cr15Ni34MoWTiAl（GH135），1Cr15Ni36W3Ti（GH136），Cr15Ni35WTi 等。18-8 型钢高温性能比其他奥氏体型钢差，只能在 610℃以下作过热管道用；14-14 型中的 4Cr14Ni14W2Mo 是目前内燃机车柴油机进排气阀的专用钢种；Cr14Ni26MoTi 钢用做在 650～700℃范围内工作的燃气轮机零件。

2. 热强钢

(1) 珠光体型钢　这类钢碳质量分数低，工艺性好，导热性好，热处理工艺简单，价格便宜，经低合金化就能成为 550℃下良好的热强钢。近年来，中国适当调整原有钢的成分以及添加少量其他的合金元素，如 Nb、B 等，其工作温度已达 500～620℃，达到世界先进水平。

常用的低碳珠光体型钢如 16Mo、15CrMo、12CrMoV 等，其使用温度为 350～550℃，主要属于锅炉管道用钢；中碳珠光体型钢如 24CrMoV、25Cr2MoVA 等，使用温度为 600℃以下，属于叶轮、转子、紧固件用钢。

(2) 马氏体型钢　一般是指铬含量为 10%～13%的铬钢。为提高其高温强度，还含有少量的钨、钼、钒等合金元素，常见牌号有 1Cr13、1Cr11MoV、1Cr12MoWVA 等，用于制造使用温度低于 580℃的汽轮机，燃气轮机，增压器的叶片。

铬硅钢则是另一类马氏体耐热钢。常用牌号 4Cr9Si2、4Cr10Si2Mo 等，铬钢中加入硅后，可大大提高钢的抗氧化性，同时减少蠕变开始时的蠕变速度。这类钢又称气阀钢，主要用于制造使用温度低于 750℃的发动机排气阀，也可以用于制造温度低于 900℃的加热炉构件。

三、耐磨钢

耐磨钢是指在冲击和磨损条件下使用的高锰钢。它广泛用来制造球磨机的衬板，破碎机的颚板，挖掘机的斗齿，拖拉机坦克的履带，铁路的道岔，防弹钢板等。

高锰钢的主要成分是碳和锰。其中含碳量为 0.9%～1.5%，含锰量为 11%～14%，由于高锰钢机械加工困难，基本上是铸造后使用。

其牌号表示为：ZG（“铸钢”二字汉语拼音声母）+Mn+数字（数字表示钢中锰的质量分数%)-序号。如 ZGMn13-1。

高锰钢需经水韧处理后，在使用过程中才会显示出高的耐磨性。

所谓水韧处理是把钢加热至 1100℃，使所有的碳化物均溶入奥氏体中，然后水淬激冷，获得均匀的单相奥氏体组织，此时高锰钢有良好的韧性、无磁性，硬度不高于 200HB。但它具有很强的加工硬化能力，在冲击或压应力作用下，将迅速加工硬化，促使表面层奥氏体转变为马氏体，从而形成硬而耐磨的表面，硬度提高到500～550HB，因而获得高的耐磨性，而心部仍然保持着原来的奥氏体所固有的韧性状态，能承受冲击。当表面磨损后，新露出的表面又可在冲击的条件下获得新的硬化层，所以这种钢具有很高的耐磨性和抗冲击能力。

如果磨损时没有加工硬化条件，则高锰钢的耐磨性则不能充分发挥。

对承受液体和气体流冲刷磨损的零件，可用30Cr10Mn10奥氏体钢制造，这种钢具有优秀的抗气蚀能力。

习 题

1. 识别下列各钢的种类，并分别说明其中Mn元素的作用：09Mn2，16Mn，20Mn2，45Mn2，65Mn，9Mn2V，GCr15SiMn。
2. 识别16MnCu，15Cr，20CrMnTi，40MnVB，35CrMo，55Si2Mn，50CrVA，GCr9SiMn，CrWMn，W18Cr4V各属于哪类钢，并说明判别的理由。
3. 什么叫回火脆性？有哪几类？如何防止？
4. 解释奥氏体稳定性与回火稳定性的含意。并提出其影响因素与在生产中的实用意义。
5. 分别说明加工硬化，固溶强化，二次硬化，弥散硬化的含义，并指出它们在强化原理上的区别。
6. 从材料腐蚀的原理说明材料防止或避免腐蚀的途径。
7. 耐热性的具体含义是什么？耐热钢具有高耐热性的原因是什么？
8. 奥氏体不锈钢和耐磨钢淬火的目的与一般钢的淬火目的有何不同？
9. 65钢淬火后硬度可达到60～62HRC，为什么不能制刀具？
10. 分析GCr15钢的以下两种热处理工艺用于何种产品？

① 锻造→球化退火→机加工→淬火→低温回火→时效→研磨→成品。

② 锻造→球化退火→机加工→淬火→冷处理→低温回火→时效→研磨→时效→精磨→成品。

第五章 有色金属

有色金属通常是指除钢铁（有时也除铬和锰）之外的其他金属及其合金。有色金属具有许多特殊的物理、化学和力学性能，是现代工业生产中不可缺少的金属材料。本章主要介绍机械工业中常用的铝、铜及其合金以及轴承合金。

第一节 铝及其合金

一、工业纯铝

铝是一种银白色金属，具有面心立方晶格，密度为 2.7g/cm³，熔点为 660℃，是一种轻金属材料。

铝具有良好的耐腐蚀性能，原因是铝和氧的亲和力强，在空气中铝表面生成一层致密的 Al_2O_3 薄膜，阻止铝的继续氧化，保护了金属内部不被腐蚀。因此，铝在大气、淡水、含氧酸以及各类有机物中具有足够的耐腐蚀性。但在盐或碱中氧化膜被破坏，所以铝不耐盐和碱的腐蚀。

铝的导电性、导热性好，仅次于银、铜、金。铝的强度、硬度不高（$\sigma_b=80\sim100$MPa），但其塑性、韧性良好（$\delta=50\%$）。纯铝在固态下无同素异构转变，故不能热处理强化，但冷塑性变形后强度明显提高（$\sigma_b=150\sim250$MPa）。

纯铝的主要用途为配制铝合金，制造电线、电缆、散热器，也可用于制作抗蚀且承受轻载的用品和器皿。

二、铝合金的分类及热处理

1. 铝合金的分类

根据其成分和工艺特点可分为变形铝合金和铸造铝合金两大类。

2. 铝合金的热处理（固溶处理＋时效）

将铝合金加热保温后获得单相 α 固溶体，在水中急冷，得到单相过饱和 α 固溶体组织，这种热处理方法称为固溶处理（或称淬火）。铝合金经固溶处理后，其强度、硬度并不高，但塑性、韧性较好。若将固溶处理后的铝合金在室温下放置足够长的时间，则不稳定的过饱和 α 固溶体会析出第二相，它以细小弥散的质点分布于 α 固溶体基体上，从而使强度、硬度显著提高，这种现象称为自然时效。

三、变形铝合金

（一）变形铝及铝合金的牌号

根据铝合金的性能特点和应用场合不同，变形铝合金可分为防锈铝、硬铝、超硬铝和锻铝四类。根据“国际牌号注册组织”推荐的四位数字体系牌号命名方法，GB/T 16471—1996 规定，用“四位数字”或“四位字符”表示变形铝及铝合金的牌号。化学成分已在国际组织注册命名的铝及铝合金采用“四位数字”体系牌号。未注册的铝及铝合金采用“四位字符”体系牌号。

“四位数字”体系牌号用四个阿拉伯数字表示。第一位数字表示组别，1×××表示纯铝，纯铝牌号中的第二位数字表示杂质含量的控制情况，最后两位数字表示铝质量百分数小数点后的两位数，例如1060表示铝的质量百分数为99.60%的纯铝；2×××、3×××、……、9×××分别表示变形铝合金中的主要合金元素分别为Cu、Mn、Si、Mg、Mg+Si、Zn、其他元素、备用组，变形铝的第二位数表示铝合金的改型情况，如果第二位数为0，则表示原始合金，1～9表示改型合金（即该合金的化学成分在原始合金的基础上允许有一定的偏差），最后两位数字没有特殊的意义，仅用来识别同一组中不同的铝合金，如牌号5056表示主要合金元素为镁的56号原始铝合金。

“四位字符”体系牌号的第一、三、四位为阿拉伯数字，第二位为英文大写字母。其中第一、三、四位数字的意义与“四位数字”体系牌号表示法的规则相同，第二位字母表示纯铝或铝合金的改型情况，A表示原始铝或铝合金，B～Y表示原始合金的改型合金。例如2A11表示主要合金元素为Cu的11号原始铝合金。

在过渡期内，国内过去使用的代号（GB 3190—1982）仍可继续使用，自然过渡。

（二）常用变形铝合金

表5-1为常用变形铝及铝合金的牌号、成分、力学性能及用途。

1. 防锈铝（LF）

防锈铝主要有Al-Mn系和Al-Mg系两大类。这类合金的强度比纯铝高，且有良好的耐蚀性、塑性和焊接性，属于不能热处理强化的铝合金，只能通过冷变形加工，使其产生加工硬化来提高强度。

防锈铝合金主要用来制造耐蚀性高的容器（如油箱）、防锈蒙皮、窗框等，也可制造受力小、质轻、耐腐蚀的结构件，如铆钉、导油管等。

2. 硬铝（LY）

硬铝主要指Al-Cu-Mg系合金，加入铜与镁等合金元素，能形成强化相，这类合金经固溶、时效处理后可获得高的强度。

硬铝的耐蚀性比纯铝差，更不耐海水腐蚀，常在硬铝板材的表面轧覆薄层的纯铝，称为包铝，以增加其耐蚀性。

常用硬铝LY1、LY10中铜、镁的含量低，可做各种铆钉，故有“铆钉硬铝”之称；LY11的抗拉强度可达420MPa，应用广泛，又称为“标准硬铝”，主要用做中等强度的结构零件。

3. 超硬铝（LC）

超硬铝是Al-Cu-Mg-Zn系合金，经固溶处理及时效后，组织中有很多种的强化相，与硬铝合金相比，强化效果更显著，其强度已相当于超高强度钢（一般是指σ_b>1400MPa的钢），故名超硬铝。超硬铝的耐蚀性也较差，一般也要包铝，以提高耐蚀性。

硬铝和超硬铝是制造飞机的重要结构材料，可制造飞机大梁、桁条、隔框、蒙皮、空气螺旋桨叶片等。

4. 锻铝（LD）

锻铝主要指Al-Cu-Mg-Si系、Al-Cu-Mg-Ni-Fe系合金。锻铝合金热处理强化后力学性能与硬铝合金相当，经软化退火后，热塑性和耐蚀性良好，易于锻造成形，常用代号有LD2、LD5等，锻铝主要用作形状复杂的中等负荷零件，如压缩机叶片，飞机螺旋桨叶片等。

表 5-1 常用变形铝及铝合金牌号、成分、力学性能及用途

(摘自 GB/T 3190—1996、GB/T 10569—1989、GB/T 10572—1989)

组别	新牌号	相当于旧代号	主要化学成分 w_{Me}/%					直径及板厚/mm	供应状态	试样状态	力学性能			用途举例
			Cu	Mg	Mn	Zn	其他				σ_b/MPa	δ/%	HBS	
工业纯铝	1060	L2	0.05	0.03	0.03	0.05	Si:0.25 Fe:0.35		—		—	—	—	电缆、导电体、铝制器具、中间合金
	1035	L4	0.10	0.05	0.05	0.10	Si:0.35 Fe:0.6		—		—	—	—	铝合金配料、中间合金铝制器具及日用品
	1200	L5	0.05	—	0.05	0.1	Si+Fe: 1.00		—		—	—	—	
防锈铝	5A05	LF5	0.10	4.8~ 5.5	0.3~ 0.6	0.20	Si:0.5 Fe:0.5	≤ 200	BR	RR	265	15	70	焊接油箱、油管、焊条、铆钉、中等载荷零件及制品
	5056	LF5-1	0.1	4.5~ 5.6	0.05~ 0.2	0.1	Si:0.25 Fe:0.4							
	3A21	LF21	0.20	0.05	1.0~ 1.6	0.10	Si:0.6 Fe:0.7 Ti:0.15	所有	BR	BR	167	20	30	焊接油箱、油管、焊条、铆钉、中等载荷零件及制品
硬铝	2A01	LY1	2.2~ 3.0	0.2~ 0.5	0.20	0.10	Si:0.5 Fe:0.5 Ti:0.15	—	—	BM BCZ	160 300	24 24	38 70	中等强度工作温度不超过100℃的结构用铆钉
	2A11	LY11	3.8~ 4.8	0.4~ 0.8	0.4~ 0.8	0.30	Si:0.7 Fe:0.7 Ti:0.15	2.5~ 4.0	Y	M CZ	235 373	12 15	— 100	中等强度结构件,如螺旋桨叶片、螺栓、铆钉、滑轮等
超硬铝	7A04	LC4	1.4~ 2.0	1.8~ 2.8	0.2~ 0.6	5.0~ 7.0	Si:0.5 Fe:0.5 Ti:0.1	0.5~ 4.0 2.5~ 4.0 20~ 100	Y Y BR	M CS BCS	245 490 549	10 7 6	150	主要受力构件,如飞机大梁、桁条、加强框、接头及起落架等
锻铝	2A50	LD5	1.8~ 2.6	0.4~ 0.8	0.4~ 0.8	0.30	Si:0.7~ 1.2 Fe:0.7 Ti:0.15	20~ 150	R BCZ	BCS	382	10	105	形状复杂的中等强度的锻件,冲压件及模锻件,发动机零件等
	6A02	LD2	0.2~ 0.6	0.45~ 0.9	或Cr 0.15~ 0.35	0.20	Si:0.7~ 1.2 Fe:0.7 Ti:0.15	20~ 150	R BCZ	BCS	304	8	95	形状复杂的模锻件,压气机轮和风扇叶轮

注:表中供应状态和试样状态栏中:B 为不包铝(无 B 为包铝的);R 为热加工;M 为退火;CZ 为淬火+时效;CS 为淬火+人工时效;C 为淬火;Y 为硬化(冷轧)。

四、铸造铝合金

铸造铝合金主要指 Al-Si 系、Al-Cu 系、Al-Mg 系、Al-Zn 系等合金。铸造铝合金代号用“ZL+三位数字”表示。第一位数字表示合金的类别:“1”表示 Al-Si 系;“2”表示 Al-

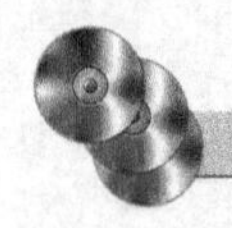

Cu系；“3”表示Al-Mg系；“4”表示Al-Zn系。第二、三位数字表示合金的顺序号。例如，ZL102表示2号铸造铝硅合金。铸造铝合金的牌号用“ZAl＋主加Me符号及质量分数＋附加Me及质量分数＋……”表示。常用铸造铝合金代号、牌号、力学性能及应用见表5-2所示。

表5-2 常用铸造铝合金代号、牌号、力学性能及应用（摘自GB/T 1173—1995）

类别	牌号	代号	铸造方法	合金状态	力学性能(≥)			用途举例
					σ_b/MPa	δ_5/%	HBS	
铝硅合金	ZAlSi7Mg	ZL101	J	T5	205	2	60	形状复杂的中等负荷的零件，如飞机仪表零件、抽水机壳体、工作温度不超过185℃的汽化器等
			S	T5	195	2	60	
	ZAlSi12	ZL102	J	F	155	2	50	形状复杂的低负荷的零件，如仪表、抽水机壳体、工作温度在200℃以下的气密性零件
			SB、JB	F	145	4	50	
			SB、JB	T2	135	4	50	
	ZAlSi12Cu1Mg	ZL105	J	T5	235	0.5	70	形状复杂、在225℃以下工作的零件，如气缸头、气缸盖、油泵壳体、液压泵壳体等
			S	T5	195	1.0	70	
			S	T6	225	0.5	70	
	ZAlSi12Cu2Mg1	ZL108	J	T1	195	—	85	要求高温强度及低膨胀系数的内燃机活塞及耐热零件
			J	T6	255	—	90	
铝铜合金	ZAlCu5Mn	ZL201	S	T4	295	8	70	175～300℃以下工作的零件，如内燃机气缸头、活塞、挂架梁、支臂等
			S、J	T5	335	4	90	
	ZAlCu5MnA	ZL201A	S、J	T5	390	8	100	
铝镁合金	ZAlMg10	ZL301	S、J	T4	280	10	60	在大气或海水中工作的零件，承受大震动负荷，工作温度低于150℃的零件，如氨用泵体、船用配件
	ZAlMg5Si1	ZL303	S、J	F	145	1	55	在寒冷大气或腐蚀介质中承受中等载荷零件，如海轮配件和各种壳体
铝锌合金	ZAlZn11Si7	ZL401	S	T1	195	2	80	工作温度不超过200℃，形状结构复杂的飞机汽车零件，仪器零件和日用品
			J	T1	245	1.5	90	

注：铸造方法与合金状态符号中，J—金属型铸造；S—砂型铸造；B—变质处理；F—铸态；T1—人工时效；T2—退火；T4—淬火＋自然时效；T5—淬火＋不完全时效；T6—淬火＋完全人工时效。

1. 铸造铝硅合金

铸造铝硅合金又称为硅铝明，具有优良的铸造性能，密度小，强度高，耐蚀性和导热性良好，应用最广泛。

ZL102为典型的铸造铝硅二元合金，其成分在共晶点附近，铸造组织为共晶体（α＋Si），其中硅呈粗大针状，故力学性能差。为此，通常在浇注前向合金中加入变质剂，使共晶组织细化，从而使合金的力学性能显著提高（$\sigma_b=180\text{MPa}$，$\delta=8\%$）。

若在铝硅合金中加入铜、镁、锰等元素，经固溶时效处理后强化效果更显著。

铸造铝硅合金主要用于制造质量轻、形状复杂、耐蚀、但强度要求一般的结构件，如汽车发动机活塞、气缸头及油泵壳体。

2. 其他铸造铝合金

铝铜合金成分接近硬铝，可进行时效强化，耐热性良好，但铸造性能和耐蚀性较差，主要用来制造较高温度下使用且强度要求较高的铸件，如内燃机气缸盖、活塞等，常用代号有ZL201、ZL202等。

铝镁合金强度高、耐腐蚀性好，适合制造在腐蚀介质中工作的零件，如泵体、船舶、动力机械等零件，常用代号有ZL301、ZL302等。

铝锌合金的铸造性能好，强度较高，但耐蚀性和耐热性较差，热裂倾向大。主要用于制造形状复杂、温度不超过200℃、在腐蚀介质中工作的零件，如汽车零件、仪表零件、医疗器械等，常用代号有ZL401等。

第二节 铜及其合金

一、工业纯铜

工业纯铜呈玫瑰红色，表面氧化后呈紫色，故有红铜、紫铜之称。纯铜的密度为8.9g/cm^3，是一种重金属，熔点为1083℃，具有面心立方晶格，无同素异晶转变。

纯铜具有良好的导电性、导热性，化学性能稳定，在大气、水中具有优良的抗蚀性。

纯铜的强度、硬度并不高（$\sigma_b=230\sim250$MPa，40～50HBS)，但塑性、韧性良好（$\delta=40\%\sim50\%$)，焊接性良好，可进行各种冷热加工，经冷变形后强度明显提高（$\sigma_b=400\sim500$MPa)，但塑性δ降至5%。

工业纯铜分未加工产品（铜锭和电解铜）和加工产品，未加工产品代号有Cu-1和Cu-2两种。加工产品用T_1、T_2、T_3表示，代号中顺序号越大，其纯度越低，铜中的杂质越多，导电性、导热性越差。

工业纯铜主要用来制造电线、电缆、铜管及通信器材等。因其价格贵，强度和硬度低，可在纯铜中加入合金元素制成铜合金，这些铜合金一般仍具有较好的导电、导热和耐蚀等性能，又有足够高的力学性能，因此生产中应用较多的是铜合金。

二、铜合金的分类

按化学成分不同，铜合金可分为黄铜、白铜和青铜三类：黄铜是以锌为主要添加元素的铜合金；白铜是以镍为主要添加元素的铜合金；青铜是指除黄铜和白铜以外的铜合金，主要有锡青铜、铝青铜、铍青铜等。铜合金按制造方法来分类，分为加工铜合金和铸造铜合金。

三、加工铜合金

（一）黄铜

普通黄铜是铜锌二元合金，若还加入了其他元素则称为特殊黄铜。常用加工黄铜的代号、力学性能及用途见表5-3。

1. 普通黄铜

普通黄铜的代号用“H＋数字”来表示，H表示黄铜，数字表示铜的质量分数。例如H68表示铜的质量分数为68%的普通黄铜。

常见的普通黄铜有H68、H62、H80和H90。

H68具有优良的塑性和冷热加工变形能力，适宜制造形状复杂的深冲零件，如弹壳、波纹管等。

表 5-3 常用加工黄铜的代号、力学性能及用途（摘自 GB/T 5232—1985）

组别	代号	加工状态	力学性能			用途举例
			σ_b/MPa	δ/%	HBS	
普通黄铜	H90	软 硬	260 480	45 4	— —	双金属片、水管、艺术品、散热器、冷凝气管道等
普通黄铜	H80	软 硬	320 640	52 5	54 136	金属网、薄壁管、波纹管、镀层及装饰品
普通黄铜	H68	软 硬	320 660	53 3	— 150	各类冷冲件、深冲件,冷凝气管及各种工业用零件
普通黄铜	H62	软 硬	330 600	49 3	— —	散热器、垫圈、螺母、铆钉、销钉、导管、夹线板等
铅黄铜	HPb59-1	软 硬	400 650	45 16	44HRB 80HRB	切削加工性好、强度高,用于热冲压件和切削零件。分流器、导电排等
锰黄铜	HMn57-2	软 硬	400 700	40 10	85 175	耐腐蚀和弱电流工业用零件
硅黄铜	HSi80-3	软 硬	300 600	58 4	90 110	船舶零件和水管零件
镍黄铜	HNi65-5	软 硬	400 700	65 4	35HRB 90HRB	压力表管和冷凝器管等
铝黄铜	HAl60-1-1	软 硬	450 750	45 8	95 180	在海水中工作的高强度零件、化学稳定性能好的高强度零件

注：软指 600℃退火；硬指变形度 50%。

H62 具有高的强度和一定的耐蚀性，并具有良好的切削加工性能，价格便宜，易于焊接，故广泛用于制造散热器、油管、螺母、垫圈等零件。

H80、H90 具有良好的耐蚀性、导热性和冷热塑性变形能力，可用作纪念章、镀层、装饰品、散热器等。

2. 特殊黄铜

在普通黄铜中加入铅、锡、锰、铝、硅等合金元素的铜合金称为特殊黄铜，分别称为铅黄铜、锡黄铜、锰黄铜等。合金元素加入黄铜后，一般都可提高其强度。加入锡、铝、锰、硅可提高耐蚀性，加入硅还能改善铸造性能，加入铅能改善切削加工性能。

特殊黄铜代号用“H＋主加合金元素符号＋铜的质量分数＋主加合金元素质量分数＋其他元素质量分数”表示。例如 HPb59-1 表示铜的质量分数为 59%，主加元素铅的质量分数为 1%，其余为锌的铅黄铜。

黄铜的耐蚀性良好，但经冷塑性变形后的黄铜，在潮湿的大气或具有氨的气氛中，会产生“应力腐蚀”破裂。防止应力腐蚀的办法是进行去应力退火（200～300℃，1～3h）。

（二）青铜

青铜原指铜锡合金，但现代工业生产中应用的青铜种类很多，除锌和镍以外的其他元素作主要合金元素的铜合金都称为青铜，如铝青铜、铍青铜、铅青铜、锰青铜、硅青铜等。

压力加工青铜的代号为“Q＋主加元素符号及质量分数＋其他元素质量分数”。如QSn4-3表示主加元素锡的质量分数为4%、辅加元素锌的质量分数为3%的锡青铜。QBe2表示主加元素铍的质量分数为2%的铍青铜。

1. 锡青铜

锡青铜是由铜和锡为主加元素组成的合金。

锡青铜的耐蚀性优于纯铜及黄铜，并具有较高的强度、硬度和耐磨性，同时还有良好的减摩性、抗磁性及低温韧性，适合制造轴承、弹簧、蜗轮、齿轮、丝杠、螺母等。

2. 铝青铜

铝青铜是以铝为主加元素的铜合金。具有更高的强度、硬度、耐磨性和耐蚀性，且能进行热处理强化，铝青铜的价格也较低，常用来制作高强度的耐磨、耐蚀性和弹性元件。

3. 铍青铜

铍青铜是以铍为主加元素的铜合金，经适当时效强化后，其强度 σ_b 最大可达1400MPa，$\delta=2\%\sim4\%$。

铍青铜强度高，疲劳抗力高，弹性极限、耐磨性、耐蚀性都很好，导电性、导热性、抗磁性良好，且有受冲击时不产生火花等特性。主要用来制造各种重要用途的弹性元件、耐磨元件等，如精密仪器、仪表中的弹簧、钟表齿轮、电接触器、防爆工具、航海罗盘等。但铍青铜的价格昂贵，生产工艺复杂，因此应用受到了限制。

常见加工青铜的代号、成分、力学性能及用途见表5-4。

表5-4　常见加工青铜的代号、成分、力学性能及用途（摘自GB/T 5233—1985）

类别	代号	化学成分 w_{Me}/%		状态	力学性能			用途举例
		第一主加元素	其他		σ_b/MPa	δ/%	HBS	
锡青铜	QSn4-3	Sn 3.5～4.5	Zn 2.7～3.3	软 硬	350 550	40 4	60 160	弹簧材料，耐磨抗磁元件、管配件等
	QSn6.5-0.1	Sn 6.0～7.0	P 0.1～0.25	软 硬	400 700	65 9	80 180	弹簧、接触器、振动片、电刷匣等耐磨抗磁零件
	QSn7-0.2	Sn 6.0～8.0	P 0.1～0.25	软 硬	360 —	64 8	63 165	弹性元件坯料、仪表用管材、耐磨件
铝青铜	QAl17	Al 6.0～8.0	—	软 硬	470 980	70 3	70 154	重要用途的弹簧和弹性元件
	QAl10-4-4	Al 9.5～11.0	Fe:3.5～5.5 Ni:3.5～5.5	软 硬	650 1000	40 12	140 190	齿轮、轴套、阀座、导向套等重要零件
铍青铜	QBe2	Be 1.80～2.1	Ni 0.2～0.5	软 硬	500 850	40 3	90HV 250HV	重要的弹簧和弹性元件、弹性膜片、钟表零件、波纹管、深拉冲件、高速、高温下工作的轴承衬套
硅青铜	QSi3-1	Si 2.7～3.5	Mn 1.0～1.5	软 硬	370 700	55 3	80 180	弹簧，在腐蚀介质中的零件，蜗轮、蜗杆、齿轮、衬套、制动销等

注：软指600℃退火；硬指变形度50%。

四、铸造铜合金

铸造铜合金牌号表示方法为“ZCu＋主加合金元素符号及质量分数＋其他元素及质量分数＋……”。例如 ZCuSn10Pb1 表示铸造铜锡合金，其中锡的质量分数为 10%，铅的质量分数为 1%，余量为铜。

1. 铸造黄铜

黄铜的铸造性能良好，它的熔点比纯铜低，结晶温度间隔较小，故有较好的流动性和较小的偏析倾向，并且铸件组织致密。

2. 铸造锡青铜

锡青铜流动性差，易形成分散缩孔，使组织不致密。但铸造收缩率小，有利于获得尺寸接近铸型的铸件，适合铸造形状复杂、壁厚较大的铸件，不宜制造要求高致密度的铸件。常用铸造铜合金的代号、力学性能及应用见表 5-5。

表 5-5 常用铸造铜合金的代号、力学性能及应用（摘自 GB/T 1176—1987）

类别	牌号	铸造方法	力学性能			应用举例
			σ_b/MPa	$\sigma_{0.2}$/MPa	δ_5/%	
铸造普通黄铜	ZCuZn38	S J	295 295	— —	30 30	一般结构件和耐蚀零件，如法兰、阀座、支架、手柄和螺母等
铸造铝黄铜	ZCuZn25Al6Fe3Mn3	S J	725 740	380 400	10 7	适用于耐磨、高强度零件，如桥梁支承板、螺母、螺杆、耐磨板、滑块和蜗轮等
铸造锡青铜	ZCuSn10P1	S J	220 310	130 170	3 2	用于高负荷、高滑动速度下的耐磨零件，如连杆、衬套、轴瓦、齿轮、蜗轮等
	ZCuSn5Pb5Zn5	S J	200	90	13	用于高负荷、中等滑动速度下工作的耐磨耐蚀件，如轴瓦、衬套、缸套、活塞离合器、泵件压盖及蜗轮等
铸造铅青铜	ZCuPb30	J	—	—	—	要求高滑动速度的双金属轴瓦、减摩零件等
铸造铝青铜	ZCuAl10Fe3	S J	490 540	180 200	13 15	要求强度高、耐磨、耐蚀的重型铸件，如轴套、螺母、蜗轮以及 250℃ 以下工作的管配件

注：S 表示砂型铸造；J 表示金属型铸造。

第三节 滑动轴承合金

滑动轴承合金是用来制造滑动轴承中的轴瓦及内衬的合金。与滚动轴承相比，滑动轴承承压面积大，工作平稳无噪声，制造、检查方便，因此滑动轴承是各种机器的重要零件之一。

一、对轴承合金性能的要求

① 摩擦系数要低，并能保留润滑油，以减少磨损。

② 足够强度和疲劳抗力，以承受较高的周期性载荷。

③ 具备一定的塑性、韧性，以抵抗冲击和振动，并保证轴承和轴颈自动磨合。

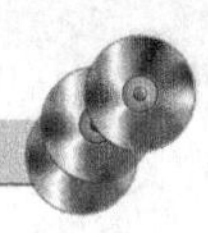

④ 良好的导热性、抗蚀性和低的膨胀系数，防止摩擦升温并发生咬合。

二、轴承合金的组织

为了满足以上性能要求，轴承合金的组织应软硬兼备，如图 5-1 所示，目前轴承合金有两类组织。

1. 软基体上均匀分布着硬质点

当轴承工作时，轴承合金软基体很快被磨凹，并贮存润滑油使硬质点突出表面，起支撑轴的作用，这类组织有锡基和铅基轴承合金。

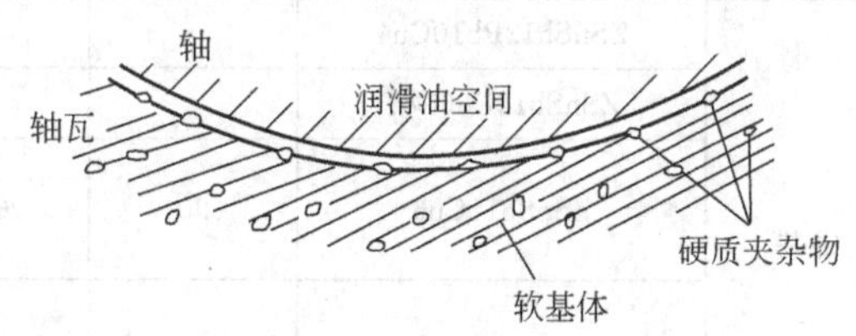

图 5-1 滑动轴承合金理想组织示意

2. 硬基体上均匀分布着软质点

在硬基体（其硬度低于轴颈硬度）上均匀分布着软质点组织，工作时软质点被磨损，构成油路，形成连续的油膜，保证良好的润滑，这类组织有铜基和铝基轴承及铸铁。

三、常用轴承合金

（一）锡基和铅基轴承合金（巴氏合金）

锡基和铅基轴承合金均系低熔点合金，通称为巴氏合金。铸造轴承合金牌号表示方法为"Z＋基本元素符号＋主加元素符号和质量分数＋其他元素符号和质量分数"，牌号中的"Z"表示铸造。例如：ZSnSb11Cu6 为铸造锡基轴承合金，其中主加元素锑的质量分数是 11%，铜的质量分数为 6%，其余为锡。

1. 锡基轴承合金

锡基轴承合金是以锡为基体元素，并加入锑、铜等元素形成的合金。

锡基轴承合金具有低的摩擦系数，小的膨胀系数，良好的减摩性、耐蚀性、导热性，较好的塑性和韧性。但疲劳强度和工作温度较低，且价格昂贵，常用于制造重要轴承，如发动机、汽轮机、压缩机等高速轴承。

2. 铅基轴承合金

铅基轴承合金是以铅锑为基体，加入锡、铜等元素形成的合金，同样具有软基体加硬质点的显微组织。

与锡基轴承合金相比，铅基轴承合金的强度、硬度、耐磨性、导热性都比较低，摩擦系数较大，但耐压强度较高，且价格便宜，可制造中低载荷的中速轴承，如汽车、拖拉机的曲轴和连杆轴承及电动机轴承。常用滑动轴承合金牌号、力学性能及用途见表 5-6。

（二）铜基轴承合金

常用铜基轴承合金主要有锡青铜和铅青铜。

ZCuSn10Pb1 具有高的强度，可承受较大的载荷，适合于中速及受力较大的轴承，如电动机、泵、金属切削机床轴承。

ZCuPb30 具有较高的疲劳强度，良好的导热性以及低的摩擦系数，适合于高速高压下工作的轴承，如航空发动机、高速柴油机轴承等。

（三）铝基轴承合金

铝基轴承合金具有原料丰富、价格便宜、导热性好、疲劳强度高和耐蚀性好的特点，可代替上述几类轴承合金，主要用于高速重载的汽车、拖拉机、柴油机轴承。它的主要缺点是线膨胀系数大，运转时易与轴咬合。

各种轴承合金性能比较见表 5-7。

表 5-6 常用滑动轴承合金牌号、力学性能及用途（摘自 GB/T 1174—1992）

种类	合金牌号	力学性能			用途
		σ_b/MPa	δ_5/%	HBS	
锡基	ZSnSb12Pb10Cu4	—	—	29	一般发动机的主轴承，但不适合于高温工作
	ZSnSb12Cu6Cd1			34	
	ZSnSb11Cu6	90	6.0	27	1500kW 以上蒸汽机、375kW 涡轮机、涡轮泵及高速内燃机轴承
	ZSnSb8Cu4	80	10.6	24	一般大机器轴承及高载荷汽车发动机的高载轴承
	ZSnSb4Cu4	80	7.0	20	涡轮内燃机的高速轴承及轴承衬
铅基	ZPbSb16Sn16Cu2	78	0.2	30	110～880kW 蒸汽涡轮机，150～750kW 电动机和小于 1500kW 起重机及重载荷推力轴承
	ZPbSb15Sn5Cu3Cd2	68	0.2	32	船舶机械、小于 250kW 电动机、抽水机轴承
	ZPbSb15Sn10	60	1.8	24	中等压力的机械，也适合于高温轴承
	ZPbSb15Sn5	—	0.2	20	低速、轻压力机械轴承
	ZPbSb10Sn6	80	5.5	18	重载、耐蚀、耐磨轴承

表 5-7 各种轴承合金性能比较

种类	合金硬度/HBS	轴颈处硬度/HBS	最大允许压力/MPa	最高允许温度/℃	抗咬合性	磨合性	耐蚀性	耐疲劳性
锡基巴氏合金	20～30	150	600～1000	150	优	优	优	劣
铅基巴氏合金	15～30	150	600～800	150	优	优	中	劣
锡青铜	50～100	300～400	700～2000	200	中	劣	优	优
铅青铜	40～80	300	2000～3200	220～250	中	差	差	良
铝基合金	45～50	300	2000～2800	100～150	劣	中	优	良
铸铁	160～180	200～250	300～600	150	差	劣	优	优

第六章　其他材料

机械工程材料长期以来主要以金属材料为主，这是因为金属材料具有许多优良的性能，但也存在着一些缺点，如密度大、耐蚀性差、电绝缘性不好等。随着现代科学技术的快速发展，粉末冶金材料、工程塑料与橡胶、陶瓷以及复合材料正越来越多地应用在各个领域中，在某些生产领域中已成为一类独立适用的材料，有时甚至是一种不可替代的材料。本章主要介绍机械工程常用的粉末冶金材料、高分子材料、陶瓷材料以及复合材料。

第一节　粉末冶金材料

粉末冶金是用金属粉末或金属与非金属粉末经混合、压制、烧结后制成材料或零件的一种方法。它是一种不经过熔炼生产材料或零件的方法。粉末冶金零件尺寸精确，生产过程可无切削或少切削。

一、粉末冶金简介

粉末冶金工艺过程一般包括制粉、筛分与混合、压制成形、烧结及后处理等几个工序。

1. 制粉

粉末生产可分为机械粉碎法、金属液雾化法、物理化学法三大类。

(1) 机械粉碎法　该法利用球磨机、涡流机对材料进行机械粉碎。球磨机粉碎时是利用钢球和待粉碎材料在旋转的容器中不断地撞击获得粉末的方法，它适合于粉碎脆性材料。涡流机是把材料装入带有搅拌装置的容器中进行剧烈搅拌并使材料粉碎的方法，它适合于韧性材料。

(2) 金属液雾化法　该法是利用高压气体、液体或高速旋转的叶片将熔融金属打碎成雾滴状，冷却后成粉末。主要用于Al、Cu、Fe和低熔点的金属粉末。

(3) 物理化学法　是利用热分解、电解和化学反应制取粉末的方法。

2. 筛分与混合

筛分与混合的目的是使粉料中的各组分均匀化。如果各组分密度相差较大，且均匀程度又要求较高，常采用湿混（即在粉料中加入液体）。湿混常用于硬质合金的生产。为了改善粉末的成形和可塑性，可在材料中加汽油、橡胶液或石蜡等增塑剂。

3. 压制成形

成形的目的是将松散的混合好的粉末通过压制或其他方法制成具有一定形状、尺寸和密度的型坯。常用的成形方法为模压成形。它是将混合均匀的粉末装入压模中，然后在压力机上压制成形。

4. 烧结

压坯只有通过烧结，使孔隙减少或消除，才能得到组织致密、具有一定的物理性能和力学性能的烧结体。烧结是在保护性气氛的高温炉或真空炉中进行。

5. 后处理

烧结后的粉末冶金制品有的可直接使用，有的根据需要还要进行后处理。后处理有整形、切削加工、热处理、浸油等方法。

二、常用粉末冶金材料

（一）硬质合金

硬质合金是采用难熔的碳化物粉末和黏结剂钴（Co）混合，加压成形后，烧结而成的一种粉末冶金材料。硬质合金的硬度可达86～93HRA（相当于69～81HRC）、热硬性可达900～1000℃。因此，其切削速度比高速钢可提高4～7倍，刀具寿命可提高5～8倍，并可切削高硬度（50HRC）的材料。目前常用的硬质合金材料有三类。

1. 钨钴类硬质合金（YG）

这类硬质合金的主要成分是碳化钨（WC）及钴。钨钴类硬质合金的牌号用“硬”、“钴”两字汉语拼音的字首“YG”加数字表示。数字表示钴的质量分数，钴的质量分数越高，合金的强度、韧性越好；钴的质量分数越低，合金的硬度越高，耐热性越好；钴含量较高的合金常用于有冲击振动的粗加工，钴含量较少的主要用于比较平稳的精加工。如牌号YG6表示钨钴类硬质合金，其中Co＝6％，余量为碳化钨。这类合金也可用代号“K”表示，并采用红色标记。

钨钴类硬质合金具有较高的强度和韧性，耐磨性也比较好，制作的刀具主要用来加工铸铁、有色金属、塑料、橡胶等。

2. 钨钛钴类硬质合金（YT）

这类硬质合金的主要成分是碳化钨、碳化钛（TiC）及钴。钨钛钴类硬质合金的牌号用“硬”、“钛”两字汉语拼音的字首“YT”加数字表示。数字表示碳化钛的质量分数，碳化钛含量越高，合金的硬度越高，耐热性越好。碳化钛含量越低，合金强度、韧性越好。碳化钛含量少的用于粗加工，碳化钛含量高的用于精加工。如牌号YT15表示钨钛钴类硬质合金，其中$w_{TiC}=15\%$，余量为碳化钨和钴。这类合金也可用代号“P”表示，并采用蓝色标记。

钨钛钴类硬质合金具有较高的耐热性和耐磨性，主要用于加工钢材。

3. 通用硬质合金（YW）

这类合金以碳化钽（TaC）和碳化铌（NbC）取代YT类硬质合金中的部分碳化钛。通用硬质合金兼有上述两类硬质合金的优点，应用广泛，适合加工各种钢材，特别对于不锈钢、耐热钢、高锰钢等难于加工的钢材，切削效果更好。它也可以代替YG类硬质合金加工铸铁等脆性材料，但韧性较差，效果并不比YG类硬质合金好。通用硬质合金又称“万能硬质合金”，其牌号用“硬”、“万”两字的汉语拼音字首“YW”加顺序号表示。如YW2表示2号通用硬质合金，它也可用代号“M”表示，并采用黄色标记。

近些年来，又发展了一种新型硬质合金——钢结硬质合金。它是以高速钢或铬钢作为黏结剂，这类硬质合金具有良好的成形性，可制作形状复杂的刀具（如麻花钻、铣刀等）。常用硬质合金的牌号、成分与性能见表6-1。

（二）含油轴承

含油轴承是利用粉末冶金材料的多孔性，经浸油后，成品的孔隙中含有润滑油，它具有很好的自润滑性，当轴承工作时，由于摩擦作用，使轴承发热，金属粉末膨胀，孔隙容积减小，将孔隙中的润滑油排出。再加上，轴旋转时带动轴承间隙中的空气高速流动，造成负压

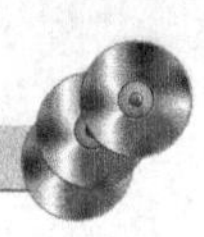

表 6-1 常用硬质合金的牌号、成分与性能（摘自 YS/T 400—1994）

类别	国际标准 ISO 代号		牌号	化学成分 w_B/%				物理、力学性能		
				WC	TiC	TaC	Co	密度 ρ /g·cm^{-3}	HRA	σ_b/MPa
									≥	
钨钴类硬质合金	K01	K 红色	YG3X	96.5	—	<0.5	3	15.0～15.3	91.5	1079
	K20		YG6	94.0	—	—	6	14.6～15.0	89.5	1422
	K10		YG6X	93.5	—	<0.5	6	14.6～15.0	91.0	1373
	K30		YG8	92.0	—	—	8	14.5～14.9	89.0	1471
			YG8N	91.0	—	1	8	14.5～14.9	89.5	1471
	—		YG11C	89.0	—	—	11	14.0～14.4	86.5	2060
	—		YG15	85.0	—	—	15	13.0～14.2	87	2060
	—		YG4C	96.0	—	—	4	14.9～15.2	89.5	1422
	—		YG6A	92.0	—	2	6	14.6～15.0	91.5	1373
	—		YG8C	92.0	—	—	8	14.5～14.9	88.0	1716
钨钛钴类硬质合金	P30	P 蓝色	YT5	85.0	5	—	10	12.5～13.2	89.5	1373
	P10		YT15	79.0	15	—	6	11.0～11.7	91.0	1150
	P01		YT30	66.0	30	—	4	9.3～9.7	92.5	883
通用硬质合金	M10	M 黄色	YW1	84～85	6	3～4	6	12.6～13.5	91.5	1177
	M20		YW2	82～83	6	3～4	8	12.4～13.5	90.5	1324

注：牌号中 X 表示细颗粒合金，C 表示粗颗粒合金，其余为一般颗粒的合金，A 表示含有少量 TaC 的合金。

力，迫使孔隙中的润滑油被抽到工作表面起自润滑作用。停止工作时，润滑油又渗入孔隙中，可保证相当长的时间不必加油也能有效地工作。含油轴承一般用做中速、轻载荷的轴承，特别适宜不经常加油的轴承，它可避免因润滑油造成的脏污。含油轴承主要用于纺织机械、食品机械、家用电器（如唱机）、精密机械及仪表工业中，在汽车中也有广泛应用。

（三）摩擦材料

摩擦元件应具有较大的摩擦系数和一定的耐磨性，是许多机械不可缺少的重要部件，主要用于汽车、飞机及其他车辆的刹车片，机床、车辆的离合器摩擦片等。

粉末冶金摩擦材料系采用铜粉或铁粉为基体，加入石墨、铅、锡等粉末制成，它的摩擦系数大，耐磨性好，抗咬合性好，并且具有良好的导热性和相应的强度。比合成树脂、铸铁、青铜等摩擦材料的性能优越。

第二节 高分子材料

高分子材料是以高分子化合物为主要组分的材料，如塑料、橡胶等。高分子化合物是相对分子质量特别大的化合物的总称，又称高聚物或聚合物。一般相对分子质量大于500的称为高分子化合物。高分子化合物分为天然的和合成的两大类，蛋白质、淀粉、纤维素、天然橡胶等均属天然高分子化合物，而塑料、合成橡胶、合成纤维等均属于合成高分子材料。人工合成高分子材料在工程上应用较广。

高分子化合物中的原子数目虽然很多，但其化学组成并不十分复杂，每一个高分子化合物都是由一种或几种单体（结构简单的低分子化合物）以重复的方式连接而成。如聚乙烯分子是由乙烯分子连接而成

$$n(CH_2=CH_2) \longrightarrow \left[CH_2-CH_2\right]_n$$

乙烯　　　　　　　　聚乙烯

单体是人工合成高分子化合物的主要原料，重复连接的结构单元称为链节，如聚乙烯中（CH_2-CH_2）。高分子链之间存在着相互作用力使之连接起来，这种内部结构决定了高分子化合物的性能。

一、工程塑料

（一）塑料的组成

塑料是以合成树脂（合成高分子化合物）为主要成分，加入为改善某些性能的多种添加剂而制成的高分子材料。

1. 合成树脂

树脂是组成塑料的基本组成物，它决定塑料的基本性能，树脂在塑料中又起黏结剂的作用，故又称黏料。许多塑料都是以树脂的名称来命名的。

2. 添加剂

塑料中添加剂的作用主要是改善某些性能，以扩大其应用范围。常用的添加剂有如下几种。

（1）填充剂　主要作用是使塑料具有新的性能，如加入铝粉可提高塑料对光反射的能力，并能防止老化，加入二硫化钼可提高润滑性，加入金属化合物可提高硬度和耐磨性等。

（2）增塑剂　其作用是进一步提高树脂的可塑性和柔软性，常加入低熔点固体或液体有机物作为增塑剂，主要有邻苯二甲酸酯类、磷酸酯类等。

（3）稳定剂（又称防老化剂）　防止塑料再成形加工和使用过程中受光、热、氧气等外界因素的影响而使塑料过早老化，以延长塑料制品的使用寿命。如在聚氯乙烯中加入硬脂酸盐，可防止热成形时热分解。

（4）润滑剂　作用是防止塑料在成形过程中粘模，便于脱模，同时使塑料制品表面光洁美观。常用的润滑剂有硬脂酸及其盐类。

（5）固化剂　在热固性塑料中加入固化剂能使高聚物固结硬化，制成坚硬和稳定的塑料制品，常用的固化剂有胺类、酸类及过氧化物等化合物，如环氧树脂中加入乙二胺。

（6）着色剂　用于装饰的塑料制品常加入着色剂，可加入有机或无机染料等着色剂。一般要求着色剂性质稳定、着色力强、耐热和耐光性好等。

除上述添加剂外，有些塑料中还加入阻燃剂、抗静电剂、发泡剂等。

（二）塑料的分类

常用塑料按其使用范围可分为通用塑料和工程塑料，见表 6-2。按树脂的热性能可分为热塑性塑料和热固性塑料，见表 6-3。

（三）塑料的性能

1. 化学性能

塑料具有良好的耐蚀性能，一般能耐酸、碱、油、水和大气的腐蚀，其中聚四氟乙烯能耐“王水”的腐蚀。因此，塑料广泛用于制造在腐蚀条件下的零部件和化工机械零件。

表 6-2 按塑料的应用分类

类别	特征	典型品种	代号	应用举例
通用塑料	原料来源丰富，产量大，应用广，价格便宜，容易加工成形，性能一般，可作为日常生活用品，包装材料	聚氯乙烯	PVC	塑料管、板、棒、容器、薄膜与日常用品
		聚乙烯	PE	可包装食物的塑料瓶、塑料袋与软管等
		聚丙烯	PP	电视机外壳、电风扇与管道等
		聚苯乙烯	PS	透明窗、眼镜、灯罩与光学零件
		脲醛塑料	PF	电器绝缘板、刹车片等电木制品
		脲醛塑料	UF	玩具、餐具、开关、纽扣等
工程塑料	有优异的电性能、力学性能、耐冷和耐热性能、耐磨性能、耐腐蚀等性能，可代替金属材料制造机械零件及工程构件	聚酰胺	PA	齿轮、凸轮、轴等尼龙制品
		ABS塑料	ABS	泵叶轮、轴承、把手、冰箱外壳等
		聚碳酸酯	PC	汽车外壳、医疗器械、防弹玻璃等
		聚甲醛塑料	POM	轴承、齿轮、仪表外壳等
		有机玻璃	PMMA	飞机、汽车窗、窥镜等
		聚四氟乙烯	PTTA	轴承、活塞环、阀门、容器与不粘涂层

表 6-3 按塑料的特性分类

类别	特征	典型塑料及代号
热塑性塑料	树脂为线型高分子化合物，能溶于有机溶剂，加热可软化，易于加工成形，并能反复塑化成形	聚氯乙烯(PVC) 聚乙烯(PE) 聚酰胺(PA) 聚甲醛塑料(POM) 聚碳酸酯(PC)
热固性塑料	树脂固化后，形成三维网状结构重新加热不再软化和熔融、亦不溶于有机溶剂，不能再成形使用	酚醛塑料(PF) 氨基塑料(UF) 有机硅塑料(SI) 环氧树脂(EP)

2. 物理性能

(1) 密度 塑料密度小。不加任何填料或增强材料的塑料，其密度在 $0.85 \sim 2.20 g/cm^3$ 之间，只有钢的 1/8～1/4；泡沫塑料的密度仅为 $0.02 \sim 0.2 g/cm^3$。

(2) 热性能 塑料的热性能不及金属，受热易老化、分解，故大多数塑料只能在 100℃ 以下使用，极少数塑料（如聚四氟乙烯、有机硅塑料）可在 250℃左右长期使用。

塑料是良好的绝热材料，热导率仅为金属的 1/600～1/500，但其易摩擦发热，影响使用性能。

塑料线膨胀系数大，一般为钢的 3～10 倍。故塑料零件的尺寸精度不稳定，与环境温度的变化有很大关系。

(3) 电性能 塑料的电绝缘性好，但当塑料的组分发生变化时，电绝缘性也随之发生变化，如塑料中的填充剂、增塑剂都使电绝缘性降低。

3. 力学性能

塑料的强度、刚度和韧性一般都比较差，其强度约为30～150MPa，且受温度影响较大。塑料的刚度仅为钢的1/10，所以塑料只能作受力不大的构件。但塑料的密度小，故比强度（材料拉伸强度与密度之比）比较高。

塑料硬度虽低于金属，但摩擦系数小，因此塑料具有很好的减摩性。此外，塑料自润滑性好，所以它适合于制造轴承、轴套、丝杠螺母等要求减摩性好的零件，特别对在无润滑或少润滑摩擦条件工作的零件尤为适合。

金属在较高温度时，才会出现明显的蠕变现象，但塑料在室温承受载荷后就会出现蠕变，如架空的电线套管在电线和自重的作用下会缓慢挠曲变形，就是蠕变。同时还会出现应力松弛现象，如塑料管接头经一定时期使用后，由于应力松弛导致泄露。

此外，塑料还具有良好的减振性和消音性。

（四）常用工程塑料

1. 热塑性塑料

热塑性塑料受热时软化，冷却后固化，再受热时又软化，具有可塑性和重复性。这类工程塑料常用的有聚酰胺、聚甲醛、聚碳酸酯等。

（1）聚酰胺（PA） 通常称为尼龙。尼龙的耐磨性好，机械强度高，化学性能稳定，耐油且摩擦系数小，弹性小，较易成形。但其缺点是耐热性不高，吸水性较大，吸水后电性能及尺寸稳定性下降。可用作一般机械零件，如齿轮、轴、凸轮、螺钉、螺母、导轨贴合面等。

（2）聚甲醛（POM） 具有较高的冲击韧度、耐疲劳性能，化学稳定性和尺寸稳定性都较好，良好的减摩性和自润滑性。但成形时收缩较大，热稳定性和耐热性较差。广泛用来制造齿轮、轴承、制动闸瓦、阀门、仪表外壳、门把手、开关板等。

（3）聚碳酸酯（PC） 具有优良的综合性能，其拉伸强度为66～77MPa，耐冲击性特别好。透明、耐热、耐寒、尺寸稳定、电性能好，但摩擦系数较大。常用于各种机械、电器、仪表中的零件，如齿轮、轴承、凸轮等，也可作防盗、防弹窗玻璃等。

2. 热固性塑料

热固性塑料大多是以缩聚树脂为基础，加入多种添加剂而成。其特点是初次加热时软化，可注塑成形，但冷却固化后再加热时不再软化和熔融，不溶于有机溶剂，不能再成形使用。这类工程塑料常用的有酚醛塑料、环氧塑料等。

（1）酚醛塑料（PF） 可根据性能要求不同而加入不同的填料，就可以制成各种酚醛塑料。

以木粉为填料制成酚醛压塑粉，俗称胶木粉，经常压制成电器开关、插座、灯头等。它绝缘性能好，且有较好的耐热性、较高的硬度、刚性和一定的强度。

以纸片、棉布、玻璃布等为填料制成的层压酚醛塑料，具有强度高、耐冲击性好以及耐磨性好等特点。常用做受载要求较高的机械零件，如齿轮、轴承、汽车刹车片等。

（2）环氧塑料（EP） 环氧塑料是由环氧树脂加入固化剂（胺类和酸酐类）后形成。它的强度较高，韧性较好，且具有良好的化学稳定性、绝缘性、耐热性、耐寒性，成形工艺性好，可制作塑料模具、船体、电子零部件等。

环氧树脂是优良的黏结剂，有“万能胶”之称，广泛用于各种工程结构黏结剂和制备各种复合材料，如玻璃钢等。

其他常用工程塑料的性能见表6-4。常用工程塑料的特性及应用见表6-5。

表 6-4　常用工程塑料的性能

塑料名称		力学性能						物理性能			
		拉伸强度	压缩强度	弯曲强度	冲击强度(V形缺口)/J·cm^{-2}	伸长率/%	硬度	脆化温度/℃	马丁耐热/℃	密度/g·cm^{-3}	线膨胀系数/10^{-5}℃
		/MPa									
硬聚氯乙烯(PVC)		45～50	56～91	70～113	2.2～1.1	20～40	邵氏 D70～90	−15	50～65	1.35～1.45	5～8
高密度聚乙烯(HDPE)		15～16	23	25～40	7～8	60～150	邵氏 D60～90	−70	连续耐热 121	0.94～0.965	12.6～16
聚丙烯(PP)		30～39	39～56	42～56	0.22～0.5	＞200	90～105HRC	−35	44	0.9～0.91	10.8～11.2
改性聚苯乙烯(PS)		≥50	≥90	≥72	≥1.6	1.0～3.7	68～98HRM		75	1.07	5～5.5
ABS	超高冲击型	35		62	5.3		100HRC			1.05	10.0
	高强度冲击型	63		97	0.6		121HRC			1.07	7.0
	低温冲击型	21～68	18～39	25～46	2.7～4.9		62～68HRC			1.02	8.6～9.9
	耐热型	53～56	70	84	1.6～3.2		108～116HRC			1.06～1.08	6.8～8.2
聚酰胺 PA	尼龙 6(干态)	74～78	90	100	0.31	150	114HRC	−20～−30	40～50	1.13～1.15	7.9～8.7
	尼龙 9	58～65		80～85	2.5～3.0 无缺口				42～48	1.05	8～12
	尼龙 66(干态)	83	120	100～110	0.39	60	118HRC	−25～−30	50～60	1.14～1.15	9～10
	尼龙 610(干态)	60	90		0.35～0.55	85	111～113HRC		51～56	1.07～1.09	9～12
	尼龙 1010(未增强)	52～55	79	89	0.4～0.5	100～250		−60	45	1.04～1.06	10.5
	MC 尼龙	90～97	107～130	152～171	＞5.0 无缺口	20～30			55	1.16	8.3
聚碳酸酯(PC)未增强		67	83～88	98～106	6.4～7.5	60～100	75HB	−100	110～130	1.20	6～7
聚甲醛(POM)均聚		70	122	98	0.65	15～25	80HB		60～64	1.42～1.43	10.0
聚四氟乙烯 F-4		14～25	12	11～14	0.164	250～350	邵氏 D50～65	−180～−195		2.1～2.0	10～12
聚砜(PSF)		72～85	89～97	108～127	0.7～0.81	20～100	10.8HB	−100	156	1.24	5.0～5.2
改性有机玻璃 372(PMMA)		≥50		≥100	≥0.12(无缺口)		≥10HB		≥60	1.18	5～6

表 6-5 常用工程塑料的特性及应用

塑料名称	特性及应用举例
硬聚氯乙烯(PVC)	耐腐蚀性能好、机械强度高、电性能好、软化点低、使用温度为－10～55℃。可代替不锈钢、铜、铝等金属材料作耐腐蚀设备及零件,可作灯头、插座、开关等
高密度聚乙烯(HDPE)	耐寒性好(在－70℃时仍柔软)、摩擦系数低(0.21)、耐腐蚀;注射成形性好,可用于涂层起耐磨、减摩和防腐作用;机械强度不高。作一般结构零件;减摩自润滑零件,如低速轻载的衬套等;耐腐蚀设备的零件;电器绝缘材料,如高频、水底和一般电缆的包皮等
聚丙烯(PP)	是最轻的塑料之一、刚性好、耐热性好,可在100℃以上的高温使用,化学稳定性好,几乎不吸水,高频电性能好,易成形、低温成脆性,耐磨性不高。作一般结构材料、耐磨蚀的化工设备及零件、受热的电器绝缘零件等
改性聚苯乙烯(PS)	有较好的韧性和一定的冲击强度,优良的透明度(和有机玻璃相似),化学稳定性较好,易成形。作透明结构零件,如汽车用各种灯罩、电气零件、仪表零件、浸油式多点切换开关、电池外壳等
ABS	具有良好的综合性能,即高的冲击韧性和良好的机械强度;优良的耐热性、耐油性能;尺寸稳定,易成形,表面可镀金属;电性能良好。作一般结构或耐磨受力零件,如齿轮、轴承等;耐腐蚀设备和零件;用ABS制成的泡沫夹层板可作小轿车车身
尼龙6	疲劳强度、刚性和耐热性稍不及尼龙66,但弹性好,有较好的消振和消音性,其余同尼龙66。可制作轻负荷、中等温度(80～100℃)、无润滑或少润滑、要求低噪声条件下工作的耐磨受力零件
尼龙66	疲劳强度和刚性较高,耐热性较好,耐磨性好,摩擦系数低,但吸湿大,尺寸不够稳定。适合于中等载荷、使用温度≤100～120℃、无润滑或少润滑条件下工作的耐磨受力传动零件
尼龙610	强度、刚性、耐热性略低于尼龙66,但吸湿性小,耐磨性好。作用同尼龙6,如作要求比较精密的齿轮,并适合于湿度波动较大条件下工作的零件
尼龙1010	强度、刚性、耐热性均与尼龙6、尼龙610相似,吸湿性低于尼龙610,成形工艺较好,耐磨性亦好。用做轻载荷、温度不高、湿度变化较大且无润滑或少润滑条件下工作的零件
MC尼龙	强度、耐热性、耐疲劳性、刚性均优于尼龙6、尼龙66,吸湿性低于尼龙6、尼龙66,耐磨性好,摩擦系数低,适宜于制作大型零件,如大型齿轮、蜗轮、轴承及其他受力零件,在较高载荷,较高温度,无润滑或少润滑条件下工作的各种耐磨受力传动零件,亦可作减摩自润滑零件
聚碳酸酯(PC)未增强	力学性能优异,尤其具有优良的抗冲击强度,尺寸稳定性好,耐热性高于尼龙、聚甲醛,长期工作温度可达130℃,疲劳强度低,易产生应力开裂,耐磨性欠佳,透光率达89%,接近有机玻璃。作支架、壳体、垫片等一般结构零件;也可作耐热透明结构零件,如防爆灯、防护玻璃等;各种仪器、仪表的精密零件
聚甲醛(POM)	耐疲劳强度和刚度高于尼龙,尤其弹性模量高,硬度高,这是其他塑料所不能比的,自润滑性好,耐磨性好,吸水和蠕变较小,尺寸稳定性好,长期使用温度为－40～100℃。用做对强度有一定要求的一般结构零件;轻载荷、无润滑或少润滑的各种耐磨、受力传动零件;减摩和自润滑零件
聚四氟乙烯(PTFE)F-4	具有高的化学稳定性,俗称"塑料王",只有对熔融状态下的碱金属及高温下的氟元素才不耐腐蚀;有异常好的润滑性,摩擦系数极低,对金属的摩擦系数只有0.07～0.14;可在260℃长期使用,也可在－250℃的低温下使用;电绝缘性优良,耐老化;但强度低,刚性差,制造工艺较麻烦。作耐腐蚀化工设备及其衬里与零件;减摩自润滑零件,如轴承、活塞销、密封圈等;作电绝缘材料及零件
聚砜(PSF)	耐高温和耐低温,可在－100～150℃下长期使用,化学稳定性好,电绝缘和热绝缘性能良好,用F-4填充后可作摩擦零件。适宜于高温下工作的耐磨受力零件,如汽车分速器盖、齿轮等,以及电绝缘零件
改性有机玻璃372(PMMA)	有极好的透光性(可透过92%的太阳光,紫外线光达73.5%);综合性能超过聚苯乙烯等一般塑料,机械强度较高,有一定的耐热性、耐寒性;耐蚀性和耐绝缘性良好;尺寸稳定,易于成形;较脆,表面硬度不高,易擦毛。可作要求有一定强度的透明零件、透明模型、装饰品、广告牌等

二、橡胶

橡胶也是一种高分子材料，是高聚物中具有高弹性的一种物质。橡胶在受到较小外力作用时能产生较大的变形（一般在100%～1000%），当外力去除后又能恢复到原来状态，这是橡胶区别于其他物质的主要标志。橡胶除了高弹性外，还具有很高的可挠性、良好的耐磨性、电绝缘性、隔音性及吸振性。

橡胶应用广泛，可制作轮胎、密封元件、减震及防震件、传动件等。

（一）橡胶的分类

根据原料来源不同，橡胶可分为天然橡胶和合成橡胶两类。天然橡胶是橡胶树流出的胶乳，经采集和适当加工后制成的弹性固状物，其主要化学成分是聚异戊二烯。合成橡胶主要成分是合成高分子化合物。

根据用途不同，橡胶可分为通用橡胶和特种橡胶，通用橡胶主要用于制作轮胎、输送带、胶管、胶板等，主要品种有丁苯橡胶、顺丁橡胶、氯丁橡胶、乙丙橡胶等。特种橡胶主要作高温、低温、酸、碱、油和辐射条件下工作的橡胶制品，主要有丁腈橡胶、硅橡胶、氟橡胶等。

（二）橡胶的组成

橡胶的原料是生胶，性能不好，加入配合剂后才能制成所需的各种产品。

1. 生胶

未加配合剂的天然或合成橡胶称为生胶，是橡胶制品的主要组分，它不仅决定了橡胶制品的性能，而且也是把各种配合剂和骨架材料黏成一体的黏结剂。

2. 配合剂

为了改善橡胶制品的某些性能而有意识加入的物质称为配合剂。配合剂一般有硫化剂、硫化促进剂、增塑剂、填充剂、防老化剂等。

（1）硫化剂　其作用是使橡胶的分子间产生交联，形成立体网络结构，获得富有弹性的硫化胶，生产中常用的硫化剂有硫黄、硫化物等。

（2）硫化促进剂　主要作用是促进硫化，缩短硫化时间，降低硫化温度，减少硫化剂用量。常用的硫化促进剂有镁、钙、锌的氧化物和有机硫化物。

（3）增塑剂　主要作用是增强橡胶的塑性，便于加工成形。常用的增塑剂有松香、凡士林、磷酸三甲苯酯等。

（4）防老化剂　橡胶制品在储存和使用过程中，受光、热、介质的作用使性能变坏，发黏变脆，这种现象称为橡胶老化。为延缓老化，提高使用寿命，可加入石蜡、蜂蜡或其他比橡胶更易氧化的物质，在橡胶表面形成稳定的氧化膜、抵抗氧的侵蚀。

（5）填充剂　为了提高橡胶的强度和降低成本以及改善工艺性能。常用的有炭黑、石英、滑石粉等。

3. 骨架材料

主要是提高橡胶制品的力学性能，如强度、耐磨性和刚性等。常加入各种纤维织物、金属丝及编织物作为骨架材料。如在运输带、胶管中加入帆布、细布，轮胎中加入帘布，高压和超高压胶管中加入金属丝网等。

（三）常用橡胶及其应用

常用橡胶的特点、性能及应用见表6-6。通用橡胶一般价格低廉且用量较大。而特种橡胶价格较高，主要用于要求耐热、耐寒、耐腐蚀等场合。

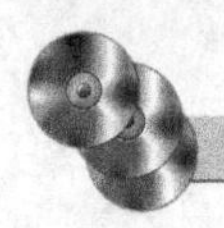

表 6-6　常用橡胶的特点、性能及应用

类别	品种	拉伸强度 σ_b/MPa	断后伸长率 δ_5/%	使用温度 T/℃	性能特点	应用举例
通用橡胶	天然橡胶	25～30	650～900	−50～120	高弹性、耐低温、耐磨、绝缘、防振、易加工。不耐氧、不耐油、不耐高温	通用制品、轮胎、胶带、胶管等
	丁苯橡胶	15～20	500～800	−50～140	耐磨性突出、耐油、耐老化。但不耐寒、加工性较差、自黏性差、不耐屈挠	通用制品、轮胎、胶板、胶布、各种硬质橡胶制品
	顺丁橡胶	18～25	450～800	−73～120	弹性和耐磨性突出，耐寒性较好、易与金属黏合。但加工性差、自黏性和抗撕裂性较差	轮胎、耐寒胶带、橡胶弹簧、减振器，电绝缘制品
	氯丁橡胶	25～27	800～1000	−35～130	耐油、耐氧、耐臭性良好、阻燃、耐热性好。但电绝缘性、加工性较差	耐油、耐蚀胶管、运输带、各种垫圈、油封衬里、胶黏剂、汽车门等门窗嵌件
特种橡胶	丁腈橡胶	15～30	300～800	−35～175	耐油性突出，耐溶剂、耐热、耐老化、耐磨性均超过一般通用橡胶，气密性、耐水性良好，但耐寒性、耐臭氧性、加工性均较差	输油管、耐油密封垫圈、耐热及减振零件、汽车配件
	聚氨酯橡胶	20～35	300～800	80	耐磨性高于其他橡胶，耐油性良好，强度高。但耐碱、耐水、热硬性均较差	胶辊、实心轮胎、同步齿形带及耐磨制品
	硅橡胶	4～10	50～500	−70～275	耐高温、耐低温性突出，耐臭氧、耐老化、电绝缘、耐水性优良、无味无毒。强度低不耐油	各种管接头、高温使用的垫圈、衬垫、密封件、耐高温的电线、电缆包皮
	氟橡胶	20～22	100～500	−50～300	耐腐蚀性突出，耐酸、碱、强氧化剂能力高于其他橡胶。但价格贵，耐寒性及加工性较差	化工衬里、发动机耐油、耐热制品、高级密封圈、高真空橡胶件

第三节　陶瓷材料

陶瓷是各种无机非金属材料的通称。其生产过程较复杂，但基本工艺是原料的制备、坯料的成形和制品的烧结三大步骤。

一、陶瓷的分类

陶瓷一般分为普通陶瓷和特种陶瓷两大类。

普通陶瓷指用天然原料如黏土、长石和石英等烧结而成，按其性能和用途又可分为日用陶瓷、建筑陶瓷、电绝缘陶瓷、化工陶瓷等。

特种陶瓷是指各种新型陶瓷，采用高纯度人工合成原料，且具有某些特殊性能，以适应各种需要。按其主要成分不同又分为氧化物陶瓷、氮化物陶瓷、碳化物陶瓷、金属陶瓷等；按其用途又分为高温陶瓷、压缩陶瓷、光学陶瓷、磁性陶瓷等。

二、陶瓷的性能特点

1. 力学性能

陶瓷在各类材料中硬度最高，多数陶瓷的硬度在1500HV以上，所以陶瓷最适宜作超硬耐磨材料。用陶瓷制作的刀具广泛用于加工高硬度、难加工材料。陶瓷抗拉强度较低，但抗压强度较高。陶瓷受外力作用几乎不产生塑性变形，塑性差是陶瓷的主要缺点之一。

2. 热学性能

陶瓷材料一般具有高的熔点，大多在2000℃以上，因此在高温下化学稳定性良好，具有比金属材料高得多的耐热性，生产中常用陶瓷制作耐火砖、耐火泥、耐火涂料等，刚玉（Al_2O_3）还能制成耐高温坩埚。陶瓷的导热性能远低于金属材料，它常作为高温绝热材料。陶瓷的线膨胀系数比金属低，当温度发生变化时，它具有良好的尺寸稳定性。

3. 电学性能

大多数陶瓷具有良好的电绝缘性，可作电器工业的绝缘材料。少数陶瓷具有半导体性能，可用来做整流器。铁电陶瓷（钛酸钡 $BaTiO_3$）具有极高的介电常数，可用来制作电容器。此外，铁电陶瓷在外电场作用下，还能改变形状，将电能转换为机械能（具有压电材料的特性），可用做扩音机、超声波仪、声呐、医疗用声谱仪等。

4. 化学性能

陶瓷在高温下不易氧化，且对酸、碱、盐具有良好的抗腐蚀性能。

除上述性能外，陶瓷还具有其独特的光学性能，可用做固体激光器材料、光导纤维材料、光存储材料等。这些材料的研究和应用，对通讯、摄影、计算机技术等发展具有重要的现实意义。透明陶瓷可用于高压钠灯管等。磁性陶瓷（以氧化铁为主要成分，如 Fe_3O_4、$CuFe_2O_4$、$MgFe_2O_4$）在录音磁带、唱片、变压器铁芯等方面有着广泛的前途。

三、常用工业陶瓷

（一）普通陶瓷

普通陶瓷产量大，质地坚硬，具有良好的抗氧化性、耐腐蚀性和绝缘性，成本低、加工成形性好，但强度低。广泛用于日用、电器、化工、建筑、纺织行业。如化工用的耐酸容器、管道等，供电系统中的绝缘子，日常生活用的餐具、装饰瓷等。

（二）特种陶瓷

1. 氧化铝陶瓷

主要组成物为 Al_2O_3（刚玉），按氧化铝的含量可分为75瓷、95瓷、99瓷等。氧化铝陶瓷耐高温、耐腐蚀、强度高，具有很高的电阻率和低的热导率，用途极为广泛。如可制造高速切削刀具、高温耐火材料、坩埚、发动机火花塞、热电偶套管、拉丝模等。

2. 氮化硅陶瓷

主要组成物是 Si_3N_4，氮化硅陶瓷化学稳定性好，是一种高温强度高、硬度高、摩擦系数小、耐磨、耐腐蚀、并能自润滑的高温陶瓷，线膨胀系数在各种陶瓷中最小，使用温度可达1400℃，具有极好的耐腐蚀性，可耐各种无机酸和碱溶液的腐蚀，并能抵抗熔融的铝、铅、镍等金属侵蚀。此外，它还具有优良的电绝缘性和耐辐射性。常用于制造各种泵的耐蚀与耐磨的密封环、高温轴承、热电偶套管、燃气轮机转子叶片、金属切削刀具等。

3. 碳化硅陶瓷

主要组成物是 SiC，碳化硅陶瓷是一种高强度、高硬度的耐高温陶瓷，具有较强的高温强度，其抗弯强度在 1200～1400℃仍能保持得很高。碳化硅陶瓷还具有良好的导热性、抗氧化性、导电性，耐磨性、耐蚀性也很好。可用做火箭尾喷管喷嘴、热电偶套管、高温电炉的零件、各种泵的密封圈、砂轮、磨料等。

4. 氮化硼陶瓷

主要成分为 BN，按氮化硼的晶体结构不同可分为六方和立方两种。立方氮化硼的硬度仅次于金刚石，常作磨料和高速切削刀具。六方氮化硼的晶体结构与石墨相似，强度比石墨高，具有很好的耐热性、良好的化学稳定性和切削加工性，适用于制造坩埚、高温轴承、玻璃制品模具等。常用工业陶瓷的组成、性能及应用见表 6-7。

表 6-7　常用工业陶瓷的组成、性能及应用

种　　类	性能特征	主要组成	用　　途
耐热材料	热稳定性高	MgO、ThO_2	耐火件
	高温强度高	SiC、Si_3N_4	燃汽轮机叶片、火焰导管、火箭燃烧室内壁喷嘴
高硬度材料	高弹性模量	SiC、Al_2O_3	复合材料用纤维
	高硬度	TiC、B_4C、BN	切削刀具、连续铸造用模、玻璃成形高温模具
介电材料	绝缘性	Al_2O_3、Mg_2SiO_4	集成电路基板
	热电性	$PbTiO_3$、$BaTiO_3$	热敏电阻
	压电性	$PbTiO_3$、$LiNbO_3$	振荡器
	强介电性	$BaTiO_3$	电容器
光学材料	荧光、发光性	Al_2O_3CrNd	激光
	红外透过性	$CaAs$、$CdTe$	红外线窗口
	高透明度	SiO_2	光导纤维
	电发色效应	WO_3	显示器
磁性材料	软磁性	$ZnFe_2O$、γ-Fe_2O_3	磁带、各种高频磁心
	硬磁性	$SrO \cdot 6Fe_2O_3$	电声器件、仪表及控制器件的磁心
半导体材料	光电效应	CdS、Ca_2Sx	太阳电池
	阻抗温度变化效应	VO_2、NiO	温度传感器
	热电子放射效应	$LiBa$、BaO	热阴极

第四节　复合材料

复合材料是由两种或两种以上不同性质或不同组织结构的物质经人工组合而成的多相材

料。不同材料复合后，其中一种组成物作为基体起黏结作用，另一种组成物作为增强材料，起提高强度或韧性的作用。复合材料中的每一组成部分，仍保留它们各自的性能特点，从而使复合材料具有优良的综合性能。

一、复合材料的分类及性能特点

（一）复合材料的分类

（1）按基体类型分类　可分为树脂基复合材料、金属基复合材料、陶瓷基复合材料。

（2）按增强剂的性质和形状分类　可分为纤维增强复合材料、粒子增强复合材料、层叠复合材料。

（3）按材料的用途分类　可分为结构复合材料和功能复合材料。结构复合材料是利用其力学性能特点如强度、硬度、韧性等，来制作各种结构件或机械零件。功能复合材料是利用其物理性能如光、电、磁、热等，制作各种结构件。如双金属片，就是利用不同膨胀系数的金属复合在一起而成的具有热功能性质的材料。

（二）复合材料的性能特点

1. 比强度和比模量高

在复合材料中，一般作为增强剂的物质都采用了强度很高的纤维，而复合后材料密度较小，所以比强度和比模量高。

比强度和比模量是指材料的强度、弹性模量与相对密度之比。比强度越大，零件自重减小；比模量越大，零件的刚性越好。各种材料的性能比较见表 6-8。

表 6-8　各种材料的性能比较

材料名称	密度/g·cm^{-3}	抗拉强度/MPa	比强度/(抗拉强度·密度$^{-1}$)/MPa·(g·cm^{-3})$^{-1}$	弹性模量/MPa	比模量/(弹性模量·密度$^{-1}$)/MPa·(g·cm^{-3})$^{-1}$
钢	7.8	1030	0.130	210000	27
硬铝	2.8	470	0.170	75000	26
玻璃钢	2.0	1060	0.530	40000	21
碳纤维-环氧树脂	1.45	1500	1.030	140000	21
硼纤维-环氧树脂	2.1	1380	0.660	210000	100

2. 破损安全性好

在纤维增强复合材料中，每平方厘米面积上有成千上万根纤维，当构件一旦过载后，会使其中部分纤维断裂，但随即迅速进行应力重新分配，由未断裂的纤维来承载，不致造成构件在短时间内失去承载能力而断裂，从而提高使用的安全性。

3. 较高的疲劳强度

复合材料的基体中密布着大量的纤维，且基体的塑性一般较好，可消除或减少应力集中，同时纤维和基体的界面处能够有效地阻止疲劳裂纹的扩展，所以复合材料的疲劳强度较高。

4. 良好的高温性能

大多数的增强纤维都有较高的熔点或软化温度，如玻璃纤维的软化点仅为700～900℃，但Al_2O_3、BN、SiC等纤维的软化点均在2000℃以上，所以用这些纤维与金属组成的复合材料其高温强度和弹性模量均有所提高。例如一般铝合金在400℃以上时弹性模量接近于零，强度也大幅度下降，仅为室温时的1/10，而用碳纤维或硼纤维强化的铝合金，在400℃时强度和弹性模量几乎与室温一样。用钨纤维增强钴、镍及其合金时，可使这些合金的使用温度提高到1000℃以上。

5. 减振性良好

构件的自振频率除了与本身的质量、形状有关外，还与材料比模量的平方根成正比。由于复合材料的比模量大，自振频率很高，可防止工作状态下产生共振而引起破坏。同时纤维与基体的界面间吸振能力强，故振动阻尼高。

此外复合材料一般都具有良好的化学稳定性，减摩性、耐蚀性以及工艺性能也较好，这些优点使它得到广泛的应用，是近代重要的工程材料，现已用于飞机的尾翼和螺旋桨、发动机油嘴以及汽车、轮船、管道、传动零件等。

二、常用复合材料

（一）纤维增强复合材料

1. 玻璃纤维增强复合材料

是以玻璃纤维为增强剂、树脂为黏结剂（基体）而制成的，俗称玻璃钢。以聚酰胺，聚乙烯，聚苯乙烯，聚碳酸酯等热塑性树脂为基体制成的热塑性玻璃钢，具有较高的强度、硬度、弹性模量、耐热和抗老化性能，工艺性能也比较好，但韧性有所下降。可用来制造轴承、齿轮、仪表盘、壳体等零件。

以环氧树脂、酚醛树脂、有机硅树脂、不饱和聚酯等热固性树脂为基体制成的热固性玻璃钢，具有密度小、强度高、耐蚀性和成形工艺性好的优点，其中抗拉强度和抗压强度超过一般的钢和硬铝。可用来制造车身、船体、化工容器、管道等。

2. 碳纤维增强复合材料

碳纤维可以和树脂、金属以及陶瓷等组成复合材料。与玻璃钢相比，碳纤维增强复合材料密度小、强度和弹性模量高，具有较高的冲击韧性和疲劳极限，优良的耐磨、减摩、耐热和自润滑性。可用来制造齿轮、轴瓦、活塞、火箭喷嘴、喷气发动机叶片、化工设备的耐蚀零件及运动器材。

（二）层叠复合材料

工业上用的层叠复合材料是用几种性能不同的板材经热压胶合而成。广泛用于要求材料具有高的强度、耐蚀、耐磨的场合，有装饰及安全防护等用途。

层叠复合材料有夹层结构的复合材料、双层金属复合材料、塑料-金属多层复合材料。如夹层复合材料已广泛用于航空、船舶、火车车厢、运输容器等。

（三）粒子增强复合材料

是由一种或多种颗粒均匀地分布在基体中所组成的材料。粒子起增强作用，一般粒子直径在0.01～0.10μm范围内，以获得最佳增强效果。根据需要不同，加入金属粉末可增强导电性；加入Fe_3O_4粉末可改善导磁性；加入MoS_2可提高减摩性；而用陶瓷颗粒增强的金属基复合材料具有高的强度、硬度、耐磨性、耐蚀性和小的膨胀系数，可用来制作刀具、重载轴承及高温材料等。

常用复合材料种类、特性及应用见表6-9。

表 6-9 常用复合材料种类、特性及应用

类别	组成		特性	应用
	增强材料	基体		
纤维增强	玻璃纤维	热塑性树脂	强度、弹性模量均提高，缺口敏感性提高，线膨胀系数减小，吸水率降低，热变形温度上升。冲击韧度下降	耐磨、减摩零件，密封件、仪器仪表零件、管道、泵阀、车船壳体、建筑结构及飞机
		热固性树脂	抗拉、抗弯、抗压、抗冲击强度高，脆性下降，收缩减小，抗蠕变、电绝缘性好	
	碳纤维	合成树脂陶瓷金属	密度小，强度和弹性模量高，耐磨，自润滑性好，热膨胀系数小，可耐2000℃的高温	航空、航天、原子能工业中作汽轮机叶片、发动机体、轴瓦、齿轮、卫星结构、人工关节
	硼纤维	合成树脂金属	强度、弹性模量比碳纤维高，但工艺复杂，价高	飞机、火箭结构件、涡轮机、推进器零件
	碳化硅纤维	合成树脂	有极高的强度，高温下的化学稳定性好	涡轮机叶片
	芳纶纤维	合成树脂	韧性好，弹性模量高，密度低。耐压强度和弯曲疲劳强度较差	雷达天线罩、降落伞高强度绳索、高压防腐容器、游艇船体
颗粒增强	金属细粒	塑料	要增强导电、导热性，降低膨胀系数	铅粉塑料可作γ射线防护罩，铅粉加氟塑料可作轴承材料
	陶瓷粒	金属	耐蚀、润滑性好、高温耐磨性好	高速切削刀具、高温材料、喷嘴、重载轴承、拉丝模等

第七章 机械工程材料的选用

机械工程材料是机械制造工业中用来制造机械零件和工具的材料，其种类繁多，因此如何合理地选用和使用材料是一项十分重要的工作。它不仅要考虑材料的使用性能应满足零件工作条件的要求，使零件经久耐用，而且要求材料有较好的加工工艺性能和经济性，以便提高产品质量，降低成本。本章主要就正确选择机械工程材料的基本原则和一般结构零件的选材做简要介绍。

第一节 选用材料原则

一、根据使用性能要求选材

使用性能是保证零件达到规定功能要求的必要条件。当材料的使用性能不能满足零件工作条件的要求时，零件就会失效。零件在使用过程中，因某种原因失去原来设计规定的功能称为失效。

一般机械零件的失效形式有以下几种。

① 断裂 包括静载荷或冲击载荷下的断裂、疲劳断裂以及应力腐蚀破裂等。

② 过量变形 包括过量的弹性变形或塑性变形、高温蠕变等。

③ 表面损伤 包括过量的磨损、表面龟裂、疲劳麻点、腐蚀等。

失效的原因与零件结构设计、选材、加工制造、装配及使用维护等因素有关。还与工作条件有关，零件的工作条件包括：应力情况（工作应力的种类、大小、分布、残余应力及应力集中情况等）；载荷性质（静载荷、冲击载荷、循环载荷）；温度（低温、常温、高温或交变温度）；环境介质（有无腐蚀性气体、润滑剂）以及摩擦条件等。

选材时，应该首先分析零件的工作条件、失效形式，并通过力学计算准确地判断出零件所要求的主要使用性能指标，作为选材的原始依据。

一般情况下，零件所要求的使用性能主要是指材料的力学性能。零件的工作条件不同，失效形式不同，要求的力学性能指标也就不同。

几种常用零件的工作条件、常见失效形式及要求的力学性能指标见表 7-1。

二、根据工艺性能要求选材

工艺性能是指材料适应某种加工工艺的能力，不同的材料有着不同的加工工艺，材料工艺性能的好坏，对于零件加工的难易程度、生产效率、生产成本等方面起着决定性的作用。因此工艺性能是选材时必须考虑的一个重要的因素。材料工艺性能主要包括以下几个方面。

1. 铸造性能

是指金属能否用铸造的方法获得满意的质量合格的铸件的能力。一般包括流动性、收缩性、偏析倾向和吸气性等。不同的材料其铸造性能不同，铸造铝合金和铸造铜合金的铸造性能优于铸铁，铸铁的铸造性能优于铸钢，铸铁中灰铸铁的铸造性能最好。

表 7-1　几种常用零件的工作条件、常见失效形式及要求的力学性能

零件	工作条件			常见失效形式	要求的主要力学性能
	应力种类	载荷性质	其他		
普通紧固螺栓	拉、切应力	静	—	过量变形、断裂	屈服强度及抗剪强度、塑性
传动轴	弯、扭应力	循环、冲击	轴颈处摩擦、振动	疲劳破坏、过量变形、轴颈处磨损、咬蚀	综合力学性能
传动齿轮	压、弯应力	循环、冲击	强烈摩擦、振动	磨损、麻点剥落、齿折断	表面硬度及弯曲疲劳强度、接触疲劳抗力，心部屈服强度、韧性
弹簧	扭应力（螺旋簧）、弯应力（板簧）	循环、冲击	振动	弹性丧失、疲劳断裂	弹性极限、屈强比、疲劳强度
油泵柱塞副	压应力	循环、冲击	摩擦、油的腐蚀	磨损	硬度、抗压强度
冷作模具	复杂应力	循环、冲击	强烈摩擦	磨损、脆断	硬度、足够的强度、韧性
压铸模	复杂应力	循环、冲击	高温、摩擦、金属液腐蚀	热疲劳、脆断、磨损	高温强度、热疲劳抗力、韧性和红硬性
滚动轴承	压应力	循环、冲击	强烈摩擦	疲劳断裂、磨损、麻点剥落	接触疲劳抗力、硬度、耐蚀性
曲轴	弯、扭应力	循环、冲击	轴颈摩擦	脆断、疲劳断裂、咬蚀、磨损	疲劳强度、硬度、冲击疲劳抗力、综合力学性能
连杆	拉、压应力	循环、冲击	—	脆断	抗压疲劳强度、冲击疲劳抗力

2. 锻造性能

是衡量材料经受塑性成形加工，获得优质锻件难易程度的工艺性能。包括金属的可锻性（塑性与变形抗力的综合）、抗氧化性、冷镦性、锻后冷却要求等。材料塑性高，变形抗力小，则锻造性能好，锻件表面质量优良，不易产生裂纹等缺陷。一般低碳钢比高碳钢的锻造性能好，铸铁不能锻造，低合金钢的可锻性近似于中碳钢，高合金钢的可锻性比碳钢差，铝合金和铜合金的锻造性能一般较好。

3. 焊接性能

是指材料在一定的焊接条件下获得优质焊接接头的难易程度。一般用焊缝处出现裂纹、脆性、气孔或其他缺陷的倾向来衡量焊接性能。一般低碳钢和低合金钢具有良好的焊接性能，高碳钢、高合金钢、铜合金、铝合金的焊接性能较差，铸铁基本不能焊接。

4. 切削加工性能

是指材料接受切削加工而成为合格零件的难易程度。一般用切削抗力大小、零件表面粗糙度值的大小、加工时切屑排除难易程度以及刀具磨损情况来衡量其性能好坏。

5. 热处理工艺性能

主要包括淬透性、变形开裂倾向、过热敏感性、回火脆性倾向、氧化脱碳倾向等，选材时应根据零件的热处理技术要求选择与热处理工艺相适应的材料。

三、根据经济性要求选材

选用材料时，除了满足使用性能和工艺性能外，经济性也是选用材料所必须考虑的重要因素。

经济性是指所选用的材料加工成零件后，应使零件产生和使用的总成本最低，经济效益最好。零件的总成本包括材料本身的价格和与生产有关的其他一切费用。

选材时应充分考虑经济性，一般应注意以下问题。

1. 考虑材料的价格

在满足使用要求的条件下，应尽量选用价格比较便宜的材料。大批量生产时，为提高经济效益，这种考虑特别重要。中国目前常用工程材料的相对价格见表 7-2。

表 7-2 常用工程材料的相对价格

材料名称	相对价格	材料名称	相对价格
碳素结构钢	1	碳素工具钢	1.4～1.5
低合金高强度结构钢	1.2～1.7	量具刃具用合金钢	2.4～3.7
优质碳素结构钢	1.4～1.5	合金模具钢	5.4～7.2
易切削结构钢	2	高速工具钢	13.5～15
合金结构钢	1.7～2.9	铬不锈钢	8
镍铬合金结构钢	3	铬镍不锈钢	20
轴承钢	2.1～2.9	球墨铸铁	2.4～2.9
合金弹簧钢	1.6～1.9	普通黄铜	13

2. 从材料加工费用方面来考虑

应合理地安排零件的生产工艺，尽量简化生产工序，并尽可能采用无切屑或少切屑加工新工艺（如精铸、模锻等），提高材料的利用率，降低生产成本。

零件的加工费用还与零件数量有关。铸造某些变速箱体，虽然铸铁原料比钢板价格低廉，但在单件或小批量生产时，选用钢板焊接反而经济，因可省掉制造模型的费用。

3. 从材料供应条件来考虑

首先应立足于国内和订货单位较近的地区，同时尽量减少所选材料的品种规格，以简化供应、保管及生产管理等各项工作。

4. 考虑材料来源

积极推广新材料、合理选择代用材料、尽量少用中国稀缺的合金元素。

根据中国情况，可考虑用锰、硅、硼等合金元素代替铬、镍合金元素；以铝基轴承合金代替巴氏合金及铜基轴承合金；以镀铬、镀铜、发蓝等表面防护处理代替不锈钢及有色金属合金；以球墨铸铁代替铸钢。此外，许多零件都可以用工程塑料代替金属材料，不仅使零件成本降低，而且可使性能更加优良。

第二节 典型零件的选材

机械零件种类繁多，性能要求各不相同，生产上满足这些零件性能要求的材料也很多。下面以轴类、齿轮类和箱体类零件为例，介绍它们的选材情况。

一、轴类零件

1. 轴类零件的工作条件、失效形式及性能要求

轴是重要的机械零件，其作用是支承回转零件并传递运动和动力，也是影响机械设备精度和寿命的关键零件。各种轴的尺寸相差悬殊，如钟表机芯轴径可在 0.5mm 以下，而汽轮机的轴径则可达 1000mm 以上。轴类零件在工作时承受的载荷也比较复杂，主要承受交变

弯曲应力和扭转应力的复合作用，并承受一定的冲击、振动、摩擦和短时过载。

轴的主要失效形式有疲劳断裂、过载断裂、过量变形和轴颈处过度磨损等。因此为保证轴的正常工作，轴类零件选用的材料必须具有足够的强度和刚度，适当的冲击韧性和高的疲劳强度，对轴颈等受摩擦的部位，要求具有高的硬度和良好的耐磨性。在工艺性能方面，应具有良好的切削加工性和足够的淬透性。

2. 轴类零件的选材

对轴进行选材时，主要是根据载荷的性质和大小，以及轴的运行精度要求来进行。

① 承受弯曲和扭转应力的轴类零件，如发动机曲轴、汽轮机主轴、机床主轴等，一般情况下选用调质钢制造。其中如果磨损较小，受冲击不大的轴，可选用 40、45 钢经调质或正火处理，然后对要求耐磨的轴颈等部位进行表面淬火和低温回火；对受力不大或不太重要的轴也可采用 Q235、Q275 等碳素结构钢，不进行热处理直接使用；对磨损较严重、且受一定冲击的轴可选用合金调质钢，经调质处理后再对需高硬度的部位进行表面淬火。如普通车床主轴选用 45 钢，汽车半轴选用 40Cr、40CrMnMo 钢，高速内燃机曲轴选用 30CrMo、42CrMo 钢等。

② 承受磨损严重且冲击较大的轴，如齿轮铣床主轴和汽车、拖拉机变速箱轴等，可选用合金渗碳钢 20CrMnTi 、18Cr2Ni4WA 钢，先经渗碳，再进行淬火及低温回火处理后使用。

③ 对高精度、高速转动的轴类零件，可选用渗氮钢、高碳钢或高碳合金钢。如高精度磨床主轴或精密镗床镗杆可采用 38CrMoAlA 钢等，经调质和渗氮处理后使用；精密淬硬丝杠可采用 9Mn2V 或 CrWMn 钢，经淬火及低温回火处理后使用。

制造轴的材料不限于上述钢种，还可选用不锈钢、球墨铸铁和铜合金等。

3. 轴类零件选材举例

机床主轴是传递动力的重要零件。它的工作条件及失效形式决定了主轴应具有良好的综合力学性能。但还应该考虑主轴上不同部位处有不同的性能要求。在选用材料和热处理工艺时，必须考虑其受力大小、轴承类型、主轴形状及可能出现的热处理缺陷等，见表 7-3。

现以 CA6140 卧式车床变速箱的主轴为例，说明其选材及热处理工艺分析。CA6140 车床主轴如图 7-1 所示。

(1) 工作条件　承受交变的弯曲应力和扭转应力，有时受到冲击载荷作用；主轴大端内锥孔和锥度外圆经常与卡盘、顶尖有相对摩擦；在花键部位经常有磕碰或相对滑动。

总之，该主轴是在滚动轴承中运转，承受中等载荷、中等转速，有装配精度要求，且受一定冲击载荷等。

(2) 基本性能要求　整体要求具有良好的综合力学性能，调质后硬度为 220～250HBS，金相组织为回火索氏体。内锥孔和外圆锥面处硬度为 45～50HRC，表面 3～5mm 内金相组织为回火托氏体和少量回火马氏体。花键部分要求耐磨，其硬度为 48～53HRC，金相组织为回火托氏体和较多回火马氏体。

(3) 材料选用　根据上述工作条件和性能要求，该主轴可选用 45 钢，经锻造后进行正火处理。为了提高主轴的强度和韧性，在粗加工后进行调质处理。调质处理后不但强度增高，而且疲劳强度也随之提高，这对主轴是十分有利的。此外，45 钢价廉，锻造性能和切削加工性比较好，它的淬透性虽较差，但主轴工作时应力沿截面从表面向中心逐渐减少，是能够满足性能要求的。

表 7-3 常用机床主轴的工作条件、材料选择及热处理工艺

序号	工作条件	选用钢号	热处理工艺	硬度要求	应用举例
1	(1)在滚动轴承中运转 (2)低速、轻、中等载荷 (3)精度要求不高 (4)稍有冲击载荷	45钢	调质	220～250HBS	一般简易机床主轴
2	(1)在滚动轴承中运转 (2)转速稍高、轻或中等载荷 (3)精度要求不太高 (4)冲击、交变载荷不大	45钢	整体淬火	40～45HRC	龙门铣床、立式铣床、小型立式车的床主轴
			正火或调质+局部淬火	≤229HBS(正火) 220～250HBS(调质) 46～51HRC(局部)	
3	(1)在滚动或滑动轴承内运转 (2)低速、轻或中等载荷 (3)精度要求不很高 (4)有一定的冲击、交变载荷	45钢	正火或调质后轴颈局部表面淬火	≤229HBS(正火) 220～250HBS(调质) 46～57HRC(表面)	CB3463、CA6140、C61200等重型车床主轴
4	(1)在滚动轴承中运转 (2)中等载荷、转速略高 (3)精度要求较高 (4)交变、冲击载荷较小	40Cr 40MnB 40MnVB	整体淬火	40～45HRC	滚齿机、组合机床的主轴
			调质后局部淬硬	220～250HBS(调质) 46～51HRC(局部)	
5	(1)在滑动轴承中运转 (2)中或重载荷、转速略高 (3)精度要求较高 (4)有较高的交变、冲击载荷	40Cr 40MnB 40MnVB	调质后轴颈表面淬火	220～280HBS(调质) 46～55HRC(表面)	铣床、M7475B磨床砂轮主轴
6	(1)在滚动或滑动轴承中运转 (2)轻、中载荷、转速较低	50Mn2	正火	≤240HBS	重型机床主轴
7	(1)滑动轴承中运转 (2)中等或重载荷 (3)要求轴颈部分有更高耐磨性 (4)精度很高 (5)交变应力较大，冲击载荷较小	65Mn	调质后轴颈和头部局部淬火	56～61HRC(轴颈表面) 50～55HRC(头部)	M1450磨床主轴
8	(1)滑动轴承中运转 (2)中等或重载荷 (3)要求轴颈部分有更高耐磨性 (4)精度很高 (5)交变应力较大，冲击载荷较小 但表面硬度要求更高	GCr15 9Mn2V	调质后轴颈和头部淬火	250～280HBS(调质) ≥59HRC(局部)	MQ1420、MB1432A磨床砂轮主轴
9	(1)在滑动轴承中运转 (2)重载荷、转速很高 (3)精度要求极高 (4)有很高的交变、冲击载荷	38CrMoAlA	调质后渗氮	≤260HBS(调质) ≥850HV(渗氮表面)	高精度磨床砂轮主轴T68镗杆，T4240A坐标主轴
10	(1)在滑动轴承中运转 (2)重载荷，转速很高 (3)高的冲击载荷 (4)很高的交变应力	20CrMnTi	渗碳淬火	≥59HRC(表面)	Y7163齿轮磨床、CG1107车床、SG8630精密车床主轴

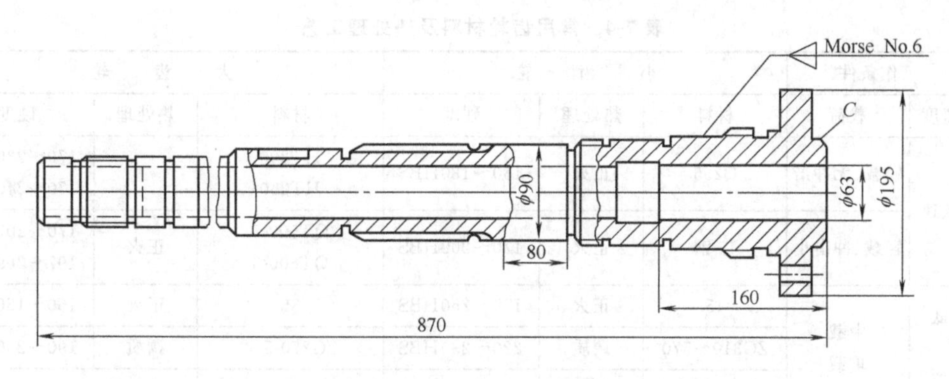

图 7-1　CA6140 车床主轴

(4) 加工工艺路线　下料→锻造→正火→粗加工→调质→半精加工（除花键外）→局部淬火、回火（内锥孔及外锥体）→粗磨（外圆、外锥体及内锥孔）→铣花键→花键高频淬火、回火→精磨（外圆、外锥体及内锥孔）。

(5) 热处理工序的作用　正火是为了得到合适的硬度（180～230HBS），便于机械加工，同时改善锻造组织，为调质处理做好组织准备。调质处理可使主轴得到高的综合力学性能和疲劳强度。为了更好地发挥调质效果，将它安排在粗加工后进行。内锥孔和外圆锥面部分可采用盐浴局部淬火和低温回火，得到所需硬度，以保证装配精度和耐磨性。花键部分采用高频表面淬火和 240～260℃回火，以减少变形并达到表面高硬度要求。

二、齿轮类零件

齿轮在机床、汽车、拖拉机和仪表装置中应用广泛，是很重要的机械零件。它起着传递动力、改变运动速度或方向的作用，有的齿轮还起分度定位的作用。

1. 齿轮类零件的工作条件、失效形式及性能要求

齿轮在工作时主要是通过齿面啮合传递动力，啮合齿面相互滚动和滑动，因而轮齿表面受到交变接触压应力及强烈的摩擦；由于传递扭矩，齿根承受更大的交变弯曲应力；此外，由于启动、换挡、过载和啮合不良，齿轮会受到冲击；因加工、安装不当或齿轮轴变形等引起的齿面接触不良，以及外来灰尘、金属屑末等硬质微粒的侵入等，都会产生附加载荷，使工作条件恶化。所以齿轮的工作条件和载荷情况是相当复杂的。

由于齿轮的上述工作特点，齿轮的失效形式是多种多样的，失效形式主要有齿根折断和齿面损伤两种，有时也有过量塑性变形、齿端磨损等。

为使齿轮能够正常工作，要求齿轮材料热处理后具有高的接触疲劳强度和抗弯强度，高的表面硬度和耐磨性，齿轮心部要有适当的强度和足够的韧性，以及最小的淬火变形。同时，还要求具有良好的切削加工性，材质应符合有关标准规定，价格低廉。

2. 齿轮类零件的选材

根据工作条件、转速、尺寸大小的不同，齿轮可选用调质钢、渗碳钢、铸钢、铸铁、非铁金属和非金属材料制造。常用齿轮材料及热处理工艺见表 7-4。

(1) 调质钢齿轮　调质钢主要用来制造对硬度和耐磨性要求不太高，对冲击韧度要求一般的中、低速和载荷不大的中、小型传动齿轮。如车床、铣床等机床的变速箱齿轮、车床挂轮齿轮等，常用 45、40Cr、40MnB、35SiMn 等钢制成。常用的热处理方法是调质或正火处理，然后再进行表面淬火和低温回火，有时经调质和正火处理后也可以直接使用。对于要求精度高、转速快的齿轮，也可选用渗氮用钢（38CrMoAlA），经调质处理和渗氮处理后使用。

表 7-4 常用齿轮材料及热处理工艺

传动	工作条件		小齿轮			大齿轮		
	速度	载荷	材料	热处理	硬度	材料	热处理	硬度
开式传动	低速	轻载、无冲击	Q255	正火	150～180HBS	HT200 HT250		170～230HBS 170～240HBS
		轻载、冲击小	45 钢	正火	170～200HBS	QT500-7 QT600-3	正火	170～207HBS 197～269HBS
闭式传动	低速	中载 重载	45	正火	170～250HBS	35	正火	150～180HBS
			ZG310～570	调质	220～230HBS	ZG270-500	调质	190～230HBS
			45 钢	整体淬火	38～48HRC	35、ZG270-500	整体淬火	35～40HRC
	中速	中载	45 钢	调质	200～250HBS	35、ZG270-500	调质	190～230HBS
			45 钢	整体淬火	38～48HRC	35 钢	整体淬火	35～40HRC
			40Cr 40MnB 40MnVB	调质	230～280HBS	45、50 钢	调质	220～250HBS
						ZG270-500	正火	180～230HBS
						35、40 钢	调质	190～230HBS
				整体淬火	38～48HRC	35 钢	整体淬火	35～40HRC
			45 钢	表面淬火	45～50HRC	45 钢	调质	220～250HBS
		重载	40Cr 40MnB 40MnVB	整体淬火	35～42HRC	35、40 钢	整体淬火	35～40HRC
				表面淬火	52～56HRC	45、50 钢	表面淬火	45～50HRC
	高速	中载无猛烈冲击	40Cr 40MnB 40MnVB	整体淬火	35～42HRC	35、40 钢	整体淬火	35～40HRC
				表面淬火	52～56HRC	45、50 钢	表面淬火	45～50HRC
			20Cr 20Mn2B 20MnVB			ZG310-570	正火	160～210HBS
						35 钢	调质	190～230HBS
		中载有冲击	20CrMnTi	渗碳淬火	56～62HRC	20Cr、20MnVB	渗碳淬火	56～62HRC

(2) 渗碳钢齿轮　渗碳钢主要用于高速、重载、冲击较大的重要齿轮，如汽车、拖拉机变速箱齿轮、驱动桥齿轮、立式车床的重要齿轮等，常采用 20CrMnTi、20CrMo、20Cr、18Cr2Ni4WA、20CrMnMo 等钢制造，经渗碳淬火和低温回火处理后，表面硬度高，耐磨性好，心部有足够的强度和韧性、耐冲击。为了进一步提高齿轮的疲劳强度，还可对其进行表面喷丸处理。

(3) 铸钢和铸铁齿轮　有些齿轮也可采用铸钢和铸铁等材料制造。铸钢可用来制造力学性能要求较高，但形状复杂且难以锻造成形的大型齿轮，如起重机齿轮等，常选用 ZG270-500、ZG310-570、ZG340-640 等铸钢制造；要求耐磨性、疲劳强度较高，承受冲击载荷较小的齿轮，如机油泵齿轮等，可选用球墨铸铁制造，如 QT500-7、QT600-3 等；对于低精度、低转速、承受冲击载荷很小的齿轮，可选用灰铸铁制造，如 HT200、HT250、HT300 等。

(4) 非铁金属齿轮　仪器、仪表中的齿轮，以及某些在腐蚀介质中工作的轻载齿轮，常选用非铁金属来制造。如黄铜、铝青铜、锡青铜、硅青铜等。

(5) 塑料齿轮　塑料齿轮具有摩擦系数小、减振性能好、噪声低、质量轻、耐蚀性好、生产成本低等优点，但其强度、硬度、弹性模量低，使用温度不高，尺寸稳定性较差。因此塑料齿轮主要用于制造轻载、低速、耐蚀、无润滑或少润滑条件下工作的齿轮，如仪表齿轮、无声齿轮等。常选用尼龙、ABS、聚甲醛等塑料制造。

3. 齿轮类零件选材举例

机床齿轮相对矿山机械、动力机械中的齿轮来说属于运转平稳、载荷不大、工作条件较好的一类。一般机床齿轮可选用中碳钢制造，为了提高淬透性，也可选用中碳合金钢，并经高频感应淬火处理，所得到的硬度、耐磨性、强度及韧性能满足其工作条件下的性能要求。而且高频淬火变形小，生产效率高。下面以CA6140车床主轴箱齿轮（见图7-2）为例进行分析。

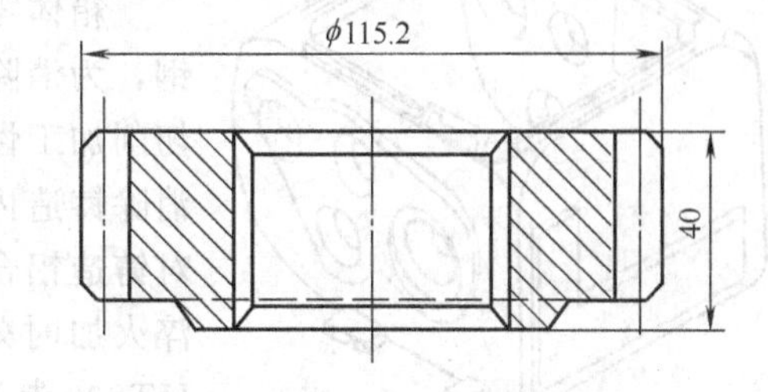

图7-2　CA6140车床主轴箱齿轮

(1) 工作条件　齿轮运转较平稳，承载不大，受到冲击较小，属工作条件较好的齿轮。

(2) 基本性能要求　齿轮表面具有较高的硬度、耐磨性和接触疲劳强度，齿面硬度为45～50HRC；心部要求具有较好的综合力学性能，经调质处理后硬度应为200～250HBS。

(3) 材料选用　选用40Cr即可满足性能要求。40Cr经调质后具有较好的综合力学性能，铬元素的加入可提高钢的淬透性，且具有固溶强化作用。该钢经高频淬火、回火后，表面具有较高的硬度和耐磨性，而心部强韧性较好，所以满足性能要求。

(4) 加工工艺路线　下料→锻造→正火→粗加工→调质→精加工→高频感应加热淬火及低温回火→推花键孔→精磨。

(5) 热处理工序作用　正火处理对锻造齿轮毛坯是必需的热处理工序，它可以使同批坯料具有相同的硬度，便于切削加工，均匀组织，消除锻造应力。对于一般齿轮，正火处理也可作为高频淬火前的最后热处理工序；调质处理可以使齿轮具有较高的综合力学性能，提高齿轮心部的强度和韧性，使齿轮能承受较大的弯曲应力和冲击力，并减少齿轮的淬火变形；高频淬火提高了齿轮表面硬度和耐磨性，并使齿轮表面有残余压应力存在，从而提高疲劳抗力。低温回火可以消除淬火应力，防止磨削裂纹的产生，提高抗冲击能力。

三、箱体类零件的选材

箱体是机器或部件的基础零件，它将有关的零件连成整体，来保证各零件的正确位置和相互协调地运动。

常见的箱体类零件有机床上的主轴箱、变速箱、进给箱和溜板箱，内燃机的缸体和缸盖、泵壳、机床床身、减速机箱体等。

箱体主要承受压应力，同时也承受一定的弯曲应力和冲击力。因此，要求箱体应具有足够的强度、刚度和良好的减振性。

箱体类零件的结构形状一般都比较复杂，且内部呈腔形，因此，在批量生产中，箱体都采用铸造方法生产，由铸造合金浇铸而成。

若要求箱体零件强度高、韧性高且受力较大，甚至在高压、高温下工作时，如汽轮机机

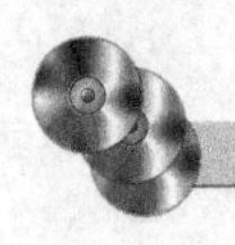

壳，则选用铸钢；受力不大且主要是承受静压力，不受冲击的箱体零件，可选用灰铸铁，如HT150、HT200。如果与其他零件有相对运动且相互之间存在摩擦、磨损，应选用较高强度、较高硬度的珠光体基体灰铸铁如HT250或孕育铸铁HT300、HT350等制造。

对于受力不大，要求质量轻或导热性良好的小型箱体零件，可选用铸造铝合金，如ZAlSi5Cu1Mg（ZL105）、ZAlCu5Mn（ZL201）。

若受力很小，且要求耐蚀性，自重轻的箱体零件，则可选用工程塑料，如ABS塑料，有机玻璃和尼龙等。

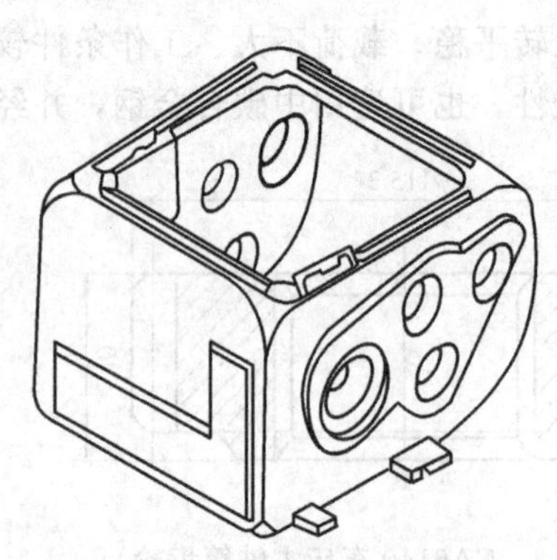

图 7-3 车床主轴箱体

对于受力较大，但形状简单或者单件生产的箱体零件，可选用钢板焊接，如选用Q235或45钢。

箱体零件的热处理可根据材质不同来确定。如选用铸钢，为消除粗大的铸态组织、偏析以及铸造内应力，改善切削加工性，可采用完全退火或正火。如选用铸铁件，为消除铸造内应力，改善切削加工性，应进行去应力退火。对铸造铝合金，根据合金成分不同，可进行去应力退火或淬火加时效处理，以改善铸铝件的力学性能。以灰铸铁HT200制造的卧式车床主轴箱（见图7-3）为例，其加工工艺路线为：铸造毛坯→去应力退火→划线→机加工。

第二篇　毛坯成形方法

第八章　铸　　造

将熔融金属浇入铸型，凝固后获得一定形状和性能的铸件的成形方法，称为铸造。铸造是利用液态金属的流动能力来成形，适合于制造形状复杂，特别是有复杂内腔的零件毛坯。铸造的适应性很强，铸件的质量可由几克到数百吨，壁厚可由 0.3mm～1m 以上，几乎各种金属材料都能用铸造成形。由于铸造材料来源广泛，价格低廉；铸造所用设备比较简单，投资少；铸件形状与零件比较接近，可减少切削加工工作量，节省金属材料，所以铸造成本较低。铸造的缺点是铸件组织疏松，晶粒粗大，力学性能较差，并且铸造工序较多，使铸件质量不够稳定。

第一节　金属的铸造性能

金属的铸造性能是指金属在铸造过程中所表现出的工艺性能。铸造性能主要有金属的流动性和收缩。

一、金属的流动性

金属的流动性是指熔融金属本身的流动能力，就是熔融金属充填铸型的能力。流动性好的金属，容易得到轮廓清晰、形状复杂的薄壁铸件；流动性不好的金属，容易产生气孔、缩孔、冷隔（浇注时两股金属流相遇时不能很好融合的现象）和浇不足（浇注时金属流停止流动造成的铸件不完整现象）等缺陷。金属的流动性主要受下列因素的影响。

（1）化学成分　不同化学成分的金属，由于结晶特点不同，流动性就不同。共晶成分合金由于在恒温下结晶，且熔点低，所以流动性最好。凝固温度范围大的合金，由于较早形成的树枝状晶体阻碍金属液的流动，流动性差。金属凝固温度范围越大，流动性就越差。在常用铸造合金中，灰铸铁的流动性最好，铸钢的流动性最差。

（2）浇注温度　提高浇注温度，可使金属液的黏度降低，流动性提高。适当提高浇注温度是防止铸件产生冷隔和浇不足的工艺措施之一。

（3）铸型条件和铸件结构　铸型中凡能增加金属液流动阻力和冷却速度的因素，如型腔表面粗糙、排气不畅、内浇道尺寸过小、铸型材料导热性大、铸件形状过分复杂、铸件壁过薄等，均会降低金属流动性。

二、金属的收缩

铸件在凝固和冷却过程中，其体积和尺寸逐渐缩小的现象称为收缩。金属的收缩过程分为液态收缩、凝固收缩和固态收缩三个阶段。

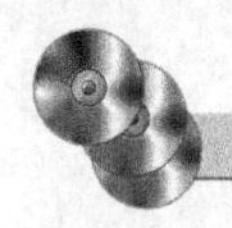

（1）液态收缩　从浇注温度冷却到凝固开始温度（液相线温度）的收缩。

（2）凝固收缩　从凝固开始的温度到凝固终止温度（固相线温度）的收缩。

（3）固态收缩　从凝固终止温度冷却到室温的收缩。

液态收缩和凝固收缩引起金属体积减小，称为体收缩；固态收缩引起铸件尺寸减小，称为线收缩。

1．影响收缩的因素

（1）化学成分　金属的化学成分不同，收缩也不同。在常用合金中，以灰铸铁的收缩最小，铸钢的收缩最大。

（2）浇注温度　金属的浇注温度增高，金属的收缩增大，产生缺陷的可能性增加。因此，在保证流动性的前提下，浇注温度应尽可能低些。

（3）铸型条件和铸件结构　金属在铸型中的收缩，会受到铸型条件和铸件结构的制约，使实际收缩率小于自由收缩率。铸件结构越复杂，铸型强度越高，这种差别就越大。

2．收缩对铸件质量的影响

（1）缩孔和缩松　金属液在凝固过程中，由于收缩得不到补充，在铸件最后凝固的部分将形成孔洞，这些孔洞称为缩孔，分散的小缩孔则称为缩松。

缩孔形成过程如图 8-1 所示。金属液充满型腔后，先凝结成一层硬壳，由于液态收缩和凝固收缩，致使液面下降。随着温度继续降低，硬壳逐渐加厚，液面继续下降。凝固完毕，便在铸件上部形成缩孔。

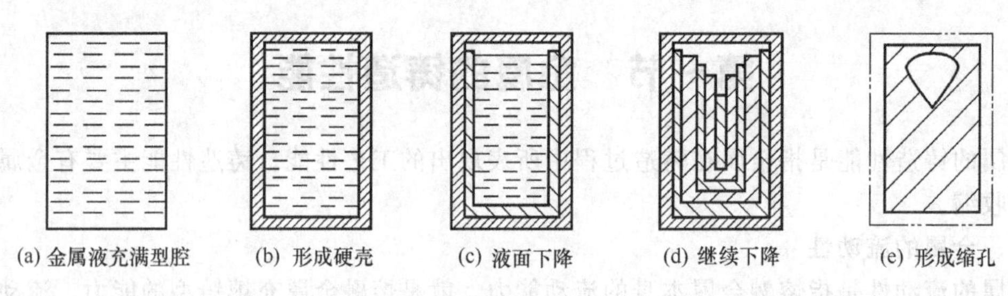

图 8-1　缩孔形成过程

缩孔和缩松都会降低铸件的力学性能，缩松还会降低铸件的气密性。采用顺序凝固原则可防止缩孔产生，如图 8-2 所示。在铸件上可能出现缩孔的部位设置冒口，并且使远离冒口的部位先凝固，靠近冒口的部位后凝固，冒口最后凝固，使缩孔转移到冒口中。

（2）铸造应力　铸件因固态收缩而引起的内应力称为铸造应力。铸造应力分为热应力和收缩应力两种。热应力是铸件各部分因冷却收缩不一致而引起的内应力；收缩应力是铸件的收缩因受到铸型、型芯或浇、冒口的阻碍而产生的内应力，如图 8-3 所示。铸造应力使铸件

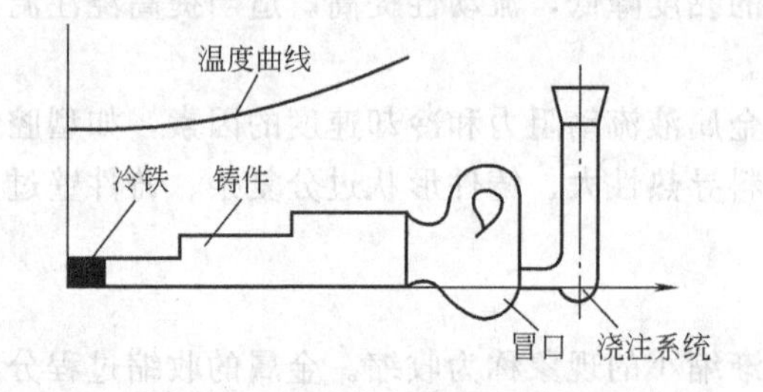

图 8-2　顺序凝固示意

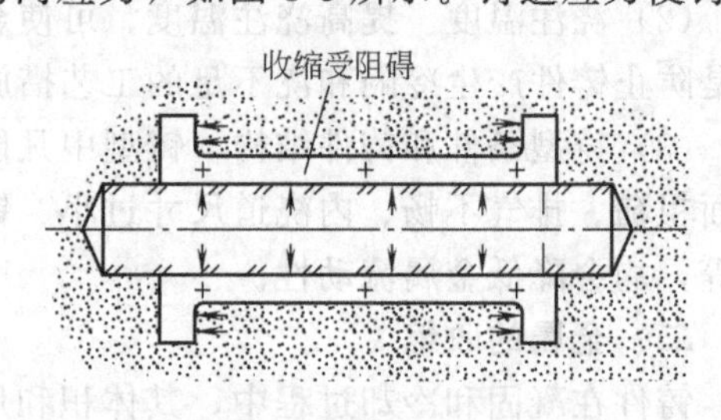

图 8-3　铸件收缩受阻示意

产生变形或开裂，所以应采取措施减小或消除铸造应力。例如：设计铸件时应尽量使壁厚均匀；采用退让性好的型砂和芯砂；勿过早落砂；对铸件进行去应力退火；设计合理的铸造工艺，使铸件各部分冷却速度一致。

第二节 砂型铸造

砂型铸造是以砂为主要造型材料制备铸型的一种铸造工艺方法。

一、砂型铸造的工艺过程

砂型铸造应用十分广泛，目前90%以上的铸件是用砂型铸造方法生产的。砂型铸造工艺过程如图8-4所示，主要由以下几个部分组成：造砂型；造型芯；砂型及型芯的烘干；合型（箱）；熔炼金属；浇注；落砂和清理；检验。但对某一个具体的铸造工艺过程来说并不一定完全包括上述步骤，如铸件无内壁时则不需要制芯，湿型铸造时砂型无需烘干等。

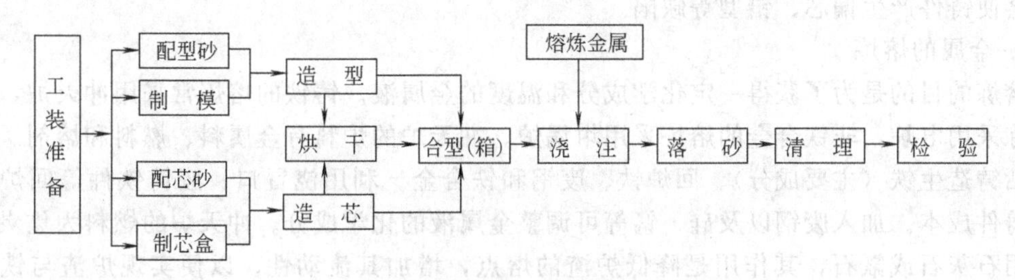

图8-4 砂型铸造工艺过程

1. 浇注系统

为使金属液顺利充填型腔而在砂型中开设的通道，称为浇注系统。浇注系统通常由浇口杯、直浇道、横浇道和内浇道组成，如图8-5所示。

(1) 浇口杯 承接来自浇包的金属液，能缓和金属液对砂型的冲击。

(2) 直浇道 产生一定的静压力，保证金属液充满型腔的各个部分。

(3) 横浇道 分配给各个内浇道，并起挡渣作用。

(4) 内浇道 控制金属液流入型腔的方向和速度。

有的铸件还设有冒口。冒口的主要作用是对铸件的最后凝固部位供给金属液，起补缩作用。冒口一般设在铸件厚壁处、最高处或最后凝固的部位。

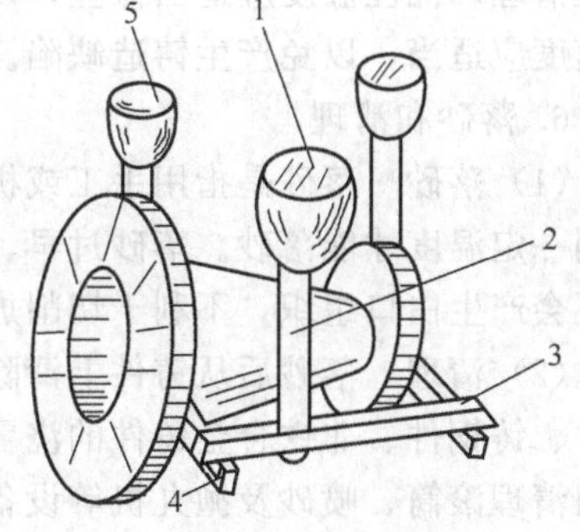

图8-5 浇注系统

1—浇口杯；2—直浇道；3—横浇道；4—内浇道；5—冒口

2. 造芯

型芯主要用来形成铸件的内腔。为了简化某些复杂铸件的造型工艺，型芯也可以用来形成铸件的外形。型芯通常采用芯盒制造。芯盒的种类如图8-6所示。在单件小批生产时，常采用手工造芯；大批大量生产时，采用机器造芯。造芯时，一般在型芯内放置芯骨，用来提高型芯的强度；开设通气孔，以增加排气能力。型芯大多需要烘干，以进一步提高强度和透气性。

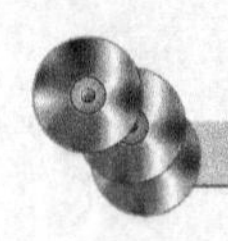

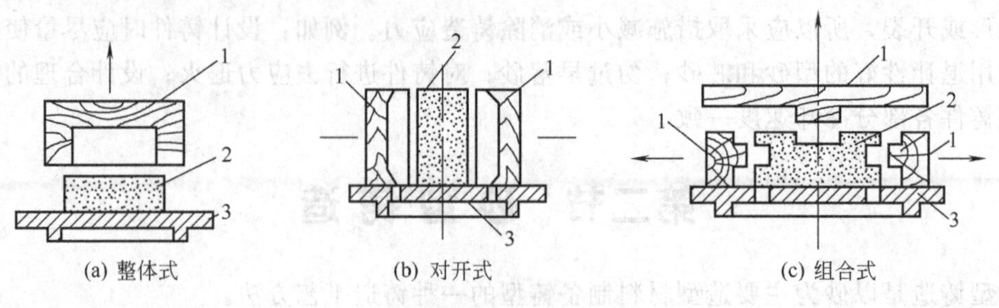

图 8-6　芯盒的种类

1—芯盒；2—砂芯；3—烘干板

3．合型（箱）

将铸型的各个部分组合成一个完整铸型的操作过程称为合型。合型前应对铸型的各部分进行检查，然后安装型芯，最后将上型盖上，并将上、下型压紧。如果合型过程中产生错位，会使铸件产生偏芯、错型等缺陷。

4．金属的熔炼

熔炼的目的是为了获得一定化学成分和温度的金属液。铸铁的熔炼常采用冲天炉，铸钢的熔炼采用电炉，非铁合金的熔炼采用坩埚炉。冲天炉的炉料有金属料、燃料和熔剂。金属料包括铸造生铁（主要成分）、回炉铁、废钢和铁合金。利用浇冒口、废铸铁件等回炉铁可降低铸件成本。加入废钢以及硅、锰等可调整金属液的化学成分。冲天炉的燃料为焦炭。熔剂常用石灰石或氟石，其作用是降低炉渣的熔点，增加其流动性，以便实现炉渣与铁液的分离。

5．浇注

浇注是将金属液从浇包注入铸型的过程。金属液的出炉温度一般应高些，以利于熔渣上浮及清理。浇注温度应适当低些，以减少金属液中气体的溶解量及冷凝时金属的收缩量。浇注速度应适当，以免产生铸造缺陷。

6．落砂和清理

（1）落砂　落砂是指用手工或机械使铸件和型砂、砂箱分开的过程。铸件在砂型中要冷却到一定温度才能落砂。落砂过早，会使铸件产生较大内应力，导致变形或开裂，铸铁件表层还会产生白口组织，不利于切削加工。

（2）清理　落砂后从铸件上清除浇冒口、型芯、毛刺、表面粘砂等过程称为清理。灰铸铁件、铸钢件、非铁合金铸件的浇冒口可分别用敲击、气割、锯割等方式去除。表面粘砂可采用清理滚筒、喷砂及抛丸机等设备进行。

二、造型材料

制造铸型用的材料称为造型材料，主要指型砂和芯砂。它由砂、黏结剂和附加物等组成。造型材料应具备的性能如下。

（1）强度　型砂承受外力作用时不易破坏的性能称为强度。铸型必须具有足够的强度，才能承受浇注时金属液的冲击和压力，不发生变形和毁坏，并防止铸件产生夹砂、砂眼等缺陷。

（2）可塑性　型砂在外力作用下可塑造成形，外力消除后仍能保持形状的性能称为可塑性。可塑性好，易于成形，能获得型腔清晰的铸型，从而保证铸件具有精确的轮廓尺寸。

(3) 耐火性 型砂在高温液态金属作用下不软化、不熔融烧结的性能称为耐火性。耐火性差会造成铸件表面粘砂，增加清理和切削加工的难度，严重时还会使铸件报废。

(4) 透气性 型砂在紧实后能使气体通过的能力称为透气性。金属液浇入铸型后，由于高温的作用，砂型中会产生大量的气体，金属液内部也会析出一些气体。如果透气性差，部分气体将留在金属液内不能排除，铸件凝固后就会产生气孔等缺陷。

(5) 退让性 型砂冷却收缩时，砂型和型芯的体积随铸件的冷却收缩而被压缩的性能称为退让性。退让性差，铸件收缩困难，使铸件产生内应力，从而发生变形或裂纹，严重时会导致铸件断裂。由于型芯处于金属液的包围之中，所以芯砂性能要求比型砂要高一些。

三、造型方法

砂型铸造的造型方法很多，一般分为手工造型和机器造型两大类。

1. 手工造型

手工造型是指全部用手工或手动工具完成造型工序的造型方法。按模样的特点可以分为整模造型、挖砂造型、分模造型、活块造型等方法。常用的手工造型方法的特点和应用范围见表 8-1。手工造型方法灵活，适应性强，生产准备时间短；但生产率低，劳动强度大，铸件质量较差。因此，手工造型多用于单件小批量生产。

2. 机器造型

机器造型是指用机器完成全部或至少完成紧砂操作工序的造型方法。常见的振压式造型机通过填砂、振实、压实和起模等步骤完成造型工作。机器造型要求使用模板造型，通过模板与砂箱机械地分离而实现起模。因模板更换困难，通常使用两台造型机分别造上型和下型。因此，机器造型只能实现两箱造型。各种机器造型的特点和应用见表 8-2。在大批量生产中，普遍采用机器造型方法。

四、铸造工艺设计基础

铸造生产的第一步是根据工件的结构特点、技术要求、生产批量、生产条件等进行铸造工艺设计。铸造工艺设计主要包括以下几方面。

1. 浇注位置的选择

浇注时，铸件在铸型中所处的位置称为浇注位置。浇注位置的选择应遵循以下原则。

① 铸件的重要表面应朝下或位于侧面，这是因为金属液中的熔渣、气体等容易上浮，使铸件上部缺陷较多，组织也不如下部致密。如图 8-7 所示为机床床身的浇注位置，由于导轨面是重要部位，所以朝下安放。

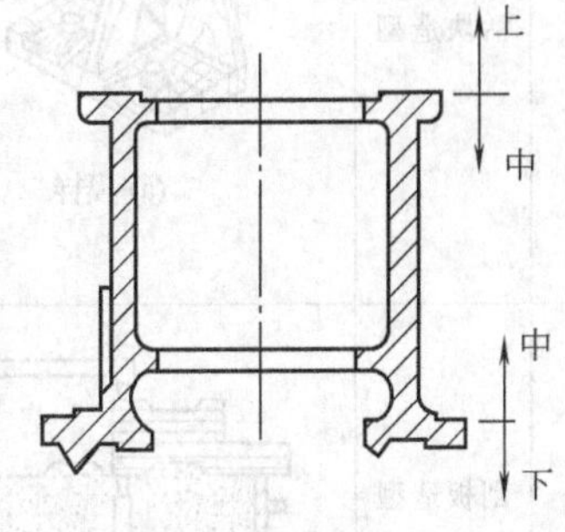

图 8-7 机床床身的浇注位置

② 铸件的宽大平面朝下。如大平面朝上，型腔顶面烘烤严重，型砂容易开裂，形成夹砂缺陷，如图 8-8 所示。

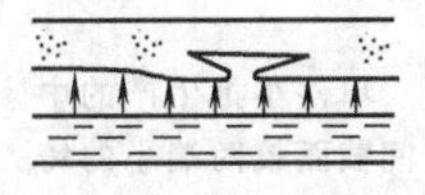
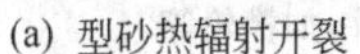

(a) 型砂热辐射开裂

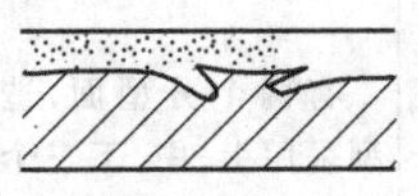
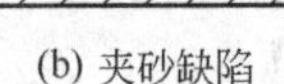

(b) 夹砂缺陷

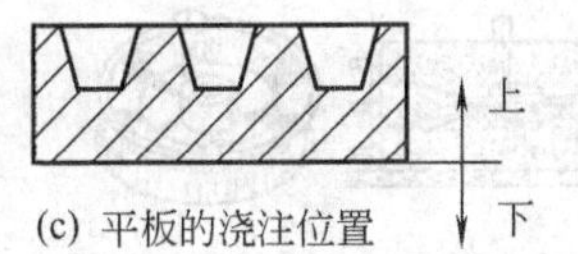

(c) 平板的浇注位置

图 8-8 大平面的浇注位置

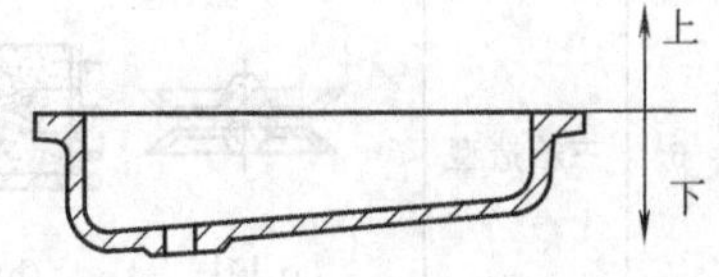

图 8-9 薄壁铸件的浇注位置

表 8-1 常用手工造型方法的特点和应用范围

序号	造型方法	简图	主要特点	应用范围
1	整模造型	下砂箱 (a) 造下箱 (b) 合型后	模样为整体，分型面为平面，铸型型腔全部在一个砂箱内	最大截面在一端且为平面的铸件，如齿轮坯、轴承、带轮等
2	分模造型	1 2 3 4 5 6 7 8 9 (a) 模样 (b) 合型后 1—型芯头；2—上半模；3—销钉；4—销钉孔；5—下半模；6—浇注系统；7—型芯；8—型芯通气孔；9—排气道	沿模样最大截面处分为两半，型腔位于上、下两个砂箱内	最大截面在中部的铸件，如箱体、立柱、水管等
3	挖砂造型	(a) 挖出分型面 (b) 合型后	模样为整体，分型面为曲面。造型时，需用手工挖去阻碍起模的型砂	单件小批生产、分型面不是平面的铸件，如手轮等
4	活块造型	1 2 (a) 模样 (b) 合型后 1,2—活块	铸件上有妨碍起模的凸台等，制模时将它们做成活块，起模时，先起出主体模样，再从侧面取出活块	单件小批生产、带有突出部分的铸件，如箱体、支架等
5	刮板造型	(a) 刮制上砂型 (b) 合型后	用特制的刮板代替实体模样造型。省去制模过程，但造型麻烦	单件小批生产的旋转体铸件，如齿轮、带轮、飞轮等
6	三箱造型	(a) 模样 (b) 合型后 (c) 落砂后的铸件	有两个分型面，造型采用上、中、下三个砂箱	单件小批生产的中间截面较两端小的铸件，如槽轮等

表 8-2 各种机器造型的特点和应用

型砂紧实方法	主 要 特 点	适 用 范 围
压实紧实	用较低的比压(砂型单位面积上所受的压力)压实砂型,机器结构简单、噪声小,生产率高,消耗动力少,型砂的紧实度沿砂箱高度方向分布不均匀,愈往下愈小	成批生产高度小于 200mm 的铸件
高压紧实	用较高比压(大于 0.7MPa)压实砂型,砂型紧实度高,铸件精度高,粗糙度 Ra 值小,废品率低,生产率高,噪声小,易于机械化、自动化;但机械结构复杂,制造成本高	大批量生产中、小型铸件,如汽车、机动车车辆等产品较为单一的制造业
震击紧实	依靠振击紧实砂型,机器结构简单,制造成本低;但噪声大,生产率低,要求厂房基础好,砂型紧实度沿砂箱高度方向愈往下愈大	成批生产中、小型铸件
微震紧实	在加压紧实型砂的同时,砂箱和模板作高频率、小振幅振动,生产率较高,紧实度较均匀,但噪声较小	广泛用于成批生产中、小型铸件
抛砂紧实	用机械的力量,将砂团高速抛入砂箱,可同时完成填砂和紧实两工序,生产率高,能量消耗少,噪声小,型砂紧实度均匀,适应性广	单件小批生产,成批、大量生产大、中型铸件或大型芯
射压紧实	用压缩空气将型砂高速射入砂箱,可同时完成填砂和紧实两工序,然后再用高比压压实砂型,生产率高,紧实度均匀,砂型型腔尺寸精确,表面光滑,劳动强度小,易于自动化,但造型机调整、维修复杂	大批大量生产简单的中、小型铸件

③ 铸件的薄壁部分应放置在型腔的下部或垂直、倾斜位置。以利于金属液的充填,防止产生冷隔和浇不足等缺陷,如图 8-9 所示。

④ 铸件较厚的部分,浇注时应处于型腔的上部,便于安放浇、冒口补缩,如图 8-10 所示为缸头的浇注位置。

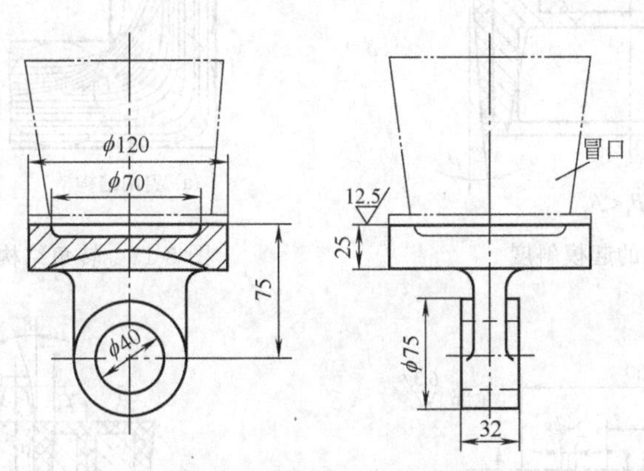

图 8-10 缸头的浇注位置

2. 分型面的选择

分型面是指上、下铸型之间的接合面。

分型面的选择原则如下。

① 分型面应选择在铸件的最大截面处,以便于起模。

② 尽量使分型面为一个平直面,以简化造型,减少缺陷。

③ 尽量使铸件的全部或大部分处于同一砂箱中,以保证铸件精度。

④ 应考虑下芯、检验和合型的方便。如图 8-11 所示,铸件的两种分型方案中,方案Ⅱ比方案Ⅰ下芯方便,较为合理。

对于具体铸件来说,上述各原则常难以全面满足,有时相互间是有矛盾的。对于质量要

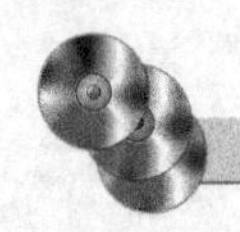

求高的铸件，应在满足浇注位置前提下，设法简化造型工艺。对于一般铸件，则以简化造型工艺为主，不必过多考虑铸件的浇注位置。

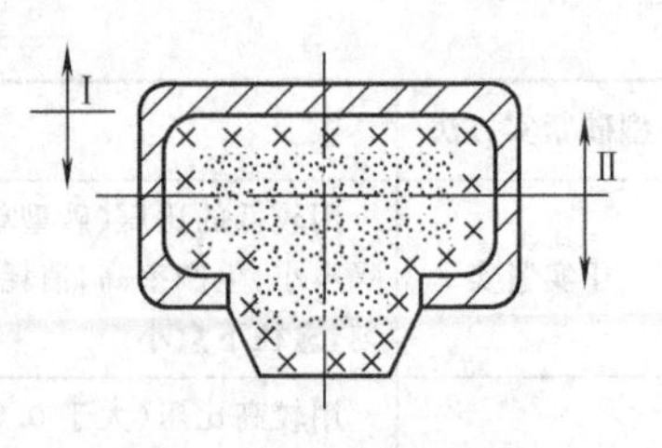

图 8-11　两种分型方案

3. 铸造工艺参数的选择

（1）加工余量　为保证铸件加工面尺寸和零件精度，在铸造工艺设计时预先增加在机械加工时切去的金属层厚度，称为加工余量。加工余量的大小与很多因素有关。单件小批生产、手工造型、在铸型中朝上的加工表面，加工余量应大些；铸钢件表面粗糙，加工余量较大；非铁合金铸件表面较光洁，加工余量应较小。铸件上直径小于 30～50mm 的孔，在单件小批生产时一般不铸出，直接在切削加工时钻出。

（2）起模斜度　为便于将模样从铸型中取出，模样上与起模方向平行的表面都应有一定的斜度，称为起模斜度，如图 8-12 所示。影响起模斜度的有垂直壁的高度、造型方法、模样材料等因素。壁越高，斜度应越小。机器造型的斜度应比手工造型小。金属模的斜度应比木模小。外壁的斜度应比内壁小。木模外壁的斜度通常为 15′～3°。

（3）铸造圆角　在设计铸件和制造模样时，相交壁的连接处要做成圆弧过渡，称为铸造圆角。铸造圆角可使砂型不易损坏，并使铸件避免在尖角处产生缩孔、缩松等缺陷和形成应力集中。转角结构对铸件质量的影响如图 8-13 所示。

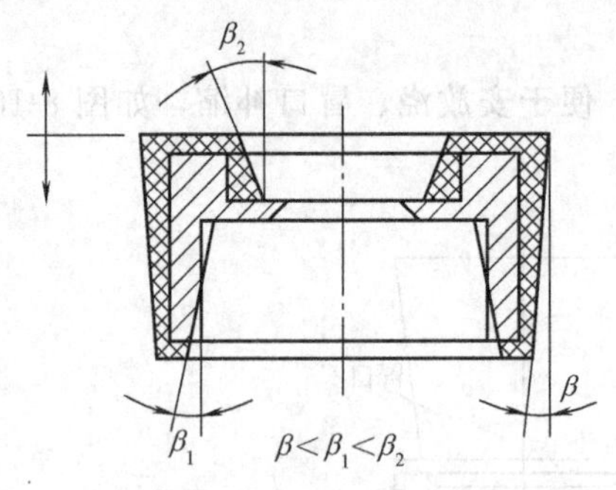

图 8-12　铸件的起模斜度

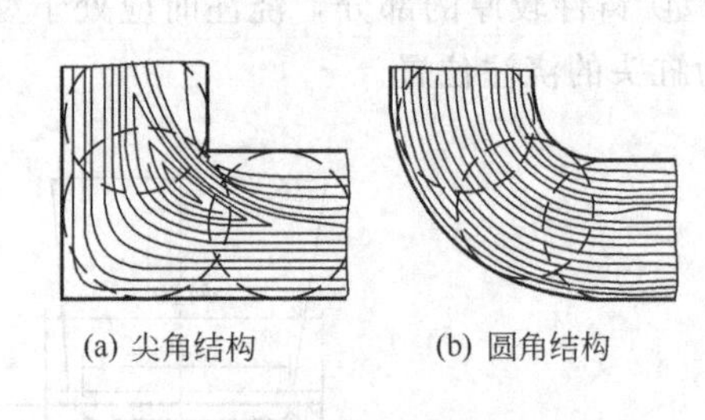

(a) 尖角结构　　(b) 圆角结构

图 8-13　转角结构对铸件质量的影响

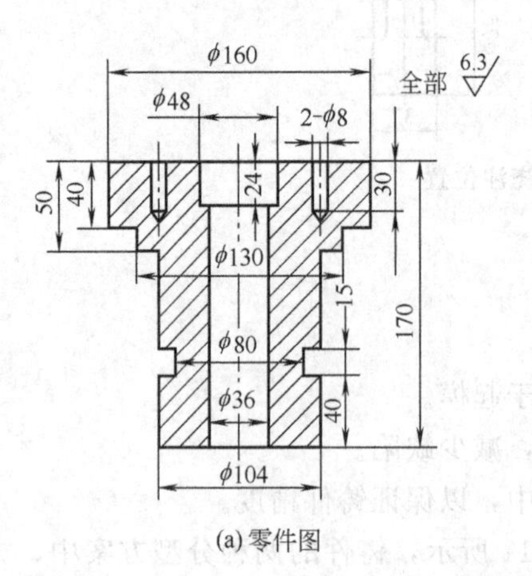

(a) 零件图

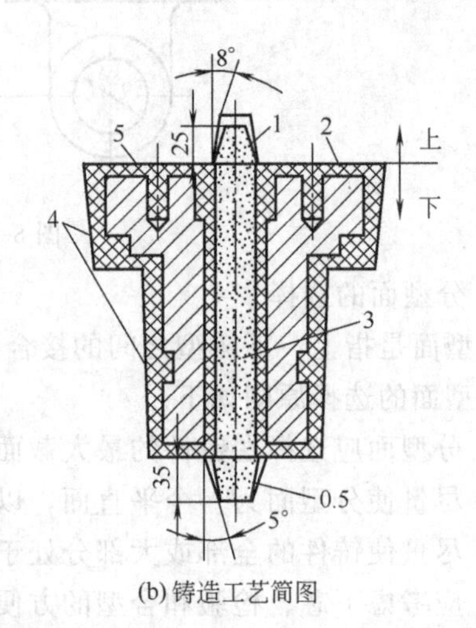

(b) 铸造工艺简图

图 8-14　衬套零件的零件图和铸造工艺简图

1—型芯头；2，5—切削加工余量；3—型芯；4—起模斜度

（4）铸造工艺图 把铸造工艺设计的内容用文字和红、蓝色符号在零件图上表示出来，所得的图形称为铸造工艺图。它表明了铸件的形状、尺寸、生产方法和工艺过程，是指导模样和铸型制造，进行生产准备和铸件检验的基本工艺文件。图 8-14 是衬套零件的零件图和铸造工艺简图。

第三节 特种铸造

特种铸造是指除砂型铸造以外的其他铸造方法。特种铸造能提高铸件质量和生产率，改善劳动条件，降低铸件成本。常用的特种铸造方法有以下几种。

一、金属型铸造

将液体金属注入金属制成的铸型以获得铸件的方法，称为金属型铸造。金属型可以重复使用几百次至几万次，所以也称永久型铸造。

1. 金属型铸造工艺过程

金属型常用铸铁或铸钢制成，有多种形式。常见的垂直分型式金属型如图 8-15 所示。它由活动半型、固定半型、底座等部分组成，分型面处于垂直位置。浇注时，将两个半型合紧，待注入的金属液凝固后，将两个半型分开，就可取出铸件。

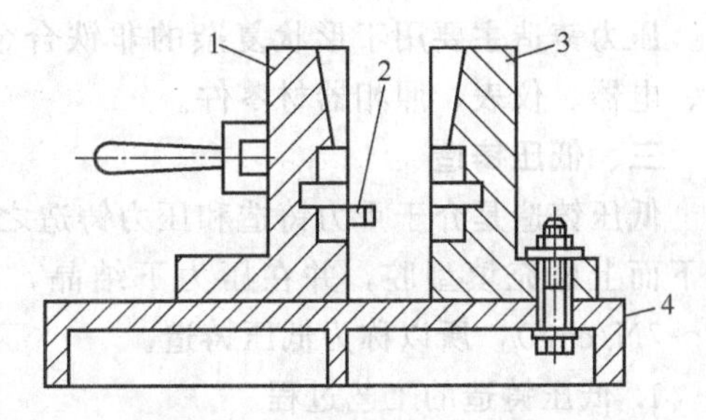

图 8-15 垂直分型式金属型

1—活动半型；2—定位销；3—固定半型；4—底座

2. 金属型铸造特点

金属型铸造可以重复使用，节省大量的造型材料和工时，能显著提高生产率；金属型铸件精度高，表面粗糙度值小。由于金属型导热性高，使铸件冷却速度快，晶粒细小，提高了力学性能，抗拉强度可比砂型铸件提高 10%～20%。但是由于金属液的流动性降低，容易产生浇不足、冷隔等缺陷，因而不宜生产大型、形状复杂和薄壁铸件。金属型铸造的成本高、周期长，所以金属型铸造不适合单件小批量生产。

3. 金属型铸造应用

金属型铸造主要用于非铁合金铸件的大批量生产，如铝合金活塞、气缸体、油泵壳体、铜合金轴瓦、轴套等。

二、压力铸造

金属液在高压下快速充型，并在压力下凝固的铸造方法，称为压力铸造。

1. 压力铸造工艺过程

压力铸造是在压铸机上使用压铸型进行的。常见的卧式压铸机的压铸过程如图 8-16 所示。在动型 5 和定型 4 合型后，将金属液浇入压室 2 中，压射活塞 1 向前推进，将金属液 3 经浇道 7 压入型腔 6 中。待金属液凝固后开型，余料 8 随同铸件 9 一起被顶出。

2. 压力铸造特点

压力铸造生产率高，容易实现半自动化及自动化生产。铸件精度高，精度可达 IT13～IT11，一般不需切削加工即可使用。由于金属液在高压下充型，可生产出形状复杂的薄壁精密铸件，并可直接铸出细小的孔、螺纹、齿形。压力铸造充型速度快，型腔中的气体不易排除干净，所以在铸件内部常有小气孔。当铸件受到高温时，小气孔中的气体膨胀，能使铸

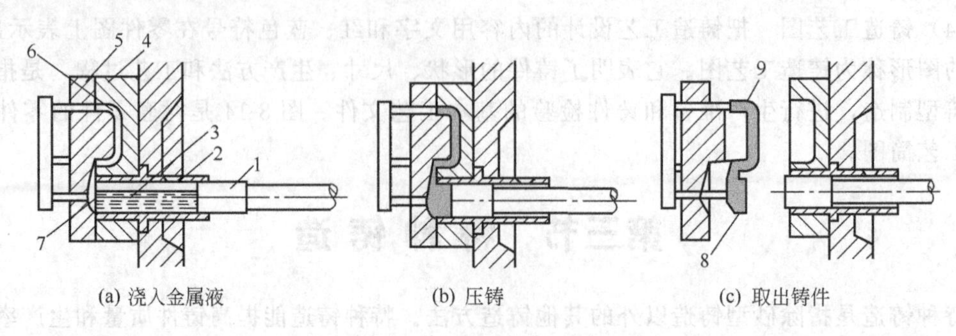

图 8-16　压铸过程示意

1—压射活塞；2—压室；3—金属液；4—定型；5—动型；6—型腔；7—浇道；8—余料；9—铸件

件开裂，所以压铸件不能热处理，也不能在高温下工作。压力铸造投资大，铸型制造成本高，不适宜单件小批量生产。

3. 压力铸造应用

压力铸造主要用于形状复杂的非铁合金小铸件的大批量生产，广泛用于制造汽车、航空、电器、仪表、照相器材零件。

三、低压铸造

低压铸造是介于重力铸造和压力铸造之间的一种铸造方法。它是使液态合金在压力下，自下而上地充填型腔，并在压力下结晶，以形成铸件的工艺过程。由于所用的压力较低（$2\sim7\mathrm{N/cm^2}$），所以称为低压铸造。

1. 低压铸造的工艺过程

图 8-17 为低压铸造工作原理示意。该装置的下部为一密闭的保温坩埚，用以储存熔炼好的金属液。坩埚炉的顶部紧固着铸型，垂直的升液管使金属液与朝下的浇口相通。低压铸造的工艺过程如下。

① 通入干燥的压缩空气或惰性气体，合金液从升液管平衡上升，注入型腔。

② 合金液在较高压力下结晶，直至全部凝固。

③ 坩埚上部与大气相通，升液管与浇口内尚未凝固的合金液因重力作用而流回坩埚。

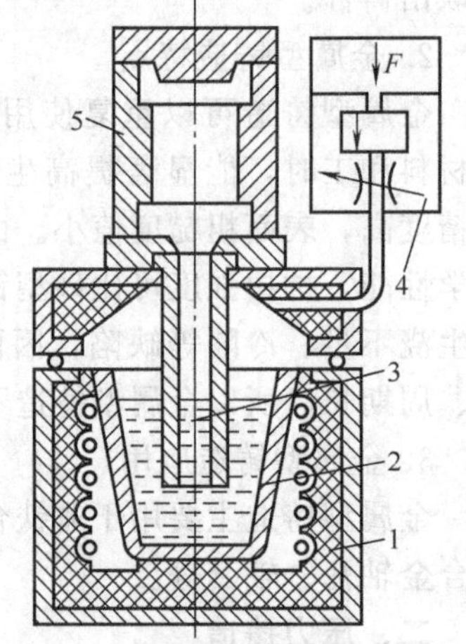

图 8-17　低压铸造工作原理示意

1—保温室；2—坩埚；3—升液管；4—贮气罐；5—铸型

2. 低压铸造特点

压力可人为控制，故适用于各种材料的铸型（金属型、砂型、壳型和熔模铸型）；铸件在压力的作用下，自上而下顺序凝固，浇口又能起到补缩作用，因此组织致密，能有效地克服铝合金的针孔等缺陷；浇注时压力低，金属液充型平稳。设备简单，便于操作，易于实现机械化、自动化。

3. 低压铸造应用

低压铸造可以生产铝、镁、铜合金和钢制薄壁壳体类铸件。例如发动机的缸体和缸套，高速内燃机的活塞、带轮、变速箱壳体，医用消毒缸等。

四、离心铸造

将金属液浇入高速旋转的铸型中，使其在离心力作用下充填铸型并凝固成形的铸造方

法，称为离心铸造。

1. 离心铸造工艺过程

离心铸造必须在离心铸造机中进行，铸型可以是金属型或砂型。根据铸型旋转轴线在空间的位置，离心铸造可分为立式和卧式两种，如图 8-18 所示。浇入铸型的金属液受离心力作用，沿型腔内表面分布并凝固成铸件外形。铸件的孔由金属液的自由表面形成，孔的大小取决于浇入铸型的金属液的数量。

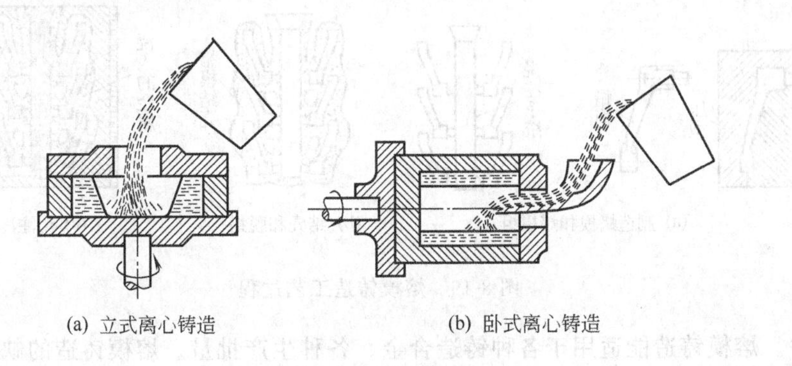

(a) 立式离心铸造　　(b) 卧式离心铸造

图 8-18　离心铸造

2. 离心铸造特点

金属液在离心力作用下从外向内顺序凝固，所以铸件组织细密，力学性能好，并且铸件内部不易产生缩孔、气孔、渣眼等缺陷，但铸件内孔质量不高。生产空心旋转体铸件可省去型芯和浇注系统，降低铸件成本。离心铸造还便于生产“双金属”铸件，如钢套镶铜轴瓦等。

3. 离心铸造应用

离心铸造主要用于黑色金属和铜合金材料的空心旋转体铸件的成批大量生产，如各种管子、缸套、轴套、圆环等。其中，立式离心铸造用于圆环类铸件的生产，卧式离心铸造用于圆筒类铸件的生产。

五、熔模铸造

熔模铸造是用易熔材料（如蜡料）制成所需的熔模，在熔模上涂覆若干层耐火涂料，经硬化后将模样熔出，经高温焙烧即可浇注的铸造方法。

1. 熔模铸造工艺过程

熔模铸造工艺过程如图 8-19 所示。

将蜡料（常用 50%石蜡和 50%硬脂酸配制）加热成糊状并压入压型（钢或铝合金制成），冷凝后取出即为单个蜡模。把数个蜡模焊在蜡质的浇注系统上成为蜡模组。在蜡模组表面浸挂一层由水玻璃和硅砂粉配制的涂料，接着撒一层硅砂，然后放入硬化剂（如氯化铵溶液）中硬化。如此重复数次，使蜡模组表面形成 5～10mm 厚的坚硬型壳。将带有蜡模组的型壳放入 85～95℃的热水中，使蜡料熔化并流出而成为铸型。将铸型放入 850～950℃的加热炉中焙烧，以除去型腔中的残蜡和水分，并提高铸型强度。将铸型从焙烧炉中取出，排列在铁箱中，并在其周围填入干砂，趁铸型温度较高时立即浇注，冷凝后脱壳清理即得铸件。

2. 熔模铸造特点

由于铸型无分型面，型腔内表面光洁，熔模铸造可生产出精度高、表面质量好、形状很

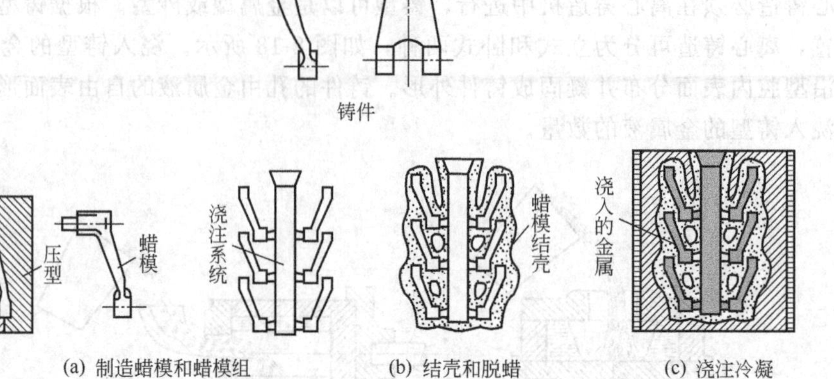

(a) 制造蜡模和蜡模组　(b) 结壳和脱蜡　(c) 浇注冷凝

图 8-19　熔模铸造工艺过程

复杂的铸件。熔模铸造能适用于各种铸造合金、各种生产批量。熔模铸造的缺点是生产工序多、生产周期长、铸件不能太大。

3. 熔模铸造应用

熔模铸造主要用于形状复杂的小型零件和高熔点、难加工合金铸件的成批生产，如汽轮机叶片、刀具等。

六、挤压铸造

挤压铸造（又称液态模锻）是用铸型的一部分直接挤压金属液，使金属液在压力作用下成形、凝固而获得毛坯的方法。

1. 挤压铸造的原理及工艺过程

最简单的挤压铸造方法如图 8-20 所示。其工作原理是在铸型中浇入一定数量的液态金属，上型随即向下运动，使液态金属自下而上充型。挤压铸造的压力和速度较低，无飞溅现象，铸件成形时有局部塑性变形，因此铸件致密而无气孔。

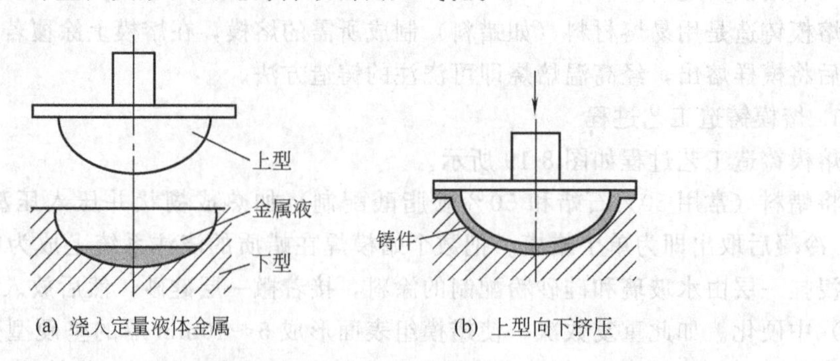

(a) 浇入定量液体金属　(b) 上型向下挤压

图 8-20　挤压铸造原理示意

挤压铸造所采用的铸型大多是金属型，图 8-21 所示，为挤压大型薄壁铝合金铸件的工艺过程。挤压铸型由两扇半型组成，一扇固定，另一扇活动。挤压工艺过程如下。

(1) 铸型准备　清理铸型、型腔内喷涂料、预热等，使铸型处于待注状态。

(2) 浇注　向敞开的铸型底部浇入定量的金属液，见图 8-21 (a)。

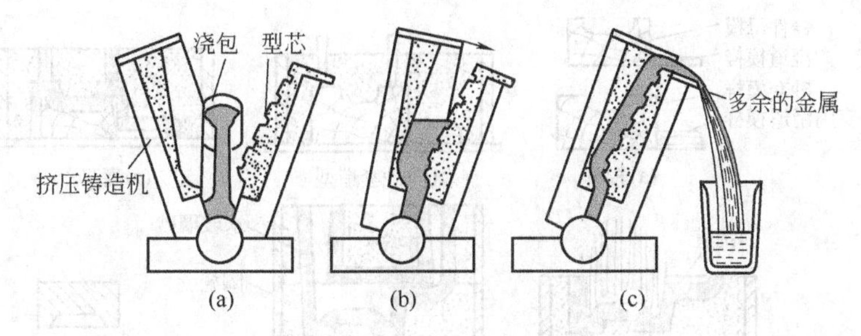

图 8-21　挤压铸造工艺过程

(3) 合型　加压逐渐合拢铸型，液态金属被挤压上升，并充满铸型［见图 8-21 (b)］，多余的金属液由铸型顶部挤出［见图 8-21 (c)］。同时，金属液中所含的气体和杂质也随同一起挤出，进而升压并在预定的压力下保持一定时间，使金属液凝固。

(4) 完成　卸压、开型，取出铸件。

2. 挤压铸造的特点及应用范围

挤压铸造与压力铸造及低压铸造的共同点是，其压力的作用是使铸件赋形并予“压实”，使铸件致密。其特点如下。

① 挤压铸件的尺寸精度和表面质量高。尺寸精度达 IT11～IT13，表面粗糙度 Ra 值为 1.6～6.3μm。

② 无需开设浇冒口，金属利用率高。

③ 适应性强，多数合金都可挤压铸造。

④ 工艺简单，节省能源和劳力，容易实现机械化和自动化。生产率比金属型铸造高 1～2 倍。

挤压铸造可用于生产强度要求较高、气密性好、薄板类型的铸件。如各种阀体、活塞、机架、轮毂、耙片和铸铁锅等。

七、陶瓷型铸造

陶瓷型铸造是在砂型铸造和熔模铸造的基础上发展起来的一种精密铸造方法。

1. 陶瓷型铸造工艺过程

(1) 砂套造型　为了节省昂贵的陶瓷材料和提高铸型的透气性，通常先用水玻璃砂制出砂套（相当于砂型铸造的背砂）。砂套的制造方法与砂型铸造相似［见图 8-22 (b)］。

(2) 灌浆与胶结　将母模固定于平板上，刷上分型剂，扣上砂套，将配置好的陶瓷浆由浇口注满［见图 8-22 (c)］。

(3) 起模与喷烧　灌浆 5～15min 后，趁浆料尚有一定弹性便可起模。为加速固化，必须用明火均匀地喷烧整个型腔［见图 8-22 (d)］。

(4) 焙烧与合箱　陶瓷型要在浇注前加热到 350～550℃焙烧 2～5h，去除残存的乙醇、水分等，并使铸型的温度进一步提高［见图 8-22 (e)］。

(5) 浇注　浇注温度可略高，以便获得轮廓清晰的铸件［见图 8-22 (f)］。

2. 陶瓷型铸造的特点及应用范围

陶瓷型铸造具有如下特点。

① 由于是在陶瓷层处于弹性状态下起模，同时陶瓷型在高温下变形小，所以铸件的尺寸精度和表面粗糙度与熔模铸造相近。此外，陶瓷材料耐高温，故可浇注高熔点合金。

② 对铸件的大小不受限制，可从几公斤到数吨。

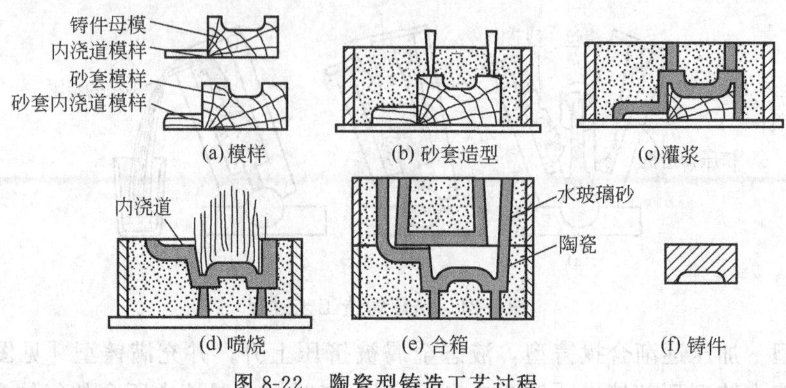

图 8-22　陶瓷型铸造工艺过程

③ 在单件、小批生产下，需要的投资少，生产周期短，在一般铸造车间较易实现。

④ 陶瓷型铸造不适于批量大、质量轻或形状复杂的铸件。且生产过程难于实现机械化和自动化。

目前陶瓷型铸造广泛用于生产厚大的精密铸件，如锻模、玻璃器皿模、压铸模、模板等，也可用于生产中型铸钢件。

八、实型铸造

实型铸造又称气化模铸造和消失模铸造，是用泡沫塑料（包括浇冒口系统）代替木模、模板或金属模进行造型，造型后模样不取出，铸型呈实体，浇入液态金属后，模样燃烧气化消失，金属液充填模样的位置，冷却凝固成铸件。图 8-23 所示为实型铸造工艺过程。

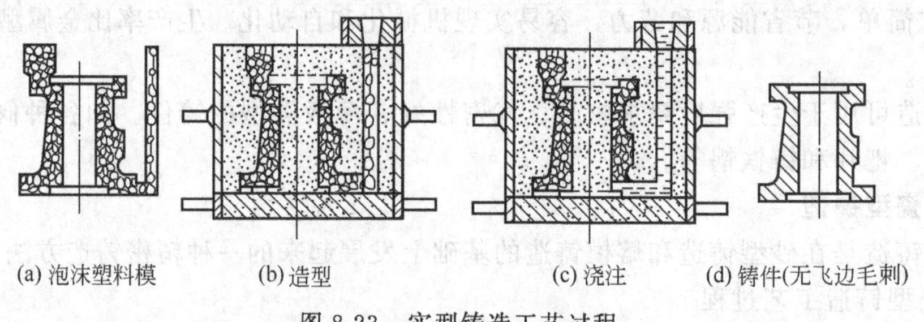

图 8-23　实型铸造工艺过程

实型铸造的铸型没有型腔和分型面，不必起模和修型，与普通铸造相比具有以下优点：工序简单、生产周期短、效率高、铸件尺寸精度高，可采用无黏结剂型砂，劳动强度低，而且零件设计自由度大。

实型铸造应用范围较广，几乎不受铸件结构、尺寸、质量、材料和批量的限制，特别适用于生产形状复杂的铸件。

第四节　液态成形技术的发展

一、造型技术的新进展

1. 气体冲压造型

气体冲压造型是近年来发展迅速的低噪声造型方法。主要特点：先将型砂填入砂箱，然后开启快速释放阀门给气，对松散的型砂进行脉冲冲击，紧实成形，可一次紧实成形，无需辅助紧实。它包括空气冲击造型和燃气冲击造型两类。前者是将贮存在压力罐内的压缩空气突然释放实现脉冲成形；后者是利用贮气罐内的可燃气体和空气的混合物点火燃烧爆炸产生的压力波冲击紧实。气体冲击造型砂型紧实度高，均匀合理，能生产复杂铸件，噪声小，节约能源，设备结构简单等。主要用于汽车、拖拉机、缝纫机、纺织机械所用铸件及水管的造型。

2. 静压造型

静压造型的特点是无噪声，型砂紧实效果好，铸件尺寸精度高。其工艺过程为：先将填满型砂的砂箱置于装有通气塞的模板上，通过压缩空气，使型砂被压实在模板上。最后用压实板在型砂上部进一步压实，使其上下紧实度均匀，起模即成为铸型。

它不需要刮去大量余砂，维修简单，因而较适合于中国国情，目前主要用于汽车和拖拉机的气缸等复杂件的生产。

3. 真空密封造型（V 法造型）

V 法造型是一种全新的物理造型方法。其基本原理是在特制的砂箱内填入无水无黏结剂的干砂，用塑料薄膜将砂箱密封后抽真空，借助铸型内外的压力差，使型砂紧实。V 法造型用来生产面积大、薄、形状不太复杂及表面要求光洁、轮廓清晰的铸件。近年来，在叉车配重、艺术铸件、大型标牌、钢琴弦架、浴缸等成形方面获得了极大的发展。

4. 冷冻造型

冷冻造型又称为低温造型，采用石英砂作为骨架材料，加入少量水，必要时还加入少量黏结剂，按普通造型方法制好后送入冷冻室里，用液态的氮或二氧化碳作为制冷剂，将铸型冷冻，借助于包覆在砂粒表面的冷冻水分而实现砂粒的结合，使铸型具有较高的强度和硬度。浇入时，铸件温度升高，水分蒸发，铸型逐渐解冻，稍加振动即溃散，可方便地取出铸件。

与其他造型方法相比，这种造型方法具有以下特点：型砂配置简单，落砂清理方便；对环境的污染少；铸型的强度高，硬度大，透气性好，铸件表面光洁，缺陷少，成本低。

二、快速成形技术（RP）简介

新产品开发的速度及生产周期是决定产品成功与否的关键。RP 集成了现代数控技术、CAD/CAM 技术、激光技术和新材料科学，突破了传统的加工模式，大大缩短了产品的生产周期。

已应用与开发的快速成形技术有：SLA、SLS、FDM、LOM 和 DSPC 等。每种技术都基于相同的原理：设计者首先在计算机上绘制所需生产零件的三维实体模型，用切片软件将立体模样切成上万个薄层，然后用快速成形机自动形成各截面的轮廓，并将各个截面逐一叠加，组合成所设计产品的模样实体。

1. 激光立体光刻成形工艺（SLA）

SLA 基本原理是将设计零件的三维计算机成像数据，转换成一系列很薄的模样截面数据。然后在快速成形机上，用可控制的紫外线激光束，按计算机切片软件所得到的轮廓轨迹，对液态光敏树脂进行扫描固化，形成连续的固化层，直到三维立体实体制成。一般每层厚度为 0.076～0.381mm，制成后将模样从树脂液中取出，进行最终的硬化处理，经抛光、电镀、喷涂或着色即可。图 8-24 所示为 SLA 工艺原理图。

美国 3D 系统公司是此技术的典型代表。该技术主要特征是：可成形任意复杂形状零件，成形精度高，仿真性强，材料利用率高，性能可靠，性价比高。适合产品外形评估和功能实验及快速制造电极与各种快速经济模具。但所需设备和光敏树脂价格昂贵，其成本较高。

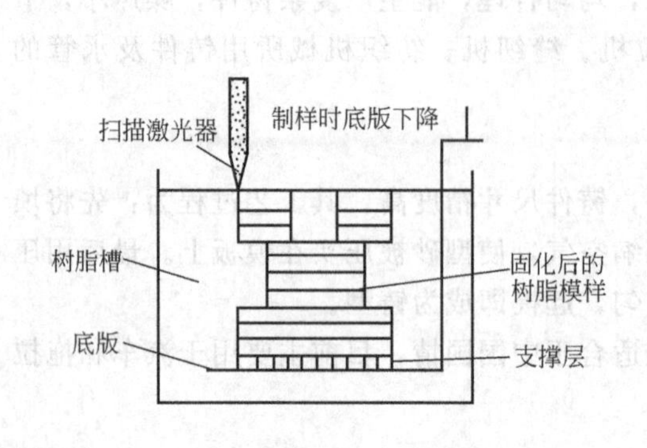

图 8-24　SLA 工艺原理

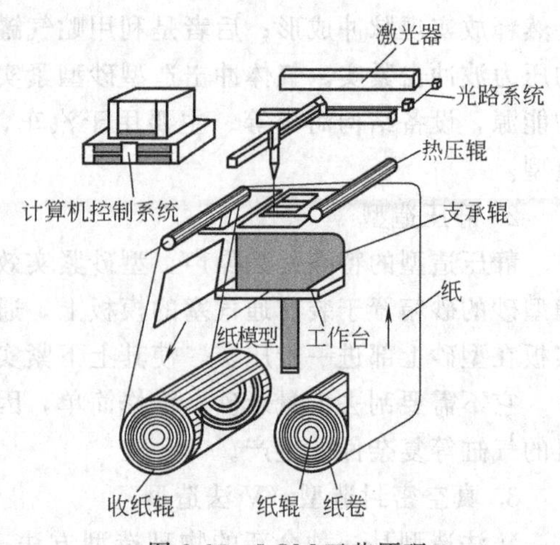

图 8-25　LOM 工艺原理

2. 分层叠纸制造成形工艺（LOM）

LOM 工艺原理如图 8-25 所示。

首先将产品的三维图形输入计算机的成形系统，用切片软件对该图形进行切片处理，得到沿产品高度方向上的一系列横截面轮廓线。单面涂有热熔胶的纸卷套在纸辊上，并跨过支承辊缠绕在收纸辊上。步进电动机带动收纸辊转动，使纸卷沿图中箭头方向移动一定距离。工作台上升至与纸卷接触，热压辊沿纸面自右向左滚压，加热纸背面的热熔胶，并使这一层纸与地基上的前一层纸黏合。激光器发射的激光束跟踪零件的二维截面轮廓数据，进行切割，并将轮廓外的废纸料切割出方形小格，以便成形过程完成后易于剥离余料。每切割完一个截面，工作台连同被切出的轮廓层自动下降至一定高度，然后步进电动机再次驱动收纸辊将纸移到第二个需要切割的截面，重复下一次工作循环，直至形成由一层层横截面粘叠的立体纸样。然后剥离废纸小方块，即可得到性能似硬木或塑料的“纸质模样产品”。

LOM 工艺成形速度快，成形材料便宜，无相变、无热应力、收缩、膨胀、翘曲等现象，所以形状与尺寸精度稳定，但成形后废料剥离费时。此工艺适用于航空、汽车等行业中体积较大的制件。

3. 熔丝沉积成形工艺（FDM）

FDM 工艺过程是先将材料抽成细丝，通过送丝机构送进喷头，在喷头内被加热熔化，喷头沿零件截面和填充轨迹运动，同时将熔化的材料挤出，材料迅速固化，并与周围的材料黏结，层层堆积成形。图 8-26 所示为 FDM 工艺原理示意图，图 8-27 所示为放大的 FDM 喷头。

与其他 RP 成形工艺相比，用 FDM 成形工艺制模时，其模样上的突出部分无需支承也能制出，制出的模样表面光洁，尺寸精度高。

4. 直接制壳生产铸件的工艺（DSPC）

DSPC 工艺与迄今所描述的制壳工艺有本质的区别。它允许在计算机上完成零件设计直到浇注的整个铸造工艺过程。它直接利用 CAD 数据自动制造陶瓷型壳，而无需模具和压型，大大缩短了铸件的生产周期。其工作过程是用计算机控制一个喷墨印刷头，依据分层软件逐层选择在粉末层上沉积的液体黏结材料，最终由顺序印刷的二维层堆积成一个三维实体。具有整体芯的型壳，经焙烧后即可浇注金属液。其特点是不使用激光，主要用在金

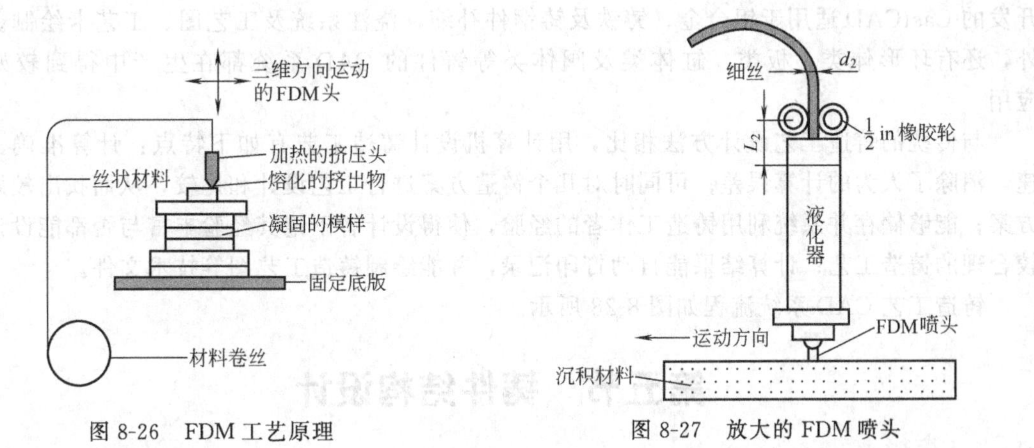

图 8-26 FDM 工艺原理　　图 8-27 放大的 FDM 喷头

属陶瓷复合材料的多孔预成形件上，目标是由 CAD 产品模型直接生产工装模具或功能性制件。

三、计算机在铸造技术中的应用

铸造工艺计算机辅助设计 CAD 系统是利用计算机协助工艺设计者确定方案、分析铸件质量、优化铸造工艺、估计铸造成本及显示并绘制铸造工艺图等，把计算机的快速性、准确性与设计人员的综合分析能力结合起来，加快设计进程，提高设计质量，加速产品更新换代，提高产品的竞争能力。

近年来，国内外在铸造工艺计算机辅助设计方面已做了较多的研究和开发。相继出现了一批较实用的软件。如美国铸协（AFS）的 AFS - oftrare 软件，可用于铸钢、铸铁的浇冒口设计；英国 Foseco 公司的 Feedercalc 软件可计算铸钢件的浇冒口尺寸、补缩距离及选择保温冒口等；丹麦 DISA 公司的 Disamatc 软件专用于垂直分型，生产线的浇冒口设计；国内清华大学研究开发的 Ficast 软件适用于球墨铸铁件浇冒口系统；华北工学院铸造工程中心

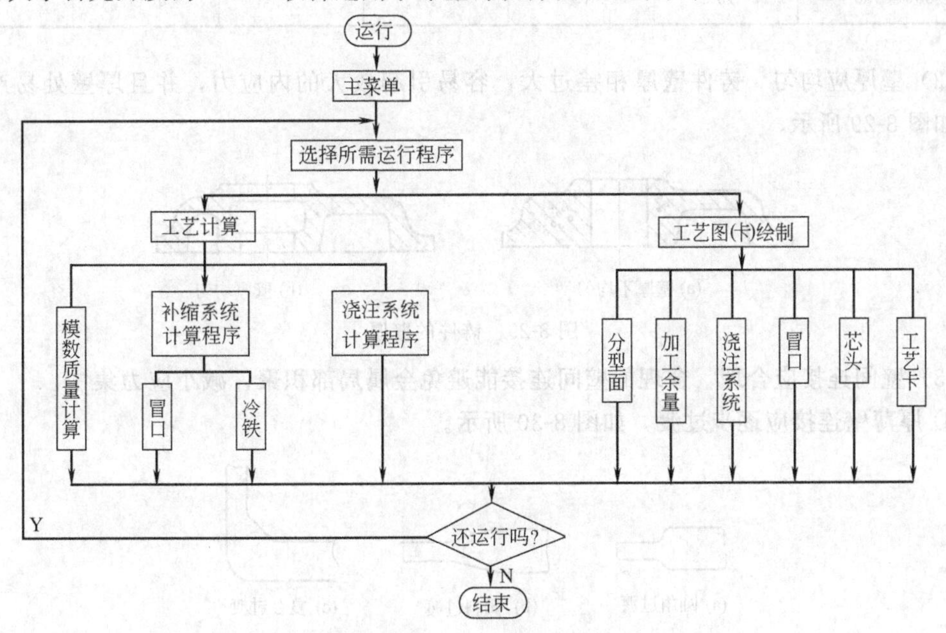

图 8-28 铸造工艺 CAD 系统流程

开发的 CastCAD 适用于铝合金、铸铁及铸钢件补缩，浇注系统及工艺图、工艺卡绘制。此外，还有环形体类、板类、缸体类及阀体类等铸件的 CAD 系统都在生产中得到较好的应用。

与传统的铸造工艺设计方法相比，用计算机设计铸造工艺有如下特点：计算准确、迅速，消除了人为的计算误差；可同时对几个铸造方案进行工艺设计和比较，从而找出较好的方案；能够储存并系统利用铸造工作者的经验，使得设计者不论其经验丰富与否都能设计出较合理的铸造工艺；计算结果能自动打印记录，并能绘制铸造工艺图等技术文件。

铸造工艺 CAD 系统流程如图 8-28 所示。

第五节　铸件结构设计

铸件结构工艺性是指铸件结构在保证满足使用要求的前提下，铸造成形的可行性和经济性。良好的铸件结构，不但要有利于满足使用要求，而且要有利于保证铸件质量和简化铸造工艺。

一、铸造性能对铸件结构的要求

(1) 壁厚要适当　铸件壁不能过薄，否则易产生冷隔、浇不足等缺陷，因此铸件壁厚不能小于表 8-3 所列的最小允许壁厚。铸件壁也不能过厚，否则易产生晶粒粗大、缩孔、缩松等缺陷。

表 8-3　铸件的最小允许壁厚

mm

铸件尺寸/(mm×mm)	铸钢	灰铸铁	球墨铸铁	可锻铸铁	铝合金	铜合金
<200×200	6～8	5～6	6	5	3	3～5
200×200～500×500	10～12	6～10	12	8	4	6～8
>500×500	15	15	—	—	5～7	—

(2) 壁厚应均匀　铸件壁厚相差过大，容易引起较大的内应力，并且厚壁处易产生缩孔，如图 8-29 所示。

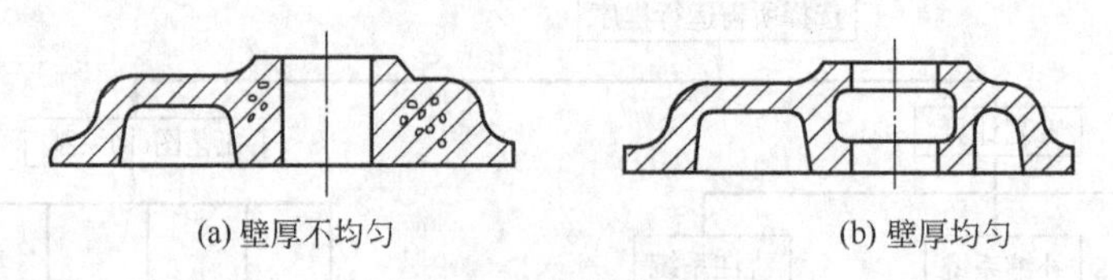

(a) 壁厚不均匀　(b) 壁厚均匀

图 8-29　铸件的壁厚

(3) 壁间连接应合理　合理的壁间连接能避免金属局部积聚，减小应力集中。

① 厚薄壁连接应逐步过渡，如图 8-30 所示。

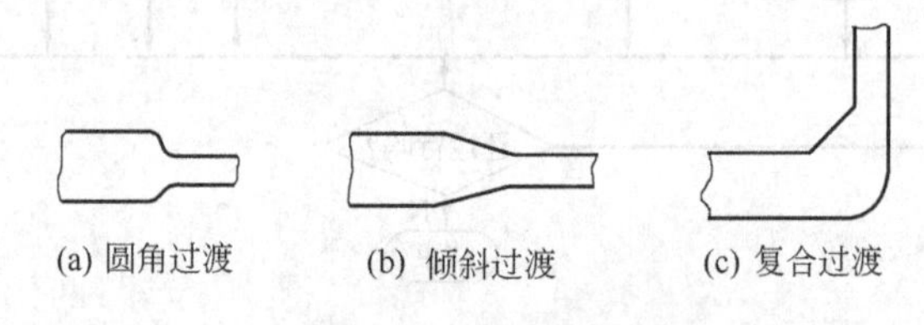

(a) 圆角过渡　(b) 倾斜过渡　(c) 复合过渡

图 8-30　厚薄壁连接

② 壁间连接除采用圆角连接外，还应避免交叉连接和锐角连接，如图 8-31 所示。

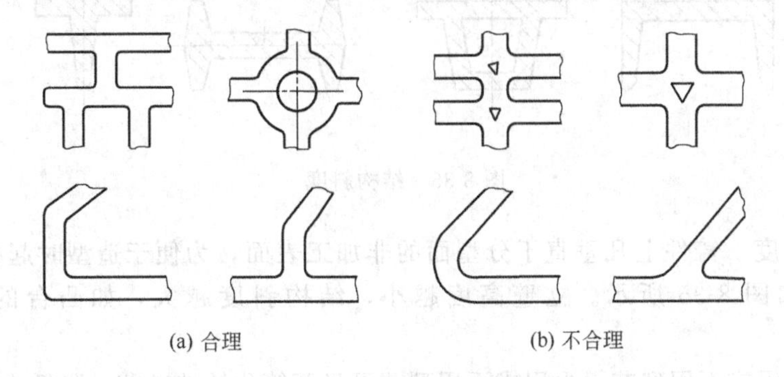

(a) 合理　　(b) 不合理

图 8-31　壁间连接结构

(4) 避免大的水平面　铸件上较大的水平面常设计成倾斜形式，如图 8-9 所示。这样有利于金属液的充型，也有利于气体和非金属夹杂物的排除。

二、铸造工艺对铸件结构的要求

(1) 尽量减少分型面　图 8-32 (a) 所示铸件有两个分型面，必须采用三箱造型。如将其形状改成图8-32 (b) 所示，则只有一个分型面，用两箱即可造型。

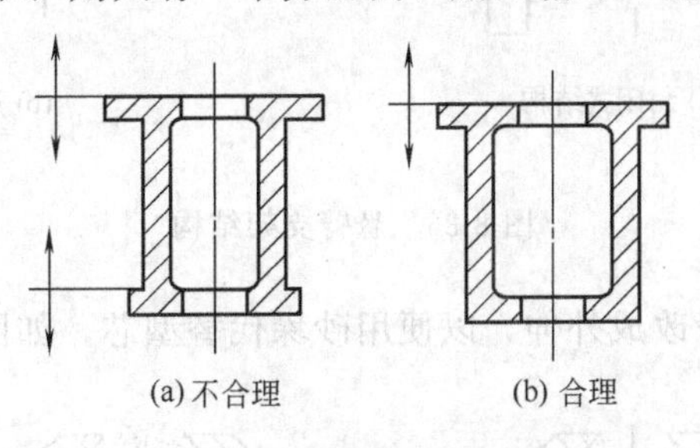

(a) 不合理　　(b) 合理

图 8-32　铸件结构与分型面数量的关系

(2) 尽量使分型面平直　图 8-33 (a) 所示铸件的分型面不平直，需采用挖砂造型。如将其结构改成图 8-33 (b) 所示，就可简化造型操作。

(3) 尽量少用活块　铸件在平行于起模方向的壁上有阻碍起模的凸台时，需采用活块造型。活块造型会使制模和造型的难度增加。如凸台离分型面较近，可将凸台延长到分型面，省去活块，如图 8-34 所示。

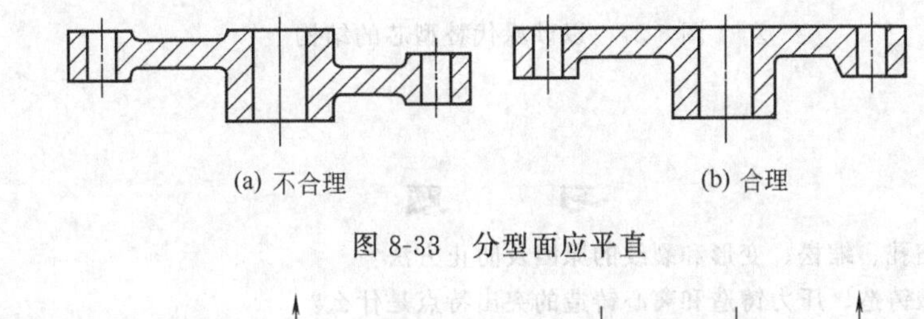

(a) 不合理　　(b) 合理

图 8-33　分型面应平直

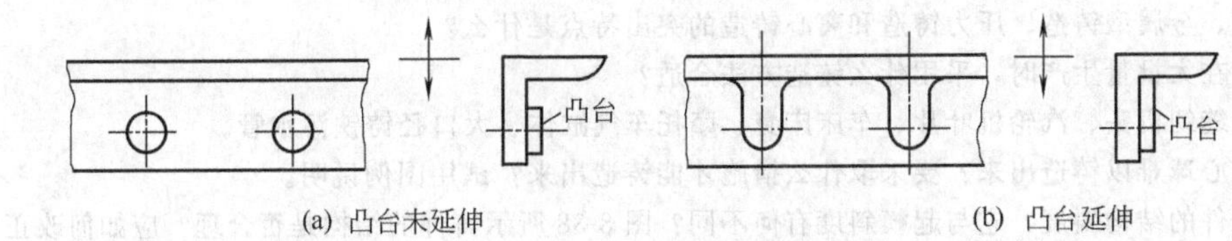

(a) 凸台未延伸　　(b) 凸台延伸

图 8-34　避免活块造型

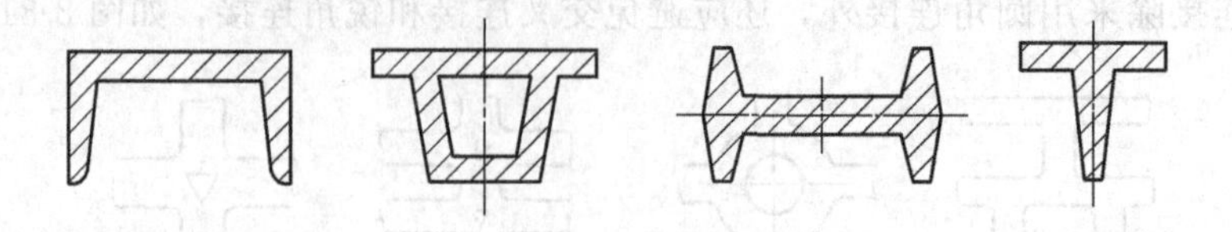

图 8-35　结构斜度

(4) 结构斜度　铸件上凡垂直于分型面的非加工表面，为便于造型时起模，均应设计出结构斜度，如图 8-35 所示。立壁高度越小，结构斜度越大，如凸台的结构斜度可达30°～45°。

(5) 尽量少用或不用型芯　少用或不用型芯可显著简化铸造工艺，降低成本，其关键是简化铸件内腔结构。如将封闭式结构改成开放式结构，以节省型芯，如图 8-36 所示为悬臂支架的结构。

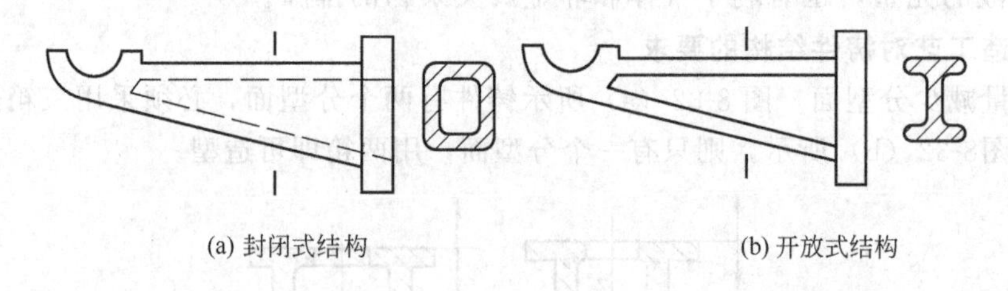

(a) 封闭式结构　　(b) 开放式结构

图 8-36　悬臂支架结构

有时也可将内伸的凸缘改成外伸，以便用砂垛代替型芯，如图 8-37 所示。

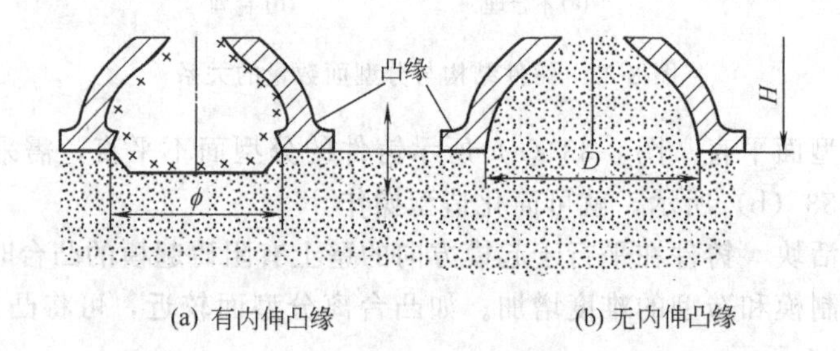

(a) 有内伸凸缘　　(b) 无内伸凸缘

图 8-37　以砂垛代替型芯的结构

习　题

1. 试分析铸件产生缩孔、缩松、变形和裂纹的原因及防止方法？
2. 熔模铸造、金属型铸造、压力铸造和离心铸造的突出特点是什么？
3. 下列铸件在大批量生产时，采用什么铸造方法合适？
   铝活塞、缝纫机头、汽轮机叶片、车床床身、摩托车气缸体、大口径铸铁污水管。
4. 为什么空心球难以铸造出来？要采取什么措施才能铸造出来？试用图例说明。
5. 什么是铸件的结构斜度？它与起模斜度有何不同？图 8-38 所示铸件的结构是否合理？应如何改正？
6. 图 8-39 所示铸件的结构有何缺点？如何改进？

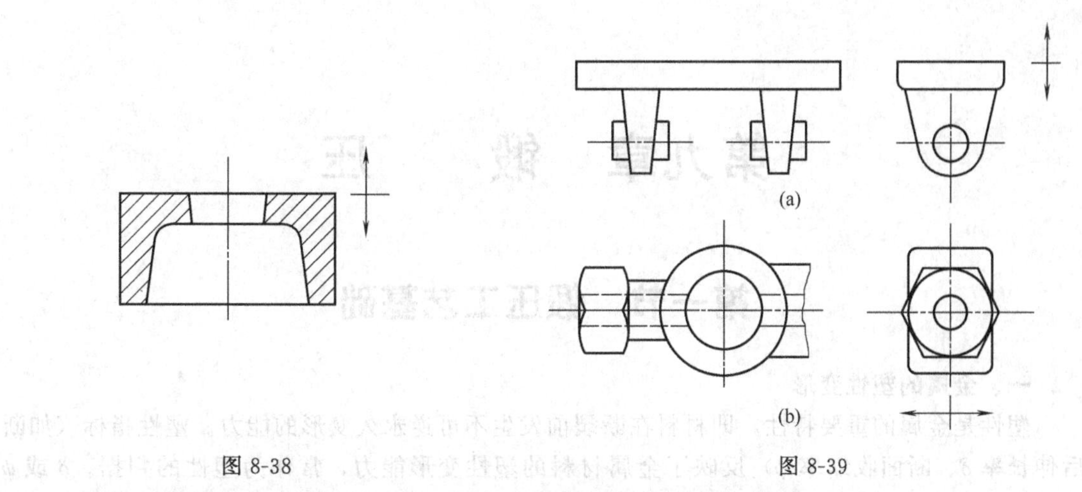

图 8-38　　图 8-39

7. 图 8-40 所示铸件各有两种结构方案，请分析哪种结构较为合理？为什么？

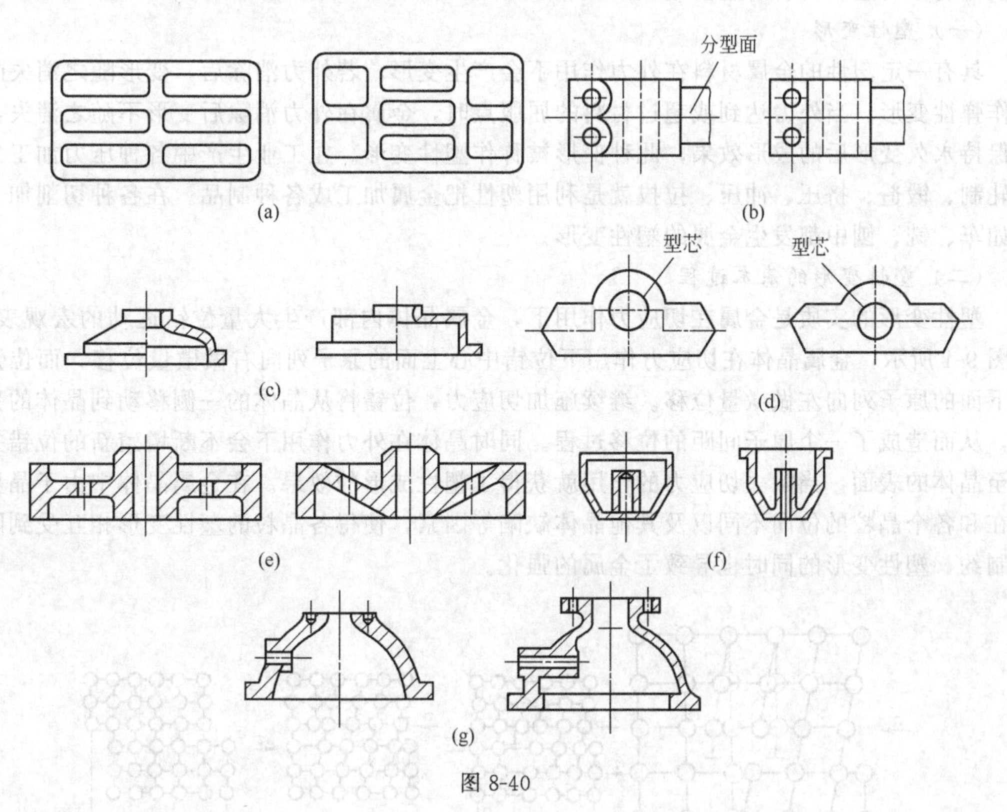

图 8-40

第九章　锻　　压

第一节　锻压工艺基础

一、金属的塑性变形

塑性是金属的重要特性，即材料在断裂前发生不可逆永久变形的能力。塑性指标（如断后伸长率 δ、断面收缩率 ψ）反映了金属材料的塑性变形能力，常作为塑性的判据。δ 或 ψ 的数值越大，金属材料的塑性越好。

（一）塑性变形

具有一定塑性的金属材料在外力作用下会产生变形，若外力消除后，变形随之消失的被称作弹性变形。当外力达到或超过材料的屈服点时，金属在外力消除后变形不随之消失，而是保持永久变形后的成形效果，此种变形被称作塑性变形。在工业生产中各种压力加工方法如轧制、锻造、挤压、冲压、拉拔就是利用塑性把金属加工成各种制品。在各种切削加工工艺如车、铣、刨中都发生金属的塑性变形。

（二）塑性变形的基本过程

塑性变形的实质是金属在切应力作用下，金属晶体内部产生大量位错运动的宏观表现。如图 9-1 所示，金属晶体在切应力作用下位错中心上面的原子列向右做微量位移，而位错中心下面的原子列向左做微量位移。继续施加切应力，位错将从晶体的一侧移动到晶体的另一侧，从而造成了一个原子间距的位移过程。同时晶体在外力作用下会不断增殖新的位错并位移至晶体的表面，当除去切应力的作用就获得了塑性成形的效果。在金属晶体中由于晶界的存在和各个晶粒的位向不同以及其他晶体缺陷等因素，使得各晶粒的塑性变形相互受到阻碍与制约，塑性变形的同时也导致了金属的强化。

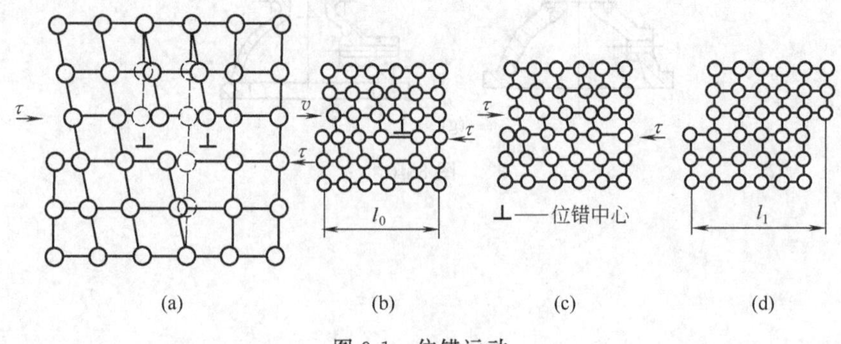

图 9-1　位错运动

（三）塑性变形的基本规律

1. 单晶体的塑性变形

如图 9-2 所示，在室温下单晶体金属塑性变形的基本方式为滑移和孪生。

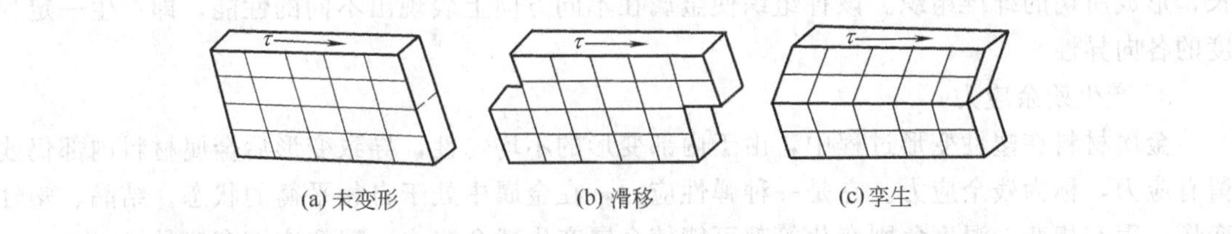

(a) 未变形　(b) 滑移　(c) 孪生

图 9-2　单晶体塑性变形的基本方式

滑移是晶体的两部分之间沿一定晶面上的一定方向发生的相对滑动的变形方式。滑移实质上是在切应力作用下，位错沿滑移面的运动。因此晶体通过位错移动而产生滑移时，并不需要整个滑移面上全部的原子同时移动。

孪生是在切应力作用下，晶体的一部分相对于另一部分以一定的晶面及晶向产生的剪切变形。孪生对金属塑性变形过程的直接影响不大，但孪生后由于晶体转至新位向，将产生有利于滑移位向的新滑移系，从而提高晶体的塑性变形能力。

2. 多晶体的塑性变形

在室温下，多晶体的塑性变形与单晶体基本相似，即每个晶粒内的塑性变形仍然以滑移和孪生为基本方式进行的。但是由于多晶体是由许多形状、大小、位向都不相同的晶粒组成，使得每个晶粒的塑性变形互相受到影响与约束，要比单晶体的情况复杂得多。多晶体金属的塑性变形抗力与组成晶体的晶粒大小有关，金属晶粒越细小，金属的塑性变形抗力越大，金属的强度也就越高。

二、塑性变形后金属的组织和性能

（一）冷塑性变形与热塑性变形

金属的冷、热塑性变形通常是以再结晶温度为界加以区分的。凡是金属的塑性变形在低于再结晶温度状态下进行的，称为冷塑性变形。冷拔、冷轧等工艺属于冷塑性变形范畴，亦称为冷变形加工。反之，在再结晶温度以上进行的塑性变形称为热塑性变形。锻造、热轧等工艺属于热塑性变形范畴，亦称为热变形加工。

（二）冷塑性变形对金属组织、性能的影响

1. 产生加工硬化

金属材料经冷塑性变形后，强度及硬度明显提高，而塑性、韧性则显著下降；变形度越大，性能的变化也就越大，这种金属性能随塑性变形发生变化的现象被称作加工硬化。对加工硬化起决定性作用的是位错密度增加，随着变形量的增大，使金属的塑性变形抗力迅速增大，加工硬化现象更为明显。

在一定程度上加工硬化可以使局部过载部位在产生少量塑性变形后，提高屈服强度并与所承受的应力达到平衡，阻止变形的继续发展，从而提高构件在使用过程中的安全性。

但是加工硬化也有不利的一面，由于它使金属塑性降低，给金属的继续变形造成困难，增大加工时的能量消耗。因此常常在金属变形和加工过程中进行中间热处理以消除加工硬化的不利影响。

2. 引起晶体的各向异性

一般金属多晶体的宏观性能是各向同性的，但产生方向性的塑性变形后会出现各向异性现象。金属发生塑性变形的同时，随着外形的改变，内部晶粒的形状也发生了相应的变化。通常晶粒沿变形方向被拉长、压扁甚至变成细条。同时金属中的夹杂物也沿着变形方向被伸

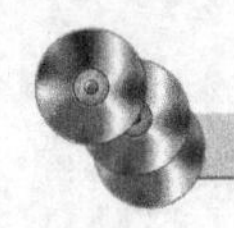

长，形成所谓的纤维组织。该种组织使金属在不同方向上表现出不同的性能，即产生一定程度的各向异性。

3. 产生残余应力

金属材料在塑性变形过程中，由于内部变形的不均匀性，导致变形后金属材料内部仍残留有应力，称为残余应力。它是一种弹性应力，在金属中处于自相平衡的状态。结晶、塑性变形、固态相变、温度急剧变化等都可能使金属产生残余应力。残余应力有三种。

① 宏观内应力。金属表层和心部变形不均匀，或者这一部分和那一部分变形不均匀都是产生这种残余应力的原因。

② 由于多晶体中各晶粒位向不同，使各晶粒间的变形也不均匀，因而产生金属晶粒间相互平衡的残余应力，称为微观残余内应力。

③ 由于位错等缺陷的增加，会造成晶格畸变应力，这种应力是使变形金属强化的重要原因。

（三）热塑性变形对金属组织、性能的影响

金属发生热塑性变形后，虽然不会引起加工硬化，但容易发生表面氧化现象，且产品表面质量和尺寸精度较冷塑性变形低。金属组织和性能也会发生以下的变化。

1. 形成热变形纤维组织（流线）

热变形加工时，金属中粗大枝晶偏析和夹杂物沿金属的流动方向被伸长和破碎，并逐渐形成纤维状。并且在以后的再结晶过程中，不会改变其纤维状分布特点。故对金属材料或工件进行纵向宏观分析时，可观察到沿着变形方向出现一条条细线，这就是热变形纤维组织，通常称为流线。流线使金属的性能出现各向异性，沿着流线方向的强度、塑性和韧性显著大于垂直方向上的相应性能。所以采用热变形加工制造时，力求使工件具有合理的流线分布，保证零件的使用性能。

一般情况下，应使流线与工件工作时所受到的最大拉应力方向一致；与剪应力或冲击力方向相垂直；尽量沿工件外形轮廓连续分布，如此较为理想。如图 9-3 所示，锻造毛坯的流线分布较为合理。

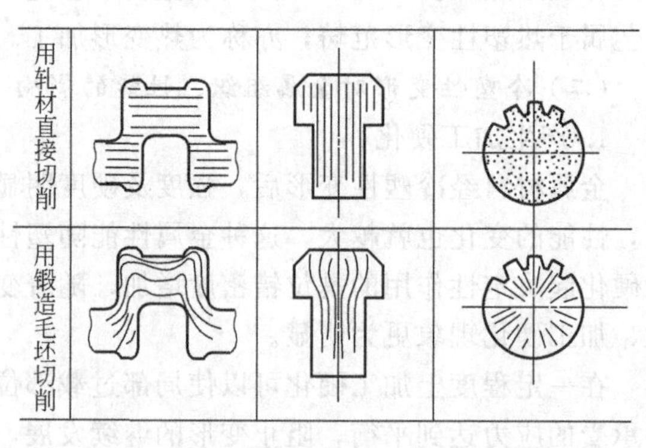

图 9-3　工件中流线分布示意

2. 消除和改善铸态金属的组织缺陷

热变形加工可使金属铸锭中的气泡缩孔焊合、缩松压实、密度增加；在温度和压力作用下，原子扩散速度加快，消除部分偏析，使成分比较均匀；将粗大的柱状晶粒与枝晶变为细小均匀的等轴晶粒；改善夹杂物、碳化物的形态、大小与分布，使金属材料致密程度提高。

经过热塑性变形后，钢的强度、塑性、冲击韧性都比铸态高。因此工程上受力复杂、载荷较大的零件如齿轮等通过热变形加工来制造。

3. 形成带状组织

亚共析钢经热变形加工后，珠光体和铁素体沿变形方向呈交替相间的条带状分布，这种组织称为带状组织。这种组织是由于铸态金属中的枝晶偏析或夹杂物，在加工过程中沿变形

方向被延伸拉长，当加工后冷却时，出现先析铁素体带和珠光体带，从而形成带状组织。该组织使金属材料的力学性能呈现方向性，特别是横向塑性和韧性明显下降，并使材料的切削加工性能恶化。因此生产中常用均匀化退火或正火方法加以消除带状组织。

三、金属的锻压性能

（一）锻压工艺

坯料在外力作用下会产生塑性变形，其尺寸、形状发生变化，性能得到改善。锻压就是利用金属的这种特性，来制造机械零件、工件或进行毛坯成形的加工方法。它是锻造和冲压的总称。大多数金属材料在冷态或热态下都具有一定的塑性，因此可以在室温或高温下进行各种锻压加工。如图 9-4 所示，常见的锻压方法有如下几种。

1. 轧制

如图 9-4（a）所示是轧制材料在旋转轧辊的压力作用下产生连续的塑性变形，获得所要求的截面形状并改变其性能的加工方法。通过改变轧辊上的孔型，可以获得不同截面的轧件，如钢板、型材以及管材等，也可以直接轧制出毛坯或零件。

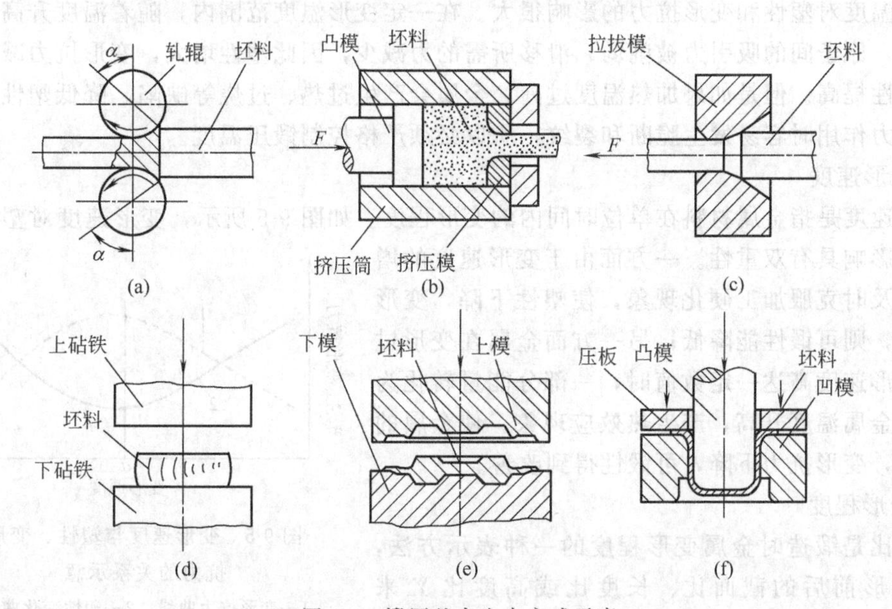

图 9-4 锻压基本生产方式示意

2. 挤压

如图 9-4（b）所示，挤压是将坯料在三向不均匀压应力作用下从模具的模孔挤出，使之横截面积减小，长度增加，形成所需产品的加工方法。此法适合于加工有色金属和低碳钢等金属材料。

3. 拉拔

如图 9-4（c）所示，拉拔是指坯料在牵引力作用下通过模孔拉出，横截面积减小，长度增加，形成所需产品的加工方法。

其他锻压方法如自由锻造、模锻和板料冲压［见图 9-4（d）、（e）、（f）］将在后面作详细介绍。

（二）金属的锻压性能

金属的锻压性能（可锻性）是衡量材料经受塑性成形加工时获得优质锻件难易程度的一

种工艺性能。常以金属的塑性和变形抗力两个指标来衡量金属锻造性能的优劣。变形抗力是指塑性变形时金属反作用于工具上的力。金属塑性越大，变形抗力越小，金属的可锻性越好，易于进行锻压加工变形；反之金属不宜选用锻压加工方法变形。影响金属塑性和变形抗力的因素有如下几种。

1. 化学成分

不同化学成分的金属塑性不同，则可锻性也不同。一般纯金属的可锻性比碳钢好；低碳钢的可锻性又比高碳钢好；随着合金元素含量的增加，特别是当钢中含有较多碳化物形成元素如Cr、V、Mo、W时，可锻性能显著降低。

2. 金属组织

对于同样成分的金属，如果其内部结构组织不同，可锻性也有很大的差别。固溶体的可锻性比金属化合物好；钢中碳化物分布的均匀程度越高，晶粒越细小，可锻性越好；当铸造组织中存在柱状晶粒，枝晶偏析以及其他缺陷时，可锻性较差。

3. 变形温度

变形温度对塑性和变形抗力的影响很大。在一定变形温度范围内，随着温度升高原子的动能增加，原子间的吸引力被削弱，滑移所需的力减少，因此塑性增大，变形抗力减小，金属的可锻性提高。但是如果加热温度过高，金属会产生过热、过烧等缺陷，降低塑性，此时金属受外力作用时容易发生脆断和裂纹，所以必须严格控制锻压温度。

4. 变形速度

变形速度是指金属材料在单位时间内的变形程度。如图9-5所示，变形速度对塑性和变形抗力的影响具有双重性。一方面由于变形速度的增大，不能及时克服加工硬化现象，使塑性下降，变形抗力增大，则可锻性能降低；另一方面金属在变形过程中当变形速度高达一定数值时，一部分能量转化为热能，使金属温度升高，产生热效应现象。使金属的塑性提高，变形抗力下降，可锻性得到改善。

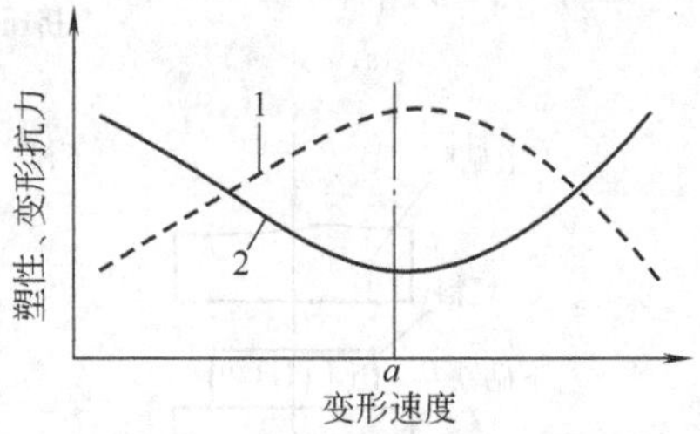

图9-5　变形速度与塑性、变形抗力的关系示意

1—变形抗力曲线；2—塑性变化曲线

5. 变形程度

锻造比是锻造时金属变形程度的一种表示方法，通常用变形前后的截面比、长度比或高度比 Y 来表示。

拔长时的锻造比为　　$Y_b=S_0/S=L/L_0$

镦粗时的锻造比为　　$Y_d=H_0/H=S/S_0$

式中 H_0、L_0、S_0——为坯料变形前的高度、长度、横截面积；

H、L、S——为坯料变形后的高度、长度、横截面积。

一般情况下，增加锻造比，对改善金属的内部组织和性能是有利的。当 $Y<2$ 时，金属组织细密化，锻件的力学性能有显著提高；当 $Y=2\sim5$ 时，锻件的力学性能出现各向异性，而且垂直纤维方向的塑性开始下降；当 $Y>5$ 时，锻件的力学性能不再提高，各向异性进一步增加。

6. 应力状态

不同的压力加工方法在金属内部所产生的应力大小和性质是不同的，因此表现出不同的可锻性。例如金属在挤压时呈现三向压应力状态，表现出较高的塑性和较大的变形抗力；而

金属在拉拔时呈现两向压应力和一向拉应力状态，表现出较低的塑性和较小的变形抗力。

除以上所述因素外，还有加工方法对坯料尺寸及表面质量等因素的影响。总之，金属的可锻性能不仅取决于金属的本质，还取决于变形条件。在锻压生产中力求创造有利的变形条件，充分发挥金属的塑性，降低变形抗力，降低功耗，获得最佳的塑性成形加工效果和目的。

第二节　自　由　锻

一、自由锻概述

自由锻是利用冲击力或压力使金属坯料在上、下两个砧铁之间受力，向各个方向自由流动产生变形，从而得到所需要的形状、尺寸锻件的一种工艺方法。自由锻分为手工锻造和机器锻造两种。

自由锻所用的工具简单，具有较大的通用性，因而自由锻的应用较为广泛。锻造的锻件质量可以从不到1kg的小件到200～300t的大件。对于特大型锻件如水轮机主轴等，在工作中承受很大的载荷，要求具有较高的机械性能，而自由锻是惟一可行的加工方法。

自由锻所用设备可分为锻锤和液压机两大类。锻锤产生冲击力使金属坯料变形，能力大小（即吨位的多少）根据其落下部分的质量来表示。生产中使用的锻锤包括空气锤和蒸汽-空气锤。空气锤的吨位较小，广泛用于锻造小型锻件。空气锤的构造如图9-6所示，空气锤有工作气缸和压缩气缸，电动机通过减速器带动曲柄转动，再通过连杆带动压缩气缸内的活塞作上下运动。在压缩气缸与工作气缸之间有上下两个气阀，当压缩气缸内活塞作上下运动时，压缩气体经过打开的气阀交替地进入或排出工作气缸的上部或下部空间，推动工作气缸内的活塞连同锤杆和上砧铁一起上下运动。通过控制上下气阀的不同位置，空气锤可以完成锤头悬空、单打、连打和压住锻件等四个动作。

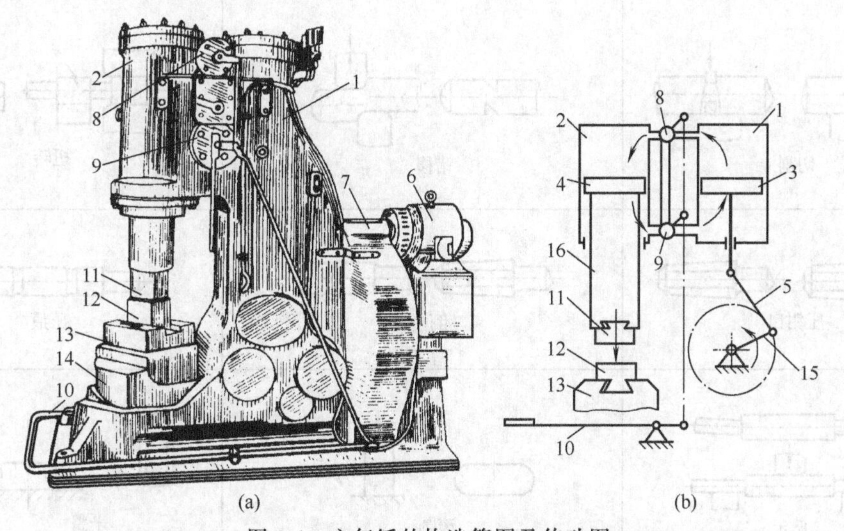

图9-6　空气锤的构造简图及传动图

1—压缩气缸；2—工作气缸；3,4—活塞；5—连杆；6—电动机；7—减速器；8,9—气阀；10—踏杆；11—上砧铁；12—下砧铁；13—砧垫；14—砧座；15—曲柄；16—锤杆

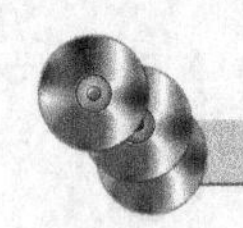

蒸汽-空气锤的吨位较大，是质量小于1500kg的中小型锻件普遍使用的设备。液压机以静压力使金属产生变形。生产中使用的液压机主要是水压机，它的吨位（即产生的最大压力）较大，在使金属变形的过程中没有振动，并能很容易达到较大的锻造深度，可锻造质量达300t的锻件，所以是巨型锻件惟一的成形设备。水压机主要由固定系统和活动系统两部分组成。

二、自由锻工序

自由锻的工序可分为基本工序、辅助工序和精整工序三大类。

1. 基本工序

基本工序是使金属材料产生一定程度的塑性变形，以达到所需形状和尺寸的工艺过程，见表9-1。

表9-1 自由锻基本工序简图

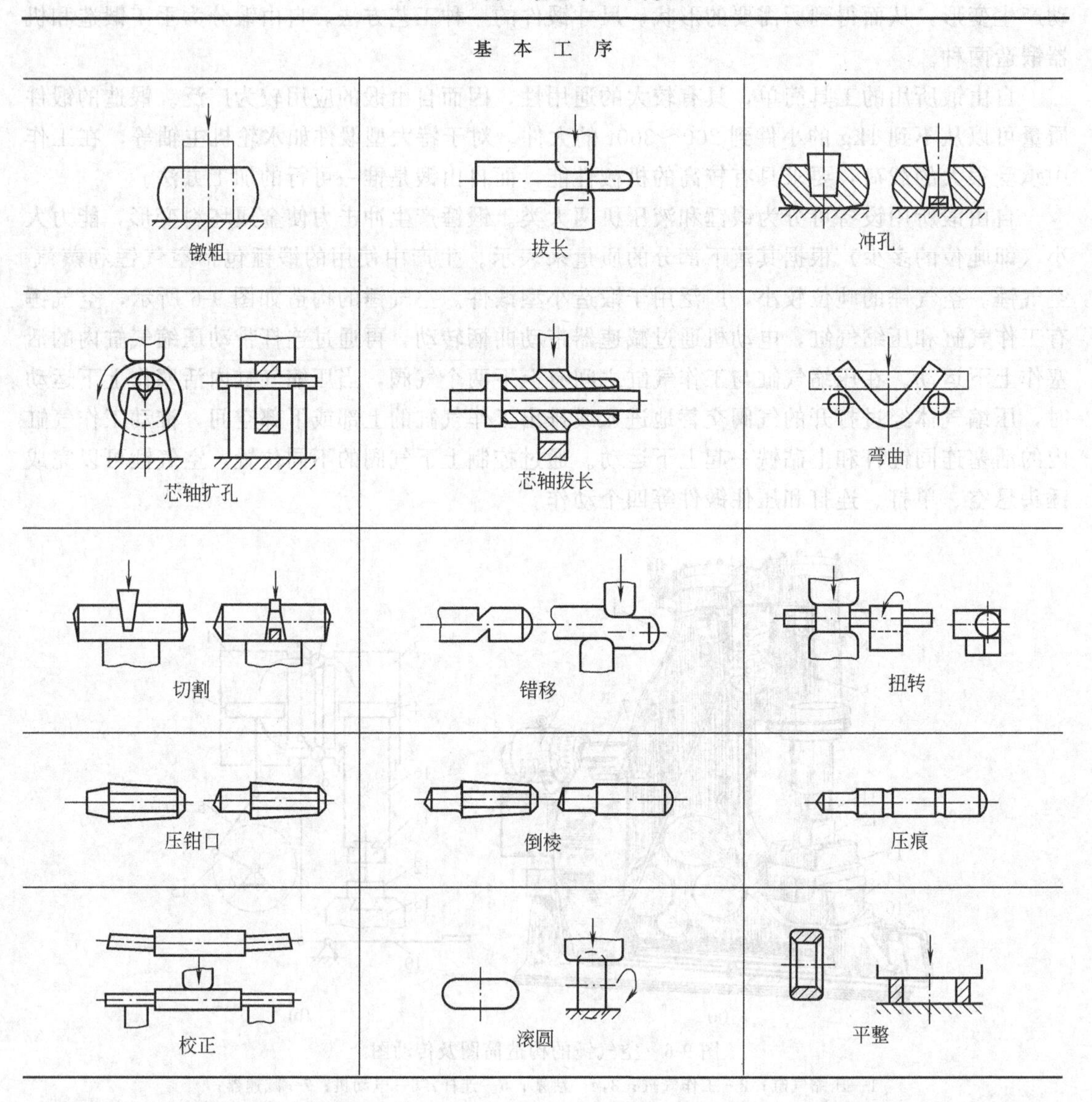

基本工序包括如下七种。

① 镦粗。镦粗是使坯料高度减小，横截面积增大的工序。分为整体镦粗和局部镦粗，

主要适用于圆盘类零件。由于坯料端面与砧铁的表面接触导致温度降低及摩擦力的作用，锻件变形不均匀而往往呈鼓形。

② 拔长。拔长是使坯料横截面积减少，长度增加的工序。主要适用于锻造杆、轴类零件，对于空心轴锻件可采用芯轴拔长。

③ 冲孔。冲孔是用冲子在坯料上冲出透孔或不透孔的锻造工序。根据冲头形式不同，可分为孔径小于 300mm 的实心冲头冲孔及孔径大于 300mm 的空心冲头冲孔。冲孔主要用于锻造环套类零件。

④ 切割。切割是用剁子将坯料切断或部分割开的锻造工序。常用于切除锻件的料头、分段、劈缝或切割成所需形状等。

⑤ 弯曲。弯曲是采用一定的工模具，将锻件弯制成所需形状的变形工序。适用于锻造吊钩、弯板、角尺等零件。

⑥ 扭转。扭转是将坯料的一部分相对于另一部分绕其轴线旋转一定角度的锻造工序。主要用于制造小型曲轴、连杆等零件。

⑦ 错移。错移是在保持坯料轴线平行的前提下，将其一部分相对另一部分平移错开的锻造工序。常用于锻造曲轴类零件。

2. 辅助工序

辅助工序是为基本工序操作方便而进行的预先变形工序，如压钳口、压肩、钢锭倒棱等。

3. 精整工序

精整工序是用以减少锻件表面缺陷而进行的工序，如清除锻件表面凹凸不平、校正、滚圆及整形等，一般在终锻温度以下进行。

三、自由锻工艺规程制订

自由锻生产必不可少的技术准备工作包括制订工艺规程、编写工艺卡片。自由锻工艺规程是组织生产过程，规定操作规范，控制和检查产品质量的依据。编制自由锻工艺规程时应遵守三条原则：充分了解和掌握生产的实际状况；确保满足对锻件的技术条件要求；保证生产工艺上的可行性、可靠性和经济性。

自由锻工艺规程的内容如下。

（一）绘制锻件图

锻件图是工艺规程中的核心部分，是编制锻造工艺、设计工具、指导生产和检验锻件的主要依据。它是以零件图为基础，结合自由锻工艺特点绘制而成。为了使操作人员熟悉零件的形状和尺寸，通常在锻件图上用双点划线绘出零件主要轮廓形状，并在锻件尺寸线下面用括弧注明零件尺寸。对于大型锻件，必须在同一个坯料上锻造出做性能检验用的试样，该试样的形状和尺寸也应该在锻件图上表示出来。这里结合图 9-7 所示的典型锻件图，具体说明在绘制锻件图时应考虑哪些问题。

1. 工艺余块

工艺余块是为了简化自由锻件形状，便于锻造而暂时增加的那一部分金属，有时也称作敷料。适用于零件上那些难以自由锻造出的部位如小孔、台阶和凹挡等。工艺余块一般是根据经验或者参考有关资料来确定。添加余块应综合考虑工艺的可行性和金属材料的消耗等因素。

2. 锻件加工余量

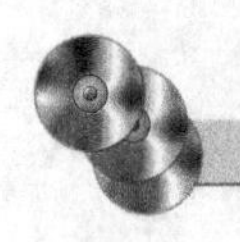

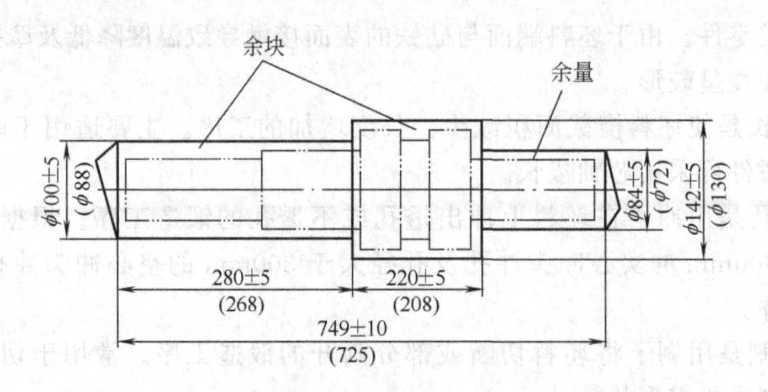

图 9-7　典型锻件图

自由锻件的尺寸精度低，表面质量差，需要经过切削加工之后才能成为成品零件。所以应该在零件的加工表面上增加供切削用的金属，该金属层称为加工余量。一般加工余量的大小与零件的形状、尺寸等因素有关。零件越大，形状越复杂，则加工余量越大。零件上不需要切削的部分为黑皮，黑皮部分不需加余量。

3. 锻件公差

锻件的基本尺寸是指零件基本尺寸与加工余量之和，锻件的实际尺寸很难与它相符合。因此允许锻成的锻件尺寸有一定限度的偏差。锻件最大、最小尺寸与基本尺寸之差分别称为上、下偏差。锻件公差是实际尺寸相对于基本尺寸所允许的变动量，即指上、下偏差之差。锻件公差通常为加工余量的 1/4～1/3。

（二）计算坯料质量与尺寸

坯料质量包括锻件质量与锻造过程中的各种损耗之和，可按下式计算

$$m_{坯}=m_{锻}+m_{烧}+m_{芯}+m_{切}$$

式中　$m_{坯}$——坯料的质量；

$m_{锻}$——锻件的质量，是锻件的体积与金属密度的乘积；

$m_{烧}$——火焰加热时坯料表面氧化而烧损的质量，第一次取被加热金属质量的 2%～3%，以后各次加热取 1.5%～2%；

$m_{芯}$——冲孔时芯料的质量；

$m_{切}$——在锻造过程中冲掉或切掉的那部分料头金属的质量，当锻造大型锻件采用钢锭作坯料时，切头部分质量还要考虑切掉钢锭头部和尾部的质量。

锻造比的确定与坯料种类和锻造工序有关，对于以碳素钢锭作为坯料并采用拔长方法锻制的零件，锻造比一般不小于 2.5～3；如果采用轧材作坯料，则锻造比可取 1.3～1.5。根据计算所得的坯料质量和截面大小，即可确定坯料长度尺寸或选择适当尺寸的钢锭。表 9-2 列出了第一锻造工序分别为镦粗与拔长时坯料横截面积 $A_{坯}$ 的计算式。

表 9-2　坯料的尺寸计算

第一工序	圆截面坯料	方截面坯料	第一工序	圆截面坯料	方截面坯料
镦粗工序	$V_{坯}=(\pi/4)D_0^2H_0$ $D_0=(0.8\sim1.0)(V_{坯})^{1/3}$	$V_{坯}=L_0^2H_0$ $L_0=(0.74\sim0.93)(V_{坯})^{1/3}$	拔长工序	$A_{坯}=YA_{max}=\pi(D_0^2/4)$ $D_0=[4(A_{坯}/\pi)]^{1/2}$	$A_{坯}=YA_{max}=L_0^2$ $L_0=(A_{坯})^{1/2}$

(三) 确定锻造工序

自由锻工序的选择主要根据锻造工序的特点及锻件的形状来确定。一般锻件的大致分类和所采用的工序如表 9-3 所示。

表 9-3 自由锻件分类和锻件工序

锻件类别	图 例	锻造工序	实 例
轴类零件	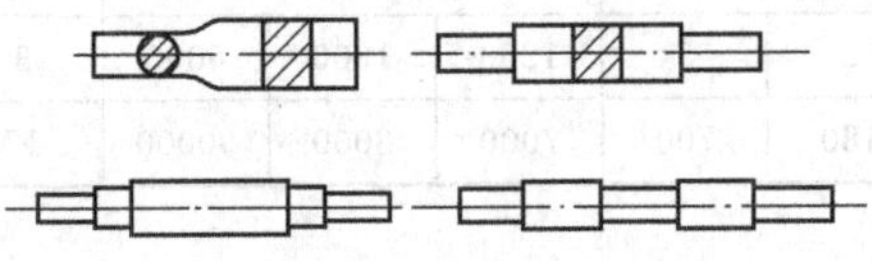	拔长、压肩、滚圆	主轴、传动轴等
杆类零件	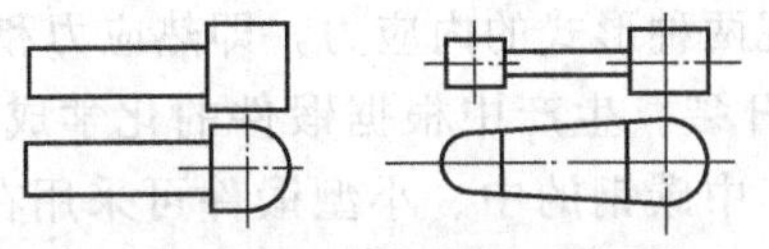	拔长、压肩、修整、冲孔	连杆等
曲轴类零件	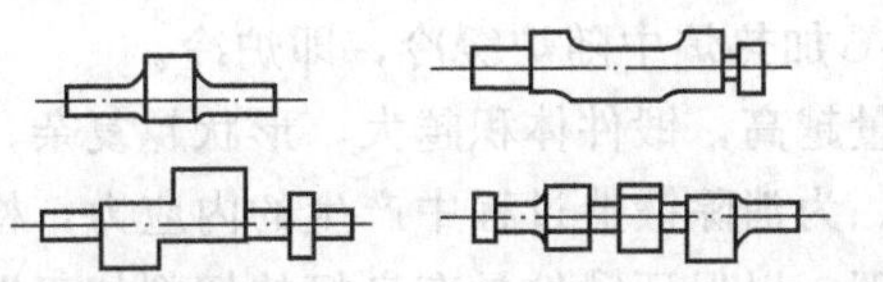	拔长、错移、压肩、扭转、滚圆	曲轴、偏心轴等
盘类圆环类零件	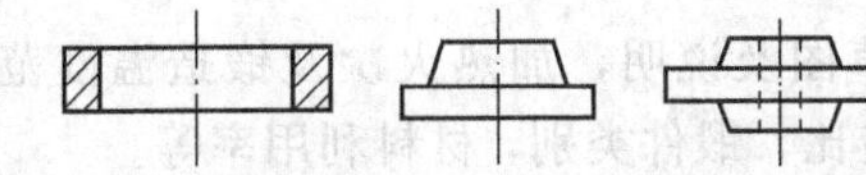	镦粗、冲孔、马杠扩孔、定径	齿圈、法兰、套筒、圆环等
筒类零件	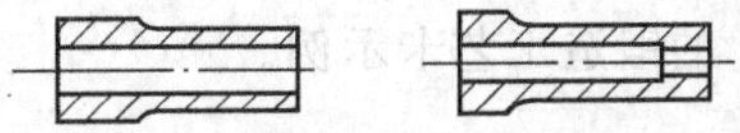	镦粗、冲孔、芯棒拔长、滚圆	圆筒、套筒等
弯曲类零件	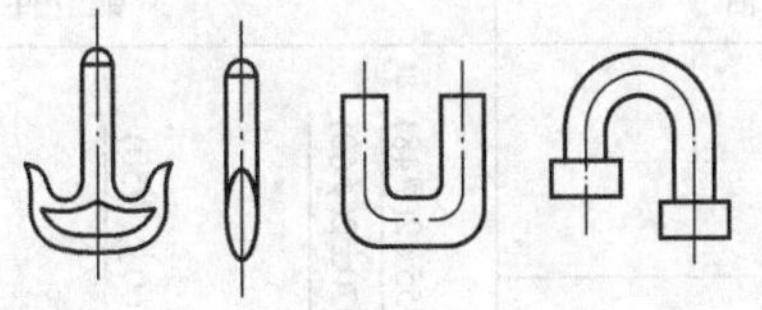	拔长、弯曲	吊钩、轴瓦盖、弯杆

(四) 锻造温度范围的确定

锻造温度范围是指锻件由始锻温度到终锻温度的锻造温度间隔。

1. 始锻温度

始锻温度是指开始锻造时坯料的温度。通常始锻温度比金属材料的熔点低 150～200℃，在不发生过热、过烧的前提下，尽可能提高始锻温度，有利于金属的塑性成形。

2. 终锻温度

终锻温度是指停止锻造时锻件的温度。碳素钢的终锻温度约为 800℃左右，合金钢一般为 800～900℃。在保证锻后获得再结晶组织的前提下，适当降低终端温度有利于完成各种变形工序。终锻温度过低，金属塑性降低，容易产生裂纹。终锻温度过高，会引起晶粒长大，降低金属的力学性能。

（五）选择锻造设备

锻造设备种类及规格主要依据锻件的形状、尺寸、材质等条件来选择。既要保证工件的变形度和较高的生产率，又不浪费动力，且操作方便。部分锻造设备的选择见表 9-4。

表 9-4　锻造设备的选择

规格参数	设备名称										
	空气锤		蒸汽-空气锤			水压机			模锻锤		
设备吨位/t	0.40	0.75	1	2	5	1250	1600	6000	3	5	10
锻件最大质量/kg	18	40	50	180	700	7000	8000	90000	17	40	80

（六）锻件冷却及热处理规范

钢在锻造后的冷却过程中，主要出现两种形式的内应力，即热应力和组织应力。当这两种应力超过金属的强度极限时锻件就会开裂。生产中根据锻件的化学成分、形状和尺寸特点，采用不同的冷却工艺方法。对于低、中碳钢的中、小型锻件可采用在干燥地面上空冷。一般合金钢锻件锻后放置在填有石灰、砂等绝热材料的坑中或箱中进行坑冷。对于高碳、高合金钢以及大型锻件，应在 500～700℃加热炉中随炉缓冷，即炉冷。

总之，锻件中碳及合金元素的含量越高，锻件体积越大，形状越复杂，冷却速度越要缓慢，防止造成锻件硬化、变形或裂纹。为消除锻造过程中产生的内应力，检验合格的锻件应进行去应力退火、正火或球化退火处理，以保证锻件具有良好的切削加工性。

（七）填写工艺卡片

工艺卡片一般包括：锻件图，工序草图及说明，加热火次及锻造温度范围，设备及工具；并注明坯料和锻件质量、材料，锻造比，锻件类别，材料利用率等。

四、自由锻工艺示例

表 9-5 是一个典型的自由锻件（半轴）的锻造工艺卡示例。

表 9-5　半轴自由锻工艺卡

锻件名称	半轴	锻件图
坯料质量	25kg	
坯料尺寸	ϕ130mm×ϕ240mm	
材料	20CrMnTi	
火次	工序	图例
1	锻出头部	

续表

火 次	工 序	图 例
1	拔长	
	拔长及修整台阶	
	拔长并留出台阶	
	锻出凹挡及拔长端部并修整	

第三节 模 锻

一、模锻概述

模锻是使金属坯料在预先制出的与锻件形状一致的高强度金属锻模模膛内，一次或多次承受压力或冲击力的作用，而被迫流动产生变形的工艺。由于模膛对金属坯料流动的限制，因而锻造结束时能得到和模膛形状相符的锻件。与自由锻相比，模锻主要的特点如下。

① 生产率较高。金属变形是在模膛内进行，能较快获得所需的锻件形状。而自由锻的变形是在两个砧铁之间进行，难以控制。

② 锻件的形状和尺寸比较精确，机械加工余量小。

③ 可以锻造形状比较复杂的锻件。自由锻生产复杂锻件时，必须增加大量敷料来简化形状。

④ 模锻比自由锻节省加工工时、金属材料。在批量足够的条件下能降低零件成本。

⑤ 操作简单，劳动强度低，易于实现机械化和自动化生产。

⑥ 锻件内流线分布更为合理，力学性能高。

由于模锻是整体变形，变形抗力较大，受模锻吨位的限制，模锻件不能太大，质量一般在150kg以下。而且制造锻模成本很高，所以模锻不适合单件和小批生产。模锻生产广泛地应用在机械制造业和国防工业中，如飞机、汽车、拖拉机、轴承等。

二、模锻的分类

模锻按使用设备的不同，可以分为锤上模锻、胎模锻等。

（一）锤上模锻

锤上模锻所使用的设备有蒸汽-空气模锻锤、无砧座锤、高速锤等。其中蒸汽-空气模锻锤应用最广泛，其工作原理与蒸汽-空气自由锻锤基本相同。由于模锻锤工作时受力大，要求设备的刚性、导向精度都高。因此模锻锤的机架与砧座相连接，形成封闭结构。锤头与导轨之间的间隙比自由锻锤的小，锤头运动准确，保证上下模合模准确。模锻锤的吨位（落下部分的质量）为 10～160kg，锻件的质量为 0.5～150kg。各种吨位模锻锤所能锻制的模锻件质量如表 9-6 所示。

表 9-6 模锻锤吨位数据及模锻件质量

模锻锤吨位/t	5～7.5	10	20	30	50	70～100	130
锻件质量/kg	<0.5	0.5～1.5	5～12	12～25	25～40	40～100	>100

1. 锻模结构

如图 9-8 所示，锤上模锻用的锻模包括带燕尾的活动上模和固定下模，两部分分别用紧固楔铁 10、7 固定在锤头和模座上。上模随锤头一起做上下往复运动。上、下模合在一起，中部形成完整的模膛、分模面和飞边槽。

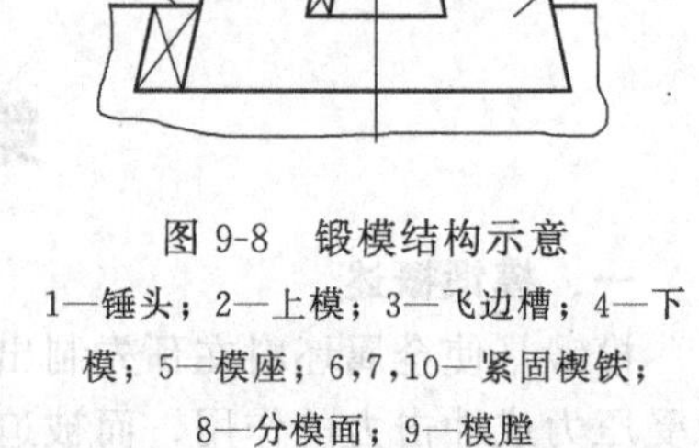

图 9-8 锻模结构示意

1—锤头；2—上模；3—飞边槽；4—下模；5—模座；6,7,10—紧固楔铁；8—分模面；9—模膛

锻模模膛根据用途不同可分为制坯模膛和模锻模膛两种。

(1) 制坯模膛 对于形状复杂的模锻件，制坯模膛可以使坯料形状更接近模锻件形状，使金属能合理分布和更易于充满模膛。常用的制坯模膛有以下几种类型。

① 拔长模膛用于减小坯料某部分的横截面积，增加这部分的长度。当模锻件沿轴向横截面积相差较大时，可以采用它进行拔长。拔长模膛分为开式和闭式两种，通常设在锻模的边缘，操作时坯料除送进外还需翻转。

② 滚压模膛用于减小坯料某部分的横截面积，增大另一部分的横截面积，使金属按模锻件形状分布。当模锻件沿轴线的横截面积相差不大或作修整拔长后的毛坯时，采用开式滚压模膛；当模锻件的最大和最小截面相差较大时，采用闭式滚压模膛。

③ 弯曲模膛用于弯曲杆类模锻件的坯料。坯料可直接或先经其他制坯工序后放入弯曲模膛进行弯曲变形。弯曲后的坯料须要翻转 90°再放进模锻模膛内成形。

④ 切断模膛是用上、下模角部组成的一对刀口来切断金属。单件锻造时，用它从坯料上切下锻件或从锻件上切下钳口；多件锻造时，用它来分离成单个件。

(2) 模锻模膛 模锻模膛分为预锻模膛和终锻模膛。

① 预锻模膛的作用是使坯料变形到接近于锻件的形状和尺寸。使金属更容易充满终锻模膛，减少模膛的磨损，延长锻模的使用寿命。预锻模膛的圆角和斜度大，没有飞边槽。对于形状简单或批量不大的模锻件可不设置预锻模膛。

② 终锻模膛的形状和锻件形状相同。考虑到锻件冷却时的收缩，终锻模膛的尺寸应比

锻件尺寸放大一个收缩量，使坯料最后变形到锻件所要求的形状和尺寸，钢件收缩量取1.5%。沿模膛四周有飞边槽，它的作用是增加金属从模膛中流出的阻力，促使金属充满模膛，可容纳多余金属。对于具有通孔的锻件，因不能靠上下模的凸缘把金属完全挤压掉，终锻后会在孔内留下一薄层金属即冲孔连皮，可采用专用模具将飞边和冲孔连皮切除。

2. 模锻工艺规程的制订

模锻生产的工艺规程通常包括制订锻件图、确定模锻工步、选择设备、计算坯料尺寸及安排修整工序等。

(1) 制订模锻锻件图　锻件图是按照模锻工艺特点根据零件图制订的。它是设计和制造锻模、计算坯料以及检查锻件的依据。制订模锻锻件图时应考虑如下几个问题。

① 分模面　分模面就是上、下锻模在模锻件上的分界面。锻件分模面的位置选择得合适与否，关系到锻件成形、锻件出模、材料利用率等一系列问题。因此制订模锻锻件图时，应按下列原则确定分模面位置，如图 9-9 所示。

a. 保证模锻件能从模膛中取出。一般情况下，分模面应选在模锻件最大尺寸的截面上。

b. 保证金属容易充满模膛，便于取出锻件和有利于锻模的制造。分模面最好选在模膛深度最浅的位置上。

c. 保证按选定的分模面制成锻模后，上、下两模沿分模面的模膛轮廓一致，以便在安装锻模和生产中容易发现错模现象，并及时调整锻模位置。

d. 保证锻模容易制造。分模面最好做成平面，使上、下模膛深度基本一致，差别不宜过大。

e. 保证选定的分模面能使锻件上所用的敷料最少即所加的余块最少。否则会浪费金属降低材料的利用率，增加切削加工的工作量。

按以上原则综合分析，图 9-9 中的 d-d 面是最合理的分模面。

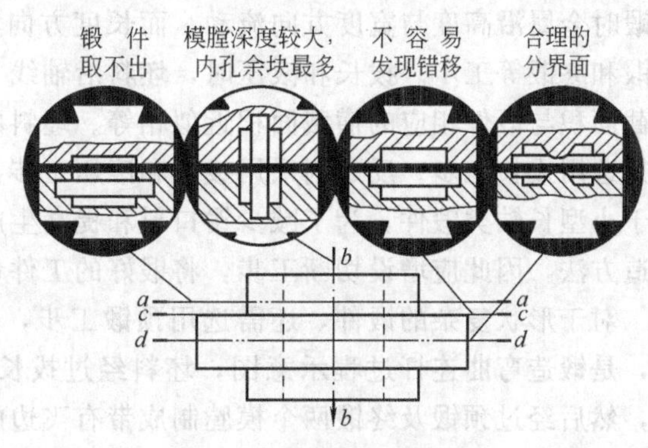

图 9-9　分模面的选择比较

② 余量、公差和敷料　模锻时金属坯料是在锻模中成形的，因此模锻件的尺寸比较精确，其公差和余量、余块均比自由锻造小得多。余量、公差与工件形状尺寸、精度要求等因素有关。一般单边余量为 1～5mm，公差取在 ±0.3～3.5mm 之间。成品零件中的各种细槽、齿轮齿间、横向孔以及其他妨碍出模的凹部均应加余块，直径小于 30mm 的孔一般不锻出。对于孔径 $d>30$mm 的带孔模锻件孔应锻出，但需留冲孔连皮。冲孔连皮的厚度与孔径 d 有关，当孔径为 30～80mm 时，冲孔连皮的厚度为 4～8mm。

③ 模锻斜度　如图 9-10 (a) 所示，垂直于分模面的锻件表面上必须有一定的斜度，使锻件容易从模膛中取出。模锻斜度与模锻深度有关。对于锤上模锻，一般外壁斜度 α（即当锻件冷却时锻件与模壁离开的表面）常为 7°，特殊情况可用 5°或 10°，内壁斜度 β（即当锻件冷却时锻件与模壁夹紧的表面）常为 10°，特殊情况可用 7°、12°或 15°。模锻斜度与模膛深度和宽度有关，当模膛深度与宽度的比值较大时，取较大的斜度值。

④ 模锻圆角半径　如图 9-10 (b) 所示，为使锻造时金属容易充满模膛，增大锻件强

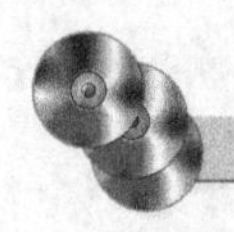

度，避免锻模上的内尖角处产生裂纹，减慢锻模外尖角处的磨损，提高锻模使用寿命，在模锻件上所有两平面的交角处均需做成圆角。模膛深度越深，圆角半径取值越大。一般凸圆角半径 r 等于单面加工余量加成品零件圆角半径或倒角值，凹圆角半径 $R=(2\sim3)r$，计算所得半径需圆整为标准值，以利于使用标准刀具。钢的模锻件外圆角半径 $r=1.5\sim12$mm。

如图 9-11 所示为齿轮坯模锻锻件。图中双点划线为零件轮廓外形。分模面选在锻件高度方向的中部，零件轮辐部分不加工，故不留加工余量。图上内孔中部的两条直线为冲孔连皮切掉后的痕迹线。

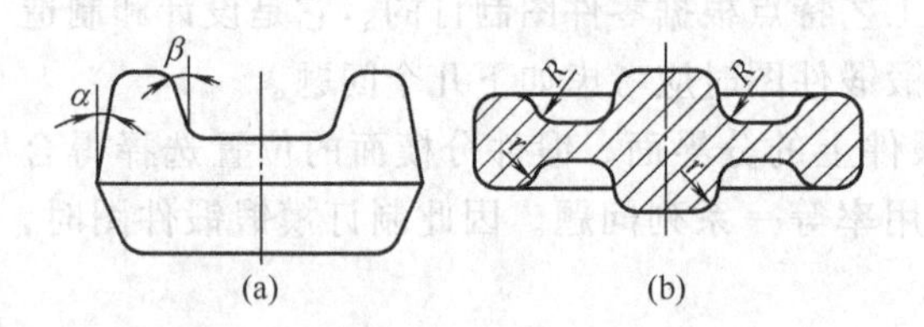

图 9-10　模锻斜度和圆角半径

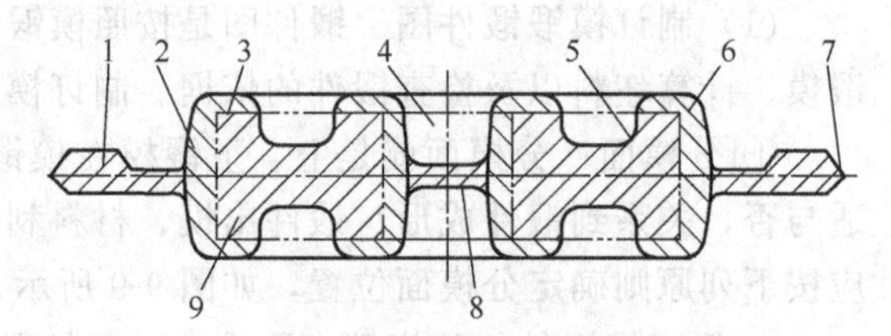

图 9-11　齿轮坯模锻锻件

1—毛边；2—模锻斜度；3—加工余量；4—不通孔；5—凹圆角；6—凸圆角；7—分模面；8—冲孔连皮；9—零件

(2) 确定模锻工步　模锻工步主要是根据锻件的形状和尺寸来确定的。模锻件按形状可分为两大类：一类是长轴类零件，如台阶轴、曲轴、连杆、弯曲摇臂等；另一类是盘类零件，如齿轮、法兰盘等。

① 长轴类模锻件　锻件的长度与宽度之比大，锻造过程中锤击方向垂直于锻件的轴线。终锻时金属沿高度与宽度方向流动，而长度方向流动不显著。故常选用拔长、滚压、弯曲、预锻和终锻等工步。拔长和滚压时，坯料沿轴线方向流动，金属体积重新分配，使坯料的各横截面积与锻件相应的横截面积近似相等。坯料的横截面面积大于锻件最大横截面面积时，可只选用拔长工步。反之则采用拔长和滚压工步。锻件的轴线为曲线时，应选用弯曲工步。对于小型长轴类锻件，为了减少钳口料和提高生产率，常采用一根棒料同时锻造几个锻件的锻造方法，因此应增设切断工步，将锻好的工件切离。

对于形状复杂的锻件，还需选用预锻工步，最后在终锻模膛中模锻成形。如图 9-12 所示，是锻造弯曲连杆过程示意图，坯料经过拔长、滚压、弯曲等三个工步，形状接近于锻件，然后经过预锻及终锻两个模膛制成带有飞边的锻件。至此在锤上进行的模锻工步已经完成。再经切飞边等其他工步即可获得合格锻件。

② 盘类模锻件　锻件在分模面上的投影为圆形或长度接近于宽度。锻造过程中锤击方向与坯料轴向相同，终锻时金属沿高度、宽度及长度方向产生流动，因此常选用镦粗、终锻等工步。对于形状简单的盘类锻件，只可用终锻工步成形。对于形状复杂的、有深孔或有高筋的锻件，则应增加镦粗工步。

(3) 选择模锻设备　模锻锤的吨位按表 9-7 选择。

表 9-7　模锻锤的吨位选择

模锻锤吨位/t	1	2	3	5	10	16
锻件质量/kg	2.5	6	17	40	80	120
锻件在分模面处投影面积/cm²	13	380	1080	1260	1960	2830
能锻齿轮的最大直径/mm	130	220	370	400	500	600

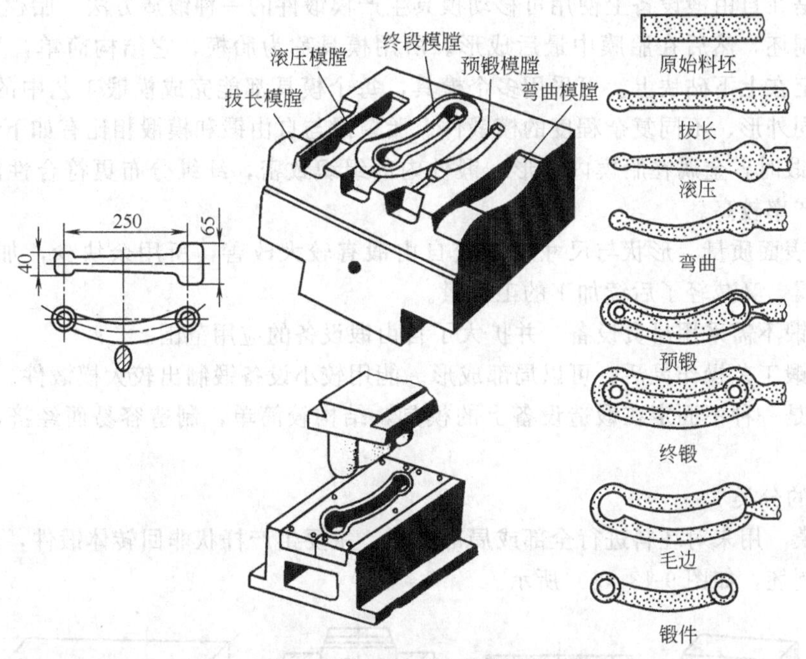

图 9-12 弯曲连杆模锻过程

(4) 计算坯料尺寸 其步骤与自由锻件类同。坯料质量包括锻件、毛边、连皮、钳口料头和氧化皮。一般飞边是锻件质量的 20%～25%，氧化皮是锻件和飞边质量的 2.5%～4%。

(5) 修整工序 坯料在锻模内制成模锻件后，尚需经过一系列修整工序后才能保证和提高锻件质量。修整工序包括以下内容。

① 切边和冲孔 刚锻制成的模锻件，一般带飞边和连皮，需在压力机下用切边模将它们切除。切边和冲孔根据不同情况可在热态和冷态下进行。对于较大锻件和合金钢锻件，常利用模锻后的余热立即进行切边和冲孔。它的特点是所需切断力较小。但锻件在切边和冲孔时易产生变形。对于尺寸较小和精度要求较高的模锻件，常采用冷切的方法。它的特点是切断后锻件表面较整齐，不宜产生变形，但所需的切断力较大。

切边模由活动凸模和固定的凹模所组成。切边凹模的通孔形状和锻件在分模面上的轮廓一样。凸模工作面的形状与锻件上部外形相符。在冲孔模上，凹模作为锻件的支座，凹模的形状做成使锻件放到模中时能对准中心。冲孔连皮从凹模孔落下。当锻件为大量生产时，切边及冲连皮可在一个较复杂的复合模或连续模上联合进行。

② 校正 在切边和其他工序中都可能引起锻件变形，因此切边后可在终锻模膛内或专门校正模膛内进行校正。

③ 热处理 热处理的目的是为了消除锻件在锻造过程中产生的过热组织或加工硬化，改善锻件组织和切削加工性，提高锻件力学性能，一般采用正火或退火。

④ 清理 为了提高模锻件的表面质量，改善模锻件的切削加工性能，模锻件需要进行表面清理（如喷砂法、酸洗法等）去除锻件表面的氧化皮、污垢及其他表面缺陷（如毛刺）等。

⑤ 精压 对于要求精度高，表面粗糙度低的模锻件，清理后还应在压力机上进行精压。

(二) 胎模锻

1. 胎模锻概述

胎模锻是在自由锻设备上使用可移动模具生产模锻件的一种锻造方法。胎模锻一般采用自由锻方法制坯，然后在胎膜中最后成形。所用模具称为胎模，它结构简单，形式多种多样，但不固定在上下砧块上。可采用多个模具，每个模具都能完成模锻工艺中的一个工序。能锻制出不同外形、不同复杂程度的模锻件。胎模锻与自由锻和模锻相比有如下特点。

① 胎模锻时，金属在胎模内成形，锻件内部组织致密，纤维分布更符合性能要求，操作简便，生产率较高。

② 锻件表面质量、形状与尺寸精度较自由锻有较大改善，所用余块少，加工余量小，既节省了金属，又减轻了后续加工的工作量。

③ 胎模锻不需采用昂贵设备，并扩大了自由锻设备的应用范围。

④ 胎模锻工艺操作灵活，可以局部成形。能用较小设备锻制出较大模锻件。

⑤ 胎模是一种不固定在锻造设备上的模具，结构较简单，制造容易而经济，易于推广和普及。

2. 胎模的分类

(1) 扣模　用来对坯料进行全部或局部扣形，主要生产杆状非回转体锻件，也可以为合模锻造进行制坯，如图 9-13 (a) 所示。

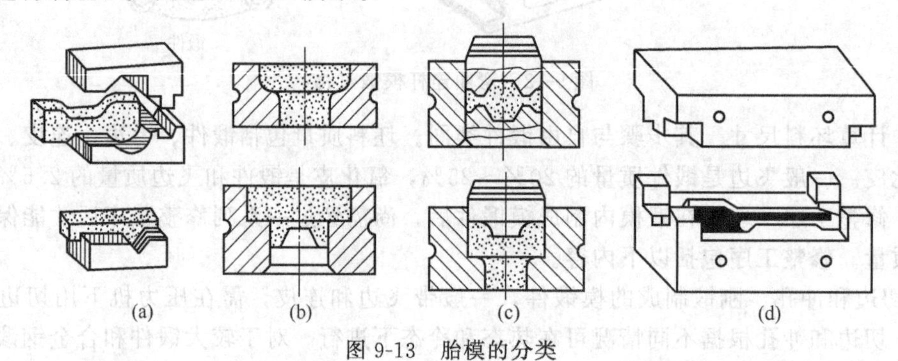

图 9-13　胎模的分类

(2) 筒模　锻模呈套筒形，主要用于锻造齿轮、法兰盘等回转体类锻件，对于形状简单的锻件，只用一个筒模就可进行生产，如图 9-13 (b)、(c) 所示。筒模分为整体模、镶块模或带垫模三种。对于形状复杂的胎模锻件，需要在筒模内再加两个半模制成组合筒模。坯料在由两个半模组成的模膛内成形，锻后先取出两个半模，再取出锻件。

(3) 合模　通常由上模和下模组成，如图 9-13 (d)。为了使上、下模吻合及不使锻件产生错移，经常用导柱和导锁等定位。合模多用于生产形状较复杂的非回转体锻件，如连杆、叉形件等锻件。

3. 胎模锻的工艺过程

胎模锻工艺过程包括制订工艺规程、制造胎模、备料、加热、锻制胎模锻件及后续工序等。在工艺规程制订中，分模面的选取可灵活些，分模面的数量不限于一个，而且在不同工序中可以选取不同的分模面，以便于制造胎模和使锻件成形。

如图 9-14 所示，是一个法兰盘胎模锻造过程。所用胎模为套筒模，它由模筒、模垫和冲头组成。原始坯料加热后，先用自由锻锻粗，然后将模垫和模筒放在下砧铁上，再将镦粗的坯料平放在模筒内，压上冲头后终锻成形，最后将连皮冲掉。

(三) 其他模锻

锤上模锻具有工艺适应性广的特点，目前在锻压生产中广泛应用。但是模锻锤在工作中

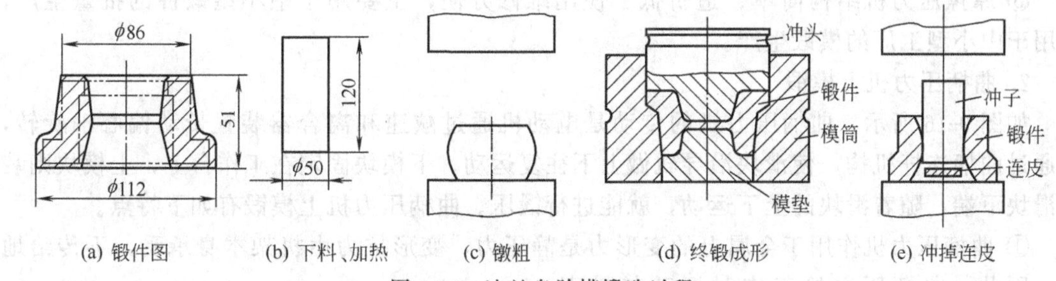

图 9-14 法兰盘胎模锻造过程

存在振动和噪声大、劳动条件差、蒸汽效率低、能源消耗多等难以克服的缺点。所以近年来大吨位模锻锤有逐步被压力机所取代的趋势。用于模锻生产的压力机有摩擦压力机、曲柄压力机、平锻机和模锻水压机等。

1. 摩擦压力机上模锻

如图 9-15 所示，在摩擦压力机上进行模锻主要是靠飞轮、螺杆和滑块向下运动所积蓄的能量使坯料变形的，最大吨位可达 10000kN（压力机的吨位指产生的最大压力）。模锻具有如下特点。

① 适应性好，滑块行程不固定，锻压力可自由调节，因而可实现轻打、重打，可在一个模膛内进行多次锻打。能满足模锻各种成形工序的要求。

② 滑块运动速度低，锻击频率低，适合于再结晶速度慢的低塑性合金钢和有色金属（如铜合金）的模锻。

③ 摩擦压力机承受偏心载荷能力差，只适用于单膛锻模进行模锻。对于复杂的锻件，需要在自由锻设备或其他设备上制坯。

④ 由于打击速度不高，设备本身具有顶料装置，生产中不仅可以使用整体式锻模，还可以采用特殊结构的组合式模具。

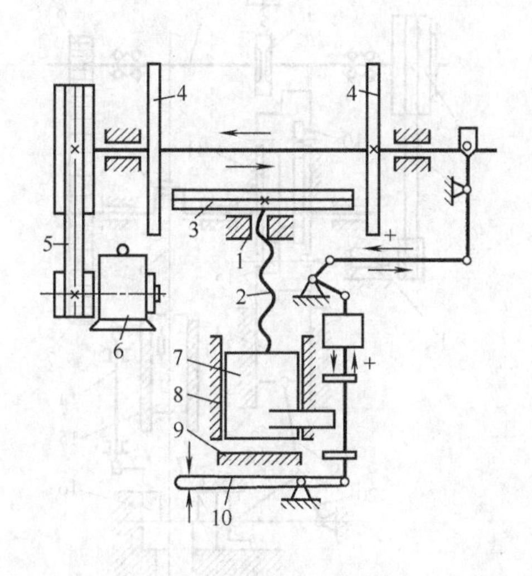

图 9-15 摩擦压力机传动

1—螺杆；2—螺母；3—飞轮；4—圆轮；5—传动带；6—电动机；7—滑块；8—导轨；9—机座；10—操纵杆

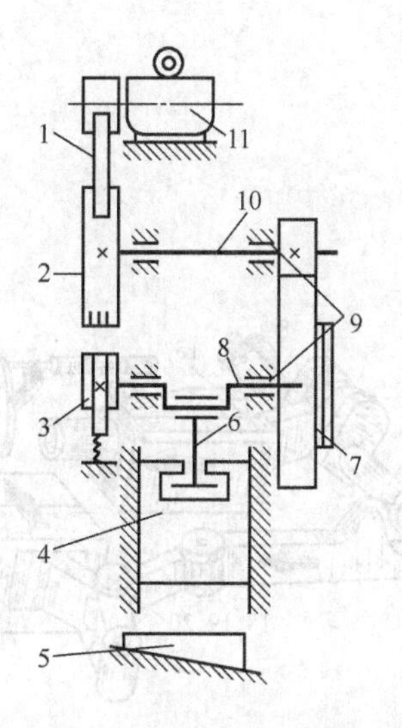

图 9-16 曲柄压力机传动

1—皮带；2—飞轮；3—制动器；4—滑块；5—楔形工作台；6—连杆；7—摩擦离合器；8—曲轴；9—齿轮；10—传动轴；11—电动机

⑤ 摩擦压力机结构简单、造价低、使用维修方便，主要用于中小型锻件的批量生产，适用于中小型工厂的模锻生产。

2. 曲柄压力机上模锻

如图 9-16 所示，曲柄压力机的传动是电动机通过减速和离合器装置带动偏心轴旋转，再通过曲柄连杆机构，使滑块沿导轨做上下往复运动。下模块固定在工作台上，上模块则装在滑块下端，随着滑块的上下运动，就能进行锻压。曲柄压力机上模锻有如下特点。

① 曲柄压力机作用于金属上的变形力是静压力，变形抗力由机架本身承受，不传给地基。因此，曲柄压力机工作时振动与噪声小，劳动条件好。

② 机身刚度大，导轨与滑块的间隙小，滑块导向精确，能保证上下膛准确对合在一起，不产生错移。

③ 模锻件精度高，加工余量和公差小，节约金属。

④ 因为滑块行程速度低，适合于低塑性金属材料的加工。

⑤ 不适合进行拔长和滚压工步。这是由于滑块行程一定，不论用什么模膛都是一次成形，金属变形量过大，不易使金属添满终锻模膛所致。因此，为使变形逐渐进行，终锻前常采用预成形、预锻工步。图 9-17 所示为经预成形、预锻和最后终锻的齿轮模锻工步。

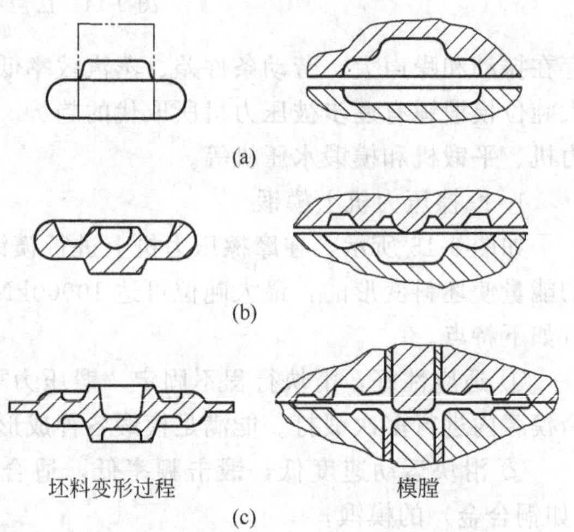

图 9-17　曲柄压力机上齿轮模锻工步

⑥ 曲柄压力机设备复杂、造价高，但生产率高，锻件精度高，适合于大批大量生产。

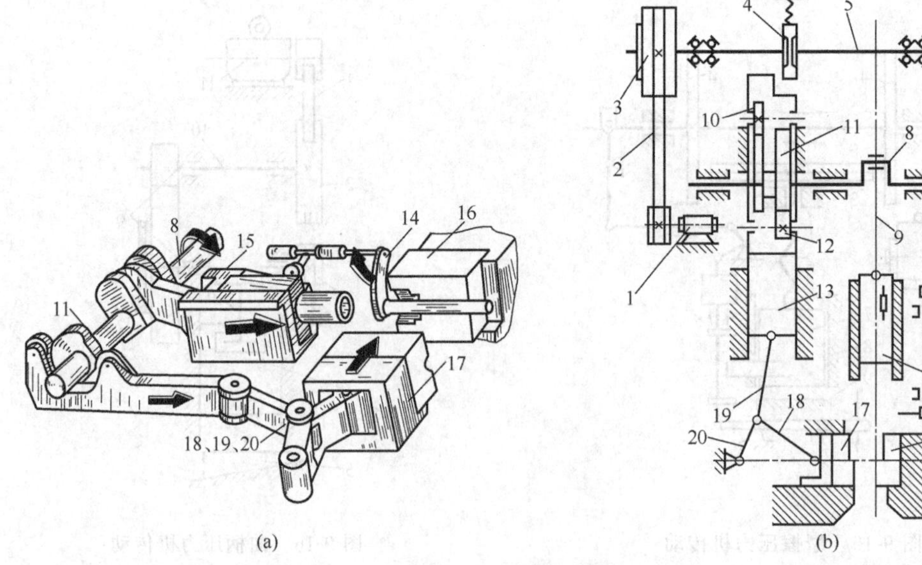

图 9-18　平锻机传动

1— 电动机；2—传动带；3—带轮；4—离合器；5—传动轴；6,7—齿轮；8—曲轴；9—连杆；10,12—导轮；11—凸轮；13—副滑块；14—挡料板；15—主滑块；16—固定模；17—活动模；18～20—连杆系统

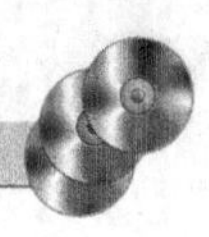

3. 平锻机上模锻

如图 9-18 所示，平锻机的主要结构与曲柄压力机相同。只不过其滑块水平运动，故称为平锻机。平锻机上模锻有如下特点。

① 扩大了模锻的适用范围，可以锻出锤上和曲柄压力机上无法锻出的锻件，还可以进行切飞边、切断、弯曲等工步。

② 锻件尺寸精确，表面粗糙度低，生产率高。

③ 节省金属，材料利用率高。

④ 对非回转体及中心不对称的锻件较难锻造。平锻机的造价也比较高，适用于大批大量生产。

第四节 板料冲压

一、冲压工序变形特点及应用

板料冲压工艺在工业生产中有着十分广泛的应用，特别是在汽车、拖拉机、航空、电器、仪表等工业中占有极其重要的地位。板料冲压具有如下特点。

① 可冲压出形状复杂的零件，废料较少，材料利用率高。

② 冲压件尺寸精度高，表面粗糙度低，互换性能好。

③ 可获得强度高、刚性好、质量轻的冲压件。

④ 冲压操作简单，工艺过程便于实现机械化、自动化，生产率高；但冲模制造复杂，要求高。因此，这种工艺方法用于大批量生产时才能使冲压产品成本降低。

板料冲压所用的原材料通常是塑性较好的低碳非合金钢、塑性高的合金钢、铜合金、铝合金等的薄板料、条、带料。板料冲压所用设备主要是剪床和冲床。剪床用来把板料剪切成所需要宽度的条料，以供冲压工序使用。

二、板料冲压的基本工序

板料冲压的基本工序可分为分离工序和变形工序两大类。

(一) 分离工序

分离工序是将坯料的一部分和另一部分分开的工序。如剪切、落料和冲孔、整修等。

1. 剪切

剪切是用剪刃或冲模将板料沿不封闭轮廓进行分离的工序。

2. 落料和冲孔

落料和冲孔都是将板料按封闭轮廓分离的工序。这两个工序的模具结构与坯料变形过程都是一样的，只是用途不同。落料是被分离的部分为成品或坯料，周边是废料；冲孔则是被分离部分为废料，而周边是带孔的成品。

当凸模压向坯料时，首先使金属产生弯曲，然后由于凸模（冲头）和凹模刃口的作用，使坯料在与切口接触处开始出现裂纹。随着凸模继续向下压，上下两处裂纹扩展连在一起，使坯料分离，完成落料（或冲孔）的工序，如图 9-19 所示。

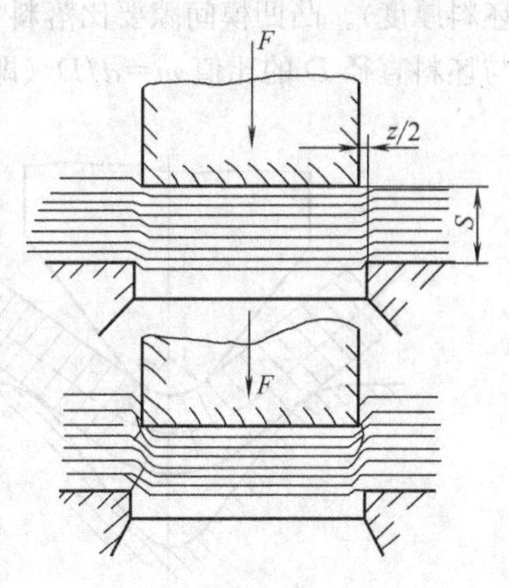

图 9-19 落料和冲孔时金属变形情况示意

为使成品边缘光滑，凸凹模刃口必须锋利；凸凹模间隙 z 要均匀适当，因为它不仅严重影响成品的断面质量，而且影响模具寿命、冲裁力及成品的尺寸精度。

排样是落料工作中的重要工艺问题。合理的排样可减少废料，节省金属材料。如图9-20所示，无接边的排样法可最大限度地减少金属废料，但冲裁件的质量不高，所以通常都采用接边的排样法。

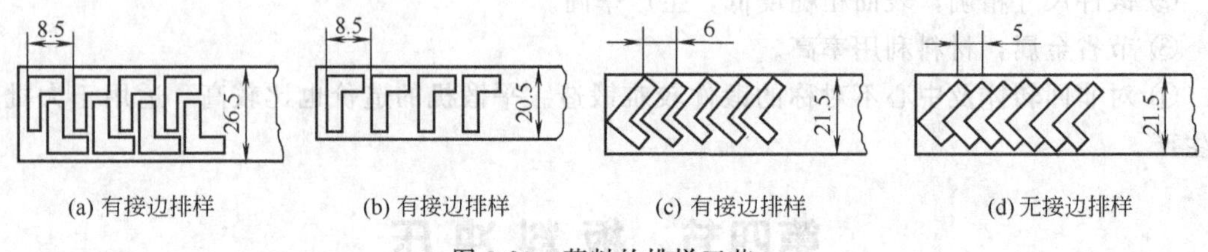

图 9-20　落料的排样工艺

3. 整修

使落料或冲孔后的成品获得精确轮廓的工序称为整修。利用整修模沿冲压件外缘或内孔刮削一层薄薄的切屑或切掉冲孔或落料时在冲压件断面上存留的剪裂带和毛刺，从而提高冲压件的尺寸精度和降低表面粗糙度值。

（二）变形工序

变形工序是使坯料的一部分相对于另一部分产生塑性变形而不破裂的工序，如弯曲、拉深、翻边、成形等。

1. 弯曲

使坯料的一部分相对于另一部分弯曲成一定角度的工序叫弯曲，如图 9-21 所示。弯曲时材料内侧受压缩，而外侧受拉伸。当外侧拉应力超过坯料的抗拉强度时，会使金属破裂。坯料越厚，内弯曲半径 r 越小，应力越大，越易弯裂。弯曲时尽可能使弯曲线与坯料纤维方向垂直。为防止坯料将有一定角度的回弹，弯曲的角度应比成品略小。

2. 拉深

使坯料变形成开口空心零件的工序叫拉深，如图 9-22 所示。为减少坯料断裂，拉深模的凸模和凹模边缘都不能是锋利的刃口而应做成圆角。其中凸模圆角半径 $r_{凸} \leqslant (5 \sim 10)\delta$（$\delta$ 为坯料厚度）。凸凹模间隙要比落料模的大，一般为 $(1.1 \sim 1.2)\delta$。为避免拉穿，拉深件直径 d 与坯料直径 D 的比值 $m=d/D$（即拉深系数）应在一定范围之内，一般 $m=0.5 \sim 0.8$。

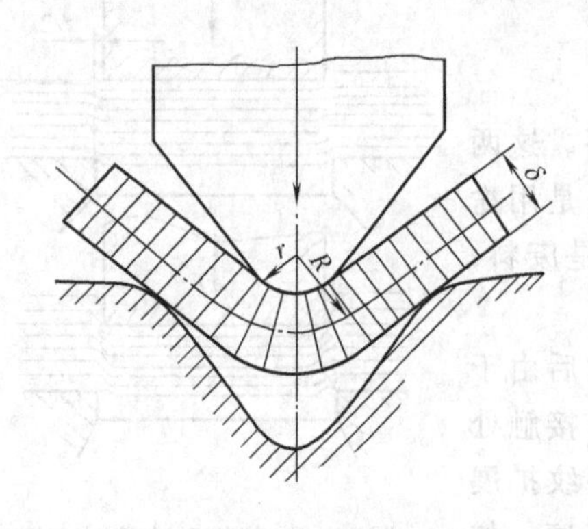

图 9-21　弯曲时的金属变形

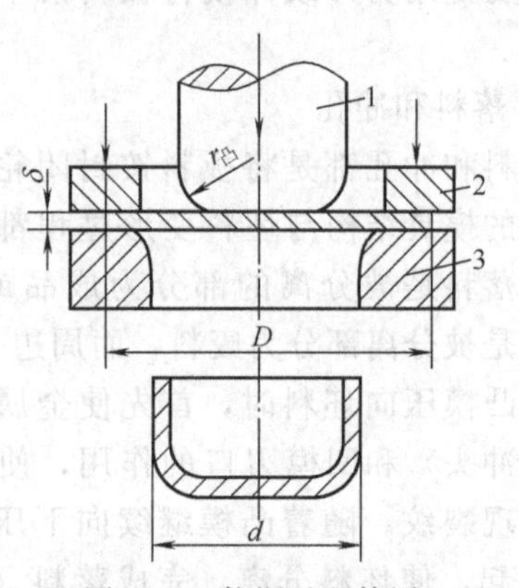

图 9-22　拉深过程简图

1—冲头；2—压板；3—凹模

m 越小，表明拉深件直径越小，变形程度越大，越容易出现拉穿现象。所谓多次拉深是指当拉深系数过小时，不允许一次拉的过深，应分几次进行，逐渐增加工件深度的过程。

3. 翻边

使带孔坯料孔口周围获得凸缘的工序称为翻边，如图 9-23 所示。图中 d_0 为坯料上孔的直径，δ 为坯料厚度，d 为凸缘平均直径，h 为凸缘的高度。

4. 成形

利用局部变形使坯料或半成品改变形状的工序称为成形。如图 9-24 所示，用橡皮芯子来增大半成品的中间部分，在凸模轴向压力作用下，对半成品壁产生均匀的侧压力而成形。凹模是可以分开的。

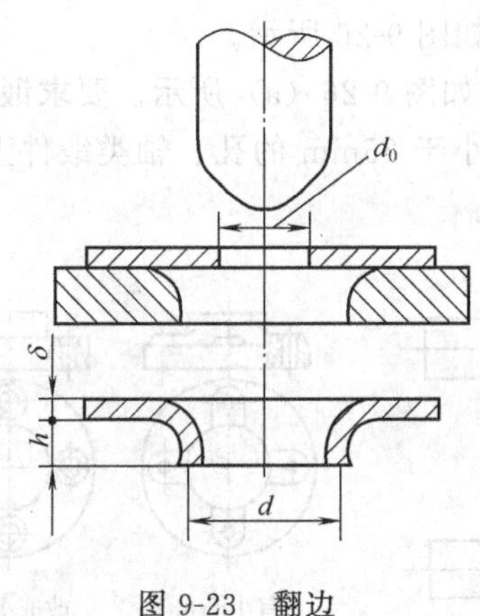

图 9-23　翻边

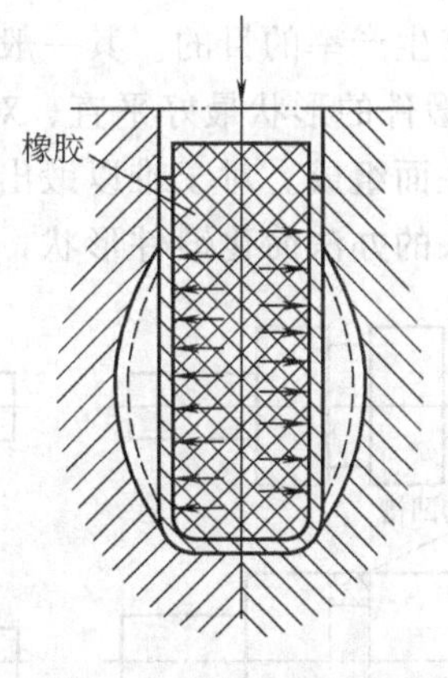

图 9-24　鼓肚容器成形

三、冲模

冲模是冲压生产中必不可少的工艺装备，是使板料分离或变形的工具，它分为简单冲模、连续冲模及复合冲模三种。

1. 简单冲模

简单冲模是在冲床的一次行程中只完成一个工序的冲模，如图 9-25 所示。凹模用压板固定在下模板上，下模板用螺栓固定在冲床的工作台上。凸模用压板固定在上模板上，上模板则通过模柄与冲床的滑块连接，凸模可随滑块作上下运动。为了使凸模向下运动时能对准凹模孔，并在凹模孔之间保持均匀间隙，通常用导柱和套筒来保证。条料在凹模上沿两个导板之间送进，碰到定位销为止。凸模向下冲压时冲下部分进入凹模孔，而条料则夹住凸模一起回程向上运动。条料碰到卸料板时被推下，这样，条料继续在导板间送进。重复上述动作，即可连续冲压。

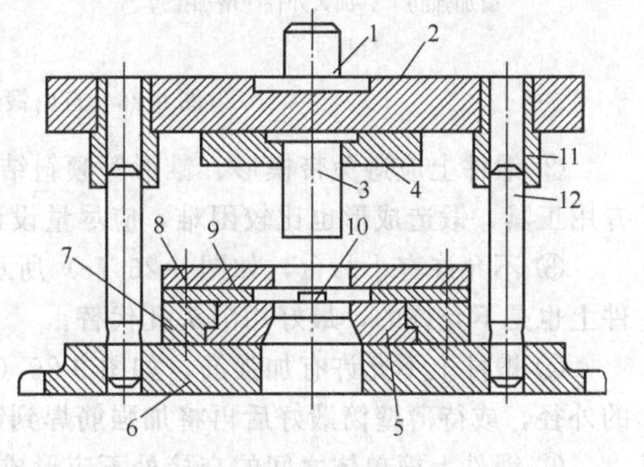

图 9-25　简单冲模

1—模柄；2—上模板；3—凸模；4,7—压板；5—凹模；6—下模板；8—卸料板；9—导板；10—定位销；11—套筒；12—导柱

2. 连续冲模

连续冲模是把两个或两个以上的简单冲模安装在一个模板上，在压力机一次行程内于模具不同部位上同时完成两个以上冲压工序。此

种模具生产效率高，易于实现自动化。但要求定位精度高，制造比较麻烦，成本也较高。

3. 复合冲模

复合冲模是利用冲床的一次行程，在模具的同一位置完成数道工序的模具。适用于产量大、精度高的冲压件。

第五节 锻压件结构设计

一、自由锻锻件结构工艺性

在设计自由锻锻件结构和形状时，既要满足使用性能要求，又要考虑自由锻设备、工具和工艺特点，使零件具有良好的结构工艺性，以便达到结构合理、锻造方便、减少材料与工时的消耗和提高生产率的目的。其一般原则如下，如图 9-26 所示。

① 自由锻锻件的形状最好平直、对称、简单，如图 9-26（a）所示。要求锻件外形尽可能由平面和圆柱面组成。对于难以锻出的形状，如小于 25mm 的孔、轴类锻件上窄的凹槽，则可用添加余块的办法简化锻件形状，使锻造方便。

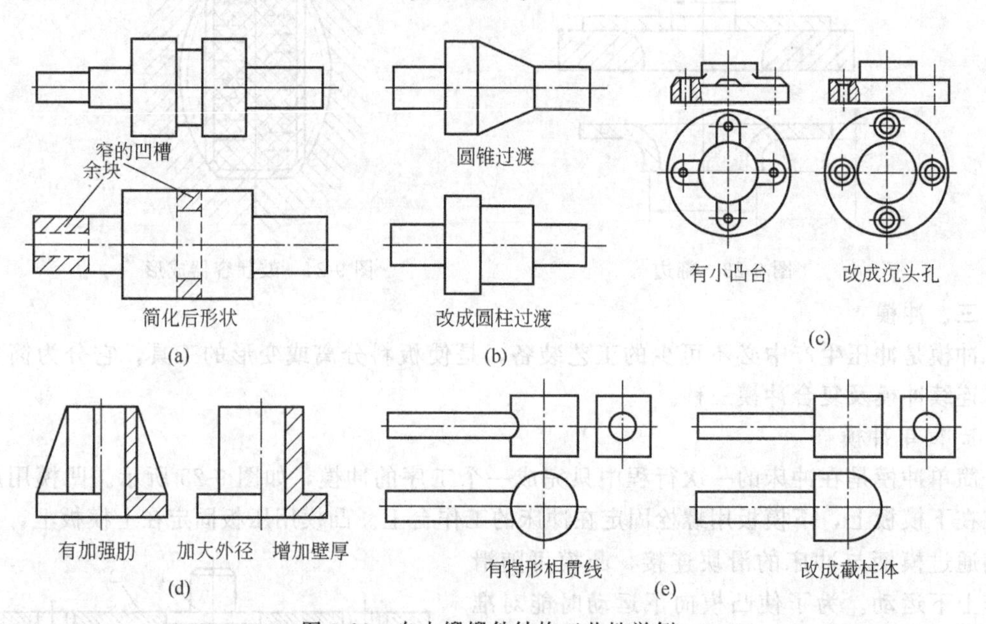

图 9-26 自由锻锻件结构工艺性举例

② 锻件上应避免带楔形、锥形等倾斜结构，如图 9-26（b）所示。这类锻件加工时需要专用工具，锻造成形也比较困难，应尽量设计成圆柱形、方形结构。

③ 不允许有小凸台，如图 9-26（c）所示。为便于切削加工和装配而设计的小凸台在锻件上也是不允许的，最好用沉头孔代替。

④ 锻件上不允许有加强筋，如图 9-26（d）所示。为了增加强度，可以适当增加薄壁筒的外径，或待薄壁筒锻好后再将加强筋焊到锻件上。

⑤ 锻件上简单体之间的交接处不应形成空间曲线，如图 9-26（e）所示。因为复杂的相贯线锻造成形是很困难的，应改为平面与圆柱体或平面与平面交接。

⑥ 对于横截面有急剧变化或形状复杂的锻件，可设计成简单件的组合体，每个简单件锻制成形后，再用焊接或机械连接方式构成整体零件。

二、模锻件结构工艺性

如图 9-27 所示，设计模锻件时为方便模锻件生产和降低成本，应根据模锻特点和工艺要求使其结构符合如下原则。

① 锻件要有合理的分模面、模锻斜度和圆角半径。

② 由于模锻件精度较高和表面粗糙度较低，因此零件的配合表面可留有加工余量；非配合表面一般不需进行加工，不留加工余量。

③ 为了使金属容易充满模膛、减少加工工序，零件外形应力求简单、平直和对称，尽量避免零件截面间相差过大或具有薄壁、高筋、凸起等结构。如图 9-27（a）所示，零件的最小、最大截面之比小于 0.5，故不宜采用模锻方法制造；且该零件凸缘薄而高，中间凹下很深，难于用模锻方法锻制。如图 9-27（b）所示，零件扁而薄，模锻时薄的部分金属宜于冷却，不易充满模膛。如图 9-27（c）所示，零件有一个高而薄的凸缘，使锻模制造和取出锻件都很困难。综合比较，图 9-27（d）就具有较好的结构工艺性。

④ 应避免有深孔或多孔结构。

⑤ 减少余块，简化模锻工艺，在可能的条件下，应尽量采用锻-焊组合工艺。

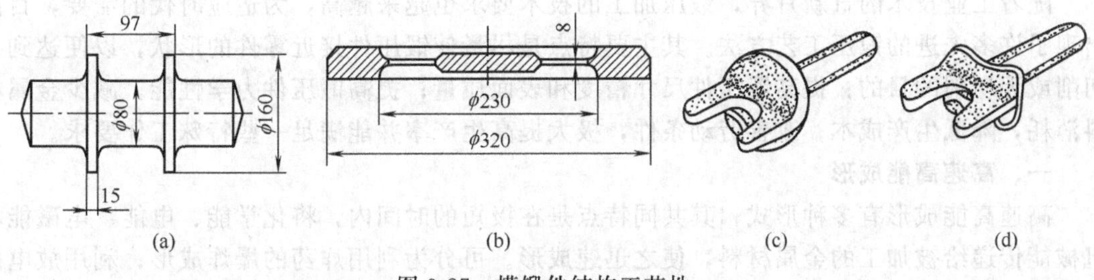

图 9-27 模锻件结构工艺性

三、冲压件结构工艺性

冲压件的设计不仅应保证它具有良好的使用性能，而且也应具有良好的工艺性能，以减少材料的消耗、延长模具寿命、提高生产率，降低成本，保证冲压件质量。冲压件的设计应满足下列要求。

① 落料件的外形和冲孔件的孔形应力求简单对称，尽量采用圆形、矩形等规则形状，并应使排样时的废料降低到最低限度。应避免长槽和细长悬臂结构。如图 9-28 所示，图（b）设计要比图（a）设计合理，材料利用率可达 79%。

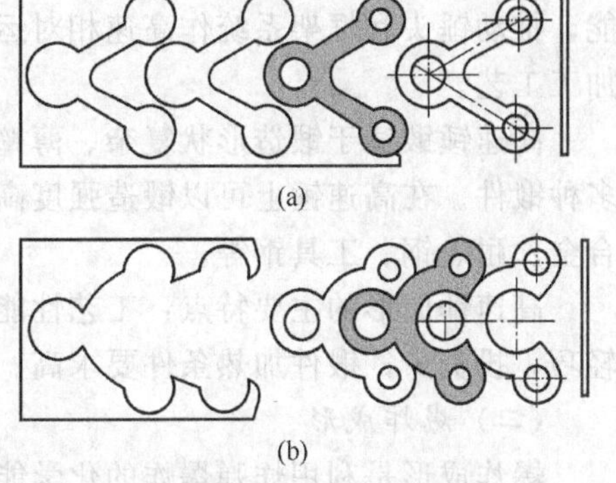

图 9-28 零件形状与节约材料的关系

② 工件上的孔和孔距不能太小，工件周边上的凸出和凹进不能太窄太深，所有的直线与直线、曲线与直线的交接均应为圆弧连接，以避免因应力集中而被冲模冲裂，其最小圆角半径 $R>0.5\delta$，如图 9-29 所示为冲压件结构工艺性示意。

③ 弯曲件形状应尽量对称，弯曲半径 R 不得小于材料允许的最小弯曲半径，并应考虑材料纤维方向，以避免成形过程中弯裂。弯曲带孔件时，为避免孔的变形，孔的位置应在圆角的圆弧之外，且应先弯曲后冲孔，如图 9-29（b）所示。

④ 拉深件外形应力求简单对称，且不易太高，以便使拉深次数尽量少并容易成形。对

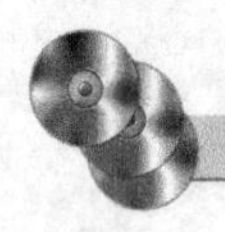

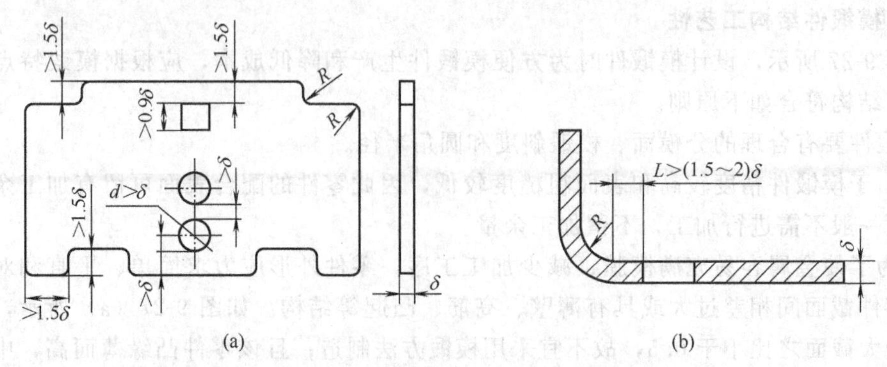

图 9-29　冲压件结构工艺性示意

形状复杂件可采用冲压焊接复合结构。

第六节　其他压力加工方法简介

随着工业技术的日新月异，锻压加工的技术要求也越来越高，为适应时代的需要，目前出现了许多先进的锻压工艺方法。其主要特点是尽量使锻压件接近零件的形状，以便达到少切削或无切削的目的；提高锻压件尺寸精度和表面质量；提高锻压件力学性能，减少金属材料消耗，降低生产成本；改善劳动条件，极大提高生产率并能满足一些特殊工作要求。

一、高速高能成形

高速高能成形有多种形式，其共同特点是在极短的时间内，将化学能、电能、电磁能和机械能传递给被加工的金属材料，使之迅速成形。可分为利用炸药的爆炸成形；利用放电的放电成形；利用电磁力的电磁成形和利用压缩空气的高速锻锤成形等。高速高能成形的速度高，可以锻制难加工材料，加工精度高、加工时间短，设备费用也较低。

（一）高速锻锤

高速锻锤成形是利用 14MPa 的高压气体在短时间内突然膨胀，使活塞高速运动产生动能，推动锤头和框架系统作高速相对运动而产生悬空打击，使金属坯料在高速冲击下成形的加工工艺。

高速锤锻适于锻造形状复杂、薄壁高筋的高精度锻件，例如叶片、壳体、接头、齿轮等多种锻件。在高速锤上可以锻造强度高、塑性低的材料。可以锻造的材料有铝、镁、铜、钛合金、耐热钢、工具钢等。

高速锤成形的主要特点：工艺性能好；锻件质量好；锻件精度高；材料利用率高；设备轻巧，投资少；锻件加热条件要求高。

（二）爆炸成形

爆炸成形是利用炸弹爆炸的化学能使金属材料变形的方法。在模腔内置入炸药，其爆炸时产生大量高温高压气体，使周围介质（水、沙子等）的压力急剧上升，并呈辐射状传递，使坯料成形。这种成形方法成形速度高，投资少，工艺装备简单，适用于多品种小批量生产，尤其适用于一些难加工金属材料，如钛合金、不锈钢的极大件成形。

（三）放电成形

放电成形的坯料变形机理与爆炸成形基本相同。它是通过放电回路中产生强大的冲击电流，使电极附近的水气化膨胀，从而产生很强的冲击压力使坯料成形。与爆炸成形相比，放

电成形时能量的控制与调整简单，成形过程稳定，使用安全、噪声小，生产率高。但是放电成形受到设备容量的限制，不适于大件成形。

（四）电磁成形

电磁成形是利用电磁力来加压成形的。成形线圈中的脉冲电流可在极短的时间内迅速增长和衰减，并在周围空间形成一个强大的变化磁场。坯料置于成形线圈内部，在此变化磁场作用下，坯料内产生感应电流，坯料内感应电流形成的磁场和成形线圈磁场相互作用的结果，使坯料在电磁力的作用下产生塑性变形。这种成形方法所用的材料应当是具有良好导电性能的铜、铝和钢。如需加工导电性能差的材料，则在毛坯表面放置有薄铝板制成的驱动片，用以促进坯料成形。电磁成形不需要水和油之类的介质，工具也几乎不消耗，装置清洁、生产率高，产品质量稳定；但由于受到设备容量的限制，只适用于加工厚度不大的小零件、板材或管材。

二、精密模锻

精密模锻是指在某些刚度大、精度高的模锻设备（如曲柄压力机、摩擦压力机等）上锻制形状复杂、高精度锻件的一种模锻工艺。如锻制锥齿轮、汽轮叶片、航空零件、电器零件等，锻件公差可在±0.02mm以下，能达到少切削或者无切削的目的。

（一）工艺过程

精密模锻的工艺过程一般经过原始坯料到中间坯料，最后为精锻的过程。为提高锻件的质量，减小氧化程度，精锻碳钢件时应选择锻造温度为450～900℃之间的温度模锻加工。

（二）工艺特点

精密模锻的工艺特点具有如下几点。

① 原始坯料的尺寸计算精确，严格按坯料质量的要求下料。防止增大锻件尺寸公差，使锻件精度降低。

② 需要仔细清理中间坯料表面，除净坯料表面的氧化皮、脱碳层及其他缺陷等。

③ 为提高锻件的尺寸精度和降低表面粗糙度而采用无氧化或少氧化加热方法，尽量减少坯料表面形成氧化皮。

④ 提高精密模锻的锻件精度，很大程度上取决于锻模的加工精度。精锻模一定要有导柱、导套装置以保证合模准确。

⑤ 为便于及时排除精锻时模膛中的气体，减少金属流动阻力，使金属更易于充满模膛，模膛内应开有排气小孔。

⑥ 严格控制模具温度、锻造温度、操作方法、润滑和冷却条件，提高锻模寿命和降低设备功耗。

三、液态模锻

液态模锻是将定量的液态金属直接浇入金属模内，然后在一定时间内以一定压力作用于液态或半液态金属上经结晶、塑性流动使之成形的一种加工工艺方法，如图9-30所示。它是一种介于压力铸造和模锻之间的加工方法。既有铸造工艺简单、成本低的特点，又具有锻造产品性能好、质量可靠的优点。适用于铝、铜合金及灰铸铁、碳钢、不锈钢等各种类型合金的生产。液态模锻在液压机上进行，它的速度可以控制，施压平稳，不易产生飞溅。

（一）工艺过程

液态模锻的一般工艺流程为：①原材料配制；②熔炼；③浇注；④加压成形；⑤脱模；⑥灰坑冷却；⑦热处理；⑧检验；⑨入库。

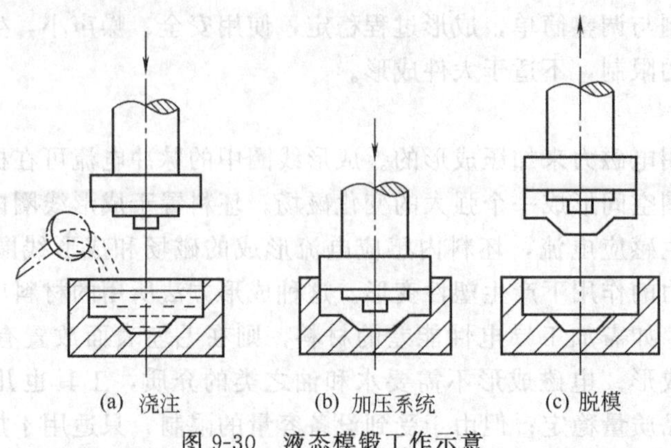

图 9-30　液态模锻工作示意

(二) 工艺特点

1. 与一般模锻相比液态模锻具有的特点

① 金属在压力下结晶成形，晶粒细化、组织均匀致密，性能优良。

② 液态模锻可以利用金属废料熔炼成液态后直接进行液态模锻，减少工序及设备，节省材料。

③ 液态模锻件外形准确，表面粗糙度低，可少用或不用切削加工。

④ 液态模锻可一次成形，不需要多个模膛，从而可提高生产率，减小劳动强度，节省了大量模具钢。

⑤ 液态模锻件是在封闭的模具内成形，液态金属充满模膛要比一般模锻容易得多，因而所需设备吨位较小，仅为一般模锻设备的1/5～1/8。

2. 与压力铸造相比液态模锻具有的特点

① 液态模锻不像压铸那样由于金属高速流入模型，气体来不及排出，导致产生气孔。

② 液态模锻不像压铸那样快速冷却凝固，而是在充分的压力下结晶成形，晶粒细化，组织均匀。

③ 液态模锻结构简单、紧凑。不像压铸需要浇口、浇道、使模具复杂。

④ 液态模锻不会产生压铸时易出现的液体正面冲击和涡流现象。

⑤ 液态模锻不需要用专门的压铸机，而采用通用设备。

四、超塑性模锻

(一) 超塑性的基本概念

所谓超塑性模锻是指金属或合金在特定条件下进行拉伸试验，其伸长率超过100%以上的特性，如纯钛可超过300%，钢超过500%，锌铝合金可超过1000%。特定的条件包括：一定的变形温度（约为$0.5T_{熔}$）；一定的晶粒度（晶粒平均直径为0.2～0.5μm）；变形速率低（$\varepsilon=10^{-2}\sim10^{-4}/s$）。目前，常用的超塑性成形材料主要是铝基合金、钛合金等。超塑性状态下的金属在变形过程中不产生缩颈现象，变形应力可比常态下降低几倍至几十倍。因此此种金属极易成形，可采用多种工艺方法制出复杂零件。采用超塑性模锻可节约材料，降低成本。超塑性成形还可以用于板料冲压，板料气压及挤压成形等加工工艺。

(二) 超塑性模锻分类

1. 第一类超塑性

在微细晶粒和恒温条件下实现的超塑性。晶粒尺寸在微米级，变形温度$T_s>T_m$（T_s和

T_m 分别为超塑性变形和材料熔点的热力学温度)。

2. 第二类超塑性

对金属施加一定负载，并使其在相变温度上下多次循环相变而获得超塑性。此类超塑性也叫相变超塑性。

(三) 超塑性模锻特点

① 超塑性状态金属变形应力比常态金属降低几倍至几十倍，因此扩大了可锻金属的种类。

② 金属填充模膛性能好，尺寸精度高，加工余量小，可少用切削加工。

③ 超塑性状态金属在拉伸过程中，不产生缩颈现象。锻件能获得均匀细小的晶粒组织，整体力学性能均匀一致。

④ 金属的变形抗力小，可充分发挥中、小设备的作用。

习　　题

1. 何谓金属的塑性变形？可锻性？影响可锻性的因素是什么？
2. 自由锻造的结构工艺性主要有哪些方面？
3. 如何确定分模面的位置？
4. 为什么胎模锻可以生产形状复杂的锻件？
5. 板料冲压生产有何特点？应用范围是什么？

第十章　焊　　接

焊接是指通过加热或加压，或两者并用，并且用或不用填充材料，使焊件达到原子结合的一种方法。

在现代制造业和修理业中，焊接技术起到十分重要的作用。本章主要讲述常用的焊接工艺及其应用。

第一节　焊接的特点及分类

一、焊接的特点

焊接与其他的连接方法有着本质的区别。通过焊接，被连接的焊件不仅在宏观上建立了永久性的联系，而且在微观上实现了连接表面间的原子的紧密结合。

通常焊接比其他的连接方法具有更高的强度，更好的密封性，且质量可靠。

焊接能够非常方便地利用型材和采用锻-焊、铸-焊、冲压-焊等复合工艺，制造出各种大型、复杂的机械结构和零件，并可把不同材质和不同形状尺寸的坯材连接成不可拆卸的整体，从而使许多大型复杂的铸、锻件的生产过程由难变易，由不可能变为可能。

另外，利用焊接还可使切削加工工艺过程得以简化，提高生产率，采用表面堆焊、喷焊等方法，还可以获得某些具有特殊性能要求（如高硬度、高耐磨性、耐腐蚀等）的表面层等。

二、焊接方法分类

焊接方法种类繁多，而且新的方法仍在不断涌现，因此如何对焊接方法进行科学的分类是一个十分重要的问题。正确的分类不仅可以帮助了解、学习各种焊接方法的特点和本质，而且可以为科学工作者开发新的焊接技术提供有力的根据。

目前一般按焊接过程将其分为三大类。

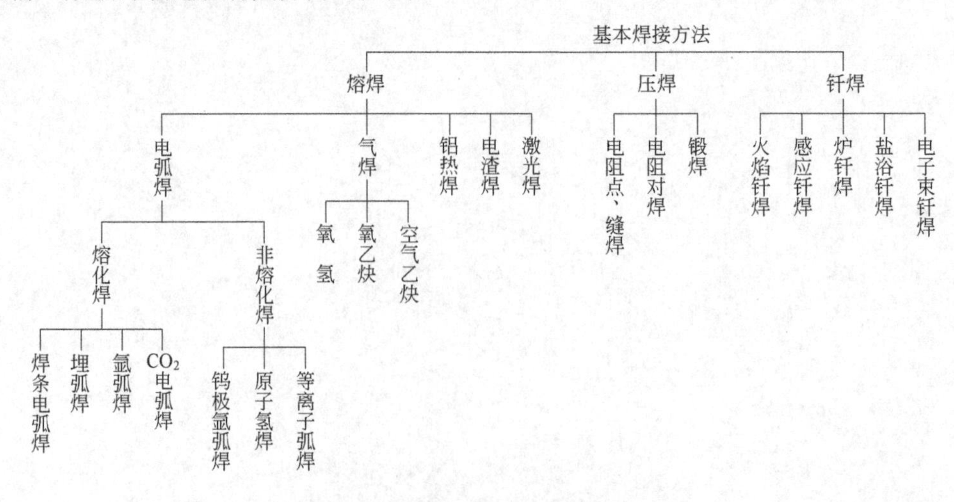

图 10-1　基本焊接方法及分类

(1) 熔焊 将待焊处的母材金属熔化以形成焊缝的焊接方法。实现熔焊的关键是加热热源，其次是必须采取有效的措施隔离空气以保护高温焊缝。

(2) 压焊 焊接过程中，必须对焊件施加压力（加热或不加热），以完成焊接的方法。

(3) 钎焊 采用比母材熔点低的金属材料作钎料，将焊件和钎料加热到高于钎料熔点，低于母材熔化温度，利用液态钎料润湿母材，填充接头间隙并与母材相互扩散实现连接的焊接方法。

基本焊接方法及其分类如图 10-1 所示。至于热切割（气割、等离子切割、激光切割）、表面堆焊、喷镀、碳弧气刨、胶接等均是与焊接方法相近的金属加工方法，通常也属于焊接专业的技术范围。

第二节 手工电弧焊

手工电弧焊是一种最普遍采用的焊接方法。

焊接时，焊工手握夹持着焊条的焊钳进行焊接，焊条和工件之间产生的电弧将工件局部加热到熔化状态形成熔池，焊条作为一个电极，其端部在电弧的作用下不断被熔化，形成熔滴进入熔池，随着电弧向前移动，熔池尾部液态金属逐步冷却结晶，最终形成焊缝。其焊接过程如图 10-2 所示。

焊条电弧焊使用的设备简单，方法简便灵活，适应性强，但对焊工要求高，焊接质量在一定程度上决定于焊工。此外，焊条电弧焊劳动条件差，生产率低。

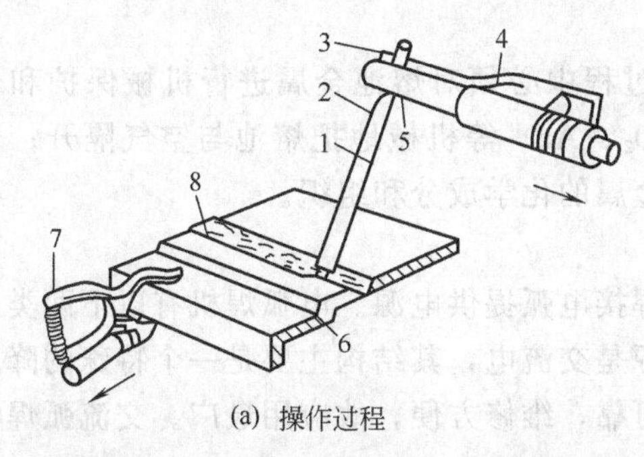

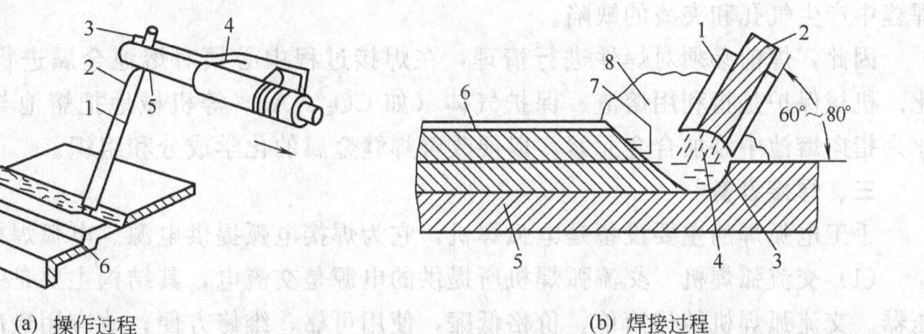

(a) 操作过程　　(b) 焊接过程

1—焊条；2—涂层；3—焊条夹持端；4—绝缘手把；5—焊钳；6—焊件；7—地线夹头；8—焊缝

1—涂层；2—焊芯；3—焊缝弧坑；4—电弧；5—热影响区；6—熔渣；7—熔池；8—保护气体

图 10-2 焊条电弧焊过程示意

一、焊接电流

1. 焊接电弧的产生

从物理本质上讲，电弧是一种气体放（导）电现象。常态下的气体不含带电粒子，要使气体导电，首先要有一个使它产生带电粒子的过程。因此气体的导电过程和规律与金属明显不同，金属是靠自由电子在外电压作用下定向流动而导电的。气体导电则完全不一样，在气体两端通过两个电极加上电压一般是不能使它产生电流的。必须先用其他措施使它产生带电粒子（例如像焊接中常见地把两个电极短路并迅速拉开），然后才能在外加电压作用下产生电流。

2. 电弧的构造及极性

电弧是由阴极区、阳极区和弧柱区所构成的，如图 10-3 所示。各区域的温度随所用电

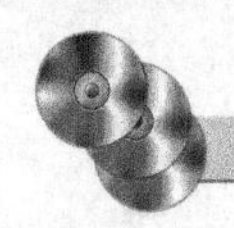

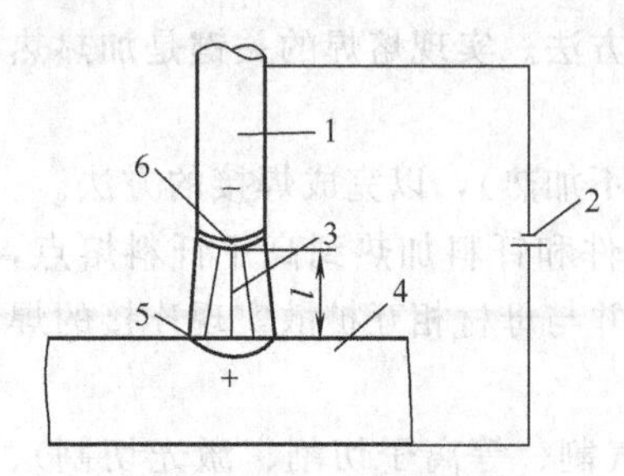

图 10-3　电弧结构示意

1—焊条；2—电源（直流）；3—弧柱区；4—焊件；5—阳极区；6—阴极区

极材料而不同。据实测，不同电极材料的阴极、阳极的温度可以高达 2000～4200K，一般阳极温度高于阴极温度，且多低于电极材料的沸点，但都可以使大多数处于电弧阴极或阳极的金属达到熔化温度，并可能产生少量金属原子蒸气。弧柱区的温度受电极材料、气体介质（包括金属蒸气成分）、电极大小等因素的影响，常压下当电流在 1～1000A 范围内变化时，弧柱区温度可在 5000～30000K 之间。

用钢焊条焊接时，阴极区温度约为 2400K，阳极区温度约为 2600K，弧柱区中心温度则可高达 5000～6000K。

如上所述，阳极区的温度高于阴极区的温度，当采用直流电源焊接时，便有两种极性接法：将工件接正极，焊条接负极，称为正接法；反之为反接法。

用交流电源焊接时，因交流电极性是变化的，也就不存在正接法和反接法。两极的温度相等。一般情况下，交流电弧的稳定性比直流电弧差。

二、焊接冶金特点

焊接时，在液态金属、熔渣和气体间所进行的冶金反应，和一般冶炼反应过程有所不同。首先焊接电弧和熔池的温度比一般冶炼温度高，容易造成合金元素的蒸发和烧损；其次是焊接熔池体积小，而且从熔化到凝固时间极短，所以熔池金属在焊接过程中温度变化很快，使得冶金反应的速度和方向往往会发生迅速的变化，有时气体和熔渣来不及浮出就会在焊缝中产生气孔和夹渣的缺陷。

因此，焊前必须对焊件进行清理，在焊接过程中必须对熔池金属进行机械保护和合金化。机械保护是指利用熔渣、保护气体（如 CO_2、Ar）等机械地把熔池与空气隔开；合金化是指向熔池中添加合金元素，以便改善焊缝金属的化学成分和组织。

三、焊接设备

手工电弧焊的主要设备是电弧焊机，它为焊接电弧提供电源。电弧焊机有以下两类。

(1) 交流弧焊机　交流弧焊机所提供的电源是交流电，其结构主要是一个特殊的降压变压器。交流弧焊机结构简单，价格低廉，使用可靠，维修方便，故应用最广。交流弧焊机的缺点是焊接电弧不够稳定。

(2) 直流弧焊机　直流弧焊机所提供的电源是直流电。直流弧焊机引弧容易，电弧稳定，焊接质量好，能适应各类焊条，并能根据焊件特点选用正接或反接，常用于重要结构件的焊接。直流弧焊机的缺点是结构复杂，价格较高，噪声大。

四、焊条

焊条是涂有药皮的供手工电弧焊用的熔化电极。

1. 焊条的组成

焊条由焊芯和药皮两部分组成。

(1) 焊芯　焊芯是焊条中被药皮包覆的金属丝。其作用是导电、引弧、熔化后填充焊缝。焊芯都是用专门冶炼的金属制成，以保证焊缝金属的组织和性能。焊条的直径和长度是用焊芯的直径和长度表示的，常用的直径为 2.0～6.0mm，长度为 300～400mm。

(2) 药皮　药皮是压涂在焊芯表面的涂料层，其组成很复杂。药皮的主要作用是使电弧引燃容易，燃烧稳定；造气造渣，保护熔池；除去熔池中的氧、氢、硫、磷等有害元素，并

添加合金元素。

2. 焊条的型号

碳钢焊条的型号由字母 E 加四位数字组成。字母 E 表示焊条。前两位数字表示熔敷金属最低抗拉强度；第三位数字表示适用的焊接位置：0 和 1 表示适用于各种焊接位置，2 表示适用于平焊；第三位和第四位数字组合起来，表示焊接电流的种类及药皮类型。常用的几种碳钢焊条的型号和用途见表 10-1。

表 10-1 几种常用碳钢焊条的型号和用途

型号	药皮类型	焊接电源	主要用途	焊接位置
E4303	钛钙型	直流或交流	焊接低碳钢结构	全位置焊接
E4301	钛铁矿型	直流或交流	焊接低碳钢结构	全位置焊接
E4322	氧化铁型	直流或交流	焊接低碳钢结构	平角焊
E5015	低氢钠型	直流反接	焊接重要的低碳钢或中碳钢结构	全位置焊接
E5016	低氢钾型	直流或交流	焊接重要的低碳钢或中碳钢结构	全位置焊接

3. 焊条的分类

根据焊条药皮中所含氧化物的性质，焊条可分为以下两类。

(1) 酸性焊条　酸性焊条是指药皮中含有多量酸性氧化物的焊条。酸性焊条在焊接时生成酸性熔渣，氧化性较强，合金元素烧损较多，焊缝抗裂性差，故用于一般结构件的焊接；其优点是焊缝中不易形成气孔，能使用交、直流电源，价格较低。

(2) 碱性焊条　碱性焊条是指药皮中含有多量碱性氧化物的焊条。碱性焊条能使焊缝金属的含氢量很低，故又称低氢型焊条。碱性焊条的优点是焊缝金属中的有害元素含量低，合金元素烧损少，焊缝金属的力学性能高，抗裂性好，故碱性焊条用于重要结构件的焊接。但是碱性焊条对油污、铁锈、水分较敏感，易产生气孔，所以焊接前要清理干净焊件接头部位，并烘干焊条。碱性焊条应采用直流反接。

4. 焊条选用原则

在焊接结构钢焊件时，首先应根据等强度原则确定焊条的强度等级，即焊条的强度应与母材强度大致相等。然后应全面分析焊件的工作要求、焊接条件、经济性等具体情况，选定焊条药皮类型及电源种类。例如，形状复杂和刚度大的焊件，工作中受冲击和交变应力的焊件，焊接时易产生裂纹的焊件，应选用碱性焊条；对于性能要求不高的焊件以及难以清理干净的焊件，应选用酸性焊条。在焊接不锈钢、耐热钢等金属材料时，应根据母材的化学成分选用相应成分的焊条。

五、焊接工艺

手工电弧焊焊接工艺主要包括以下内容。

(1) 接头形式　由于焊件的形状、工作条件和厚度的不同，焊接时需采用不同的焊接接头形式。常见的接头形式有对接、角接、T 形接和搭接等几种，如图 10-4 所示。对接接头受力均匀，焊接时容易保证质量，因此常用于重要的构件中。搭接接头焊前准备和装配比较简单，在桥梁、屋架等结构中常采用。

(2) 坡口形式　为了保证焊件能被焊透，需根据设计或工艺需要，在焊件的待焊部位加工一定几何形状的沟槽，称为坡口。常见的坡口形式有 I 形、V 形、U 形和 X 形，如图 10-5

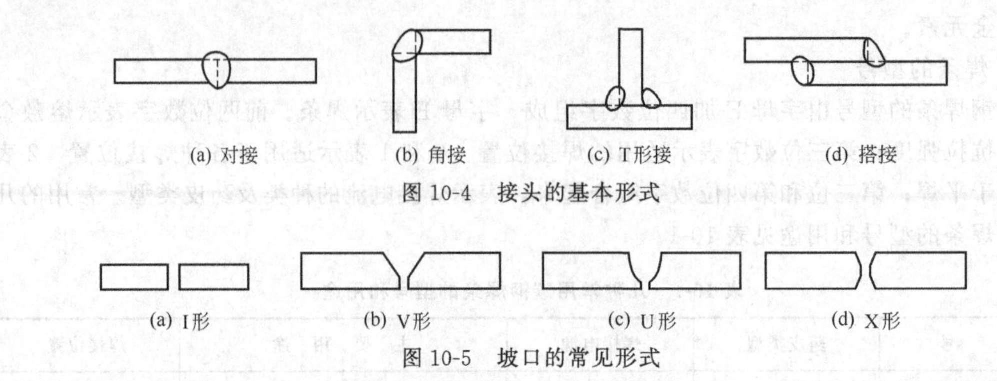

图 10-4　接头的基本形式

图 10-5　坡口的常见形式

所示。坡口采用气割或切削加工等方法制成。

(3) 焊接位置　焊接位置是指施焊时，焊件接缝所处的空间位置。焊接位置通常有平焊、横焊、立焊、仰焊四种，如图 10-6 所示。平焊操作方便，焊缝成形良好，应尽量采用。在可能的情况下，应设法使其他焊接位置转变成平焊位置，然后进行焊接。

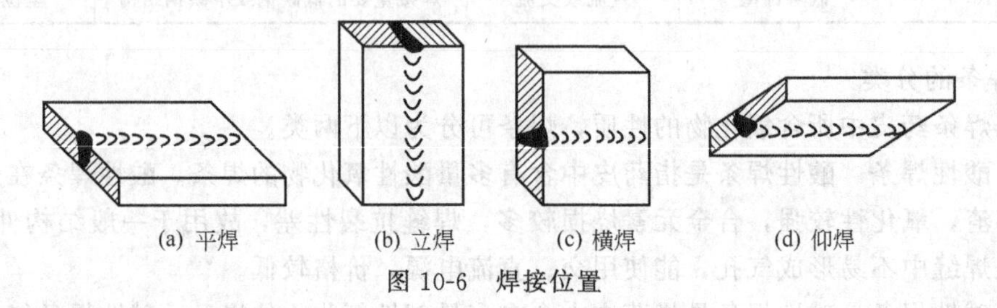

图 10-6　焊接位置

六、焊接接头的组织与性能

焊接接头由焊缝区、熔合区和热影响区组成。低碳钢焊接接头的组织变化情况如图 10-7 所示。

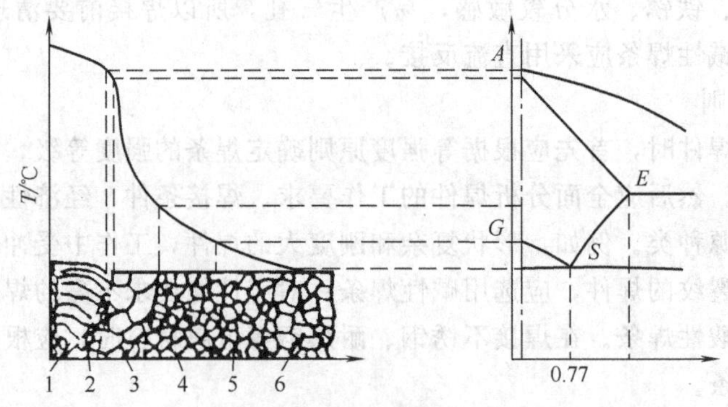

图 10-7　低碳钢焊头组织

1—焊缝区；2—熔合区；3—过热区；4—正火区；5—部分相变区；6—未相变区

(1) 焊缝区　焊缝区是由熔池中金属液凝固后形成的，属铸态组织。由于按等强度原则选用焊条，故焊缝区的力学性能一般不低于母材。

(2) 熔合区　熔合区是焊缝向热影响区过渡的区域。此区在焊接时被加热到固相线和液相线之间，金属处于半熔化状态，凝固后，组织由铸态组织和过热组织组成，力学性能差。

(3) 热影响区　热影响区是指焊接过程中，母材因受焊接热的影响在固态下发生金相组织和力学性能变化的区域。它包括过热区、正火区和部分相变区。

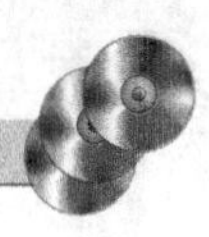

① 过热区。此区紧挨熔合区，温度高，因而全为过热组织，塑性和韧性很差。

② 正火区。正火区在焊接时温度达到A_{C3}～1100℃之间，冷却后获得均匀细小的正火组织，力学性能高于母材。

③ 部分相变区。此区在焊接时温度达到A_{C1}～A_{C3}之间，只有部分组织发生相变，因此冷却后造成晶粒大小不均匀，力学性能稍差。

综上所述，熔合区和过热区是焊接接头中最薄弱的部分，往往是焊接结构破坏的发源地。通常，热影响区越小，熔合区和过热区的不利影响也越小，并且焊件的变形也越小。

七、焊接应力与变形

1. 焊接变形的基本形式

焊接变形的基本形式有收缩变形、角变形、弯曲变形、波浪形变形和扭曲变形，如图10-8所示。

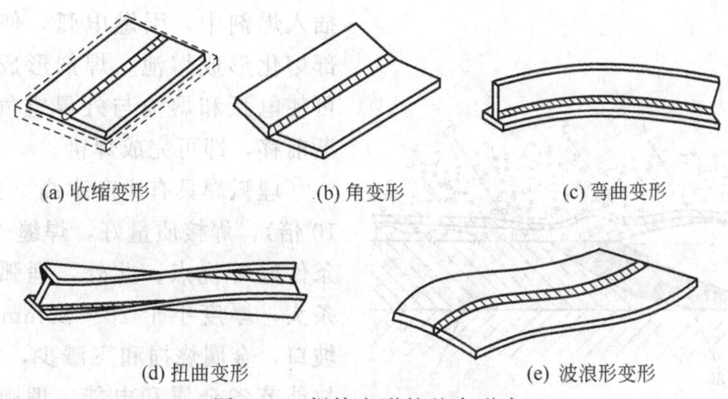

图 10-8 焊接变形的基本形式

2. 减小焊接应力和变形的措施

减小焊接应力和变形的措施主要有以下几种。

① 设计焊接结构时，应尽量减少焊缝数量，尽可能使焊缝对称分布，尽量避免焊缝的密集和交叉。

② 焊前预热，焊后缓冷。

③ 刚性固定法。焊前将焊件加以固定，能避免焊件变形，但会增加内应力。

④ 反变形法。焊前，朝可能变形的相反方向装配焊件，以抵消焊接变形。

⑤ 选择合理的焊接顺序，如图10-9所示。

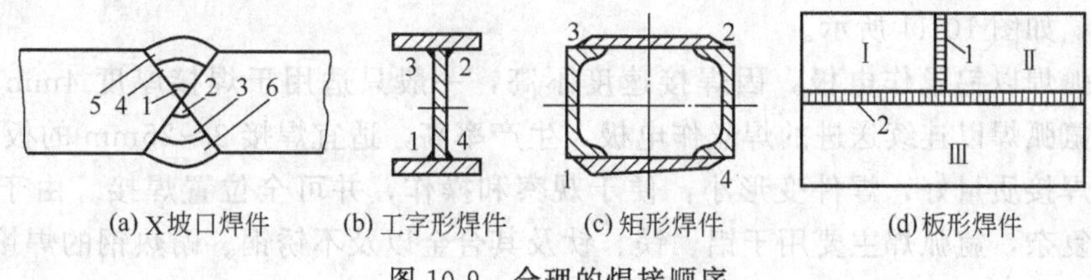

图 10-9 合理的焊接顺序

⑥ 每焊好一道焊缝，趁热用小锤轻轻加以敲击，以降低内应力。

⑦ 重要的焊件在焊后进行去应力退火。

3. 焊接变形的矫正

对已变形的焊件可进行矫正，以便使焊件产生新的变形来抵消焊接变形。变形较小的小型焊件常用机械加压或锤击的方法进行矫正。较大的焊件或变形较大的焊件常用氧-乙炔火焰对焊件的某些部位进行加热，然后冷却的方法进行矫正。显然，只有塑性好的金属材料的焊接变形才能矫正。

手工电弧焊设备简单，操作灵活，能适应各种焊缝位置和接头形式，并且焊缝的形状和长度不受限制，因而应用广泛。但由于生产率低，手工电弧焊主要用于单件小批生产。手工电弧焊适宜的板厚应不小于 1mm（常用 3～20mm）。

第三节　其他焊接方法

一、埋弧焊

埋弧焊是指电弧在焊剂层下燃烧进行焊接的方法。其焊接过程如图 10-10 所示。将焊丝插入焊剂中，引燃电弧，使焊丝和焊件局部熔化形成熔池。焊剂形成的气体和熔渣可使电弧和熔池与外界空气隔绝。焊丝逐渐前移，即可完成焊接。

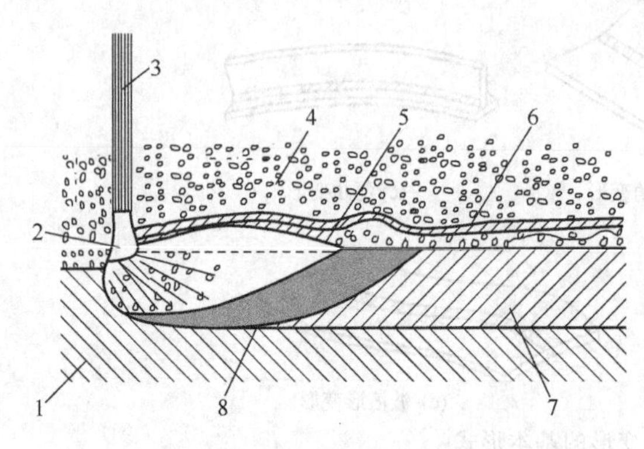

图 10-10　埋弧焊焊接过程示意

1—母材金属；2—电弧；3—焊丝；4—焊剂；5—熔化的焊剂；6—渣壳；7—焊缝；8—熔池

埋弧焊具有生产率高（比手弧焊高 5～10 倍），焊接质量好，焊缝外形美观，劳动条件好等优点。此外，埋弧焊由于没有焊条头，厚度小于 20～25mm 的工件可不开坡口，金属烧损和飞溅少，电弧利用充分，故能节省金属和电能。埋弧焊主要用于板厚 3mm 以上的碳钢和低合金高强度结构钢的焊接，适宜于平焊位置的长直焊缝和直径较大（一般不小于 250mm）的环焊缝。

二、气体保护焊

气体保护焊是用外加气体作为电弧介质并保护电弧和焊接区的电弧焊。气体保护焊在焊接时，气体由喷嘴喷出，在电弧和熔池周围形成保护区，不断送进的焊丝被逐渐熔化，并进入熔池，冷凝后就形成优质焊缝。常用的气体保护焊有两类。

1. 氩弧焊

氩弧焊是以氩气作保护气体的气体保护焊。按电极不同，氩弧焊可分为钨极氩弧焊和熔化极氩弧焊，如图 10-11 所示。

钨极氩弧焊以钨丝作电极，因焊接速度不高，一般只适用于焊接厚度 4mm 以下的薄板。熔化极氩弧焊以连续送进的焊丝作电极，生产率高，适宜焊接 3～25mm 的板材。

氩弧焊焊接质量好，焊件变形小，便于观察和操作，并可全位置焊接。由于氩气成本高，且设备复杂，氩弧焊主要用于铝、镁、钛及其合金以及不锈钢、耐热钢的焊接。

2. 二氧化碳气体保护焊

二氧化碳气体保护焊是用二氧化碳作为保护气体的气体保护焊。其焊接过程如图 10-12 所示。

二氧化碳气体保护焊的优点是生产率高（比手弧焊高 1～3 倍），成本低，热影响区和变形较小，并可全位置焊接。缺点是金属飞溅较大，焊缝表面不美观，如操作不当，易产生气

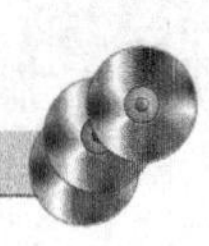

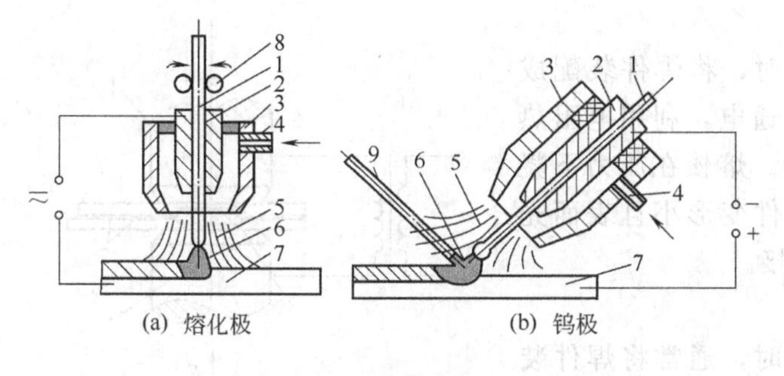

图 10-11 氩弧焊示意

1—焊丝（钨极）；2—导电嘴；3—喷嘴；4—进气管；5—氩气管；6—电弧；7—焊件；8—送丝滚轮；9—填充焊丝

图 10-12 二氧化碳气体保护焊

1—焊丝；2—喷嘴；3—保护气体；4—焊件；5—焊缝；6—熔池；7—电弧

孔。二氧化碳气体保护焊主要用于低碳钢和低合金高强度结构钢的薄板焊接。

三、气焊和气割

1. 气焊

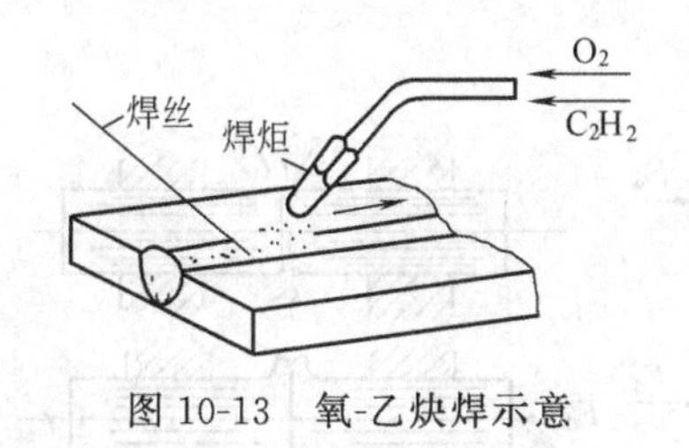

图 10-13 氧-乙炔焊示意

气焊是利用气体火焰作热源的熔焊方法，最常用的是以氧-乙炔焰作热源的氧-乙炔焊。氧-乙炔焊的焊接过程如图 10-13 所示。焊接时，乙炔和氧气在焊炬中混合均匀后从焊嘴喷出，点燃后形成火焰，将焊件和焊丝熔化，形成熔池，不断移动焊炬和焊丝，就形成焊缝。

气焊焊接温度低，加热时间长，因而生产率低，热影响区和变形大，焊缝质量不高。气焊的优点是操作简便，灵活性强，不需用电源，且焊接薄板时不易烧穿焊件。气焊主要用于焊接厚度在 3mm 以下的薄钢板、铜、铝及其合金，以及铸铁补焊。

2. 气割

气割的过程如图 10-14 所示。气割时，先用氧-乙炔焰将切割处金属预热到燃点，然后让割炬喷出高速切割氧流，使预热处金属燃烧，放出大量热量，形成熔渣。放出的热量使下层金属预热到燃点，高速氧流将熔渣从切口处吹走，并使下层金属继续燃烧。如此不断进行，达到使金属分离的目的。

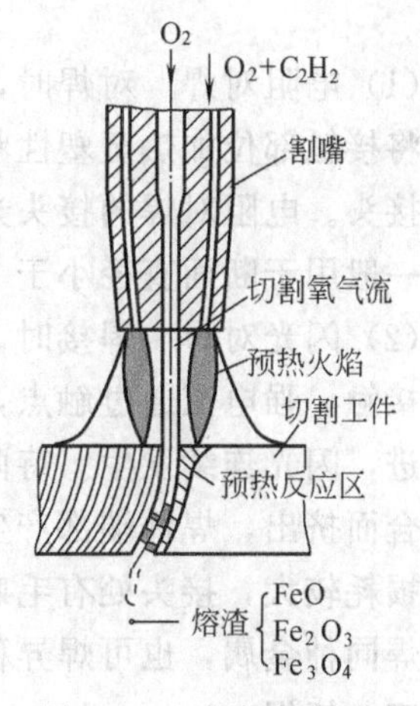

图 10-14 氧气切割示意

气割设备简单，操作方便，能在任意位置切割各种厚度的工件，生产率较高，成本低，切口质量较好。气割的主要缺点是适用的材料种类较少，高碳钢、铸铁、不锈钢、铝、铜及其合金均不能气割。气割主要用于低碳钢、中碳钢、低合金高强度结构钢的切割。

四、电阻焊

电阻焊是焊件组合后通过电极施加压力，利用电流通过接头的接触面及邻近区域产生的电阻热进行焊接的方法。电阻焊具有生产率高、焊接变形小和劳动条件好等优点。电阻焊设备较复杂，耗电量大，通常适用于成批或大量生产。电阻焊可分为以下几种。

1. 点焊

点焊过程如图 10-15 所示。点焊时，将焊件装配成搭接接头，并压紧在两极之间，然后通电，利用电阻热熔化母材金属以形成熔核，随后断电。熔核在压力下凝固，形成焊点。点焊焊点强度高，工件变形小且表面光洁，适用于薄板冲压结构和钢筋的焊接。

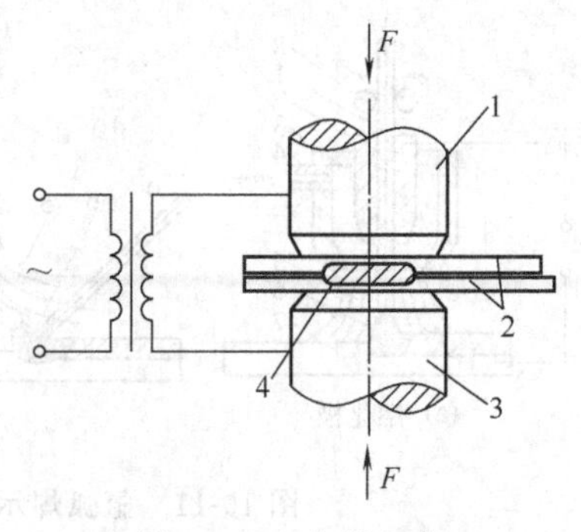

图 10-15　点焊示意

1,3—电极；2—焊件；4—焊点

2. 缝焊

缝焊过程如图 10-16 所示。缝焊时，通常将焊件装配成搭接接头并置于两滚轮电极之下，滚轮加压于焊件并转动，连续或断续送电，便形成一条连续焊缝。缝焊主要用于焊接有气密性要求的厚度在 3mm 以下的容器和管道。

3. 对焊

对焊可分为电阻对焊和闪光对焊两种，如图 10-17 所示。

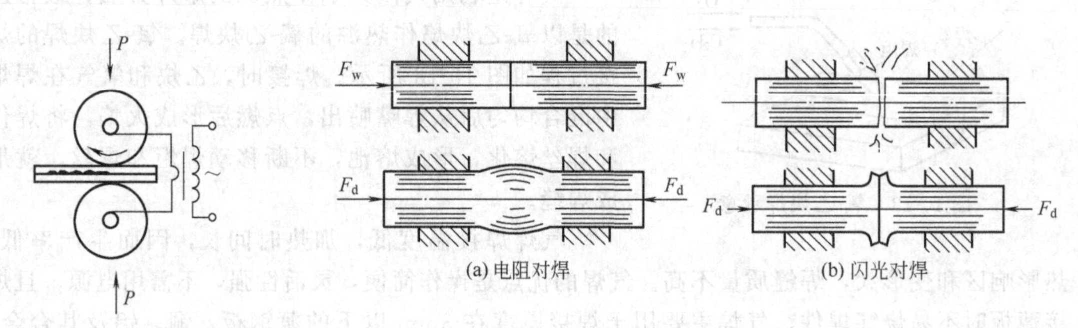

图 10-16　缝焊示意

图 10-17　对焊示意

F_w—初压力；F_d—工作压力

(1) 电阻对焊　对焊时，将焊件装配成对接接头，加预压力使其端面紧密接触，然后通电，将接触部位加热至塑性状态，随后增大压力，同时断电，接触处便产生塑性变形而形成焊接接头。电阻对焊的接头光滑无毛刺，但由于接头内部易产生夹杂物，故接头质量不易保证，一般用于断面直径小于 20mm、强度要求不高的杆件焊接。

(2) 闪光对焊　焊接时，将焊件装配成对接接头，接通电源，并使其端面逐渐靠近达到局部接触，强电流通过触点，使之迅速熔化、蒸发并爆破，形成金属的飞溅和闪光。焊件不断送进，闪光连续发生。待两端面加热到全部熔化时，迅速对焊件加压并断电，使熔化金属自结合面挤出，焊件端部产生大量塑性变形而形成焊接接头。闪光对焊的接头质量较高，但金属损耗较大，接头处有毛刺需要清理。闪光对焊广泛用于刀具、钢棒、钢管等的对接，不但可焊同种金属，也可焊异种金属，如铝-铜、铝-钢等。

五、钎焊

1. 钎焊过程

先把接头表面清理干净，以搭接接头装配，然后在接缝处放上钎料和钎剂，并将工件和钎料一起加热到钎料的熔化温度。液态钎料由于毛细管作用流入接缝间隙，并与母材相互扩散，凝固后便形成牢固的接头。

2. 钎焊特点

钎焊加热温度低，焊接变形小，工件尺寸准确。钎焊可对工件整体加热，同时焊成许多焊缝，生产率高。钎焊不仅可连接同种或异种金属，还可焊接金属或非金属。但是，钎焊接头的强度较低，焊前清理工作要求较严。

3. 钎焊的分类和应用

钎焊按钎料熔点的不同，可分为以下两类。

(1) 软钎焊　软钎焊是使用熔点低于450℃的软钎料所进行的钎焊。常用的软钎料为锡铅钎料，常用的钎剂是松香、氯化锌溶液等。软钎焊接头强度较低，主要用于受力不大或工作温度较低的钎焊结构，如电子元件或电气线路的焊接。

(2) 硬钎焊　硬钎焊是使用熔点高于450℃的硬钎料所进行的钎焊。常用的硬钎料为铜基钎料，钎剂是硼砂。硬钎焊接头强度较高，主要用于受力较大或工作温度较高的钎焊结构，如刀具、零件的焊接。

另外，还有等离子弧焊与切割、电渣焊、真空电子束焊、激光焊、超声波焊接、扩散焊接、爆炸焊接等。

第四节　金属的焊接性

焊接性是指金属材料对焊接加工的适应性。它主要是指在一定的焊接工艺条件下获得优质焊接接头的难易程度。金属焊接性的好坏应从以下两方面进行衡量：其一是工艺性能，即在一定焊接工艺条件下，金属形成焊接缺陷的敏感性；其二是使用性能，即在一定焊接工艺条件下，金属的焊接接头对使用要求的适应性。只有当金属的工艺性能和使用性能都能满足要求时，该金属的焊接性才是优良的。金属的焊接性主要取决于金属的化学成分。此外，与焊接方法和焊接工艺条件也有密切关系。

一、钢的焊接性

1. 钢焊接性的评定

钢的焊接性可根据其化学成分加以评定。在钢中，碳对焊接性的影响最大，碳的质量分数越高，钢的焊接性越差。其他元素对钢焊接性也有一定影响。通常把这些元素的质量分数换算成等效的碳的质量分数，加上钢中碳的质量分数，其总和称为碳当量 C_E。钢材的碳当量越高，焊接性就越差。当 C_E＜0.4%时，钢材的焊接性良好，焊接时一般不需预热。当 C_E＝0.4%～0.6%时，焊接性较差，需采取预热、缓冷等工艺措施，以防裂纹产生。当 C_E＞0.6%后，焊接性差，需采取较高的预热温度，严格的工艺措施，以及焊后热处理。

2. 低碳钢的焊接性

低碳钢焊接性良好，能适应各种焊接方法，一般不需预热就能获得优质焊接接头，因此低碳钢是应用最广泛的焊接结构材料。由于沸腾钢在焊接时易开裂，故重要的焊接结构应选用镇静钢。

3. 中、高碳钢的焊接性

中碳钢的碳当量 C_E 大多在0.4%～0.6%之间，因而焊接性较差，焊前应适当预热。高碳钢的碳当量 C_E＞0.6%，因而焊接性差，焊前需预热到250～350℃，焊时需采用碱性焊条，焊后需缓冷。高碳钢通常不作焊接结构材料，仅对高碳钢工件的某些缺陷或局部损伤进行焊补。

4. 低合金高强度钢的焊接性

σ_s<400MPa 的低合金高强度结构钢，碳当量 C_E<0.4%，焊接性接近低碳钢。σ_s>400MPa 的低合金高强度结构钢，碳当量 C_E>0.4%，焊接性较差，焊前一般要预热。

二、铸铁的焊接性

铸铁塑性差，脆性大，在焊接过程中易产生裂纹，并且由于碳、硅元素的大量烧损，易产生白口组织及气孔等缺陷，因此铸铁的焊接性差，通常只进行焊补。对于焊后需切削加工的重要铸件，可在焊前预热到 600～700℃再施焊，称为热焊法。热焊法能有效防止白口组织和裂纹，但成本较高。一般铸件通常在焊前不预热，或预热温度低于 400℃，称为冷焊法。冷焊法成本较低，但铸件切削加工性较差。

三、常用非铁金属的焊接性

铝、铜及其合金的焊接性差，主要原因是：导热性大，散热快，不易焊透；线膨胀系数大，因此冷却时的收缩率也大，焊件易变形，易产生裂纹，易产生气孔，易氧化。非铁金属通常采用氩弧焊和气焊进行焊接。

第五节　焊接结构举例

金属焊接结构品种繁多，应用广泛，其设计和生产与焊接结构本身的特点有关。通常根据其承载、工作条件和构造特征来分类，如梁、柱、框架、板壳和机器等结构形式。

常见的锅炉汽包、压力容器、石油化工塔及换热器壳体、球型贮罐、起重机框架等都是典型的焊接结构。

现以常见家用液化气瓶为例，就其设计与制造工艺作一简要介绍。

图 10-18　家用液化石油气瓶结构示意

图 10-18 所示的家用液化石油气瓶为压力容器，壁厚为 3mm，大批生产。要求：选用瓶体钢材；确定焊缝位置；设计焊接接头；选择焊接方法和焊接材料；制订保证质量所必需的主要工艺措施；拟定主要工艺过程；绘出瓶体装配图。

1. 选用瓶体材料

瓶嘴可以用圆钢车制后焊到瓶体上，瓶体用薄板冲压焊接而成。无论根据产品的使用要求，还是根据冲压、焊接工艺要求，都应该选用塑性及焊接性好的低碳钢或低合金结构钢，例如 20 钢或 Q345 钢。

2. 确定焊缝位置

瓶体的焊缝布置有两个方案可供选择，如图 10-19 所示。图 10-19（a）方案的优点为上、下封头的拉深变形小，容易成形；缺点是焊缝多，焊接工作量大，同时，瓶体轴向焊缝处于拉应力最高位置（径向拉应力为轴向拉应力的 2 倍），破坏的可能性很大。图 10-19（b）方案只有中部一条环焊缝，完全避免了图 10-19（a）的缺点，虽然上、下封头冲压时的拉深变形较大，但完全可以实现，所以应选择后者。

3. 焊接接头的设计

连接瓶体与瓶嘴的焊缝，采用不开坡口的角焊缝即可。而瓶体主环焊缝的接头形式，宜

采用衬环对接或缩口对接，见图 10-20。这样既便于上、下封头定位装配，又容易保证焊接质量。另外，因为产品是压力容器，又盛装可燃气体，危险性很大。为确保焊透，尽管焊件厚度不大，仍应开 V 形坡口。

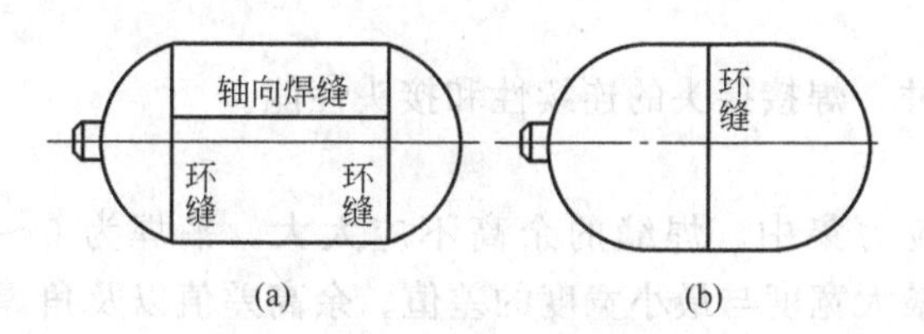

图 10-19 瓶体焊缝布置方案

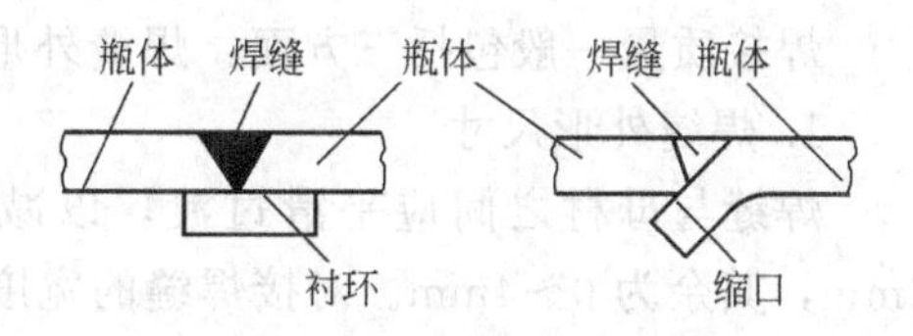

图 10-20 气瓶环焊缝的接头形式

4. 焊接方法和焊接材料的选择

(1) 瓶体的焊接 瓶体为 3mm 厚的薄板结构，可用气焊、二氧化碳气体保护焊、焊条电弧焊、埋弧焊、氩弧焊等多种焊接方法进行焊接。考虑产品是大批量生产，焊接质量要求优良稳定，以及较高的经济性，所以应采用质量稳定、生产率高的焊接方法。由于产品为环焊缝，直径并不小，可以堆敷焊剂，因此应选用埋弧自动焊。焊接材料可用焊丝 H08A, H08MnA 或 H10Mn2A，配合焊剂 431 使用。

(2) 瓶嘴的焊接 因焊缝直径很小，用手工电弧焊较好，构件材料为 20 钢时，焊条可选 E4303 (J422)；构件材料为 Q345 钢时，焊条可选 E5015 (J507)。

5. 主要工艺措施

① 上、下封头拉深成形后，因开口端变形大，加工硬化严重，在残余应力作用下很容易发生裂纹。为防止裂纹产生，拉深后应进行再结晶退火。

② 为减少焊接缺陷，焊缝附近必须严格清除铁锈油污。

③ 为去除焊接残余应力并改善焊接接头的组织与性能，瓶体焊后应该进行整体正火处理，至少要进行去应力退火。

6. 主要工艺流程

落料 → 拉深 → 再结晶退火 → (冲孔) → 除锈 → 装焊衬环、瓶嘴 → 装配上、下封头 → 除锈 → 焊主焊缝 → 正火 → 水压试验 → 气密试验

7. 瓶体装配

瓶体装配如图 10-21 所示。

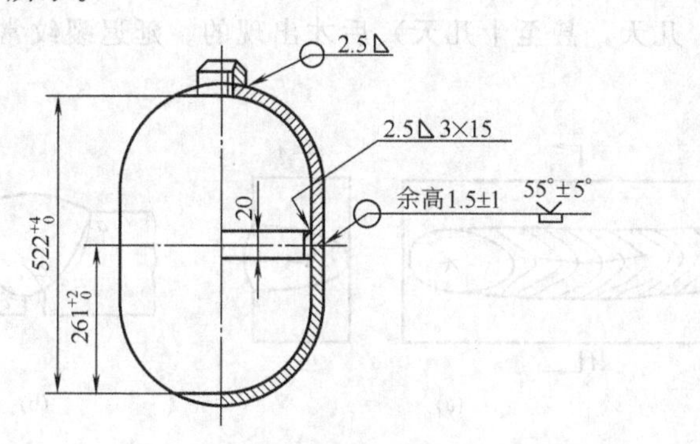

图 10-21 瓶体装配焊接简图

第六节 焊接质量检查

一、焊接质量

焊接质量一般包括三方面：焊缝外形尺寸、焊接接头的连续性和接头性能。

1. 焊缝外形尺寸

焊缝与母材之间应平滑过渡，以减小应力集中。焊缝的余高不应太大，平焊为 0～3mm，其余为 0～4mm。对接焊缝的宽度、最大宽度与最小宽度的差值、余高差值以及角焊缝尺寸等应符合 GB 10854—1989 钢结构焊缝外形尺寸或符合产品图样要求。

接头形状缺陷主要有咬边、焊瘤、烧穿、未焊满等。咬边是焊趾处因焊接而造成的沟槽，如图 10-22（a）、(b）所示。产生咬边的原因主要有焊接电流太大、电弧太长、焊接速度太快、运条操作不当等。焊瘤是焊接过程中，熔化金属流溢到焊缝之外的未熔化的母材上形成的金属瘤，如图 10-22（c）所示。

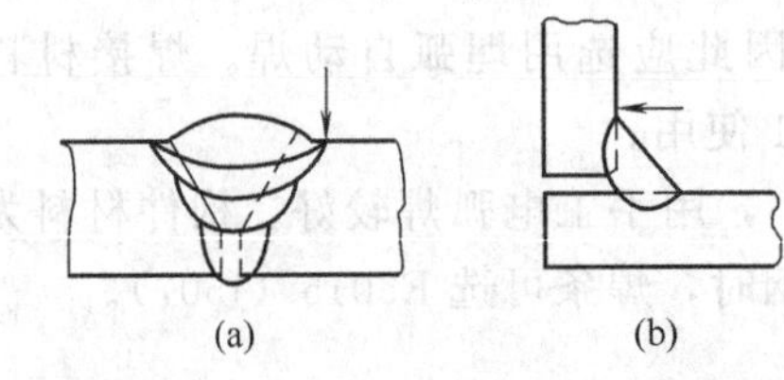
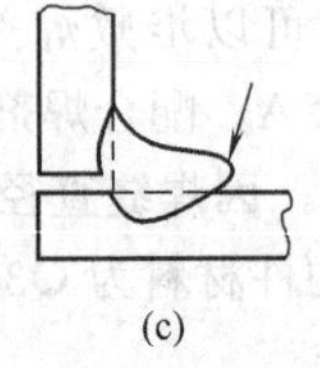

图 10-22 咬边和焊瘤

2. 焊接接头的连续性

接头应没有超过标准允许的、破坏接头连续性的焊接缺陷，包括裂纹、气孔与缩孔、夹杂与夹渣、未熔合与未焊透等。

（1）裂纹 焊接裂纹主要有热裂纹和冷裂纹两种。热裂纹是焊接过程中，焊缝和热影响区金属冷却到固相线附近的高温时产生的裂纹。常见的热裂纹有结晶裂纹和液化裂纹。结晶裂纹是焊缝金属在结晶过程中冷却到固相线附近的高温时，液态晶界在焊接收缩应力作用下产生的裂纹，常发生在焊缝中心和弧坑，如图 10-23（a）所示。液化裂纹是靠近熔合线的热影响区和多层间焊缝金属，由于焊接热循环，低熔点杂质被熔化，在收缩应力作用下发生的裂纹。接头表面热裂纹有氧化色彩。冷裂纹是焊接接头冷却到较低温度下（对于钢来说在 M_s 温度以下）时产生的裂纹，延迟裂纹是主要的一种冷裂纹，是焊接接头冷却到室温并在一定时间（几小时、几天，甚至十几天）后才出现的。延迟裂纹常发生在热影响区，如图 10-23（b）所示。

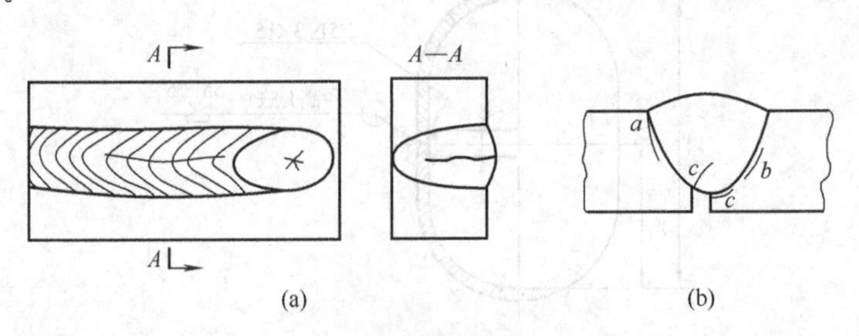

图 10-23 结晶裂纹和延迟裂纹

延迟裂纹的产生与接头的淬硬组织、扩散氢的聚集以及焊接应力有关。为了防止发生冷裂常采取预热、后热，采用低氢焊条、烘干焊条、清除坡口及两侧的锈与油、减小焊接应力等措施。

(2) 气孔和缩孔 气孔是熔池中的气泡在凝固时未能溢出而残留下来所形成的空穴。产生气孔的原因有焊条受潮而未烘干，坡口及附近两侧有锈、水、油污而未清除干净，焊接电流过大或过小，电弧长度太长以致熔池保护不良，焊接速度过快等。缩孔是熔化金属在凝固过程中收缩而产生的残留在焊缝中的孔穴。

(3) 夹杂和夹渣 夹杂是残留在焊缝金属中由冶金反应产生的非金属夹杂和氧化物。夹渣是残留在焊缝中的熔渣。产生夹渣的原因主要有坡口角度太小，焊接电流太小，多层多道焊时清渣不干净，运条操作不当等。

(4) 未熔合和未焊透 未熔合是在焊缝金属与母材之间或焊道金属之间未完全熔化结合的部分，如图 10-24 (a) 所示。产生未熔合的原因主要有焊接电流太小，电弧偏吹，待焊金属表面不干净等。未焊透是焊接时接头根部未完全熔透的现象，如图 10-24 (b)、(c)、(d) 所示。产生未焊透的原因是焊接电流太小，钝边太大，根部间隙太小，焊接速度太快，操作技术不熟练等。

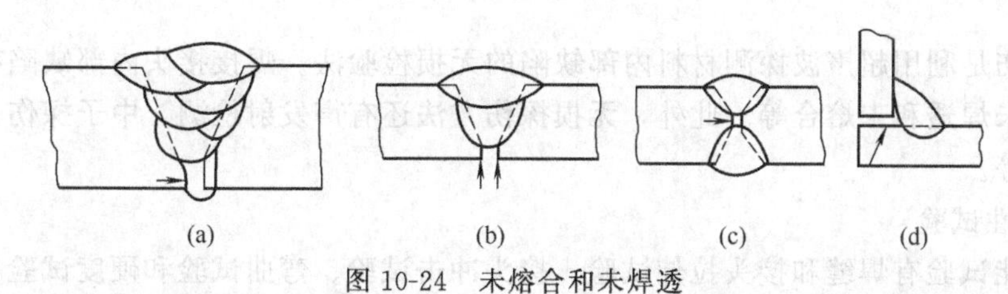

图 10-24 未熔合和未焊透

焊接缺陷会导致应力集中，降低承载能力，缩短使用寿命，甚至造成脆断。大量脆断事故分析表明，脆断往往是从接头的焊接缺陷处开始的。一般技术规程规定，裂纹、未熔合和表面夹渣是不允许有的；气孔、未焊透、内部夹渣和咬边缺陷不能超过一定的允许值。对于超标缺陷应予彻底去除和焊补。

3. 接头性能

产品技术标准或图样技术条件要求的各项接头性能指标都必须合格。例如结构钢焊接接头的各项力学性能指标，不锈钢焊接接头的耐腐蚀性能指标等。

二、焊接质量检验

焊接质量有两类检验方法：一类是非破坏性检验，包括外观检验、密封性检验、耐压检验和无损探伤等；另一类是破坏性检验，如力学性能试验、金相检验、断口检验和耐腐蚀试验等。

1. 非破坏性检验

① 外观检验是用肉眼或借助样板，或用低倍放大镜及简单通用的量具检验焊缝外形尺寸和焊接接头的表面缺陷。

② 密封性检验是检查接头有无漏水、漏气和渗油、漏油等现象的试验，常用的有煤油试验、载水试验、气密性试验和水压试验等。气密性检验是将压缩空气（或氨、氟里昂、卤素气体等）压入焊接容器，利用容器的内外气体的压力差检查有无泄漏的试验方法。

③ 耐压试验是将水、油、气等充入容器内徐徐加压，以检查其是否泄漏、耐压、破坏等的试验，通常采用水压试验。水压试验常用于锅炉、压力容器及其管道的检验，既检验受压元件的耐压强度，又可检验焊缝和接头的致密性（有无渗水、漏水）。

④ 焊缝无损探伤常用方法有渗透探伤、磁粉探伤、射线探伤和超声探伤等。渗透是利用带有荧光染料（荧光法）或红色染料（着色法）的渗透剂的渗透作用，显示缺陷痕迹的无损检验法，现在常用着色法检查各种材料表面微裂纹。磁粉探伤是利用在强磁场中，铁磁性材料表层缺陷产生的漏磁场吸附磁粉的现象而进行的无损检验法，常用来检查铁磁材料的表面微裂纹及浅表层缺陷。射线探伤是用 X 射线或 γ 射线照射焊接接头检查内部缺陷的无损检验法。图 10-25 所示为射线探伤原理示意。

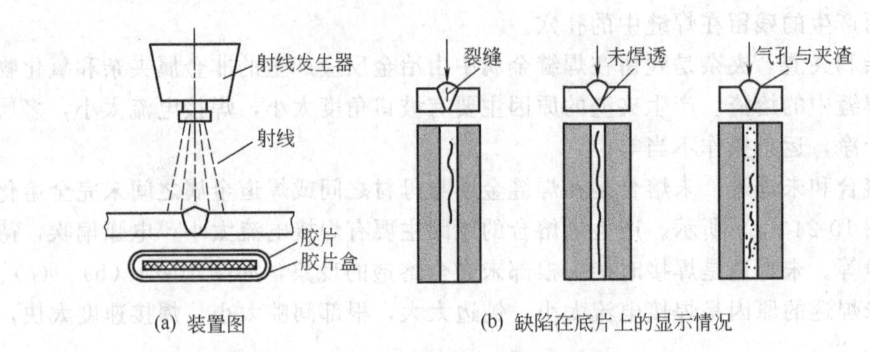

图 10-25　射线探伤原理示意

超声探伤是利用超声波探测材料内部缺陷的无损检验法。焊接接头内部缺陷有裂纹、气孔、夹渣、未焊透和未熔合等。此外，无损探伤方法还有声发射检测、中子探伤、全息探伤和液晶探伤等。

2. 破坏性试验

力学性能试验有焊缝和接头拉伸试验、接头冲击试验、弯曲试验和硬度试验等，测定焊缝和接头的强度、延性、韧性和硬度等各项力学性能指标。力学性能试验的试件是从模拟产品制造技术条件而制成的试验焊件上截取的。

金相检验有宏观检验和微观检验两种。金相检验磨片可以从试验焊件产品上切取。宏观检验可检查该断面上裂纹、气孔、夹渣、未熔合和未焊透等缺陷。微观检验可以确定焊接接头各部分的显微组织特征、晶粒大小以及接头的显微缺陷（裂纹、气孔、夹渣等）和组织缺陷（如合金钢中的淬火组织、铸铁中的白口、钢中的氧化物、氮化物夹杂和过烧现象等）。

断口检验用于检查管子对接焊缝，一般是将管接头拉断后，检查该断口上焊缝的缺陷。

耐腐蚀试验用于检查奥氏体不锈钢焊接接头的耐晶间腐蚀等性能。焊接结构有关技术规程图样，都会根据产品的技术要求，规定需要做哪些检验、检查数量及其合格标准。

第七节　焊接新技术

随着工业和科学技术的发展，焊接技术也在不断进步。各种高效节能的焊接方法、焊接生产的机械化与自动化、焊接机器人的应用等新技术，已给制造业带来巨大的变革。

一、提高焊接生产率

提高焊接生产率是推动焊接技术的重要驱动力。提高生产率的途径有两个方面：其一是提高焊接熔敷率。焊条电弧焊中直接应用铁粉焊条、重力焊条和躺焊条等工艺；埋弧焊中采用多丝焊、热丝焊均属此类，其效果显著。例如三丝埋弧焊，其工艺参数分别为 2200A×33V、1400A×40V、1100A×45V，采用较小坡口截面，背面用挡板或衬垫，50～60mm 的

钢板可一次焊透成形，焊速达到0.4m/min以上，其熔敷效率是手弧焊的100倍以上。其二是减少坡口截面及熔敷金属量。近10年来最突出的成就是窄间隙焊接。窄间隙焊接以气体保护焊为基础，利用单丝、双丝或三丝进行焊接。无论接头厚度如何，均可采用对接形式。如钢板厚度为50～300mm，间隙均可设计为13mm左右，因而所需熔敷金属量成数倍、数十倍的降低，从而大大提高了生产率。窄间隙焊接的技术关键是如何保证两侧熔透和保证电弧中心自动跟踪处于坡口中心线上。为解决这两个问题，世界各国开发出多种不同方案，出现了种类多样的窄间隙焊接法。电子束焊、激光焊及等离子弧焊时可采用对接接头，且不用开坡口，这是理想的窄间隙焊接法，受到了广泛的重视。

二、焊接过程自动化和智能化

焊接过程自动化、智能化是提高焊接质量稳定性、解决恶劣劳动条件的重要方向。焊接机器人是20世纪70年代开始发展的一种新型自动化焊接设备，现已成为焊接自动化的重要发展方向。如美国在轿车生产线上应用了点焊机器人，可达每小时生产100台汽车的高速度，精度可达±0.1mm。中国几家汽车公司也已大量采用点焊机器人用于车身装焊。

焊接机器人不仅是一种可以模仿人操作的焊接自动机，而且比人更能适应各种复杂的焊接工作，其主要优点为：稳定和提高焊接质量，保证其均一性；提高生产率，24h连续生产；可在有害环境下长期工作，改善了工人的劳动条件；可实现小批量产品焊接自动化；为焊接柔性生产提供技术基础。

新一代焊接机器人正朝着智能化方向发展，能自动检测材料的厚度、工件形状、焊缝轨迹和位置、坡口的尺寸和形式、对缝的间隙等，并自动设定焊接规范参数，焊枪运动点位或轨迹、填丝或送丝速度、焊钳摆动方式等；亦可实时检测是否形成所要求的焊点或焊缝，是否有内部或外部焊接缺陷及排除等情况。智能机器人的关键在于计算机硬件和软件功能的完善和发展，以及各种高功能、高可靠性的传感器的研制。目前，许多国家都在从事这方面的开发研制工作，带有视觉、听觉、触觉功能的智能焊接机器人应用于生产已指日可待。

焊接专家系统是具有相当于专家的知识和经验水平，以及具有解决焊接专门问题能力的计算机软件系统。国内外的焊接专家系统，主要涉及工艺设计或工艺选择，焊接缺陷或设备故障诊断，焊接成本结算，实时监控，焊接CAD、焊工考试等，几乎包括了焊接生产的所有主要方面。英、美等国已推出一些商品化的焊接专家系统。而神经元网络、模糊推理、多媒体等先进技术的应用，将使焊接专家系统达到一个新的水平。

三、热源开发

焊接工艺几乎运用了世界上大多数可以利用的热源，如火焰、电弧、超声波、摩擦、等离子体、电子束、激光、微波等，但焊接热源的研究与开发并未终止。新的发展方面可概括为三个方面：首先是对现有热源的改善，使它更为有效、方便、经济实用，在这方面电子束和激光焊接的发展较显著；其次是开发更好、更有效的热源，采用两种热源叠加以求获得更强的能量密度，如电子束焊中加入激光；第三是节能技术。节能技术在焊接工业中是重要的发展方面之一。焊接能源消耗很大，不少新技术的出现就是为了节能这个目标。例如，太阳能焊接、电阻点焊中利用电子技术的发展提高焊机的功率因数等。

四、计算机在焊接技术中的应用

计算机用于焊接生产过程是现代焊接工程的重要标志之一。利用计算机可对焊接电流、电压、焊接速度、气体流量和压力等参数快速综合运算、分析和控制；也可对各种焊接过程的数据进行数理统计分析，总结出焊接不同材料、不同板厚的最佳参数方程和图表。利用计算机代替常规数控来控制焊接工卡具自动定位和焊机（或焊件）运动轨迹，其精度可达±0.0025mm，且通用性强。计算机图像处理可用于X光底片上焊接缺陷的识别，以及识别焊接过程中电弧和焊缝熔池的形态与位置。

计算机软件技术在焊接中的应用越来越得到人们的重视。目前，计算机模拟技术用于焊接热过程、焊接冶金过程、焊接应力和变形等的模拟，数据库技术被用于建立焊接工艺评定文件、焊接材料检索文件、焊接符号检索文件及焊工档案管理文件等，计算机辅助设计(CAD)、计算机辅助制造（CAM)、柔性制造系统（FMS）及计算机集成制造系统(CIMS）等均属于计算机在自动化生产中应用的高级形式。例如，中国合肥叉车总厂自1995年底采用计算机辅助设计（CAD）后，该厂产品设计周期缩短50%左右，仅降低库存资金一项，两年内创造直接经济效益约200万元，超过了用于建设计算机网络的硬件及各种软件的全部资金。目前，中国自行开发的计算机应用软件不断增多，有些已达到国际先进水平。

习　题

1. 什么是焊接电弧？简述焊接电弧的基本构造及温度分布特点。
2. 什么是直流弧焊机的正接法、反接法？生产中应如何选用？
3. 生产中如何选用焊条？为什么重要结构的焊接选用碱性焊条？

第十一章　机械零件毛坯的选择

除了少数要求不高的零件外，机械上的大多数零件都是通过铸造、锻压、焊接等方法先制成毛坯，然后再经过切削加工制成成品。因此，毛坯选择是否合理，不仅影响零件的加工质量和使用性能，而且对零件的制造工艺过程、生产周期和成本也有很大影响。因此正确选择毛坯的类型和制造方法是机械设计与制造中的重要任务之一。本章主要介绍常用毛坯种类、毛坯选择的原则及典型零件毛坯的选择。

第一节　常用毛坯的种类

机械零件常用毛坯种类有：铸件、锻件、焊接件、冲压件和型材等。常用毛坯种类及其主要特点的比较见下表，可供选择毛坯时参考。

比较内容	毛坯种类				
	铸　件	锻　件	冲压件	焊接件	型　材
成形特点	液态成形	固态下塑性变形		借助金属原子间的扩散和结合	固态下塑性变形
对原材料工艺性能要求	流动性好，收缩率低	塑性好，变形抗力小		强度好，塑性好，液态下化学稳定性好	塑性好，变形抗力小
适用材料	铸铁，铸钢，有色金属	中碳钢和合金结构钢	低碳钢和有色金属薄板	低碳钢和低合金结构钢	碳钢，合金钢，有色金属
适宜的形状	形状不受限，尤其内腔形状可复杂	自由锻件简单，模锻件可复杂	可较复杂	形状不受限	形状简单
毛坯的组织特征	晶粒粗大、疏松、缺陷多，杂质排列无方向性	晶粒细小、致密，杂质呈纤维方向排列	组织细密，可产生纤维组织	焊缝区为铸态组织，熔合区及过热区有粗大晶粒	取决于型材的原始组织
毛坯的性能特点	铸铁件力学性能差，但减振性和耐磨性好；铸钢件力学性能较好	比相同成分的铸钢件好	强度、硬度提高，结构刚度好	接头的力学性能可达到或接近母材	比相同成分的铸钢件好
材料利用率	高	自由锻件低，模锻件中等	较高	较高	较高
生产周期	长	自由锻短，模锻长	长	短	短
生产成本	较低	较高	低	中	较低
适用范围	铸铁件用于受力不大或承压为主的零件，或要求减振、耐磨的零件；铸钢件用于承受重载而形状复杂的零件。如床身、箱体、曲轴等	用于承压重载、动载及复杂载荷的重要零件。如主轴、连杆、齿轮等	用于板料成形的零件。如汽车车身、油箱、机壳等各种薄金属件	用于制造金属结构件，或组合件和零件的修补	用于中、小型简单件。如螺栓、螺母、销子等

由于每种类型的毛坯都可以有多种制造方法，各类毛坯在某些方面的特征可以在一定范围内变化。因此，表中所列各项只是从一般的角度比较而言，不是绝对的结论。例如，一般铸铁件力学性能较差，但一些球墨铸铁经热处理后强度可以超过碳钢锻件；锻件由于是固态下成形，金属流动困难，加工余量较大，材料利用率一般较低，但精密锻造的锻件和冷挤压件，可以基本上实现零件的最终成形，材料利用率也很高。

第二节　毛坯选择的原则

毛坯类型及制造方法与毛坯材料密切相关，材料不同，其工艺性能及毛坯类型和制造方法也不同。例如，灰铸铁材料的毛坯只能是铸造件，然而零件结构或生产批量变化时，获得毛坯的具体工艺方法也随之改变。因此确定毛坯类型及制造方法时应考虑如下原则。

一、满足零件的使用要求

机械产品都是由若干零件组成的，保证零件的使用要求是保证产品使用要求的基础。因此，毛坯选择首先必须保证满足零件的使用性能要求。

零件的使用要求主要包括零件的工作条件（通常指零件的受力情况、工作环境和接触介质等）对零件结构形状和尺寸的要求，以及对零件性能的要求。

1. 结构形状和尺寸的要求

机械零件由于使用功能的不同，其结构形状和尺寸往往差异较大，各种毛坯制造方法对零件结构形状和尺寸的适应能力也不相同。所以，选择毛坯时，应认真分析零件的结构形状和尺寸特点，选择与之相适应的毛坯制造方法。

对于结构复杂的零件，应选择铸造方法。对于尺寸大的零件，可采用砂型铸造或自由锻造；中、小型零件可用较先进的铸造方法或模锻、精锻等。常见的一般用途的钢制阶梯轴零件，若各台阶的直径相差不大，可选用棒料；若各台阶的直径相差较大，宜用锻件毛坯。

2. 力学性能的要求

对于力学性能要求较高，特别是工作时要承受冲击和交变载荷的零件，为了提高抗冲击和抗疲劳破坏的能力，一般应选择锻造毛坯，如机床、汽车的传动轴和齿轮等；对于由于其他方面原因需采用铸件，但又要求零件的金相组织致密、承载能力较强的零件，应选择相应的能满足要求的铸造方法，如压力铸造、金属型铸造和离心铸造等。

3. 其他方面的要求

对于具有某些特殊要求的零件，必须结合毛坯材料和制造方法来满足这些要求。例如，某些有耐压要求的套筒零件，要求零件金相组织致密，不能有气孔砂眼等缺陷，如果零件选为钢材，则宜选择型材（如液压油缸常采用无缝钢管）；如果零件选材为铸铁，则宜选择离心铸造（如内燃机的汽缸套）。对于在自动机床上进行加工的中小型零件，由于要求毛坯精度高，故宜采用冷拉型材，如微型轴承的内、外圈是在自动车床上加工的，其毛坯采用冷拉圆钢。

二、满足降低生产成本的要求

一个零件的制造成本包括其本身的材料费、消耗的燃料和动力费、人工费、设备的折旧费和其他辅助费用分摊到该零件上的份额。在选择毛坯的类别和具体的制造方法时，通常是在保证零件使用要求的前提下，把几个可供选择的方案从经济上进行分析、比较，从中选择

出成本最低的最佳方案。

生产成本的高低同生产批量关系密切。一般来说，在单件小批量生产时，毛坯的生产率不是主要问题，材料利用率的矛盾也不太突出，这时应主要考虑的问题是减少设备、模具等方面的投资，即使用价格比较便宜的设备和模具，以降低毛坯生产成本。如铸件应优先选用手工砂型铸造方法，锻件应优先选用自由锻方法。在大批量生产时，提高生产率和材料利用率，对降低毛坯的单件生产成本将具有明显的经济意义。因此，应采用比较先进的毛坯制造方法来生产毛坯，如铸件应选用机器造型的铸造方法，锻件应选用模型锻造方法。尽管此时的设备造价昂贵、投资费用高，但分摊到单个毛坯上的成本是较低的，并由于工时消耗、材料消耗及后续机械加工费用的减少，从而有效降低毛坯生产成本。

三、考虑实际生产条件

根据零件的使用要求和生产成本分析所选定的毛坯制造方法是否能实现，还必须考虑企业的实际生产条件。只有实际生产条件能够实现的生产方案才是合理的。在考虑实际生产条件时，应首先分析本厂的设备条件和技术水平能否满足毛坯制造方案的要求。如不能满足要求，则应考虑某些零件的毛坯可否通过厂际协作或外购来解决。这样就能确定一个既能保证质量，又能按期完成任务，经济上也合理的方案。

总之，只有有效地协调好上述三者之间的关系，才能选出最佳方案。考虑时应在保证零件使用要求的前提下，力求选用质量好、成本低、制造周期短的毛坯生产方法。

第三节　典型零件的毛坯选择

常用机械零件按其形状特征和用途不同，主要分为轴杆类零件、盘套类零件和机架箱体类零件三大类。下面分别介绍各类零件毛坯选择的一般方法。

一、轴杆类零件的毛坯选择

轴杆类零件的结构特点是其轴向尺寸远大于径向尺寸，包括各种传动轴、机床主轴、丝杠、光杠、曲轴、偏心轴、凸轮轴、齿轮轴、连杆、摇臂、螺栓、销子等，如图 11-1 所示。在机械产品中，该类零件主要用来支承传动零件（如齿轮等）和传递转矩。

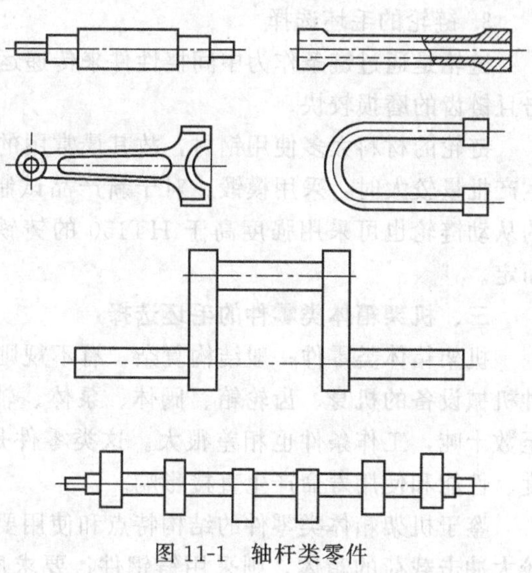

图 11-1　轴杆类零件

轴类零件最常用的毛坯是型材和锻件，对于某些大型的、结构形状复杂的轴也可用铸件或焊接结构件。

对于光滑的或有阶梯但直径相差不大的一般轴，常用型材（即热轧或冷拉圆钢）作为毛坯。

对于直径相差较大的阶梯轴或承受冲击载荷和交变应力的重要轴，均采用锻件作为毛坯。当生产批量较小时，应采用自由锻件；当生产批量较大时，应采用模锻件。

对于结构形状复杂的大型轴类零件，其毛坯可采用砂型铸造件、焊接结构件或铸-焊结构毛坯。

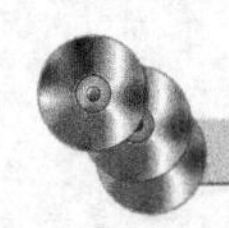

二、盘套类零件的毛坯选择

盘套类零件的结构特点是直径尺寸较大而长度尺寸相对较小的回转体零件（一般长度与直径之比小于 1），如图 11-2 所示。属于这类零件的有各种齿轮、带轮、飞轮、联轴节、轴承环、端盖、螺母、手轮等。

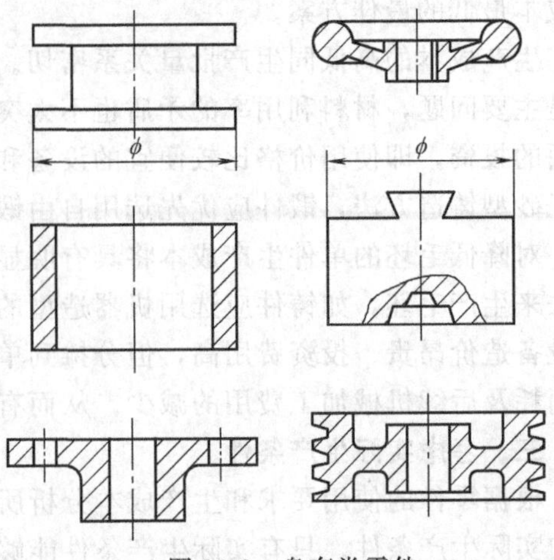

图 11-2 盘套类零件

此类零件在机械中的使用要求和工作条件差异较大，因此所用的材料各不相同，毛坯生产方法也较多。下面主要讨论几种盘套类零件的毛坯选择问题。

1. 圆柱齿轮的毛坯选择

齿轮是各类机械中的重要传动件，工作时齿面承受很大的接触应力和摩擦力，齿面要求具有足够的强度和硬度；齿根承受较大的弯曲应力，有时还要承受冲击力作用。齿轮的主要失效形式是齿面磨损、疲劳剥落和齿根折断。因此在选择齿轮毛坯时，对于中、小齿轮，一般选用锻造毛坯。大量生产时可采用热轧或精密模锻的方法制造毛坯；单件或小批量生产时，直径较小的齿轮也可直接用圆钢为毛坯。对于直径比较大，结构比较复杂，不便于锻造的齿轮，采用铸钢、灰铸铁或球墨铸铁铸造毛坯。在单件生产的条件下，常采用焊接方法制造大型齿轮毛坯。

2. 带轮的毛坯选择

带轮是通过中间挠性件（各种带）来传递运动和动力的，一般载荷比较平稳。因此，对于中小带轮多采用 HT150 制造，故其毛坯一般采用砂型铸造。生产批量较小时用手工造型；生产批量较大时可采用机器造型。对于结构尺寸很大的带轮，为减轻质量可采用钢板焊接毛坯。

3. 链轮的毛坯选择

链轮是通过链条作为中间挠性件来传递运动和动力的，其工作过程中的载荷有一定的冲击且链齿的磨损较快。

链轮的材料大多使用钢材，故其最常用的毛坯为锻件。单件小批生产时，采用自由锻；生产批量较大时，采用模锻；对于新产品试制或修配件，也可使用型材。对于齿数大于 50 的从动链轮也可采用强度高于 HT150 的铸铁，其毛坯可采用砂型铸造，造型方法视批量而定。

三、机架箱体类零件的毛坯选择

机架箱体类零件一般结构复杂，有不规则的外形和内腔，且壁厚不均。这类零件包括各种机械设备的机身、齿轮箱、阀体、泵体、轴承座等，如图 11-3 所示。它们质量从几千克至数十吨，工作条件也相差很大。这类零件是机器的基础件，它的加工质量将对机器的精度、性能和使用寿命产生直接影响。

鉴于机架箱体类零件的结构特点和使用要求，通常都采用铸铁件为毛坯；受力复杂或受较大冲击载荷的箱体，则采用铸钢件；要求质量轻、散热良好的箱体，可采用铸造铝合金件；单件小批生产、新产品试制或结构尺寸很大时，也可采用钢板焊接毛坯。

无论铸造还是焊接毛坯，内部往往应力较大，为避免使用过程中因变形失效，机加工前

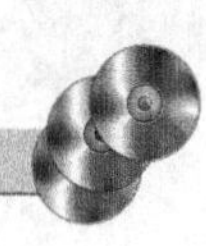

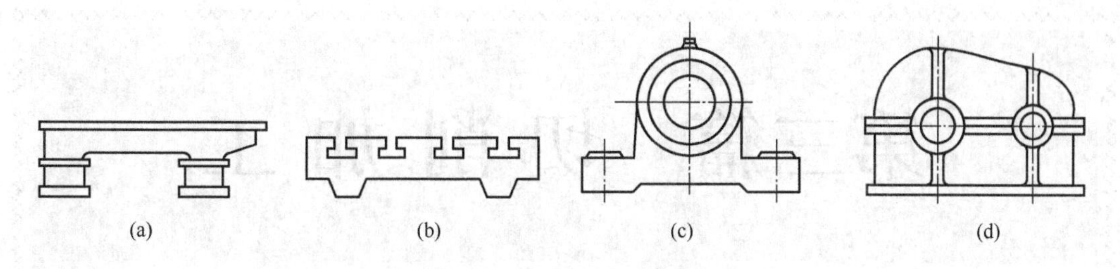

图 11-3　机架箱体类零件

应进行去应力退火或自然时效。

习　题

1. 常用的毛坯形式有哪几类？选择零件毛坯应遵循的原则是什么？
2. 影响毛坯生产成本的主要因素有哪些？针对不同的生产规模，如何降低毛坯的生产成本？
3. 轴杆类零件的常用毛坯有哪几种？生产实际中如何选择？
4. 箱体机架类零件的常用毛坯有哪几种？生产实际中如何选择？
5. 在各类零件中分别举出 1～2 个零件，试分析其可能的毛坯制造方法？
6. 在什么情况下采用焊接方法制造零件毛坯？

第三篇　切削加工

金属切削加工是利用切削工具和工件做相对运动，从毛坯上切去多余部分材料，以获得所需几何形状、尺寸精度和表面粗糙度的零件的加工过程。

在现代机械制造中，除少数零件采用精密铸造、精密锻造以及粉末冶金和工程塑料压制等方法直接获得外，绝大多数的零件都要通过切削加工获得，以保证精度和表面粗糙度的要求。因此，切削加工在机械制造中占有十分重要的地位。切削加工在一般生产中占机械制造总工作量的40%～60%。切削加工的先进程度直接影响产品的质量和数量。

切削加工分为钳工和机械加工（简称机工）两部分。

钳工一般是由工人手持工具进行的切削加工，而机工是通过工人操作机床进行的切削加工。机械加工按所用切削工具的类型又可分为两类：一类是利用刀具进行加工的，如车削、钻削、镗削、铣削等；另一类是用磨料进行加工的，如磨削、珩磨、研磨等。

随着科学技术的发展，新的、更先进的加工方法日益增多，并朝着少、无切削的方向发展，如精铸、精锻等。又如电加工、超声波加工、激光加工等特种加工方法，已突破传统的依靠机械能进行加工的范畴，可以加工各种难切削的材料、复杂的型面和某些具有特殊要求的零件，在一定范围内取代了切削加工。但是目前切削加工仍将是机械制造业中的主要加工方法。因此，如何正确选择合理的加工方法，对保证零件的加工质量，提高生产率和降低成本都是非常重要的。

第十二章　切削加工基础知识

第一节　切削运动及切削要素

一、零件表面的形成

机器零件的形状虽然多种多样，但都是由一些外圆柱面、内圆柱面、平面和曲面等组成。外圆柱面、内圆柱面都是以一直线作母线，通过旋转运动所形成的表面。平面是以一直线作母线，通过直线平移运动所形成的表面。曲面则是以一曲线为母线，做旋转或平移运动所形成的表面。

形成上述表面所需的母线及其运动，是由各种机床上的刀具和工件做相对运动来实现的。图12-1所示是刀具和工件做不同的相对运动来完成各种表面加工的切削方法。

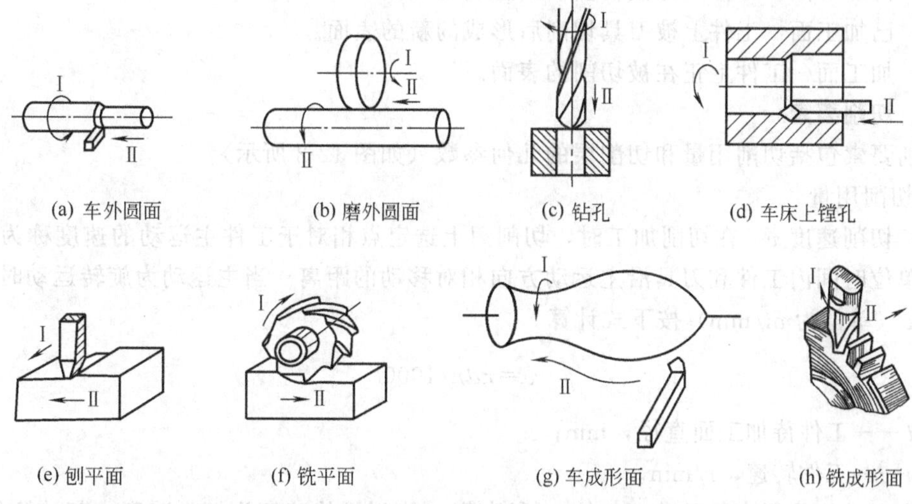

图 12-1　各种表面加工时的切削运动

二、切削运动

在金属切削加工中，为使加工工件表面获得符合技术要求的形状，加工时刀具和工件必须有一定的相对运动，才能切除多余的金属，通常称此运动为切削运动。

切削运动包括主运动和进给运动。主运动是切下切屑所需的最基本运动，是由机床或人力提供的主要运动，它的速度最高，所消耗的功率最大。在切削加工中主运动只有一个，可以是旋转运动，也可以是直线运动。图 12-2 中所示车削外圆时，工件的旋转运动是主运动。进给运动是使金属层不断被切削，从而加工出完整表面所需的运动。进给运动的速度较低，消耗的功率较少，进给运动可以是连续的，也可以是断续的，其形式可以是旋转运动，也可以是直线运动。图 12-2 中所示车削外圆时，车刀的纵向连续直线运动是进给运动。

总之，任何切削方法必须有一个主运动，而进给运动有一个或几个。主运动和进给运动可以由工件和刀具分别完成，也可由刀具单独完成。

各种切削加工机床都是为了实现某些表面的加工，因此，都有特定的切削运动。切削运动有旋转的，也有平移的；有连续的，也有间断的。

在切削过程中，工件上形成三种表面（见图 12-2）。

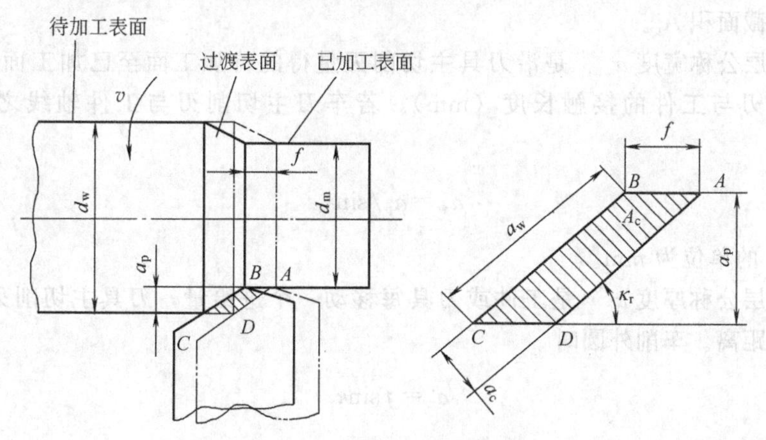

图 12-2　车削时的切削要素

(1) 待加工面　工件上将被切去一层金属的表面。

(2) 已加工面　工件上被刀具切削后形成的新的表面。

(3) 加工面　工件上正在被切削的表面。

三、切削要素

切削要素包括切削用量和切削层的几何参数（如图 12-2 所示）。

1. 切削用量

(1) 切削速度 v　在切削加工时，切削刃上选定点相对于工件主运动的速度称为切削速度。即单位时间内工件和刀具沿主运动方向相对移动的距离。当主运动为旋转运动时，其切削速度 v（单位为 m/min）按下式计算

$$v=\pi dn/1000$$

式中　d——工件待加工面直径，mm；

n——工件转速，r/min。

若主运动为往复直线运动（如刨、插削等），则以平均速度为切削速度，其计算公式为

$$v=2Ln/1000$$

式中　L——往复运动行程长度，mm；

n——主运动每分钟的往复次数，r/min。

(2) 被吃刀量 a_p　待加工面和已加工面之间的垂直距离，即为被吃刀量，用 a_p 表示，单位为 mm。车削外圆面的 a_p 为该次切除余量的一半；刨削平面的 a_p 为该次的切削余量。

(3) 进给量 f　在主运动的一个循环内，刀具在进给运动方向上相对工件的位移量，可用刀具或工件每转或每行程的位移量来表述和度量。如车削时的进给量为工件每转一转刀具沿轴线进给所移动的距离（mm/r）；刨削时的进给量为刨刀（或工件）每往复一次，工件（或刨刀）沿进给运动方向移动的距离（mm/r）。

2. 切削层几何参数

切削层是指工件上正在被切削刃切削的一层材料，即两个相邻加工表面之间的那层材料。如图 12-2 所示，车削时，工件每转一转，车刀主切削刃移动一个 f 距离，车刀所切下来的金属层即为切削层。切削层的几何参数包括切削层公称宽度 a_w、切削层公称厚度 a_c 和切削层公称横截面积 A_c。

(1) 切削层公称宽度 a_w　是沿刀具主切削刃量得的待加工面至已加工面之间的距离，即刀具主切削刃与工件的接触长度（mm）。若车刀主切削刃与工件轴线之间的夹角为 κ_r，则

$$a_w=a_p/\sin\kappa_r$$

式中，a_w 的单位为 mm。

(2) 切削层公称厚度 a_c　是工件或刀具每移动一个进给量，刀具主切削刃相邻两个位置之间的垂直距离。车削外圆时

$$a_c=f\sin\kappa_r$$

式中，a_c 的单位为 mm。

（3）切削层公称横截面积 A_c　是工件被切下的金属层沿垂直于主运动方向所截取的截面面积，即

$$A_c = a_p f = a_c a_w$$

式中，A_c 的单位为 mm。

第二节　金属切削刀具

切削刀具的种类很多，形状也各不相同，其中最典型的是车刀，其他各种刀具切削部分的几何形状和参数，都可视为以外圆车刀为基本形态而按各自的特点演变而成。因此掌握外圆车刀的分析方法之后，就可以将这种方法推广到其他刀具。

一、刀具的组成部分

如图 12-3 所示外圆车刀由刀头和刀体组成。刀体可装夹在机床上，刀头是切削部分，用于切削金属。车刀的切削部分组成如下。

（1）前刀面　切下的切屑流出时经过的表面。

（2）主后刀面　切削时刀具上与工件加工面相对的表面。

（3）副后刀面　切削时刀具上与工件已加工面相对的表面。

（4）主切削刃　前刀面与主后刀面的交线，起着主要切削作用。

（5）副切削刃　前刀面与副后刀面的交线，起着辅助切削的作用。

（6）刀尖　主切削刃与副切削刃的交点，为了增强刀尖的强度和耐磨性，常将刀尖磨成圆角或直角，形成过渡刃。

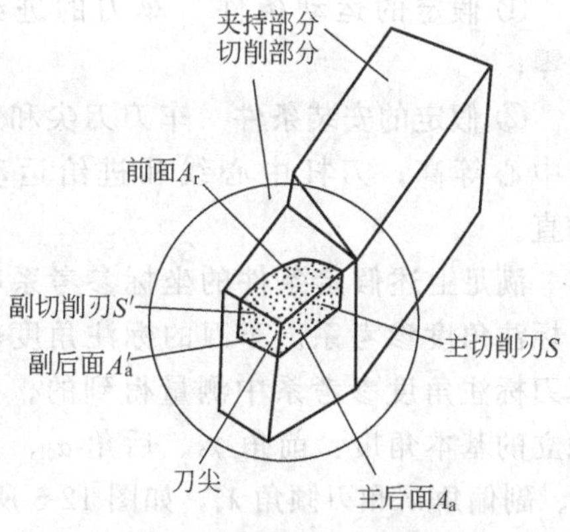

图 12-3　车刀的切削部分

二、刀具切削部分的角度

1. 确定刀具角度的辅助平面

为了便于确定车刀刀面在空间的位置以及设计和测量刀具角度，需要做出几个辅助平面，以建立刀具静止和工作参考系（见图 12-4）。

（1）切削平面 P_s　通过主切削刃上选定点并与工件加工表面相切的平面。

（2）基面 P_r　通过主切削刃上选定点，并与该点切削速度方向垂直的平面，它与切削平面相互垂直。

（3）正交平面 P_o　通过主切削刃上选定点，且与该点的基面和切削平面同时垂直的平面。

（4）法平面 P_n　通过主切削刃上选定点，且与切削刃垂直的平面。

（5）假定工作平面 P_f　通过切削刃上选定点，且垂直于基面并平行于假定进给运动方向的平面。

（6）背平面 P_p　通过切削刃上选定点，且垂直于基面和假定工作平面的平面。

2. 车刀的标注角度

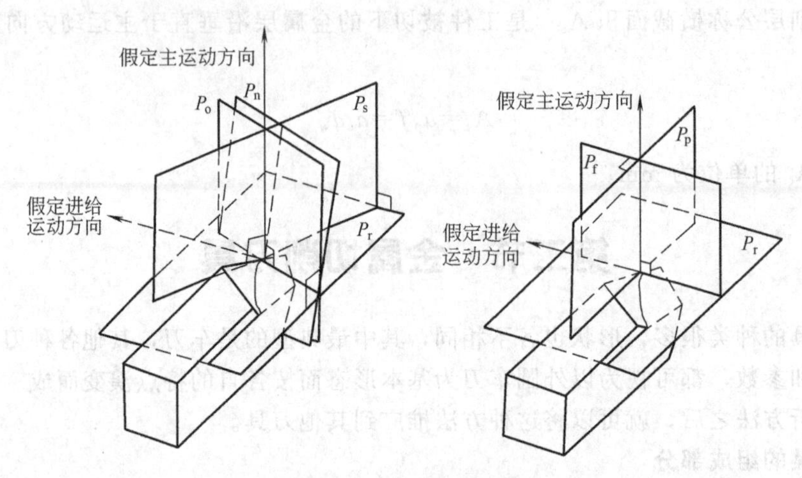

图 12-4　确定车刀角度的辅助平面

车刀的标注角度是绘制刀具图样和车刀刃磨必须要掌握的角度，它是假定条件下的车刀角度，其假定条件如下：

① 假定的运动条件　车刀的进给速度为零；

② 假定的安装条件　车刀刀尖和工件回转中心等高；刀杆中心线和进给运动方向垂直。

满足上述假定条件的坐标参考系叫做车刀标注角度参考系。车刀的标注角度就是在车刀标注角度参考系中测量得到的。有五个独立的基本角度：前角 γ_0、后角 α_0、主偏角 κ_r、副偏角 κ_r'和刃倾角 λ_s，如图 12-5 所示。

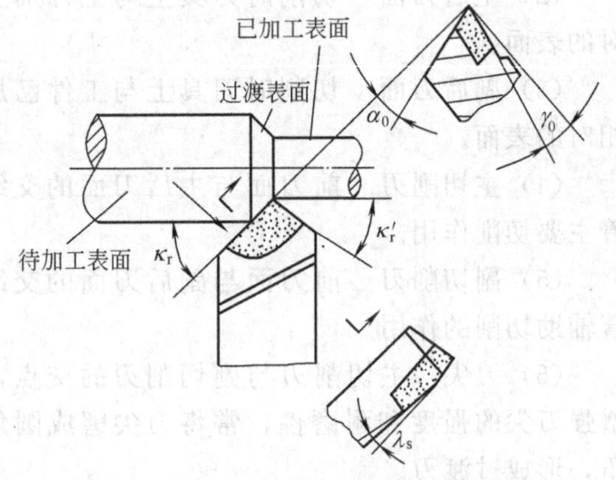

图 12-5　车刀的主要标注角度

在正交平面内测量的角度如下。

① 前角 γ_0　是前刀面与基面之间的夹角。表示前刀面的倾斜程度。前角可以是正值、负值或零值，可根据工件材料、刀具材料及加工要求选用。

② 后角 α_0　是主后刀面与切削平面之间的夹角。表示主后刀面的倾斜程度。

在基面内测量的角度如下。

① 主偏角 κ_r　是主切削平面与假定工作平面之间的夹角。

② 副偏角 κ_r'　是副切削平面与假定工作平面之间的夹角。

在切削平面内测量的角度如下。

③ 刃倾角 λ_s　是主切削刃与基面之间的夹角。

3. 车刀的工作角度

车刀切削时，由于主运动及进给运动的共同存在，车刀处于实际工作状态，构成了工作角度参考系。工作角度参考系中车刀几何角度即为车刀的工作角度，此时，由于进给运动和车刀的安装位置的影响，使车刀的标注角度假定条件改变了，辅助平面的空间位置发生了变化，将引起车刀实际切削时的角度不同于标注角度。

(1) 进给运动对工作角度的影响 车削端面及切断时，车刀是横向进给。以切断刀为例，如图 12-6 所示。在不考虑进给运动时，车刀主切削刃上选定点相对于工件的运动轨迹是一个圆，切削平面 P_s 为通过主切削刃上选定点切于圆周的平面。基面 P_r 为通过主切削刃上选定点的水平面。γ_0、α_0 为车刀标注角度的前角和后角。考虑进给运动时，主切削刃上选定点相对于工件的运动轨迹为一条阿基米德螺旋线，切削平面 P_s 变为通过主切削刃上选定点，并切于螺旋面的平面 P_{se}，基面 P_r 也相应偏转为 P_{re}。因此，车刀的工作角度 γ_{0e} 和 α_{0e} 为

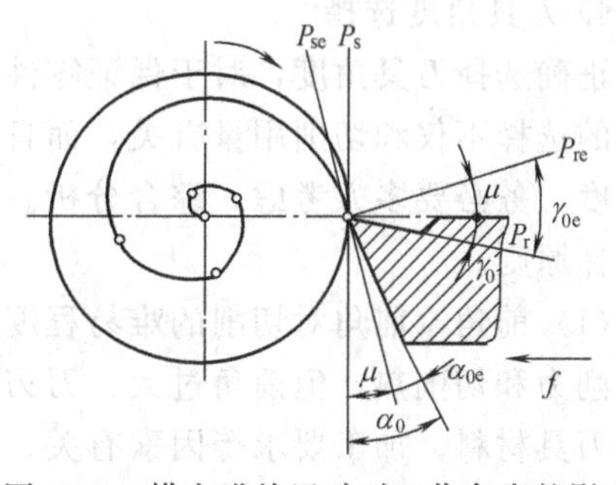

图 12-6 横向进给运动对工作角度的影响

$$\gamma_{0e}=\gamma_0+\mu;\ \alpha_{0e}=\alpha_0-\mu$$

车外圆及车螺纹时是纵向车削，此时过渡表面是一个螺旋面。工作切削平面和工作基面都要偏转同一个角度 μ。一般车外圆时，其角度变化值小于 10°。可忽略不计。但在车大导程螺纹时，必须考虑工作角度的变化。

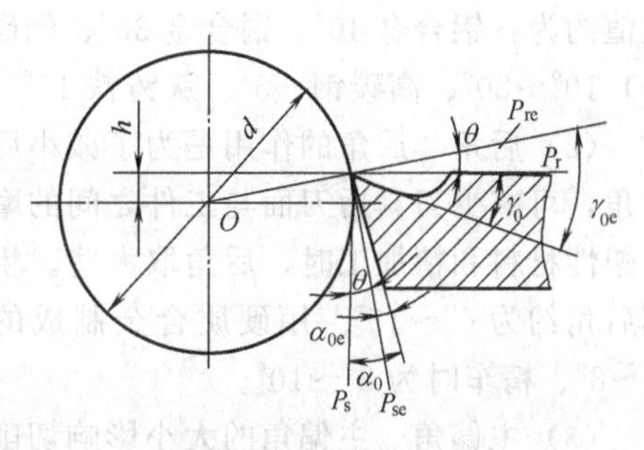

(a) 刀尖高于工件轴线

(2) 车刀安装对工作角度的影响 车外圆时，当车刀刀尖安装高于工件轴线时，如图12-7所示，切削平面和基面位置发生偏转，偏转角度均为 θ，工作前角增大，工作后角减小。

$$\gamma_{0e}=\gamma_0+\theta;\ \alpha_{0e}=\alpha_0-\theta$$

当车刀刀尖安装低于工件轴线时，如图 12-7 所示，与刀尖高于工件轴线时工作角度的变化相反，工作前角减小，工作后角增大。

$$\gamma_{0e}=\gamma_0-\theta;\ \alpha_{0e}=\alpha_0+\theta$$

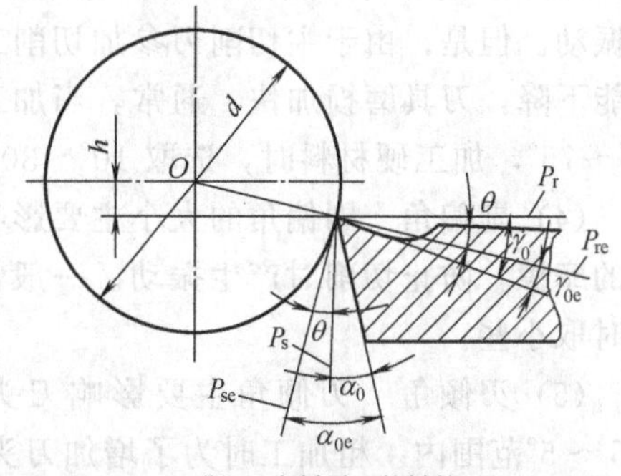

(b) 刀尖低于工件轴线

图 12-7 车刀安装高度对工作角度的影响

车刀刀柄中心线与进给运动方向不垂直时，主偏角和副偏角将发生变化，如图 12-8 所示。

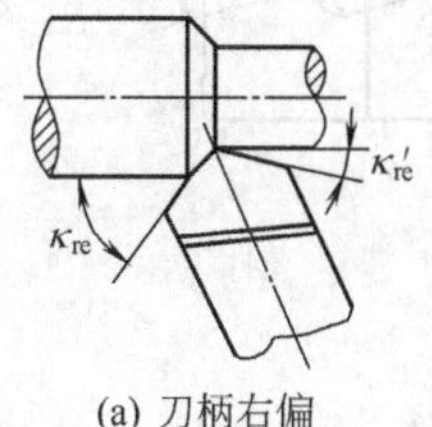

(a) 刀柄右偏

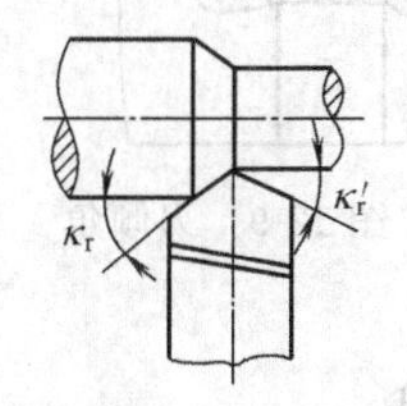

(b) 刀柄与进给方向垂直

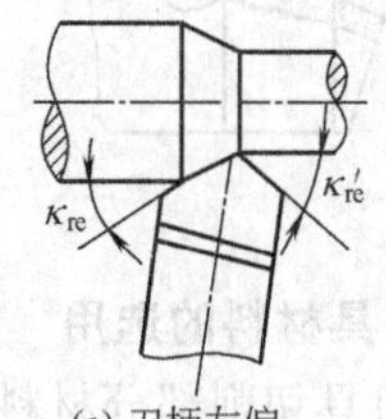

(c) 刀柄左偏

图 12-8 车刀刀柄偏斜时对主偏角和副偏角的影响

刀柄右偏时，工作主偏角增大，工作副偏角减小；刀柄中心线与进给运动方向垂直时，主、副偏角大小没有变化；刀柄左偏时，工作主偏角减小，工作副偏角增大。

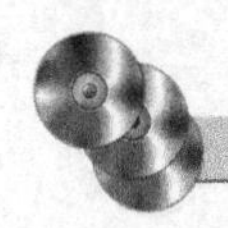

4. 刀具角度选择

正确选择刀具角度，对于保证零件的加工质量和提高生产效率是十分重要的。由于刀具角度的选择不仅和切削用量有关，而且和刀具材料及被加工材料都密切相关，所以，选择车刀角度，务必要多方考虑，综合分析。特别要考虑工件材料的性质。下面介绍刀具主要角度的选择原则。

(1) 前角　前角对切削的难易程度有很大影响。增大前角能使刀刃锋利，切削容易，降低切削力和切削热；但前角过大，刀刃部分强度下降，寿命缩短。前角大小的选择与工件材料、刀具材料、加工要求等因素有关。工件材料的强度、硬度低，前角应选择的大些，反之选小些；刀具材料韧性好，前角可选得大些，反之选小些；精加工时，前角应选得大些，反之选小些。通常硬质合金车刀的前角在－5°～20°的范围内。加工各种材料的车刀前角参考数值约为：铝合金40°、铜合金35°、低碳钢30°、不锈钢15°～25°、中碳钢（如45钢、40Cr等）10°～20°、高碳钢－5°、灰铸铁15°。

(2) 后角　后角的作用是为了减小后刀面与工件之间的摩擦和减小后刀面的磨损。增大后角，可减少刀具后刀面与工件之间的摩擦。但后角过大，刀刃强度降低，容易损坏。当加工塑性材料和精加工时，后角取大些。粗加工时取较小后角。通常，用高速钢制成的车刀，其后角约为6°～15°。用硬质合金制成的车刀在强力切削时，其后角为3°～6°，粗车时为6°～8°、精车时为8°～10°。

(3) 主偏角　主偏角的大小影响切削条件和刀具寿命。在被吃刀量和进给量不变的情况下，增大主偏角，可使切削力沿工件轴向分力加大，径向分力减小，有利于加工细长轴并减小振动。但是，由于主切削刃参加切削工作的长度减小，刀刃单位长度上切削力增大，散热性能下降，刀具磨损加快。通常，当加工细长轴时，主偏角选取75°～90°，强力切削时选取60°～75°，加工硬材料时，选取10°～30°。

(4) 副偏角　副偏角的大小主要影响表面粗糙度。副偏角增大，减小副切削刃与已加工面的摩擦，防止切削时产生振动。一般情况下，副偏角在5°～10°。粗加工时取大些，精加工时取小些。

(5) 刃倾角　刃倾角主要影响刀头的强度和切屑的流动方向。车刀的刃倾角一般在－5°～5°范围内。粗加工时为了增加刀头强度，常取负值；精加工时为了防止切屑划伤已加工面，常取正值或零值。如图12-9所示。通常，精车时，刃倾角值取0°～4°；粗车时，取－10°～－5°。

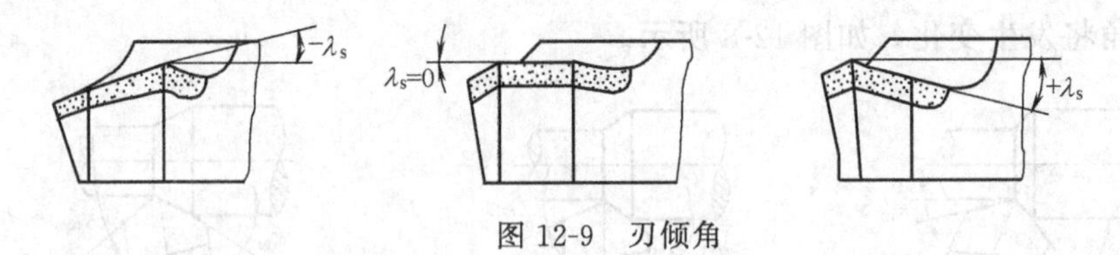

图12-9　刃倾角

三、刀具材料的选用

1. 对刀具切削部分材料的基本要求

刀具切削部分在切削过程中，承受很大的切削力和冲击力，并且在很高的温度下进行工作，连续受强烈的摩擦。因此，刀具切削部分材料必须具备以下几方面的性能。

(1) 高的硬度和耐磨性　刀具材料硬度必须大于工件材料的硬度，常温硬度一般要求在60HRC以上。耐磨性是表示刀具材料抵抗磨损的能力。

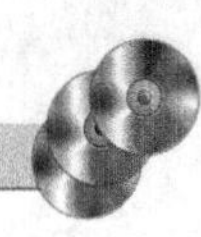

(2) 高的热硬性　是指刀具材料在高温仍能保持其高硬度、高耐磨性的能力。

(3) 足够的强度和韧性　主要是指刀具材料承受冲击和振动而不破碎的能力。

(4) 良好的工艺性　一般是指切削加工性、可锻性、可焊性、热处理性能等。工艺性越好，则越便于制造。

2. 常用刀具材料

(1) 优质碳素工具钢　淬火后有较高的硬度（59～60HRC），容易磨得锋利，但热硬性差，在200～250℃时，硬度就显著下降，允许的切削速度很低。常用于制作低速、不受冲击载荷的各种手工工具，如锉刀、手用锯条等。常用的牌号有T10A、T12A等。

(2) 合金工具钢　较碳素工具钢有较高的热硬性和韧性，其热硬温度约为300～350℃，故切削速度较碳素工具钢高10%～40%。常用于制作低速、复杂的刀具，如铰刀、丝锥、齿轮铣刀等。常用的牌号有CrWMn、9SiCr等。

(3) 高速钢　含有大量高硬度的碳化物，热处理后硬度可达62～65HRC，耐磨性也大大改善。它的热硬温度可达550～600℃，允许的切削速度比碳素工具钢高2～4倍。常用的牌号有W18Cr4V、W6Mo5Cr4V2、W9Mo3Cr4V。其中W9Mo3Cr4V具有前两种钢的共同优点，并且比W18Cr4V热塑性好，过热和脱碳倾向比W6Mo5Cr4V2小，硬度较高，故得到越来越广泛的应用。

高速钢特别适用于制作各种结构复杂的孔加工刀具和成形刀具，如钻头、拉刀、铣刀、螺纹刀具、齿轮刀具、成形车刀等。高速钢可用于加工的材料也很广泛，包括有色金属、铸铁、碳钢、合金钢等材料。

(4) 硬质合金　是硬度和熔点都很高的碳化物（WC或TiC）和黏结剂（Co）经粉末冶金方法制成。其常温硬度为86～93HRA，热硬温度高达900～1000℃，允许的切削速度比高速钢高出4～7倍。但它的韧性较差，抗弯强度比高速钢低，一般制成各种形状的刀片焊接或夹固在刀体上使用。常用的硬质合金一般分为两类：一类是由WC和Co组成的钨钴类（YG类）；另一类是由WC、TiC和Co组成的钨钛钴类（YT类）。

YG类硬质合金韧性较好，但切削韧性材料时耐磨性较差，因此适于加工脆性材料（如铸铁、青铜）。常用牌号有YG3、YG6、YG8等，其中数字表示Co的含量。

YT类硬质合金由于TiC的加入使其硬度、耐热性比YG类高，并且在切削韧性材料时较耐磨，但韧性较低，适于加工韧性材料（如碳钢）。常用的牌号有YT5、YT15、YT30等，其中数字表示TiC含量的百分率。

在以上两类硬质合金中，碳化物含量越多，韧性越小，而耐磨性和耐热性越高；Co含量愈多，则强度、韧性愈好，而硬度、耐磨性愈低，因此含Co量多的牌号宜用于粗加工。

切削加工用硬质合金按其切屑排出形式和加工对象的范围分为三个主要类别，分别以类别代号P、M、K表示。如表12-1所示。

表12-1　切削用硬质合金牌号与用途分组代号

用途分组代号	硬质合金牌号	用途分组代号	硬质合金牌号	用途分组代号	硬质合金牌号
P01	YT30,YN10	M10	YW1	K01	YG3X
P10	YT15	M20	YW2	K10	YG6X,YG6A
P20	YT14			K20	YG6,YG3N
P30	YT5			K30	YG8N,YG8

P——适于加工长切屑的钢铁材料，以蓝色作标志；

M——适于加工长切屑或短切屑的钢铁材料和非铁金属材料，以黄色作标志；

K——适于加工短切屑的钢铁材料、非铁金属材料及非金属材料，以红色作标志。

常用于切削加工的硬质合金有 P01、P10、P20、P30、M10、M20、K20、K30 等。类别代号后面阿拉伯数字愈大，耐磨性愈低而韧性愈高。

正确选用适当代号的硬质合金用于切削加工，对于发挥其效能具有重要意义。

表中所列硬质合金都是以 WC 为基体，加入 TiC 可以提高硬质合金的硬度、耐磨性和耐热性，加入 TaC（碳化钽）或 NbC（碳化铌）后，不仅提高了耐磨性和抗弯强度，而且提高了韧性，表现出较好的综合性能。

3. 其他刀具材料

(1) 陶瓷材料 是在氧化铝（Al_2O_3）基体中加入高温碳化物（如 TiC、WC）和金属添加剂（如镍、铁、钨、钼等）制成的。硬度高、耐高温，但抗弯强度和冲击韧度低，容易崩刃。加入合金元素后，抗弯强度有了提高，主要用于高硬度、高强度钢及冷硬铸铁等材料的半精加工和精加工。

(2) 涂层硬质合金 在钨钴类（YG）硬质合金表面涂一层 5～12μm 厚度的金属碳化物 TiC、TiN（或两者一起涂），成为涂层硬质合金，其表面硬度和耐磨性较高，又有韧性较高的基体，主要用于半精加工和精加工。

(3) 人造金刚石 是目前人工制成的硬度最高刀具材料。除用于加工高硬度高耐磨性的硬质合金、陶瓷、玻璃等材料外，还可以加工有色金属及其合金。但不宜切削铁族金属。

(4) 立方氮化硼 是继人造金刚石出现的第二种人造无机超硬材料，适用于高硬度、高强度淬火钢和耐热钢的精加工、半精加工，也适用于有色金属的精加工。但立方氮化硼脆性大，使用时要求机床刚性要好，主要用于连续切削，尽量避免冲击和振动。

4. 刀具材料的选用

手工用刀具及低速简单刀具，如铰刀、丝锥、板牙等，切削速度不高时，可以用碳素工具钢或合金工具钢制造。

中等切削速度用刀具，如钻头、片铣刀、铰刀和丝锥等，其切削温度在 600℃以下，可以用高速钢制造。对于切削速度虽然不高，但刃磨困难，精度要求较高的精密贵重刀具，如拉刀、齿轮刀具等亦采用高速钢制造。

用于高速切削，要求耐磨性很高的刀具，如车刀、铣刀等，用硬质合金制造。YT 类硬质合金热硬性高，约 950～1000℃，与钢的黏结温度也较高，适用于切削钢件；YG 类硬质合金热硬性较低，约 850～900℃，抗黏结性也较差，适用于切削铸铁及有色金属等强度较低的材料。

由于各种刀具材料的使用性能、工艺性能和价格不同，各种切削加工的工作条件对刀具材料的要求不同，因此，应根据实际情况综合考虑，合理地选用刀具材料。

第三节 切削过程中的物理现象

一、切削过程中金属的变形

金属切削过程是刀具在切削运动中，从工件表面切下一层多余的金属，形成切屑的过程。其实质是被切金属连续受到刀具的挤压和摩擦，产生弹性变形、塑性变形，最终是被切

金属层与母体金属分离形成切屑。

图 12-10 是切削塑性金属时，切削层金属的变形情况。当金属受到刀具的挤压以后，被切金属凡在始滑移面 *OA* 以左的均发生弹性变形，愈靠近 *OA* 面，弹性变形愈大。在 *OA* 面上，因应力达到金属材料的屈服强度 σ_s，则发生塑性变形，产生滑移现象。随着刀具的连续移动，原来处于始滑移面 *OA* 上的金属不断向刀具前刀面靠拢，应力和变形也逐渐加大。在终滑移面 *OE* 上，应力和变形达到最大值。越过 *OE* 面，切削层金属将脱离金属母材，沿着前刀面流出而形成切屑，完成切离阶段。经过塑性变形的金属，其晶粒沿最大变形方向伸长，呈纤维状结构。

切削塑性金属材料时，在刀具与工件接触的区域产生三个变形区，如图 12-10 所示。*OA* 与 *OE* 之间是切削层的塑性变形区，是切削变形的主要区域，称为第一变形区（Ⅰ），或称基本变形区。基本变形区的变形量最大，常用它来说明切削过程的变化情况。

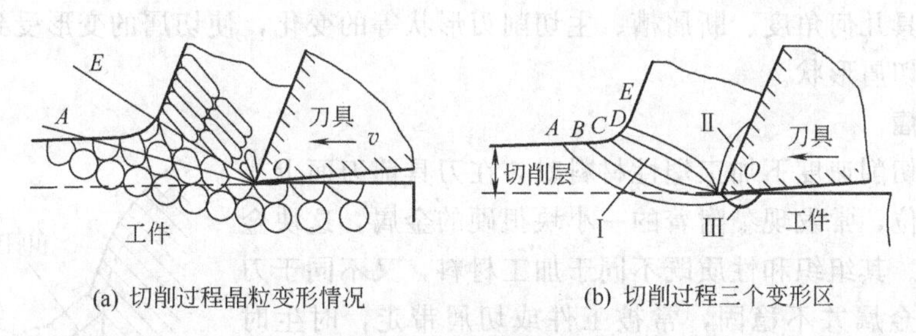

(a) 切削过程晶粒变形情况　　(b) 切削过程三个变形区

图 12-10　切削过程

切屑在前刀面流动时，受到前刀面的挤压和摩擦，切屑底层（靠近前刀面的一层金属）将产生塑性变形，这一区域称为第二变形区（Ⅱ），或称摩擦变形区。工件已加工面的表层金属在主切削刃及后刀面的挤压、摩擦作用下，与后刀面接触的区域将产生塑性变形，这一区域称为第三变形区（Ⅲ），或称加工表面变形区。

这三个变形区汇集在主切削刃附近，应力比较集中、复杂，切削层就在这里分离，切屑和已加工面在这里形成。

二、切屑的形态

由于工件材料的不同，切削条件的不同，因此，塑性变形的程度也不同，形成的切屑会多种多样，并对切削加工过程产生不同的影响。

1. 带状切屑

高速切削塑性金属材料时，如不采取断屑措施，易形成带状切屑，如图 12-11（a）所示。形成带状切屑时，切削过程较平稳，切削力小，加工的表面光滑，但切屑连续不断，会缠绕在刀具或工件上，不够安全或可能刮伤已加工面，故需采取断屑措施。

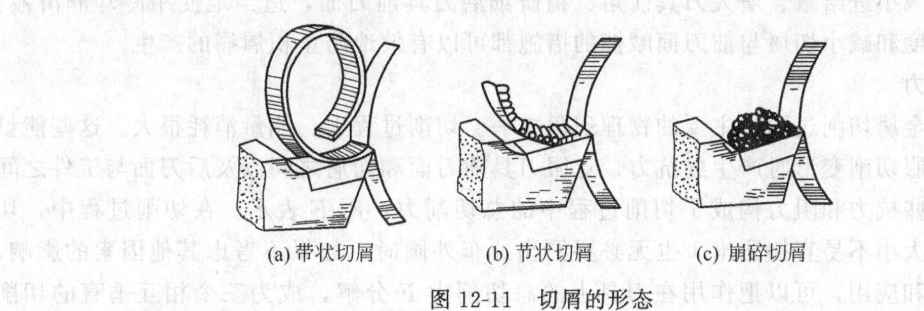

(a) 带状切屑　　(b) 节状切屑　　(c) 崩碎切屑

图 12-11　切屑的形态

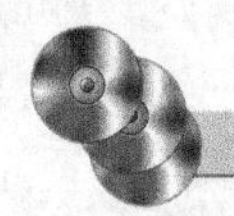

2. 节状切屑

一般采用较低切削速度和较大的进给量粗加工中等硬度的塑性金属材料时，容易形成节状切屑。如图 12-11（b）所示。形成此种切屑时，金属材料经过弹性变形、塑性变形、挤裂和切离等阶段，是典型的切削过程。由于变形较大，且切削力有波动，故工件表面较粗糙。

3. 崩碎切屑

在切削铸铁和黄铜等脆性材料时，切削层金属发生弹性变形以后，一般不经过塑性变形就突然崩碎，形成不规则的碎块状屑片，即崩碎切屑，如图 12-11（c）所示。产生崩碎切屑时，切削热和切削力都集中在主切削刃和刀尖附近，刀尖容易磨损，并容易产生振动，影响表面质量。

切屑的形状、断屑和卷屑的难易，虽主要受到工件材料性能的影响，但随着切削条件如切削用量、刀具几何角度、断屑槽、主切削刃形状等的变化，使切屑的变形受到控制，就可以得到预期的切屑形状。

三、积屑瘤

在一定的切削速度下加工塑性材料时，在刀具前刀面上靠近切削刃的部位，常发现黏附着的一小块很硬的金属，这块金属称为积屑瘤。其组织和性质既不同于加工材料，又不同于刀具材料。这块金属并不稳固，常被工件或切屑带走，时生时灭。如图 12-12 所示。

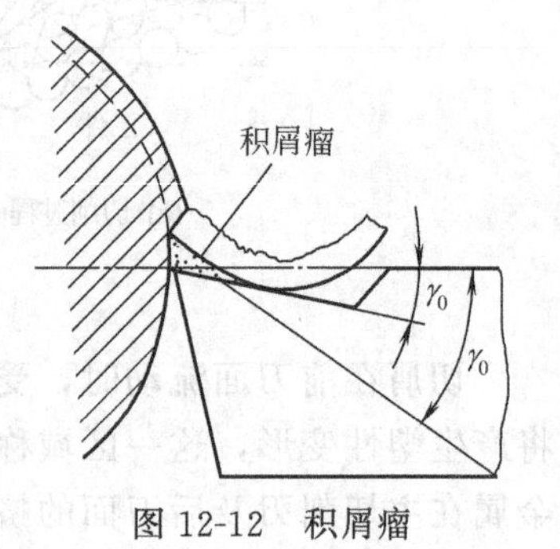

图 12-12 积屑瘤

1. 积屑瘤的形成

积屑瘤是由于切屑和前刀面的剧烈摩擦和挤压，使得切屑底层流动速度变慢而产生“滞流”，在切削的高温高压作用下，使切屑底层金属黏结在刀刃附近的前刀面上，该黏结层经过剧烈的塑性变形使其硬化，其硬度一般是工件材料硬度的 2～3.5 倍。继续切削，层层堆积，高度逐渐增加，形成积屑瘤。长高了的积屑瘤，受外力或振动的作用，将发生局部断裂或脱落，因此积屑瘤是周期性的时生时灭。

2. 积屑瘤对切削加工的影响

积屑瘤的硬度很高，因此它可以代替刀刃进行切削，起到保护刀刃、减少刀具磨损的作用。同时，积屑瘤的存在还增大了刀具的实际工作前角，使切屑变形和切削力减小。因此在粗加工时，可利用它来保护切削刃。

积屑瘤的时生时灭，不仅会在工件已加工面上刻出不均匀沟槽，而且还会黏附在工件的已加工面上，这将影响工件尺寸精度和表面粗糙度。因此，在精加工时应避免它。采用低速或高速切削、减小进给量、增大刀具前角、精研细磨刀具前刀面，适当地使用冷却润滑液，以降低切削温度和减小切屑与前刀面摩擦的措施都可以有效地防止积屑瘤的产生。

四、切削力

切削力是金属切削过程中主要的物理现象之一。切削过程中，能量消耗很大。这些能量主要消耗在克服切削变形时产生的抗力，克服刀具前刀面和切屑之间以及后刀面与工件之间的摩擦力。这些抗力和阻力构成了切削过程中的总切削力，用 F 表示。在切削过程中，切削力的方向和大小不易直接测出，也无必要测出。车外圆时，如果不考虑其他因素的影响，为了便于测量和应用，可以把作用在刀具上的总切削力 F 分解，成为三个相互垂直的切削

分力，如图 12-13 所示。

(1) 垂直切削分力 F_c　又称主切削力，与切削速度 v 的方向一致。它比其他两个分力要大得多，约消耗功率 95%以上，是计算机床动力和主传动系统零件（如主轴箱内的轴和齿轮）强度和刚度的主要依据。作用在刀具上的主切削力 F_c 过大时，可能使刀具崩刃；其反作用力作用在工件上，过大时就可能发生闷车现象（即皮带打滑、工件停转）。

(2) 轴向切削分力 F_f　又称走刀分力，平行于工件的轴线。F_f 一般只消耗总功率的 1%～5%，是验算进给系统的零件强度和刚度的依据。

图 12-13　切削力

(3) 径向切削分力 F_p　又称吃刀分力，车外圆时其方向与工件轴线相垂直。故在切削时，此方向上的运动速度为零，所以 F_p 不做功。但其反作用力作用在工件上，容易使工件弯曲变形，特别是对于刚性较小的工件，变形尤为明显。这不仅影响加工精度，同时还会引起振动，对表面粗糙度产生不利影响。

总切削力 F 与三个切削分力 F_c、F_f、F_p 的关系，由图 12-13 可知

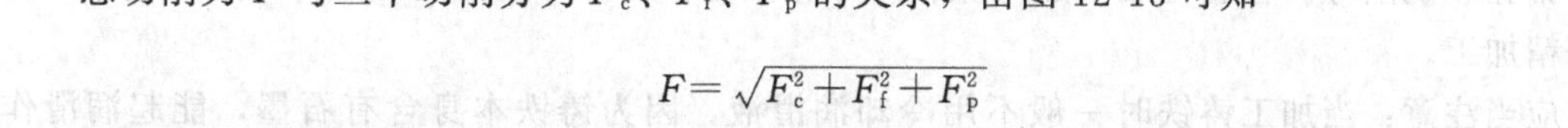

$$F=\sqrt{F_c^2+F_f^2+F_p^2}$$

切削力的大小随着工件材料和加工条件不同而变化，其主要影响因素如下。

(1) 工件材料　工件材料的强度、硬度愈高，韧性、塑性愈好，愈难切削，切削力也愈大。

(2) 切削用量　被吃刀量和进给量增加时，切削层面积增加，切下金属增多，增大了变形抗力和摩擦力，因而切削力也增大。

(3) 刀具几何参数　前角和后角对切削力影响最大，前角愈大，切屑变形愈小，愈易流出，所以切削力减小。改变主偏角的大小，可以改变轴向力和径向力的比例。当加工细长轴时，通过增大主偏角可以使径向力减小。

除上述因素外，刀具磨损、刀具材料、切削液等对切削力都有一定的影响。

五、切削热

在切削过程中，由于绝大部分的切削力做的功都转变成热能，使切削区的温度升高，引起工件的热变形，影响工件的加工精度，加速了刀具的磨损。因此，要研究切削热和切削温度这一重要的物理现象，以保证工件的加工质量和刀具寿命。

切削热的来源主要有三方面：一是正在加工的工件表面和已加工表面所发生的弹性变形和塑性变形而产生的大量热，是切削热的主要来源；二是切屑与刀具前刀面之间的摩擦而产生的热；三是工件与刀具后刀面之间的摩擦而产生的热。

切削热主要通过切屑传出，传出的热量约占 75%；刀具传出的热量约占 20%；工件传出的热量约占 4%，剩下的 1%由空气传出。

由于切屑传热最多，所以从切屑的颜色可以估计出切削热的大小。加工钢料时，切屑有银白色、淡黄色、紫色、紫黑色等。颜色越深，切屑的温度越高。

切削热对刀具的耐用度影响极大，传入刀头的热量虽然不多，但由于刀头体积小，特别是高速切削时切屑与前刀面发生连续而强烈的摩擦，因此刀头上的温度最高点可达 1000℃以上，使刀头材料软化，加速磨损，缩短寿命，影响加工质量。

切削热传入工件后，会导致工件的伸长和膨胀，引起加工变形，影响加工精度。特别是加工细长轴、薄壁套以及精密零件时，热变形的影响更需注意。

合理选择切削用量、刀具材料及几何角度，可以减少切削热的产生和增加热的导出。为了有效地降低切削温度，常使用冷却润滑液。冷却润滑液能吸收大量的热，使刀具和工件在切削过程中得到冷却。同时还能起润滑、清洗和防锈的作用，减少切屑与刀具、刀具与工件之间的摩擦，从而降低了由摩擦而产生的热，并且可以提高工件的表面质量。

常用的冷却润滑液如下。

(1) 切削油　主要是矿物油，少数采用动、植物油或混合油。特点是润滑性能好，但流动性差，吸热少，冷却作用小。主要用来减少刀具磨损和降低工件的表面粗糙度，一般用于低速精加工，如铣削加工和齿轮加工。

(2) 水溶液　主要成分是水，水的热导率和比热都比油大得多，流动性又好，可以吸收大量的热，所以主要起冷却作用。为了防止水对金属的腐蚀，加入一定量的防锈剂，活性物质或油类，就配成防锈冷却水溶液。

(3) 乳化液　由乳化油加水稀释而成，有良好的流动性和冷却作用，也有一定的润滑性能，是应用最广泛的冷却润滑液。低浓度的乳化液用于粗车、磨削。高浓度的乳化液用于精车、钻孔和铣削等。在乳化液中加入硫、磷等有机化合物，可提高润滑性。适用于螺纹、齿轮等精加工。

应当注意：当加工铸铁时一般不用冷却润滑液，因为铸铁本身含有石墨，能起润滑作用。此外，当刀具材料为硬质合金时，也不使用冷却润滑液，因硬质合金能耐较高的温度，用冷却润滑液可能使它产生裂纹。

六、刀具的磨损和耐用度

在切削过程中，刀具在高温、高压和剧烈摩擦条件下工作，使刀具严重磨损。因此，刀具磨损是影响生产效率、工件表面加工质量和经济性的一个重要因素。

刀具磨损形式分为正常磨损和非正常磨损两大类。

1. 正常磨损

刀具正常磨损，是指在设计与制造、刃磨合乎要求而且使用合理的情况下，刀具在切削中产生的磨损。刀具正常磨损有以下三种形式。

(1) 后刀面磨损　如图 12-14 (a) 所示。当切削塑性材料，切削层标称厚度 $a_c<0.1$mm 时，刀具的磨损主要在后刀面，此时刀具前刀面的压力小，刀具磨损主要是工件已加工面的弹性变形与刀具后刀面的摩擦而造成的。

当切削脆性材料时，因崩碎切屑在刀具前刀面产生的摩擦很小，而主要是刀具后刀面与已加工面的摩擦，所以磨损也主要在后刀面上。刀具后刀面的磨损程度用平均磨损高度 VB 值表示。

(2) 前刀面磨损　如图 12-14 (b) 所示。当高速切削塑性材料，切削层标称厚度 $a_c>0.5$mm 时，生成的带状切屑沿前刀面外流。前刀面压力大，温度高，易使前刀面产生月牙洼磨损。前刀面磨损程度用月牙洼深度 KT 值表示。

(3) 前、后刀面同时磨损　如图 12-14 (c) 所示。当切削层标称厚度 $0.1\text{mm}<a_c<0.5\text{mm}$，中速切削塑性材料时，刀具的前、后刀面同时磨损。

2. 非正常磨损

非正常磨损是指刀具在切削过程中突然发生的磨损现象，如刀具突然崩刃、产生裂纹、

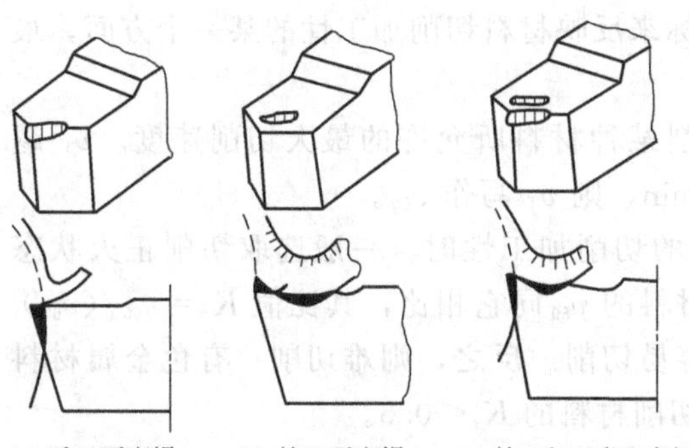

(a) 后刀面磨损　(b) 前刀面磨损　(c) 前、后刀面同时磨损

图 12-14　刀具正常磨损形式

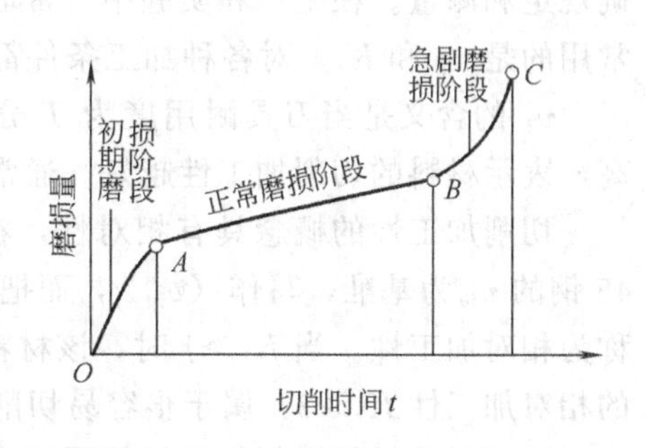

图 12-15　刀具后刀面磨损过程曲线

刀片破碎、卷刃等。这主要是因为刀具材料、刀具几何角度及切削用量选择不合理引起的。

对刀具的磨损过程可做如下实验：当切削用量确定后用一把新刀，不断切削和观察，可绘出刀具后刀面的磨损曲线，如图 12-15 所示。刀具磨损过程可分为三个阶段。

(1) 初期磨损阶段（OA 段）　由于刃磨后的刀具表面有高低微观不平。且后刀面与加工表面的实际接触面积很小，故磨损较快。

(2) 正常磨损阶段（AB 段）　由于刀具上微观不平的表面层已被磨去，表面光洁，减少了摩擦力，故磨损较慢。

(3) 急剧磨损阶段（B 点后曲线）　经过正常磨损阶段后，刀具与工件之间接触状况恶化，切削力、摩擦力及切削温度急剧上升，所以切削时间稍增长，磨损急剧增加。

在生产中为了控制刀具进入急剧磨损阶段，一般规定出后刀面的磨损量即磨钝标准。为了便于生产管理，避免在加工过程中经常测量刀具的磨损量，常用刀具耐用度来控制刀具的磨损程度。

刀具的耐用度，就是刀具从开始切削磨损到规定的磨钝标准至下一次重新刃磨前的实际切削时间，以 T 表示。刀具耐用度的数值应规定得合理。例如，目前硬质合金焊接车刀耐用度大致为 60min；高速钢钻头的耐用度为 120～180min。刀具的寿命表示一把新刀用到报废之前的总切削时间，其中包括多次刃磨，即刀具的寿命等于耐用度乘以重磨次数。

影响刀具耐用度的因素很多，主要有工件材料、刀具材料及刀具几何角度、切削用量以及是否使用切削液等因素。切削用量中以切削速度影响最大。

第四节　工件材料的切削加工性

工件材料的切削加工性也称可切削性，是指在一定的切削条件下，工件材料进行切削加工的难易程度。切削加工性的概念具有相对性，所谓某种材料的切削加工性的好与坏，是相对于另一种材料而言的。另外，某种材料加工的难易，要看具体的加工要求和切削条件。一般从刀具耐用度允许的切削速度、表面质量、断屑效果等几方面综合分析。

一、衡量工件材料切削加工性的指标

一般地说，良好的切削加工性是指：刀具耐用度 T 较高或一定耐用度下的切削速度 v_T 较高；在相同的切削条件下切削力较小，切削温度较低；容易获得好的表面质量；切屑形状容易控制或容易断屑。

由于切削加工性是对材料多方面的分析和综合评价，所以很难用一个简单的物理量来精

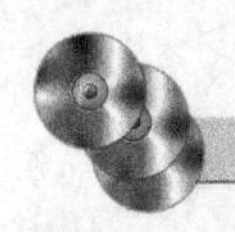

确规定和测量。在生产和实验中，常取某一项指标来反映材料切削加工性的某一个方面，最常用的是 v_T 和 K_r，对各种加工条件都适用。

v_T 的含义是当刀具耐用度为 T 分钟时，切削某种材料所允许的最大切削速度。v_T 越高，表示材料的切削加工性越好。通常取 $T=60\text{min}$，则 v_T 写作 v_{60}。

切削加工性的概念具有相对性，在判别材料的切削加工性时，一般选取切削正火状态45钢的 v_{60} 为基准，写作 $(v_{60})_j$，而把其他各种材料的 v_{60} 同它相比，其比值 $K_r=v_{60}/(v_{60})_j$ 称为相对加工性。当 $K_r>1$ 时，该材料比45钢容易切削。反之，则难切削。有色金属材料的相对加工性 $K_r>3$，属于很容易切削材料；难切削材料的 $K_r<0.5$。

二、影响材料切削加工性的因素

1. 工件材料的性能

切削加工性能与材料的化学成分、力学性能及显微组织有密切关系，一般认为，硬度在160～230HBS范围内切削加工性较好，材料的硬度、强度愈高，则切削力愈大，消耗功率愈多，切削温度愈高，刀具磨损愈快。因此，切削加工性能差。

材料的韧性、塑性愈大，则切削变形愈大，刀具容易发生磨损。在较低的切削速度下加工塑性材料还容易出现积屑瘤，使加工表面粗糙度下降，同时断屑也比较困难，切削加工性不好。但材料塑性太差时，得到崩碎切屑，切削力和切削热都集中在刀刃附近，使刀具磨损加快，切削加工性也不好。另外，球状碳化物组织比层状碳化物组织的切削加工性好；马氏体和奥氏体的切削加工性很差。在选材以及热处理方法选择上应考虑这些影响。

2. 改善材料切削加工性的措施

生产中常采用一些措施改善材料的切削加工性，其中热处理是一个重要途径。通过适当的热处理，可以改变材料的内部组织及力学性能，达到改善其切削加工性的目的。例如，对低碳钢进行正火处理，适当降低塑性，提高硬度，可使精加工的表面质量提高；对高碳钢和工具钢进行球化退火，使网状、片状的渗碳体组织变为球状渗碳体，从而降低硬度，改善加工性能；对于出现白口组织的铸件，可在950～1000℃下进行长时间退火，降低硬度，使切削加工较易进行。

另外，还可以通过适当调整材料的化学成分，改善材料的切削加工性能。硫、硒、铅、碲等元素能改善切削加工性，常在钢中适量添加用来生产易切削钢。

习 题

1. 什么是切削运动？它对表面加工成形有什么作用？
2. 切削用量指的是什么？
3. 外圆车刀有哪几个主要角度？主要作用是什么？
4. 试述刀具材料的基本要求。
5. 切屑是如何形成的？不同切屑对加工表面粗糙度有何影响？
6. 积屑瘤对工件表面质量有何影响？如何控制积屑瘤？
7. 切削力、切削热、刀具磨损及刀具耐用度之间有何关系？
8. 影响切削力的主要因素是什么？切削用量对切削力的影响如何？
9. 切削用量是如何影响切削温度和刀具耐用度的？
10. 影响刀具耐用度的因素有哪些？

第十三章　零件表面的加工

在现代机械制造中，只有少数机械零件采用精密铸造、精密锻造、粉末冶金和工程塑料压制等方法直接获得（有的还需局部切削加工）。绝大多数机械零件都必须经过切削加工，才能满足现代机器对零件加工质量（精度、表面质量）的要求。

机械零件虽然多种多样，但不管其结构如何复杂，不外乎是由外圆、内孔、平面和各种曲面所组成。由于各种机械零件形状、尺寸和表面质量不同，其加工设备和加工方法也就各不相同。本章仅就各种表面的加工设备和加工方法及其特点，介绍一些基础知识。

第一节　金属切削机床

金属切削机床是进行切削加工的主要设备，是指用切削刀具对金属毛坯进行切削加工时，用来提供必要的切削运动，以获得具有一定形状、尺寸和表面质量的机械零件的机器，简称机床。

在切削加工时，安装在机床上的工件和刀具是两个执行件。它们在相应机构的带动下，相对运动并相互作用，逐步完成对工件的切削加工，形成零件上的切削加工表面。

金属切削机床的品种和规格繁多，其结构和应用范围也各不相同。本节只简要地介绍机床的一些基本知识。

一、机床的分类

金属切削机床的分类方法很多，最基本的是按机床的主要加工方法、所用刀具及其用途进行分类。按此法，目前中国机床分为十二大类：车床、钻床、镗床、磨床、齿轮加工机床、螺纹加工机床、铣床、刨插床、拉床、特种加工机床、锯床和其他机床。在每一类机床中，按工艺特点、布局形式、结构性能等不同，细分为若干组，每一组又细分为若干系（系列）。机床名称以汉语拼音字首（大写）表示，并按汉字名称读音详见表13-1。

表 13-1　机床分类及代号

机床类型	车床	钻床	镗床	磨床			齿轮加工机床	螺纹加工机床	刨插床	拉床	铣床	特种加工机床	锯床	其他机床
代号	C	Z	T	M	2M	3M	Y	S	B	L	X	D	G	Q
参考读音	车	钻	镗	磨	二磨	三磨	牙	丝	刨	拉	铣	电	割	其

除以上的基本分类方法外，还可根据其他特征进行分类。如按机床工艺范围宽窄分为：通用机床、专门化机床和专用机床；按机床质量及其加工工件的尺寸大小分为：仪表机床、中型机床、大型机床、重型机床和超大型机床；按机床加工精度分为：普通机床、精密机床和高精度机床；按机床自动化程度分为：手动、机动、半自动和自动机床。

二、机床的型号

机床型号是机床产品的代号，用以简明地表示机床的类型、主要技术参数、性能和结构特点等。

中国现行的机床型号是按 JB 1838—1985《金属切削机床型号编制方法》编制的。机床型号采用汉语拼音字母和阿拉伯数字按一定规律组合而成，并适用于各类通用、专门化及专用机床，但不包括组合机床在内。

(一) 通用机床的型号

1. 机床类别及分类代号

机床按其产品的工作原理、结构性能特点及使用范围划分为十二类，并用大写的汉语拼音字母表示（见表 13-1）。

2. 机床的组、系代号

每类机床划分为十个组，同一组机床的结构性能和使用范围基本相同；每个组机床又划分为十个系，同一系机床的主参数、基本结构和布局形式相同。机床的组、系代号用两位阿拉伯数字表示，其第一位为组代号，第二位为系代号。

3. 机床的特性代号

机床的特性代号用大写汉语拼音字母表示。

机床特性代号代表机床所具有的特殊性能，在机床型号中列在机床类别代号的后面。机床特性代号分为通用特性和结构特性代号。在各类机床型号中通用特性代号有统一的表达含义，见表 13-2。对主参数相同，而结构、性能不同的机床，在型号中则用结构特性代号来区分。结构特性代号在型号中没有统一的含义。当型号中既有通用特性代号又有结构特性代号时，通用特性代号排在结构特性代号之前；若无通用特性，则结构特性代号直接排在类型代号之后。例如 CA6140 车床，A 在特性代号中没有列出，表示普通型。

表 13-2　机床特性及代号

通用特性	高精度	精密	自动	半自动	数控	加工中心（自动换刀）	仿形	轻型	加重型	简式
代号	G	M	Z	B	K	H	F	Q	C	J
读音	高	密	自	半	控	换	仿	轻	重	简

4. 机床主参数、第二主参数和设计顺序号

机床的主参数代表机床规格的大小，直接反映了机床的加工能力和特性，它是机床设计和选用的主要依据。

机床型号中的主参数用其折算值表示，常用机床的主参数名称及折算值见表 13-3。机床型号中的第二主参数也用其折算值表示，位于型号的后部，并以“—”（读作“乘”）分开。

某些通用机床，当不能用一个参数表示时，则在型号中用设计顺序号表示。

5. 机床的重大改进顺序号

当机床的结构、性能有重大改进和提高，并按新产品重新设计、试制和鉴定时，在原机床型号的尾部加重大改进顺序号，以区别于原机床。重大改进顺序号按 A、B、C 等汉语拼音字母顺序选用，并分别表示第一次、第二次等重大改进。

表 13-3 常用机床的主参数名称及折算值

机床名称	主参数名称	主参数折算值	第二主参数
单轴自动车床	最大棒料直径	1	
转塔车床	最大车削直径	1/10	
立式车床	最大车削直径	1/100	最大工件高度
卧式车床	床身上最大工件回转直径	1/10	最大车削长度
摇臂钻床	最大钻孔直径	1	最大跨距
立式钻床	最大钻孔直径	1	轴数
卧式铣镗床	镗轴直径	1/10	
坐标镗床	工作台面宽度	1/10	工作台面长度
外圆磨床	最大磨削直径	1/10	最大磨削长度
内圆磨床	孔径	1/10	
平面磨床	工作台面宽度	1/10	
端面磨床	最大砂轮直径	1/10	
齿轮加工机床	(大多数是)最大工件直径	1/10	(大多数是)最大模数
龙门铣床	工作台面宽度	1/100	工作台面长度
卧式升降台铣床	工作台面宽度	1/10	工作台面长度
龙门刨床	最大刨削宽度	1/100	最大刨削长度
牛头刨床	最大刨削长度	1/10	
插床	最大插削长度	1/10	
拉床	额定拉力	1	

通用机床型号的表示方法举例如下。

CM6132 型精密卧式车床，型号中字母及数字含义为：C——机床类别代号（车床类）；M——机床通用特性代号（精密机床）；6——机床组别代号（落地及卧式车床组）；1——机床系别代号（卧式车床系）；32——主参数代号（床身上最大回转直径的 1/10，即最大回转直径为 320mm）。

（二）专用机床型号

专用机床型号的表示方法举例如下。

B1-3100 中字母及数字的含义：B1——设计单位代号（北京第一机床厂）；3——组代号（该厂的第三组产品）；100——设计顺序号（该厂设计制造的第 100 种机床）。

1. 设计单位代号

设计单位为机床厂时，设计单位代号由机床厂所在城市名称的大写汉语拼音字母及该机床厂在该城市建立的先后顺序号，或机床厂名称的大写汉语拼音字母表示。

设计单位为机床研究所时，设计单位代号由研究所名称的大写汉语拼音字母表示。

2. 组代号

专用机床的组根据本单位的产品情况，按产品的工作原理自行划分。组代号用一位阿拉伯数字表示，并位于设计单位代号之后，用“-”（读作“至”）分开。

3. 设计顺序号

设计顺序号按本单位的设计顺序排列，并由“001”起始，位于组代号之后。

三、机床的基本构造

图 13-1、图 13-2 分别为车床、铣床的构造示意图。

由图可知，各类机床的基本结构如下。

① 主传动部件　是用来实现机床主运动的，如车床、铣床、钻床的主轴箱，磨床的磨

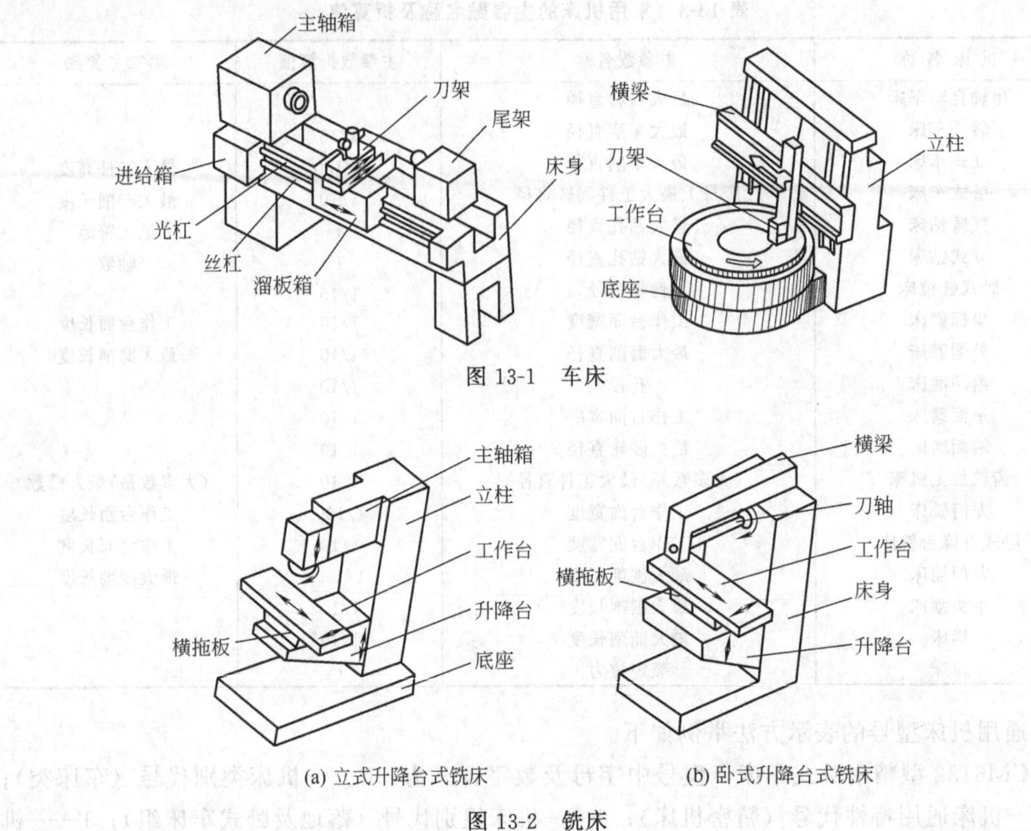

图 13-1 车床

图 13-2 铣床

头等。

② 进给运动部件　是用来实现机床进给运动的，也用来实现机床的调整、退刀及快速运动等。如车床的进给箱、溜板箱，铣床、钻床的进给箱，磨床的液压传动装置等。

③ 动力源　是为机床运动提供动力的，如电动机等。

④ 刀具的安装装置　是用来安装刀具的，如车床、刨床的刀架，立式铣床、钻床的主轴，磨床磨头的砂轮轴等。

⑤ 工件的安装装置　是用来安装工件的，如普通车床的卡盘和尾架，铣床、钻床的工作台等。

⑥ 支承件　是用来支承和连接机床各零部件的，如各类机床的床身、立柱、底座等，是机床的基础构件。

四、机床的基本传动类型

在机床上进行切削加工时，经常需要改变工件和刀具的运动方式。为了实现加工过程中所需的各种运动，机床通过自身的各种机械、液压、气动、电气等多种传动机构，把动力和运动传递给工件和刀具，其中最常见的是机械传动和液压传动。

1. 机床的机械传动

机床上常用带、齿轮、齿条、蜗杆和丝杠螺母等机械传动传递运动和动力，这些传动形式工作可靠，维修方便。除带传动外，都具有固定的传动比。

机械传动由于实现无级变速的机构较复杂，故目前机床上仍以有级调速为主。

2. 机床的液压传动

现代磨床上广泛采用液压传动技术，它具有传动平稳，传动力大，易于实现自动化等优点。图 13-3 所示为实现外圆磨床工作台的直线往复进给运动的液压系统示意图。该系统由油泵、油缸、换向阀、节流阀、安全阀等组成。当油泵工作时，油液被吸入油管，加压后经节流阀（用来控制速度）、换向阀（用来改变方向）输入油缸右腔，推动油缸向左移动，从而带动工作台向左进给。此时，油缸左腔内的油经换向阀流回油池。当工作台向左行至终点时，固定在工作台前的挡块 2 自左向右推动换向阀手柄，带动换向阀活塞向右移至虚线位置，使高压油改道进入油缸左腔，推动工作台做反向运动。油缸内右腔的油液则经换向阀流回油池。如此循环，从而实现工作台的纵向往复运动。

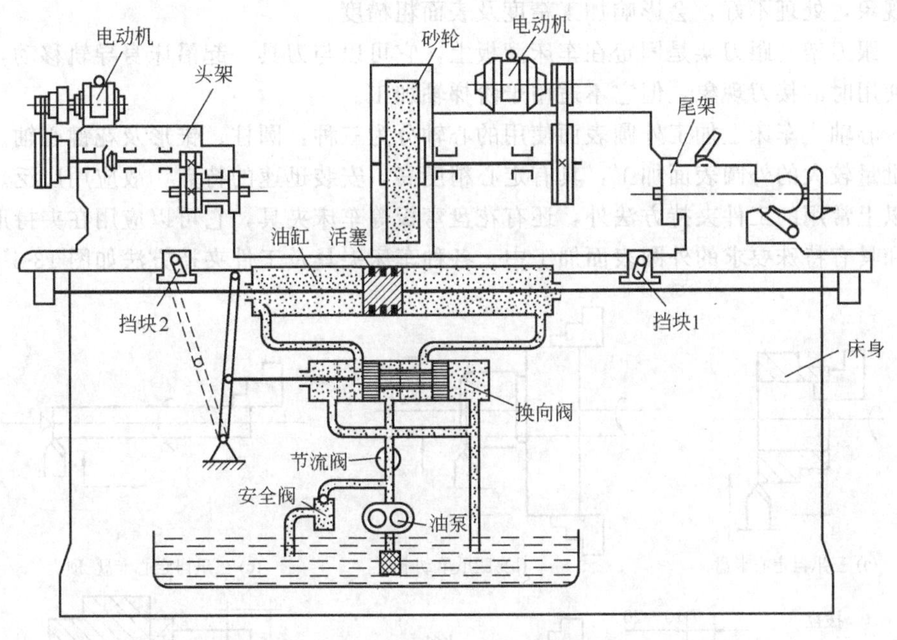

图 13-3　外圆磨床工作台液压传动

液压传动平稳，易于在较大范围内实现无级变速，且便于采用电液联合控制实现自动化，所以应用广泛。但由于油液有一定的可压缩性，而且目前制造技术尚未解决泄漏问题，故不适于做定比传动。

第二节　外圆表面加工

具有外圆表面的典型零件为轴类零件，此外还有套筒类和圆盘类零件。外圆表面加工方法很多，其中以车削、磨削加工使用较广。

一、外圆表面的车削加工

车削加工是在车床上利用工件的旋转运动和刀具的移动来加工工件的。

1. 工件的装夹

车削加工时，工件在机床或夹具中的夹持方法直接影响夹紧稳定性及加工精度，一般应根据零件的结构形状及尺寸大小确定不同的夹持方法，以适应生产及加工精度要求。常用的装夹方法如下。

(1) 三爪自定心卡盘　三爪自定心卡盘是车床必备的机床附件，多用于夹持短轴类零

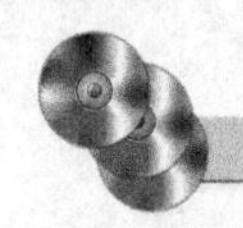

件、小型套筒类及盘类零件，三爪自定心卡盘可自动定心，因此，工件安装迅速，使用方便。

(2) 四爪单动卡盘　四爪单动卡盘因为四爪不能同时递进，所以不能自动定心，但可以夹持形状较复杂的非回转体工件，如加工偏心轴外圆，应用也很广泛。

(3) 三爪自定心卡盘与顶尖　对较长的轴类零件，为保证加工表面的几何精度及相互位置精度，提高夹紧稳定性，多用此夹持方法。

(4) 中心架　中心架固定在床身上，多在加工较长轴类零件时使用，以防止较长工件因自重而弯曲，造成工艺系统振动，影响加工精度。使用中心架时，对整个外圆表面加工会出现接刀现象，处理不好，会影响加工精度及表面粗糙度。

(5) 跟刀架　跟刀架是固定在车床溜板上，它可以与刀具一起沿床身导轨移动，克服了中心架使用时的接刀现象，但它不适用于阶梯轴加工。

(6) 心轴　车床上加工外圆表面使用的心轴分为三种：圆柱、锥形及花键心轴。它多用在生产批量较大的外圆表面加工，具有定心精度高，安装迅速的特点，故应用广泛。

除以上常用的工件夹持方法外，还有花盘弯板等车床夹具，它可以应用在夹持形状复杂的零件和具有特殊要求的外圆表面加工中。各种车床夹具及工件夹持方法如图 13-4 所示。

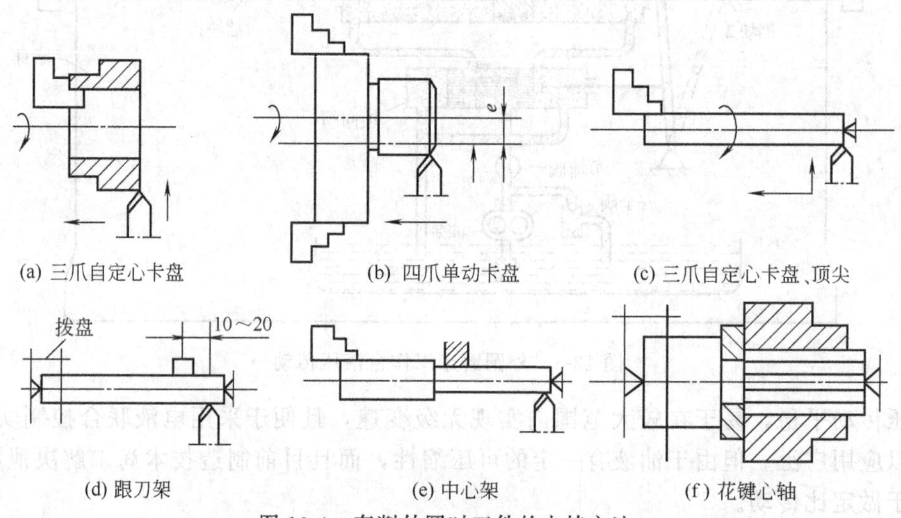

(a) 三爪自定心卡盘　(b) 四爪单动卡盘　(c) 三爪自定心卡盘、顶尖

(d) 跟刀架　(e) 中心架　(f) 花键心轴

图 13-4　车削外圆时工件的夹持方法

2. 车刀的装夹和选择

车刀在刀架上的安装高度，一般应使刀尖在与工件旋转轴线等高的位置。安装时可用尾架顶尖作为标准，或先在工件端面车一条印痕，就可知道轴线位置，把车刀调整安装好。

车刀在刀架上的位置，一般应垂直于工件旋转的轴线，否则会引起主偏角变化，还可能使刀尖扎入工件已加工面或影响表面粗糙度。

外圆车刀有直头和弯头两种。直头车刀主要用于车削没有台阶或台阶要求不严格的外圆，常用高速钢制成。弯头车刀常用硬质合金制成，主偏角有 45°、75°、90°等几种。45°弯头车刀使用方便，还可以车端面和倒角，但因其副偏角较大，工件的加工表面粗糙，不适于精加工。90°偏刀适于车削有垂直台阶的外圆和细长轴。

外圆车刀还应根据外圆面加工方案选择。粗车外圆的目的是尽快除去工件上大部分加工余量，并不要求工件尺寸达到图纸要求的精度和表面粗糙度。因此要求外圆车刀强度高，能

在切削深度大或走刀快的情况下保持刀头坚固。精车外圆的目的是除去工件表面上较少的加工余量，达到图纸规定的尺寸精度和表面粗糙度，保证加工质量。因此要求外圆车刀刀刃锋利、光洁。

3. 车削外圆的形式和加工精度

车削外圆是一种最常见、最基本的车削方法，车削加工外圆表面可分别在普通卧式车床、立式车床、专用车床上进行。

卧式车床因结构简单，操作方便，适应性强，因而应用非常广泛，它适用于回转类零件，如轴类、盘类及套筒类零件外圆表面加工。图 13-5 所示为在卧式车床上加工外圆表面的方式。

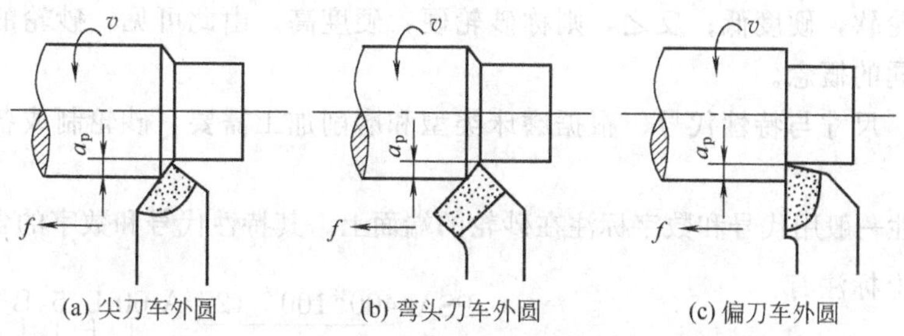

图 13-5　车削加工外圆表面

车削外圆一般分为粗车、半精车和精车。

(1) 粗车外圆　外圆表面粗车的目的是尽快去掉零件上大部分加工余量，去除毛坯制造的形状及位置误差，为后续加工做好准备。粗车后工件表面精度可达 IT13～IT11，表面粗糙度 Ra 值为 50～12.5μm。

(2) 半精车外圆　在粗车的基础上进行，其目的是提高工件的精度和降低表面粗糙度。通常作为只有中等精度要求的零件表面的终加工，也可作为精车或磨削工件之前的预加工。半精车工件表面的精度为 IT10～IT9，表面粗糙度 Ra 值为 6.3～3.2μm。

(3) 精车外圆　在半精车的基础上进行，其目的在于使工件获得较高的精度和较低的表面粗糙度。精车在高精度车床上进行，先用较小的切削深度切去一层金属，观察粗糙度情况，再调整切削深度，直至达到最后尺寸。常作为有色金属零件上高精度外圆面的终加工。精车后工件表面精度可达 IT7～IT6，表面粗糙度 Ra 值为 1.6～0.8μm。

二、外圆表面的磨削加工

磨削加工是用砂轮作刀具，以较高的线速度对工件表面进行加工，它是外圆表面精加工的主要方法之一。多用在淬硬外圆表面的加工，一般在半精车外圆之后进行，也可以在毛坯外圆表面直接进行磨削加工。因此，磨削加工既是精加工手段，又是高效率机械加工手段之一。磨削加工主要在磨床上进行。

1. 砂轮

砂轮是磨削的切削工具，是由磨料加结合剂烧结制成的一种多孔物体。局部放大后的组织结构，如图 13-6 所示。由于磨料、结合剂及制造工艺等不同，砂轮特性差别很大，因此对磨削的加工质量、生产率和经济性有着重要影响。砂轮的特性包括磨料、粒度、

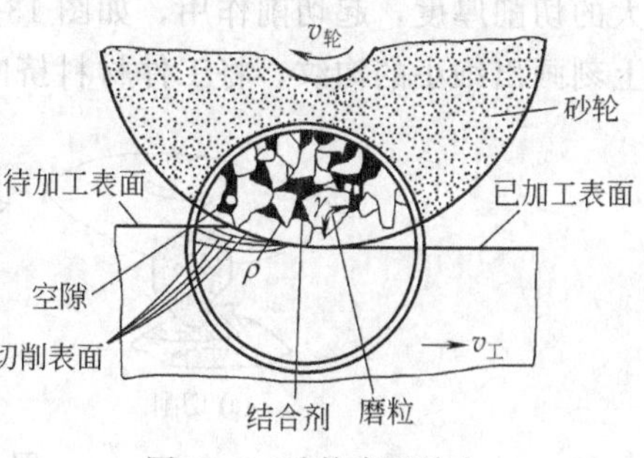

图 13-6　砂轮表面放大

硬度、结合剂、组织以及形状和尺寸等。

(1) 磨料 磨料是砂轮和其他磨具的主要原料，砂轮是通过磨料进行切削加工的。磨料应具有高硬度、高耐磨性、高耐热性和足够的强度以及一定的韧性，在切削受力过程中破碎后还要能形成锋利的棱角。

砂轮的粒度表示磨料颗粒尺寸的大小。砂轮磨料的粒度影响磨削加工的质量和生产率。一般来说，磨粒愈细，磨削的表面粗糙度值愈小，生产率愈低。

(2) 结合剂 结合剂的作用是将磨料粘合成具有一定强度和形状的砂轮。砂轮的强度、抗冲击性、耐热性及抗腐蚀能力，主要取决于结合剂的性能。

(3) 硬度 砂轮的硬度是指砂轮表面的磨粒在外力作用下脱落的难易程度。若磨粒容易脱落，则称砂轮软，硬度低；反之，则称砂轮硬，硬度高。由此可见，砂轮的硬度和磨料的硬度是两个不同的概念。

(4) 形状、尺寸与特性代号 根据磨床类型和磨削加工需要，砂轮制成各种标准的形状和尺寸。

砂轮的特性一般用代号和数字标注在砂轮的端面上。其特性代号和数字的含义举例如下。

砂轮端面上标注有

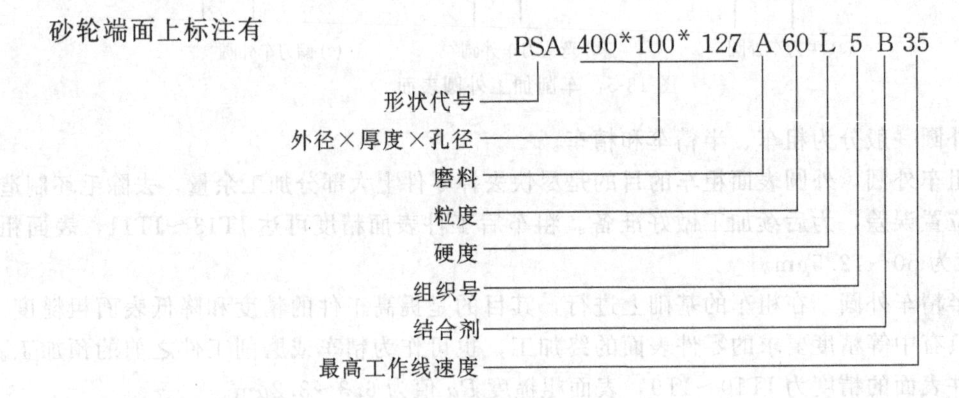

一般说来，磨削硬材料，砂轮硬度应低一些；反之，应高一些。成形磨削和精密磨削，为了保持砂轮的形状精度，应选较硬的砂轮，有色金属韧性大，砂轮孔隙易被磨屑堵塞，一般不宜磨削。

2. 磨削过程

从本质上讲，磨削也是一种切削。砂轮表面上的每一颗磨粒的单独工作可以与一把车刀相比拟。而整个砂轮可看成是具有极多刀齿的铣刀。刀齿是由许多分散的尖棱组成。这些尖棱均随机排列在砂轮表面上，且几何形状差别很大，其中较锋利和凸出的磨粒，可以获得较大的切削厚度，起切削作用，如图 13-7 (a) 所示。不太凸出或磨钝的磨粒只能在工件表面上刻画出细小的沟纹，将工件材料挤向两旁而隆起，如图 13-7 (b) 所示。比较凹下的磨粒

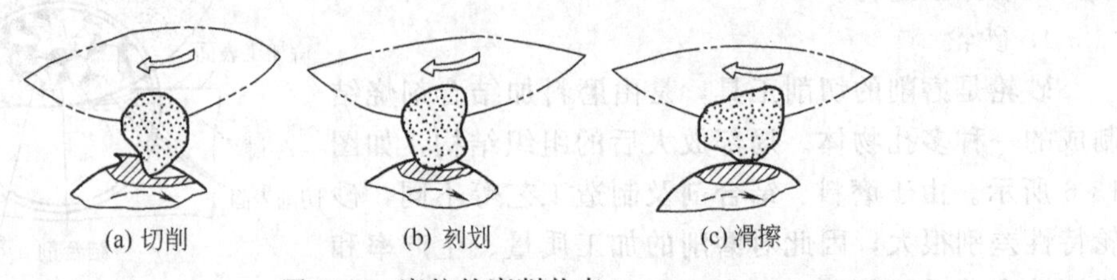

图 13-7 磨粒的磨削状态

既不能切削也不刻划工件，只是在工件表面产生滑擦，如图 13-7（c）所示。由此可知，砂轮的磨削过程，实际上就是切削、刻划和滑擦三种作用的综合。此外，由于各磨粒的工作情况不同，磨削时除了正常的切屑外，还会有金属微尘。

3. 磨削的工艺特点

① 径向分力 F_p 较大　磨削过程与刀具的切削过程一样，同样要产生磨削力。在磨削外圆时，磨削力和车削力一样，可分解为三个互相垂直的分力，由于磨削深度和切削厚度都较小，磨削时，切削力 F_c 较小，进给力 F_f 则更小。但是由于砂轮的宽度较大，且磨粒多以负前角进行切削，致使 F_p 较大，通常 $F_p=(1.6\sim3.2)F_c$，此为磨削过程特点之一。较大的径向力 F_p，将使工件产生弯曲变形，出现腰鼓形或锥形误差，从而影响加工精度。为消除因变形产生的形状误差，在磨削时，特别是精磨时，应根据工艺系统刚性的好坏，决定无横向进给光磨行程的次数。

② 磨削温度高　在磨削过程中，一般磨削速度都很高，磨粒对工件表面的切削、刻划、滑擦等综合作用产生大量切削热。由于切削切离时间极短，又因砂轮本身的传热性很差，大量的磨削热在短时间内传不出去，在磨削区形成瞬时高温，有时高达 800～1000℃，容易烧伤工件表面，使淬火钢表面退火，硬度降低。导热性很差的工件表面层会产生很大的磨削应力，甚至使工件表面产生很细的磨削裂纹，降低零件的表面质量和使用寿命。另外，工件材料在高温下变软，极易堵塞砂轮。因此，在磨削过程中应使用大量的切削液进行冷却，以降低温度。同时还可以起到冲洗砂轮的作用。

③ 精度高且表面粗糙度小　磨削时，砂轮表面有极多切削刃，并且较锋利，能够切下一层很薄的金属，切削厚度可小到数微米，这是精密加工必须具备的条件之一。

磨削加工使用的磨床，比一般机床精度高，刚性及稳定性也较好，且有微量进给机构，可进行微量切削，从而保证了精密加工的实现。因此，磨削可以达到高的精度和小的表面粗糙度。精度一般可达 IT7～IT6，表面粗糙度 Ra 值为 0.2～0.8μm。

④ 砂轮有自锐作用　磨削过程中，砂轮的自锐作用是其他切削刀具所没有的。砂轮由于本身的自锐性，使得磨粒能够以较锋利的刃口对工件进行切削。在实际生产中，利用此原理进行强力连续磨削，以提高生产效率。

⑤ 磨削加工的工件材料范围很广　既可以加工铸铁、碳钢、合金钢等一般结构材料，也能加工高硬度的淬火钢、硬质合金和玻璃等难切削材料。但是，磨削不能加工塑性较大的有色金属工件。

4. 磨削外圆

外圆磨削通常作为半精车后的精加工，在外圆磨床或万能外圆磨床上进行。

(1) 在外圆磨床上磨削外圆　轴类零件常用顶尖装夹，其方法与车削时基本相同，但磨床顶尖不随工件一起转动。盘套类零件常用心轴和顶尖安装。

常见的磨削方法有以下几种（见图 13-8）。

① 纵磨法　砂轮高速旋转起切削作用，工件旋转（圆周进给）并和工作台一起做纵向进给运动。工作台每往复一次，砂轮沿磨削深度方向完成一次横向进给（磨削深度）。每次磨削深度很小，全部磨削余量是在多次往复行程中磨去的。由于每次磨削深度小，故切削力小，散热条件好，在工件接近最后尺寸（余量为 0.005～0.01mm）时，可作几次无横向进给的光磨行程，直到火花消失为止。因此，加工精度和表面质量较高。此外，纵磨法的适应性强，可以用一个砂轮加工不同直径和长度的工件，但其生产率低，故广泛用于单件、小批

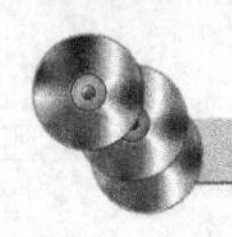

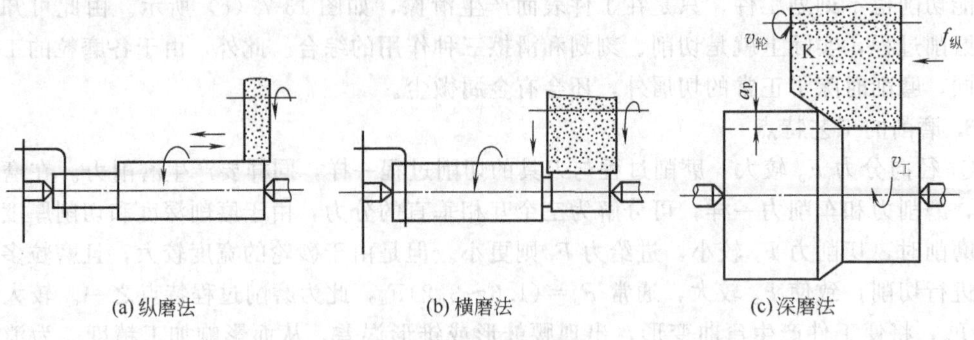

图 13-8　在外圆磨床上磨削外圆

生产及精磨，特别适用于细长轴的磨削。

② 横磨法　磨削外圆时，工件不作纵向往复运动，而砂轮以缓慢的速度连续或断续地向工件做横向进给运动，直到磨去全部加工余量。横磨时，工件与砂轮的接触面积大，磨削力大，发热量大，磨削温度高，工件易发生变形和烧伤，故仅适合于加工表面不太宽且刚性较好的工件。横磨法生产率高，适用于成批或大量生产。若将砂轮修整成形，对于工件上的成形面，可直接磨削，较为简便。

③ 综合磨法　先用横磨法将工件分段进行横向粗磨，相邻段之间有 5～10mm 的搭接，并留有 0.01～0.03mm 的精磨余量，再用纵磨法精磨。

综合磨法综合了横磨法和纵磨法的优点，常用于大批量生产中精度要求较高、磨削长度较长、刚性好的工件的外圆磨削。

④ 深磨法　磨削时用较小的纵向进给量（一般取 1～2mm/r），在一次走刀中磨去全部磨削余量（余量一般为 0.3mm），是一种比较先进的方法。只适用于大批大量生产中，加工刚度较大的短轴。

(2) 在无心外圆磨床磨削外圆（见图 13-9）　磨削时，工件被安放在导轮、砂轮（磨削轮）和托板之间，不用顶针或卡盘支承，而依靠工件本身的外圆柱面定位，故称无心磨削。大轮为工作砂轮，旋转时起切削作用。小轮用橡胶结合剂制成，磨粒较粗，称为导轮。导轮为了既能带动工件作圆周进给运动，又能使工件作轴向进给运动，故其轴线相对于工件轴线倾斜一个角。导轮与工件接触点的线速度可分解成两个分速度，一个为工件的旋转分速度，一个为工件的轴向进给运动的分速度。为了使工件与导轮能保持线接触，应当将导轮修整成双曲面形。

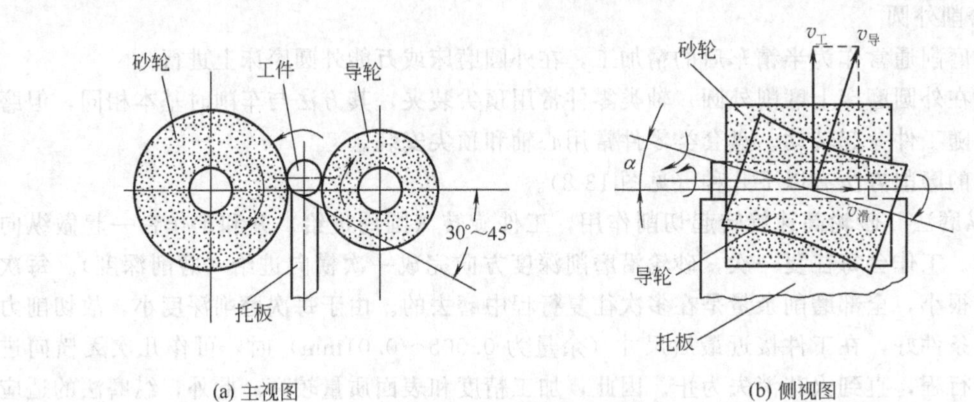

图 13-9　无心外圆磨削示意

无心外圆磨削生产率高，但调整复杂，主要用于大批大量生产中磨削细长光轴、轴销和小套等。精度可达IT6～IT5，表面粗糙度 Ra 值为0.8～0.2μm。

三、外圆表面加工方案的分析

对于一般钢铁零件，外圆表面加工的主要方法是车削和磨削。要求精度高、粗糙度小时，往往还要进行研磨、超级光磨等光整加工。对于某些精度要求不高，仅要求光亮的表面，可以通过抛光来获得，但在抛光前要达到较小的粗糙度。对于塑性较大的有色金属（如铜、铝合金等）零件，由于其精加工不宜用磨削，故常采用精细车削。

表13-4给出了外圆表面的加工方案，可作为拟定加工方案的依据和参考。

表13-4　外圆表面的加工方案

序号	加工方案	尺寸公差等级	表面粗糙度 Ra 值/μm	适用范围
1	粗车	IT13～IT11	50～12.5	适用于各种金属(经过淬火的钢件除外)
2	粗车—半精车	IT10～IT9	6.3～3.2	
3	粗车—半精车—精车	IT7～IT6	1.6～0.8	
4	粗车—半精车—磨削	IT7～IT6	0.8～0.4	适用于淬火钢、未淬火钢、铸铁等,不宜加工有色金属
5	粗车—半精车—粗磨—精磨	IT6～IT5	0.4～0.2	
6	粗车—半精车—粗磨—精磨—高精度磨	IT5～IT3	0.1～0.008	
7	粗车—半精车—粗磨—精磨—研磨	IT5～IT3	0.1～0.008	
8	粗车—半精车—精车—研磨	IT6～IT5	0.4～0.025	有色金属

第三节　内圆表面加工

内圆表面（也称内孔）是组成零件的基本表面之一，内孔加工与外圆加工相比，由于受刀具尺寸（直径、长度）、刀杆刚度影响及散热、冷却、润滑条件的限制，加工难度较大。图13-10所示为常用的内圆表面加工方法。

零件上有多种多样的孔，常见的有以下几种。

① 紧固孔。如螺钉、螺栓孔等。

② 回转体零件上的孔。如套筒、法兰盘及齿轮上的孔等。

③ 箱体零件上的孔。如床头箱体上主轴及传动轴的轴承孔等。

④ 深孔。一般为 $L/D\geqslant10$ 的孔，如炮筒、空心轴孔等。

⑤ 圆锥孔。此类孔常用来保证零件间配合的准确性，如机床的锥孔等。

孔加工可以在车、钻、镗、拉、磨床上进行。选择加工方法时，应考虑孔径大小、深度、精度、工件形状、尺寸、质量、材料、生产批量及设备等具体条件。常见的加工方法，有钻孔、扩孔、铰孔、镗孔、拉孔和磨孔等。

一、钻削加工

钻孔是利用钻头在实体材料上加工孔的方法，主要在钻床上进行。钻床还可用于扩孔、铰孔等，常用的钻床有台式钻床、立式钻床和摇臂钻床。

1. 钻孔

单件小批生产时，先在工件上划线，打样冲眼确定孔的中心位置，然后将工件装夹在虎钳上或直接装夹在工作台上。大批生产时，通常采用钻床夹具，即钻模装夹工件，利用夹具

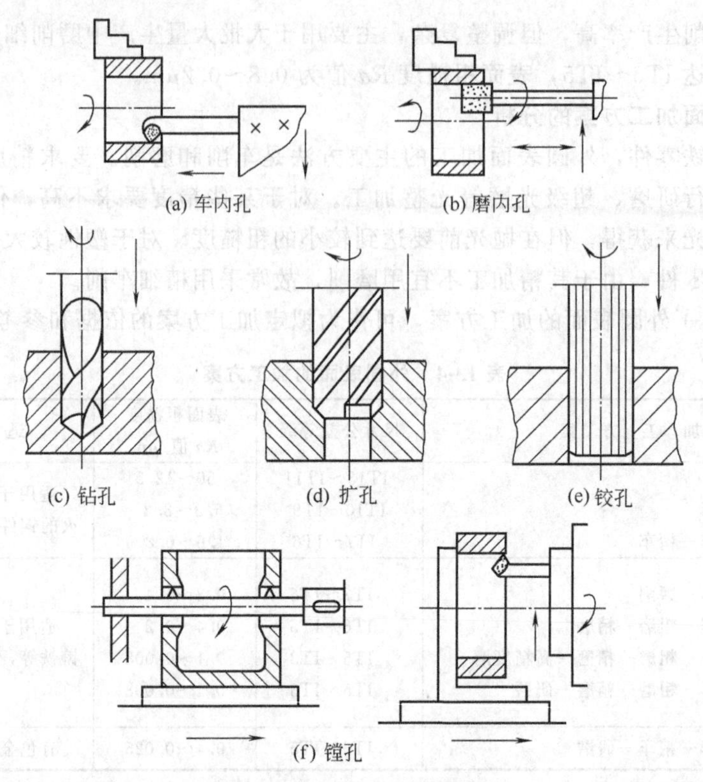

图 13-10　内圆表面加工方法

上的导向套引导钻头在正确位置上钻孔，如图 13-11 所示。这样，可以提高钻头的刚性，保证孔的位置精度。

钻孔用的刀具是钻头，麻花钻是应用最广的钻头，如图 13-12 所示。其前端为切削部分，如图 13-12（b）。钻头有两个对称切削刃，其顶部有横刃，即两主后刀面的交线，它的存在使钻削时的轴向力增加很多。导向部分上有两条刃带和螺旋槽，刃带的作用是引导钻头，螺旋槽的作用是向外排屑。

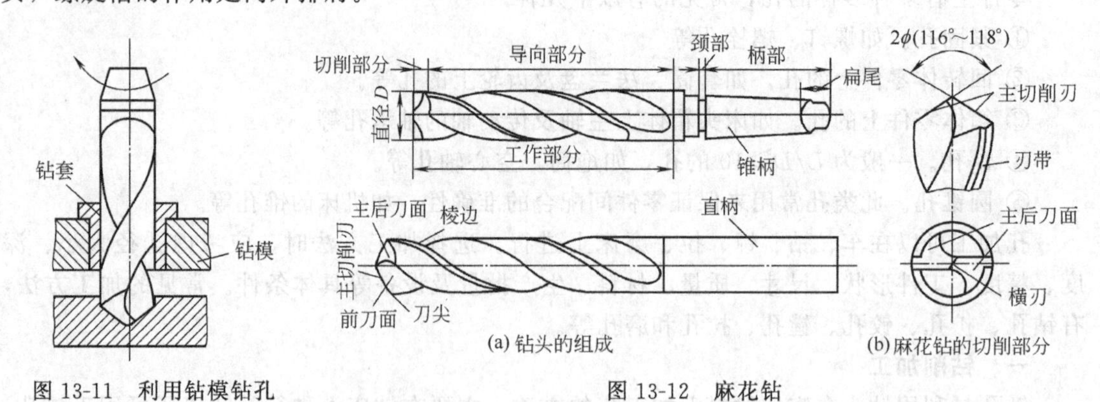

图 13-11　利用钻模钻孔　　　　图 13-12　麻花钻

钻削时，加工过程是半封闭的，切削量大，孔径小，冷却条件差，切削温度高，从而限制了切削速度，影响生产率的提高。

钻削时，钻孔切屑较宽，而容屑槽尺寸受限，故排屑困难，常出现切屑与孔壁的挤压摩擦，孔的表面常被划伤，使工件表面粗糙度值增高。

钻孔多为粗加工，精度达 IT13～IT11，表面粗糙度 Ra 值为 12.5～32.5μm。对要求精度高、粗糙度参数值小的孔，还要在钻孔后进行扩孔、铰孔或镗孔。

2. 扩孔

扩孔是用扩孔钻对工件上已有的孔进行加工，扩孔可以校正孔的轴线偏差，使其获得正确的几何形状与较小的表面粗糙度值。

扩孔是铰孔前的预加工，也可以是孔加工的最后工序。

扩孔用的扩孔钻（见图 13-13）与麻花钻相似，通常有 3～4 个切削刃，没有横刃，钻芯大，刚度较好。

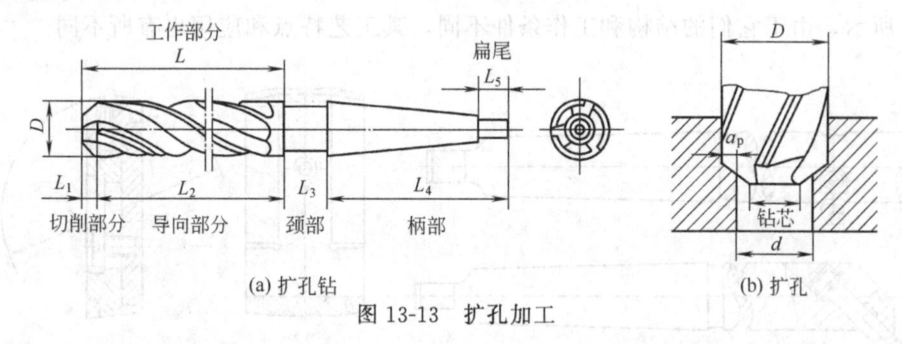

图 13-13　扩孔加工

3. 铰孔

铰孔是应用较普遍的孔的精加工方法之一，常用于孔的最后加工工序。它是用铰刀在半精加工（扩孔或半精镗）的基础上进行的。

铰刀的结构如图 13-14 所示。铰刀的工作部分包括切削部分和修光部分。

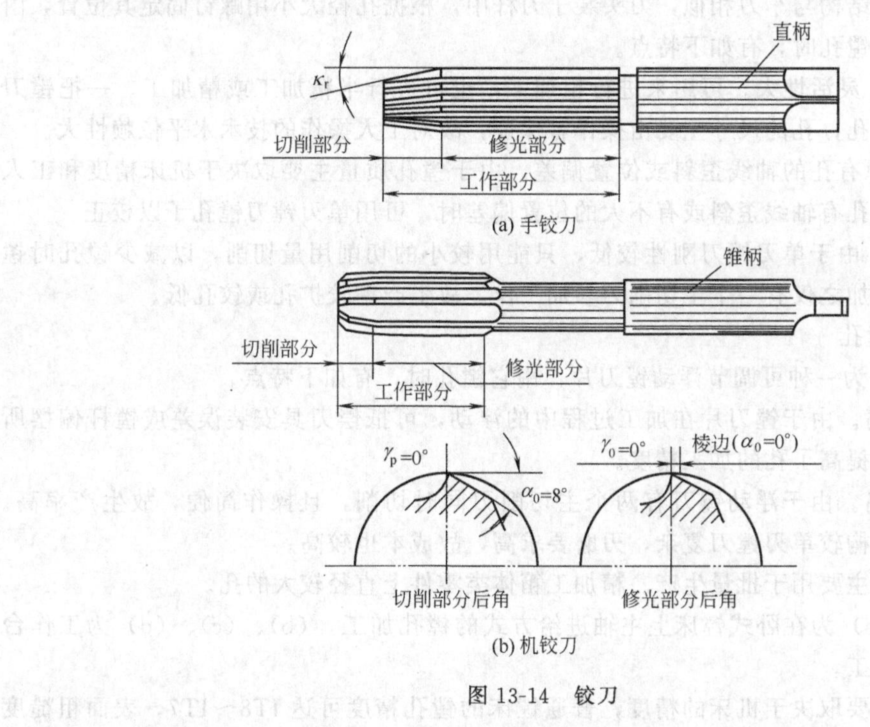

图 13-14　铰刀

手铰刀切削部分较长，导向作用好，手铰孔径一般为 ϕ1～50mm。

机铰刀多为锥柄，装在钻床或车床上进行铰孔。机铰刀直径范围为 ϕ10～80mm。

铰孔广泛用于直径不很大的未淬火工件上孔的精加工，铰削时，铰刀不可倒转，以免崩刃。

二、镗削加工

镗孔是用镗刀在已加工孔的工件上使孔径扩大并达到精度、表面粗糙度要求的加工方法。

镗孔可在多种机床上进行，回转体零件上的孔，多用车床加工；而箱体类零件上的孔或孔系（即要求相互平行或垂直的若干孔），则常在镗床上加工。

镗刀是在镗床、车床等机床上用以镗孔的刀具，有单刃镗刀和多刃镗刀两种，其结构如图 13-15 所示。由于它们的结构和工作条件不同，其工艺特点和应用也有所不同。

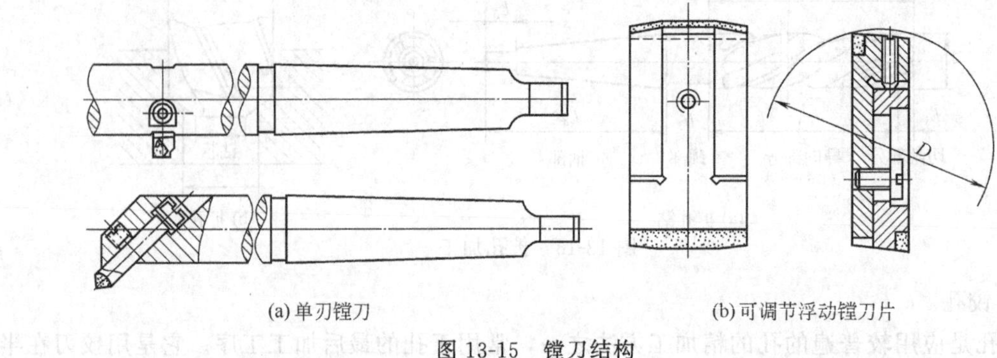

(a) 单刃镗刀　　(b) 可调节浮动镗刀片

图 13-15　镗刀结构

1. 单刃镗刀镗孔

单刃镗刀刀头结构与车刀相似，刀头装于刀杆中，根据孔径大小用螺钉固定其位置，由操作者保证。用它镗孔时，有如下特点。

① 适应性广，灵活性大。可用来进行粗加工，也可进行半精加工或精加工。一把镗刀可加工直径不同的孔，孔的尺寸主要由操作者保证，故对工人操作的技术水平依赖性大。

② 可以校正原有孔的轴线歪斜或位置偏差。由于镗孔质量主要取决于机床精度和工人技术水平，预加工孔有轴线歪斜或有不大的位置偏差时，可用单刃镗刀镗孔予以校正。

③ 生产率低。由于单刃镗刀刚性较低，只能用较小的切削用量切削，以减少镗孔时镗刀的变形和振动，加之仅有一个主切削刃参加工作。故生产率较扩孔或铰孔低。

2. 多刃镗刀镗孔

图 13-15（b）为一种可调节浮动镗刀片，用它镗孔时，有如下特点。

① 加工质量高。由于镗刀片在加工过程中的浮动，可抵偿刀具安装误差或镗杆偏摆所引起的不良影响，提高了孔的加工精度。

② 生产效率高。由于浮动镗刀有两个主切削刃同时切削，且操作简便，故生产率高。但浮动镗刀刀片结构较单刃镗刀复杂，刃磨要求高，故成本也较高。

多刃镗刀镗孔主要用于批量生产、精加工箱体类零件上直径较大的孔。

图 13-16 的（a）为在卧式镗床上主轴进给方式的镗孔加工，（b）、（c）、（d）为工作台进给方式的镗孔加工。

镗孔的质量主要取决于机床的精度，普通镗床的镗孔精度可达 IT8～IT7，表面粗糙度 Ra 值可达 1.6～0.8μm。若用金刚镗床或坐标镗床，可获得更高的精度和更小的表面粗糙度值。

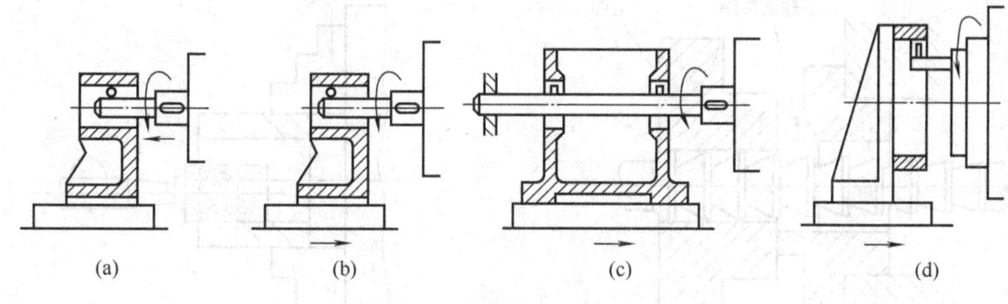

图 13-16　镗床镗孔的方式

三、拉削加工

在拉床上用拉刀加工工件的工艺过程，叫做拉削加工。拉削不但可以加工各种型孔，如图 13-17 所示，还可以拉削平面、半圆弧面和其他组合表面。

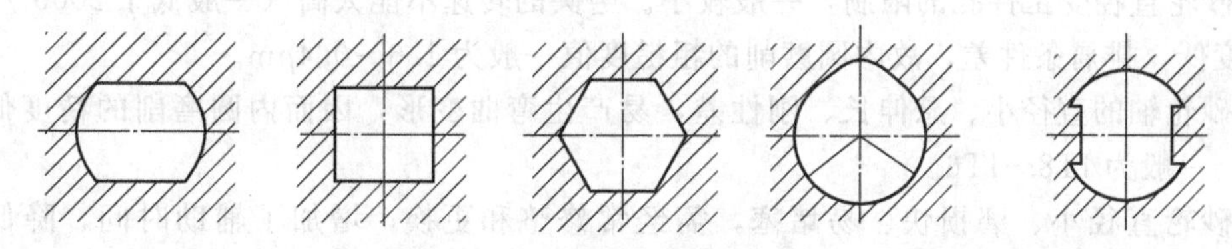

图 13-17　适于拉削的各种型孔

1. 拉刀

拉刀的结构形状如图 13-18 所示。它是由许多刀齿组成的、后面的刀齿比前面的刀齿高出一个齿升量（一般为 0.02～0.1mm）。每一个刀齿只负担很小的切削量，加工时依次去除一层金属，所以拉刀的切削部分很长。

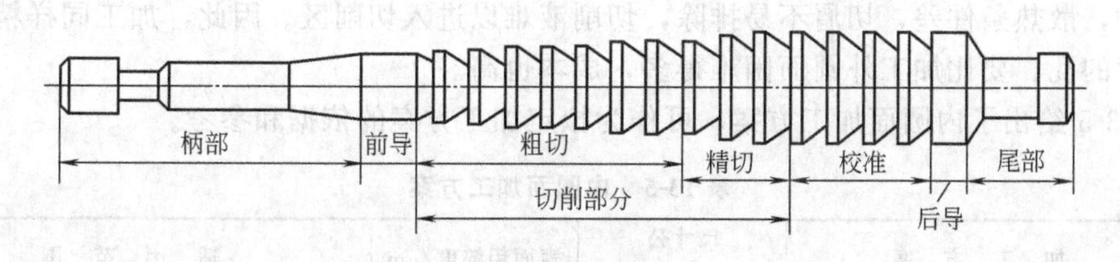

图 13-18　拉刀

2. 拉孔

拉孔时，工件一般不需夹紧，只以工件的端面支承。因此，孔的轴线与端面之间应有一定的垂直度要求。如果垂直度误差太大，则需将工件的端面贴紧在一个球面垫圈上，如图 13-19 所示。

拉削加工的孔径通常为 10～100mm，孔的深度与直径之比不应超过 3～5。被拉削的圆孔一般不需精确的预加工，钻削或粗镗后就可进行拉削加工。由此可知，拉削加工生产率高，拉刀在一次行程中就能切除加工表面的全部余量，并能完成校准和修光加工表面的工作。但拉刀结构复杂，制造成本高，主要用于大批及大量生产中。对于薄壁孔，因为拉削力大，易变形，一般不用拉削加工。

四、磨削内圆

目前广泛应用的内圆磨床是卡盘式的。图 13-20 为内圆磨削结构示意。

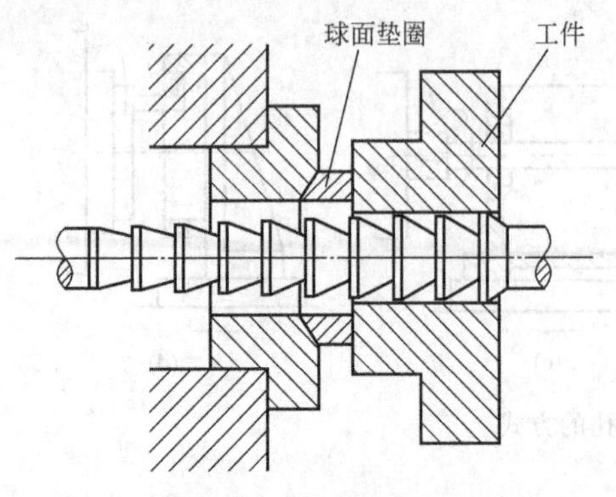

图 13-19 拉圆孔方法

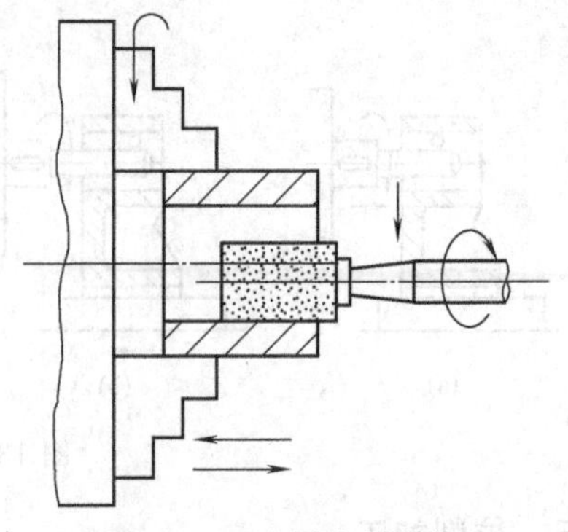

图 13-20 内圆磨削结构

内圆磨削与外圆磨削相比，加工比较困难。原因如下。

① 砂轮直径受工件孔的限制，一般较小。磨头的转速不能太高（一般低于 2000r/min），磨削速度低，排屑条件差，故内圆磨削的粗糙度值一般为 1.6～0.4μm。

② 砂轮轴的直径小、悬伸长、刚性差，易产生弯曲变形，因而内圆磨削的精度低于外圆磨削，一般为 IT8～IT6。

③ 砂轮直径小、磨损快、易堵塞，需经常修整和更换，增加了辅助时间，降低了生产率。

内圆磨削主要用于淬硬工件孔的精加工，磨孔的适应性好，使用同一砂轮，可加工一定范围内不同孔径的工件，在单件、小批生产中应用较多。

五、内圆表面加工方案分析

孔加工与外圆面加工相比，虽然在切削机理上有许多共同点，但是，在具体的加工条件上，却有着很大差异。孔加工刀具的尺寸，受到加工孔的限制，一般呈细长状，刚性较差。加工孔时，散热条件差，切屑不易排除，切削液难以进入切削区。因此，加工同样精度和表面粗糙度的孔，要比加工外圆面困难得多，成本也高。

表 13-5 给出了内圆面加工方案，可作为拟定加工方案的依据和参考。

表 13-5 内圆面加工方案

序号	加工方案	尺寸公差等级	表面粗糙度/μm	适用范围
1	钻	IT13～IT11	12.5	用于加工除淬火以外的各种技术的实心工件
2	钻-铰	IT9	3.2～1.6	用于加工除淬火以外的各种技术的实心工件，但孔径 $D<10$mm
3	钻-扩-铰	IT9～IT8	3.2～1.6	用于加工除淬火以外的各种技术的实心工件，但孔径为 $\phi10\sim80$mm
4	钻-扩-粗铰-精铰	IT7	1.6～0.4	
5	钻-拉	IT9～IT7	1.6～0.4	用于大批、大量生产
6	(钻)-粗镗-半精镗	IT10～IT9	6.3～3.2	用于除淬火钢以外的各种材料
7	(钻)-粗镗-半精镗-精镗	IT8～IT7	1.6～0.8	
8	(钻)-粗镗-半精镗-磨	IT8～IT7	0.8～0.4	用于淬火钢、不淬火钢和铸铁件，但不宜加工硬度低、韧性大的有色金属
9	(钻)-粗镗-半精镗-粗磨-精磨	IT7～IT6	0.4～0.2	
10	粗镗-半精镗-精镗	IT7～IT6	0.4～0.025	
11	粗镗-半精镗-精镗-研磨	IT7～IT6	0.4～0.025	用于加工钢件、铸件和有色金属

第四节　平面加工

平面是基体类零件（如床身、工作台、立柱、横梁、箱体及支架等）的主要表面，也是回转体零件的重要表面之一（如端面、台肩面等）。平面加工因其工件形状、尺寸、加工精度及表面粗糙度和生产批量的不同，可以采用各种不同的加工方法和加工方案。图 13-21 所示为各种平面的加工方法。

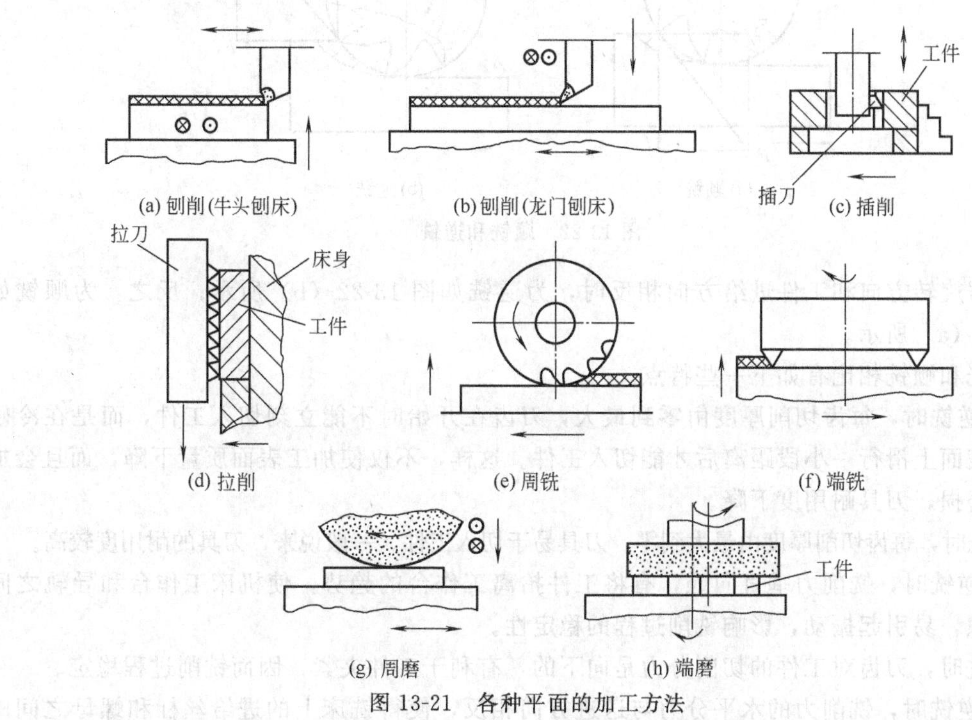

图 13-21　各种平面的加工方法

一、铣削加工

铣削是平面加工的主要方法。它可以加工水平面、垂直面、斜面、沟槽、成形表面、螺纹和齿形等，也可以用来切断材料。因此，铣削加工的范围是相当广泛的。铣床的种类很多，常用的是升降台卧式、立式铣床。

1. 铣削的工艺特点

(1) 生产率较高　铣刀是典型的多齿刀具，铣削时有几个刀齿同时参加工作，总的切削宽度较大。铣削时的主运动是铣刀的旋转，有利于采用高速铣削，故铣削的生产率一般比刨削高。

(2) 刀齿散热条件较好　铣刀刀齿在切离工件的一段时间内，可以得到一定的冷却，散热条件较好。但是，在切入和切出时，热和力的冲击，会加速刀具的磨损，甚至可能引起硬质合金刀片的碎裂。

(3) 铣削过程不平稳　由于铣刀的刀齿在切入和切出时产生冲击，使工作的刀齿数有增有减，同时，每个刀齿的切削厚度也是变化的，这就引起切削面积和切削力的变化，因此，铣削过程不平稳，容易引起振动。

2. 铣平面

同是加工平面，可以用端铣法，也可以用周铣法，同一种铣削方法，也有不同的铣削方

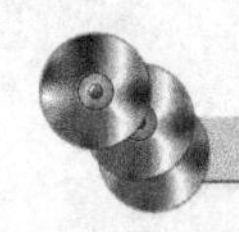

式（如顺铣和逆铣）。在选用铣削方式时，应考虑它们各自的特点和适用场合，以保证加工质量和提高效率。

（1）周铣法　用圆柱形铣刀的刀齿加工平面，称为周铣法。可分为逆铣和顺铣，如图 13-22 所示。

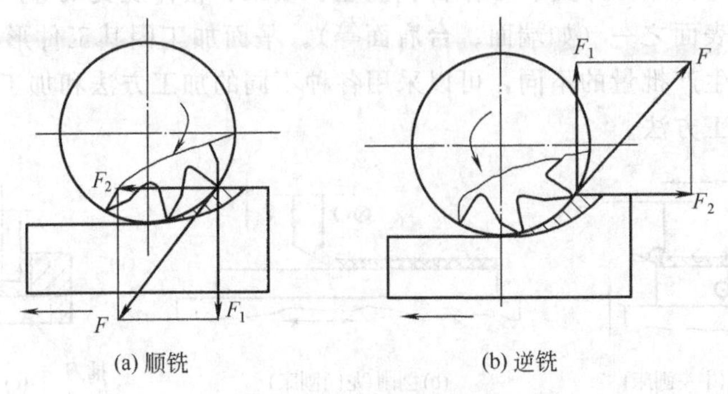

图 13-22　顺铣和逆铣

铣刀旋转方向和工件进给方向相反时，为逆铣如图 13-22（b）所示；反之，为顺铣如图 13-22（a）所示。

逆铣和顺铣相比有如下一些特点。

① 逆铣时，每齿切削厚度由零到最大，刀齿在开始时不能立刻切入工件，而是在冷硬的加工表面上滑行一小段距离后才能切入工件。这样，不仅使加工表面质量下降，而且会加剧刀具磨损，刀具耐用度下降。

顺铣时，每齿切削厚度由最大到零，刀具易于切入工件。一般说来，刀具的耐用度较高。

② 逆铣时，铣削力垂直向上，有将工件抬离工作台的趋势，使机床工作台和导轨之间形成间隙，易引起振动，影响铣削过程的稳定性。

顺铣时，刀齿对工件的切削分力是向下的，有利于工件夹紧，因而铣削过程稳定。

③ 逆铣时，铣削力的水平分力与送进方向相反，使得铣床上的进给丝杠和螺母之间的接触面始终压紧，因而送进平稳，无窜动现象，有利于提高表面质量及防止打刀。

顺铣时，切削力的水平分力与送进方向相同，当水平分力大于工作台的摩擦阻力时，由于进给丝杠与螺母之间有间隙（见图 13-23），会使工作台窜动，窜动的大小随切削力的变化时大

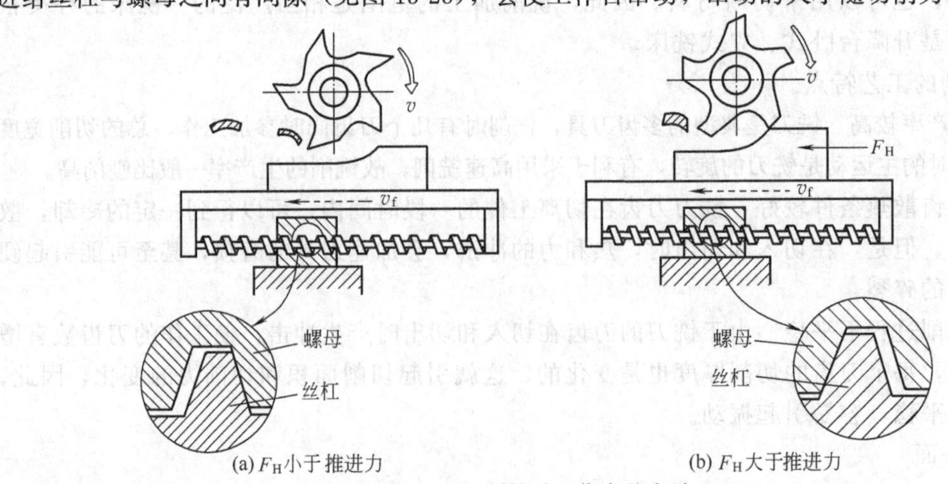

图 13-23　顺铣时工作台的窜动

时小，时有时无，造成进刀不平稳，影响工件表面粗糙度，严重时会引起啃刀、打刀事故。

目前，一般铣床尚无消除工作台丝杠与螺母之间间隙的机构，故在生产中仍多采用逆铣法。

(2) 端铣法　用端铣刀的端面刀齿加工平面，称为端铣法。此时铣刀回转轴线与被加工表面垂直。

用端铣刀加工平面较圆柱铣刀为优。首先，圆柱铣刀是装夹在细而长的刀杆上工作的，而端铣刀则直接装夹在刚性很高的主轴上工作，故端铣刀可采用较大的切削用量。其次，圆柱铣刀作逆铣时，刀齿在切入工件前有滑行现象，从而加剧刀具磨损。同时其工作刀齿只用一个主刀刃来切削工件，当主刀刃略有磨损时，便使已加工表面质量恶化。而端铣时，刀齿切入工件时的切削厚度不等于零，不存在加剧刀具磨损的滑行现象，另外，其刀齿带有可用做修光表面的过渡刃和副刀刃，当主刀刃略有磨损时，一时也不会使加工表面恶化。因此，端铣已成为加工平面的主要方式之一。

二、刨削加工

刨削也是平面加工的主要方法之一。它是在刨床上使用刨刀对工件进行切削加工的。常见的刨床类机床有牛头刨床和龙门刨床等，前者用于中小工件加工，后者用于大型工件加工。刨床的结构比车床、铣床等简单，成本低，调整和操作较简便。使用的单刃刨刀与车刀基本相同，形状简单，制造、刃磨和安装均较方便。所以，刨削特别适合单件、小批生产的场合，在维修车间和模具车间应用较多。

在牛头刨床上刨削时，刨刀移动为主运动，工件移动为进给运动。在龙门刨床上刨削时，工件移动为主运动，刨刀移动为进给运动。以上两种情况，吃刀运动均由刨刀担任。

刨削加工时，主运动均为往复直线运动。由于反向时刀具受惯性力的影响，加之刀具切入和切出时有冲击，因此限制了切削速度和空行程速度的提高，同时还存在空行程所造成的损失。故刨削生产率一般较低，在大批大量生产中常被铣削所代替。但在加工狭长表面（如导轨、长槽等）以及在龙门刨床上进行多件或多刀加工时，其生产率可能高于铣削。

一般刨削的精度可达 IT9～IT7 级，表面粗糙度 Ra 值达 1.6～6.3μm。

插床实际上是一种立式刨床，插削和刨削的切削方式相同，只是插削是在铅直方向进行切削的。插削主要用于单件、小批生产中加工零件上的某些内表面，如孔内键槽、方孔、多边形孔和花键孔等，如图 13-24 所示。

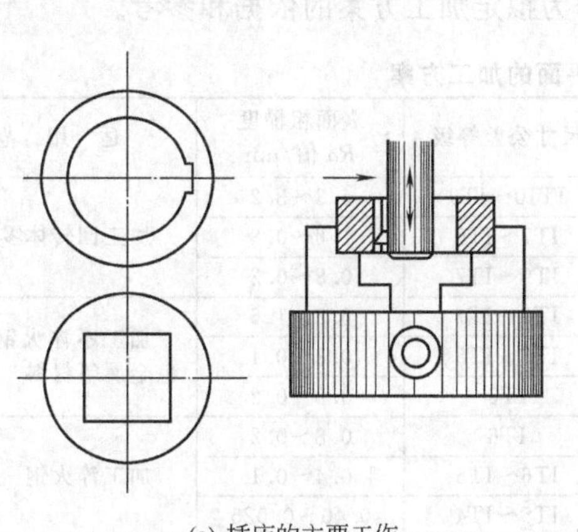
(a) 插床的主要工作

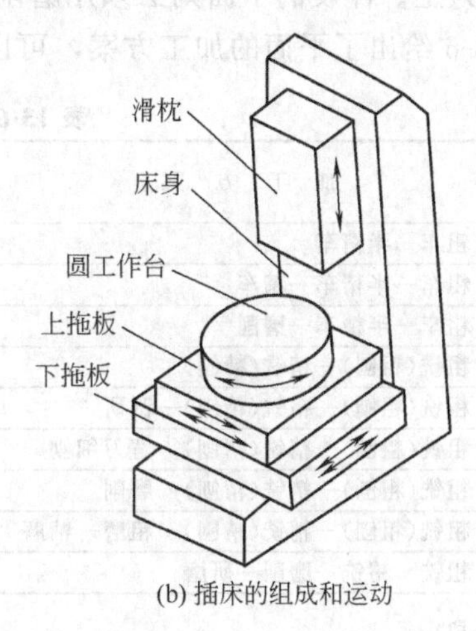

(b) 插床的组成和运动

图 13-24　插床及其工作

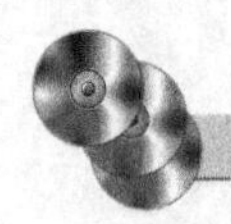

三、磨削平面

高精度平面及淬火零件的平面加工，大多数采用平面磨削方法。磨削平面主要在平面磨床上进行。对于形状简单的铁磁性材料工件，采用电磁吸盘装夹，对于形状复杂或非铁磁性材料的工件，可采用精密虎钳或专用夹具装夹。

1. 周磨平面

它是以砂轮圆周面磨削平面的方法。磨削时，砂轮与工件的接触面积小，磨削力小，磨削热少，冷却和排屑条件较好，砂轮的磨损也均匀。

生产中经常采用卧轴矩台平面磨削，主要用于磨削齿轮等盘套类零件的端面，以及各种板条状中、小型零件。

2. 端磨平面

它是以砂轮端面磨削平面的方法。磨削时，砂轮与工件的接触面积大，磨削力大，磨削热多，冷却和排屑条件也较差，工件受热变形大。此外，砂轮端面径向各点的圆周速度也不相等，砂轮的磨损不均匀，因此，加工精度不高。一般用于磨削加工精度要求不高的平面，也用于代替刨削和铣削加工。

生产中常采用立轴圆台平面磨床。这种磨床的砂轮轴悬伸长度短，刚性好，可采用较大的磨削用量，生产效率高，故适用于粗加工。

图 13-25 所示为平面磨床的两种磨削方式。

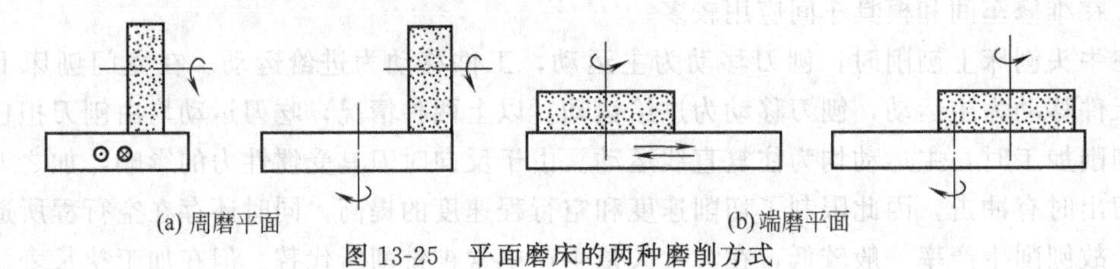

图 13-25 平面磨床的两种磨削方式

四、平面加工方案分析

根据平面的技术要求以及零件的结构形状、尺寸、材料和毛坯种类，结合具体加工条件，平面可分别采用车、铣、刨、磨、拉等方法加工。要求更高的精密平面，可以用刮研、研磨等进行光整加工。回转体表面的端面，可采用车削和磨削加工。其他类型的平面，以铣削或刨削为主。淬硬的平面则必须用磨削加工。

表 13-6 给出了平面的加工方案，可以作为拟定加工方案的依据和参考。

表 13-6 平面的加工方案

序号	加工方案	尺寸公差等级	表面粗糙度 *Ra* 值/μm	适用范围
1	粗车—半精车	IT10～IT9	6.3～3.2	加工回转体零件的端面
2	粗车—半精车—精车	IT7～IT6	1.6～0.8	
3	粗车—半精车—磨削	IT9～IT7	0.8～0.2	
4	粗铣(粗刨)—精铣(精刨)	IT9～IT7	6.3～1.6	加工不淬火钢、铸铁、有色金属等材料
5	粗铣(粗刨)—精铣(精刨)—刮研	IT6～IT5	0.8～0.1	
6	粗铣(粗刨)—精铣(精刨)—宽刀细刨	IT6	0.8～0.2	
7	粗铣(粗刨)—精铣(精刨)—磨削	IT6	0.8～0.2	加工淬火钢
8	粗铣(粗刨)—精铣(精刨)—粗磨—精磨	IT6～IT5	0.4～0.1	
9	粗铣—精铣—磨削—研磨	IT5～IT4	0.40～0.025	
10	拉	IT9～IT6	0.8～0.2	大批量生产，除淬火钢以外的各种金属材料

第五节　螺纹加工

在机械制造工业中，带螺纹的零件应用很广泛，螺纹也是零件上常见的表面形式之一。

一、螺纹类型

按螺纹形式可分为圆柱螺纹和圆锥螺纹；按用途又可分成传动螺纹和紧固螺纹。传动螺纹多用于传递动力、运动和位移，如丝杠和测微螺杆的螺纹，其牙型多为梯形或锯齿形；紧固螺纹用于零件间的固定连接，常用的有普通螺纹和管螺纹等，牙型多为三角形。

二、螺纹加工方法简介

螺纹的加工方法较多，利用不同的工具，可以在车床、钻床、螺纹铣床、螺纹磨床等设备上进行加工。常用的螺纹加工方法所能达到的尺寸公差等级和表面粗糙度如表 13-7 所示。工作中应根据生产批量、形状、用途、精度等不同要求合理选择。

表 13-7　常用的螺纹加工方法尺寸公差等级和表面粗糙度

加工方法	尺寸公差等级	表面粗糙度 Ra 值/μm	加工方法	尺寸公差等级	表面粗糙度 Ra 值/μm
攻螺纹	IT8～IT6	6.3～1.6	旋风铣螺纹	IT8～IT6	3.2～1.6
套螺纹	IT8～IT7	3.2～1.6	磨螺纹	IT6～IT4	0.4～0.1
车螺纹	IT8～IT4	1.6～0.4	滚压螺纹	IT8～IT4	0.8～0.1
铣刀铣螺纹	IT8～IT6	6.3～3.2			

1. 车螺纹

车螺纹是螺纹加工的基本方法。它可以使用通用设备，加工各种形状、尺寸和精度的内、外螺纹，特别适于加工尺寸较大的螺纹。

在车床上车螺纹应保证：工件每转一圈，刀具应准确而均匀地进给一个导程，如图 13-26 (a)所示。

螺纹车削是成形面车削的一种，刀具形状应和螺纹牙型槽相同，车刀刀尖必须与工件中心等高，车刀刀尖角的等分线必须垂直于工件回转中心线。安装刀具时可用样板对刀，如图 13-26 (b) 所示。

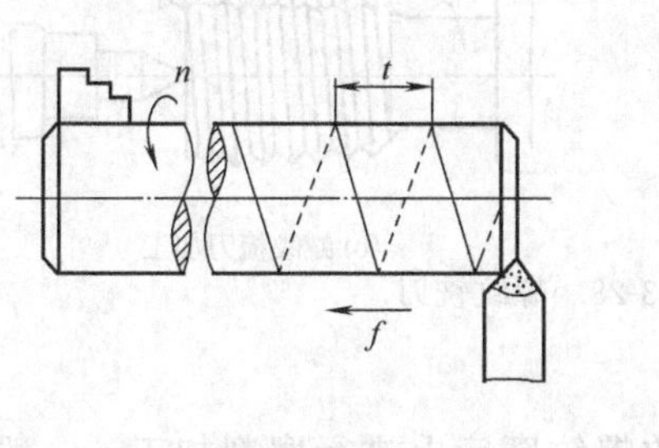

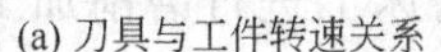

(a) 刀具与工件转速关系

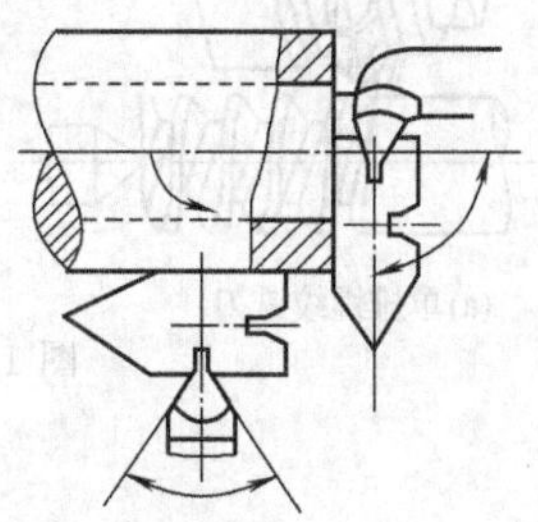

(b) 样板对刀

图 13-26　车螺纹

车螺纹的生产率较低，加工质量取决于工人的技术水平以及机床、刀具本身的精度，所以主要用于单件、小批生产。当生产批量较大时，为了提高生产率，常用螺纹梳刀进行车削。螺纹梳刀实质上是一种多齿形的螺纹车刀，只要走刀一次就能全部切出螺纹，所以生产率较高。但是，一般的螺纹梳刀加工精度不高，不能加工精密螺纹。此外，螺纹附近有轴肩的工件，也不能用螺纹梳刀加工。图 13-27 所示为几种常见的螺纹梳刀。

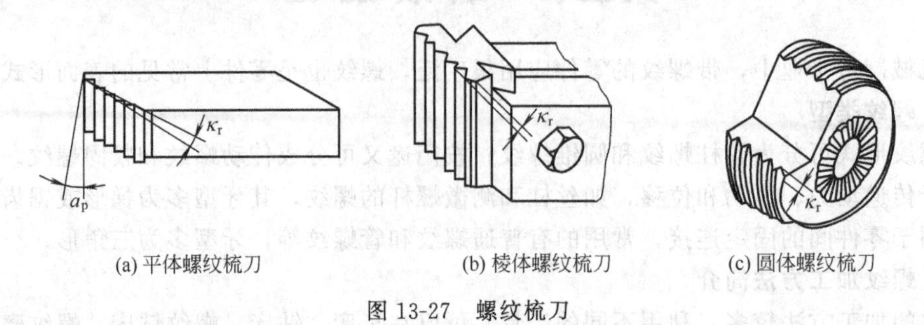

(a) 平体螺纹梳刀 (b) 棱体螺纹梳刀 (c) 圆体螺纹梳刀

图 13-27 螺纹梳刀

2. 铣螺纹

成批大量生产中，一般在专用铣床上铣螺纹。对于直径较大的梯形和矩形牙传动螺纹，用盘铣刀进行铣削，其加工精度较低，只作为粗加工，精加工还需在车床上进行。对于直径较大而螺距较小的三角形螺纹，常用梳刀进行铣削，其生产率很高，但加工精度较低，要提高加工精度，还需在螺纹磨床上磨削。

铣螺纹可以用单排螺纹铣刀或多排螺纹铣刀（又称螺纹梳刀）。

单排螺纹铣刀如图 13-28（a）所示。铣刀上有一排环形刀齿，铣刀倾斜安装，倾斜角大小等于螺旋角。开始，在工件不动的情况下，铣刀向工件作径向进给至螺纹全深，然后，工件慢速回转，铣刀作纵向运动，直至切完螺纹长度。可以一次铣至螺纹深度，也可以分粗铣和精铣。此方法多用于大导程或多头螺纹的加工。

螺纹梳刀有几排环形刀齿，刀齿垂直于轴线。梳刀宽度稍大于螺纹长度，并于工件轴线平行。在工件不转动时，铣刀向工件进给到螺纹全深，然后工件缓慢转动 1.25 圈，同时，回转的梳刀也纵向移动 1.25 个导程，即可加工完毕。图 13-28（b）是用螺纹梳刀铣螺纹的简图，是在专用的螺纹铣床上进行的。梳刀主要适用于大直径、小螺距的短螺纹加工。

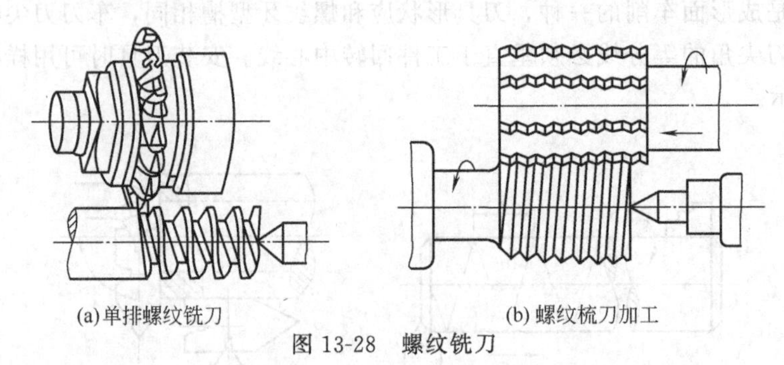
(a) 单排螺纹铣刀 (b) 螺纹梳刀加工

图 13-28 螺纹铣刀

3. 磨螺纹

高精度螺纹及淬硬螺纹通常在专用的螺纹磨床上进行磨削加工。一般采用的磨削方法如下。

① 用成形砂轮纵向进给磨削（见图 13-29） 此法相当于车螺纹，只是用成形砂轮代替了螺纹车刀。

② 用梳刀形砂轮径向进给磨削 此法与梳状螺纹铣刀铣螺纹相似。

③ 无心磨削 无心磨削主要用于加工无头螺纹。因为无头螺纹没有中心孔定位，也没

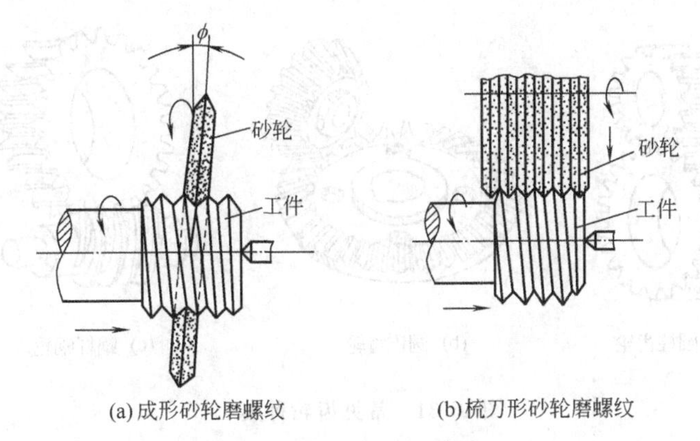

图 13-29　磨削外螺纹

有地方用卡盘装夹，所以，用无心磨削法最为合适。

4. 滚压螺纹

滚压螺纹有两种加工方法：一种是用搓丝板搓丝；另一种是用滚丝轮滚丝，如图 13-30 所示。滚压螺纹是在搓丝机和滚丝机上进行的，螺纹是被挤压成形的，其生产率比切削加工高得多。另外，滚压螺纹的金属纤维组织是连续的，没有被切断，所以滚压螺纹的强度高。滚压螺纹广泛应用于大批量生产螺栓和螺母的标准件厂家。

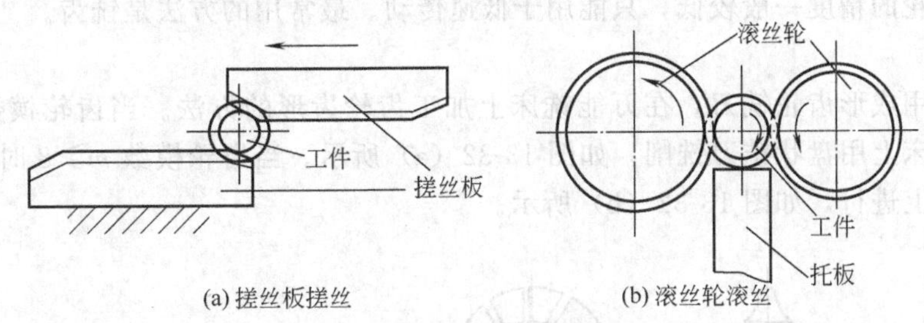

图 13-30　滚压螺纹

5. 攻丝与套丝

攻丝和套丝是应用较广泛的螺纹加工方法。用丝锥在工件内孔表面上加工出内螺纹的工序称为攻丝，对于小尺寸的内螺纹，攻丝几乎是惟一有效的加工方法。单件小批生产中，可以用丝锥手工攻丝；当批量较大时，则应在车床、钻床或攻丝机上使用机丝锥加工；大批量生产中，在滚丝机或搓丝机上进行。用板牙在圆杆上切出外螺纹的工序称为套丝。套丝的螺纹直径不超过 16mm，可手工操作，也可在机床上进行。在攻丝和套丝时，每转过 1～1.5 转后，均应适当反转倒退，以免切屑挤塞，造成工件螺纹的破坏。

由于攻丝和套丝的加工精度较低，主要用于加工精度要求不高的普通螺纹。

第六节　齿轮的齿形加工

齿轮作为传递运动和动力的机械零件，广泛应用在各种机械、仪表等产品中。机械产品的工作性能、承载能力、使用寿命及工作精度等，都与齿轮本身的质量有着密切的关系。常用的齿轮有圆柱齿轮、圆锥齿轮及蜗杆蜗轮等。如图 13-31 所示。而其中以圆柱齿轮应用最广。

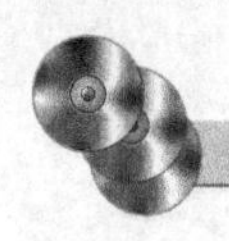

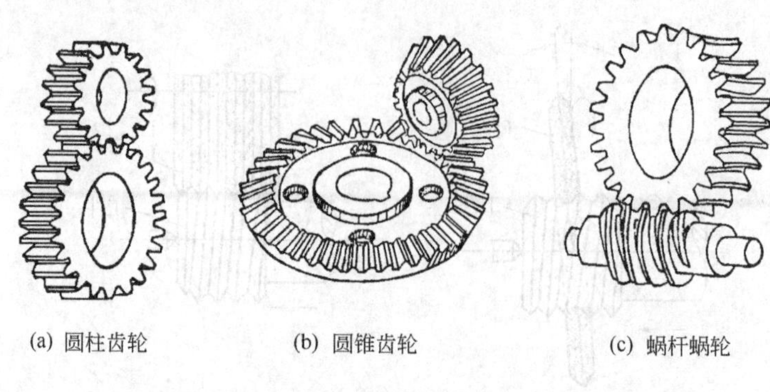

图 13-31 常见齿轮种类

齿轮的齿形曲线有渐开线、摆线、圆弧等。其中最常用的是渐开线。本节仅介绍渐开线圆柱齿轮齿形的加工方法。

在齿轮的齿坯上加工出渐开线齿形的方法很多，目前用切削加工的方法按其加工原理的不同，可分为两种类型，一种是成形法，一种是展成法。

一、成形法加工齿形

成形法加工齿轮齿形可以在万能铣床或专用机床上进行，其原理是用与被加工齿轮齿廓形状相符的成形刀具，在齿轮的齿坯上加工出齿形的方法。成形法加工因刀具刃形精度不高，故加工齿轮的精度一般较低，只能用于低速传动。最常用的方法是铣齿。

1. 铣齿

铣齿是利用成形齿轮铣刀，在万能铣床上加工齿轮齿形的方法。当齿轮模数 $m<8$ 时，一般在卧式铣床上用盘状铣刀铣削，如图 13-32（a）所示。当齿轮模数 $m\geqslant8$ 时，用指状铣刀在立式铣床上进行，如图 13-32（b）所示。

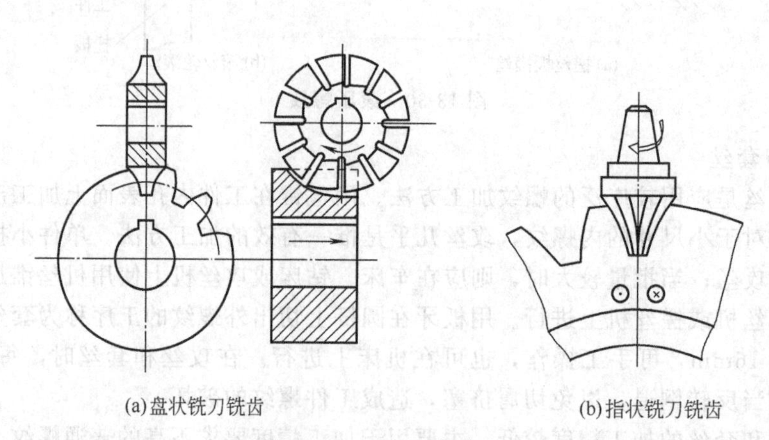

图 13-32 成形法铣齿轮

铣削时，均将工件安装在铣床的分度头上，模数铣刀做旋转主运动，工作台作直线进给运动。当加工完一个齿间后，退出刀具，按齿数 z 进行分度，再铣下一个齿间。这样，逐齿进行铣削，直至铣完全部齿间。

模数相同而齿数不同的齿轮，其齿形渐开线的形状是不同的。从理论上讲，同一模数不同齿数的齿轮，都应该用专门的铣刀加工，这在生产中既不经济，也不便于管理。为减少同一模数铣刀的数量，在实际生产中，将同一模数的铣刀，按渐开线齿形弯曲度

相近的齿数，一般只做8把，分成8组刀号，每把铣刀分别铣削齿形相近的一定范围齿数的齿轮，详见表13-8。

表13-8 模数铣刀刀号及其加工齿数的范围

刀号	1	2	3	4	5	6	7	8
加工齿数范围	12～13	14～16	17～20	21～25	26～34	35～54	55～134	135以上及齿条

2. 铣齿加工的特点

① 生产成本低 在普通铣床上，即可完成齿形加工。齿轮铣刀结构简单，制造容易。因此，生产成本低。对于缺乏专用齿轮加工设备的工厂较为方便。

② 加工精度低 铣齿时，由于刀具的齿形误差和加工时的分度误差，故其加工精度较低。

③ 生产率低 铣齿时，由于每铣一个齿间都要重复进行切入、切出、退刀和分度的工作，辅助时间和基本工艺时间增加，因此，生产率低。

3. 铣齿加工的应用

成形法铣齿常用于单件小批生产和修配精度要求不高的齿轮。

二、展成法加工齿形

展成法加工齿轮齿形的基本原理是利用一对齿轮的啮合运动实现的，即一个是具有切削能力的齿轮刀具，另一个是被切的工件，通过专用齿轮加工机床按展成法切制出齿形。滚齿和插齿是展成法中最常见的两种加工方法。

1. 滚齿

滚齿主要用于加工外啮合的直齿或螺旋齿圆柱齿轮，同时也可用于加工蜗轮。

滚齿的工作原理相当于蜗杆与蜗轮的啮合原理，如图13-33所示。滚刀的形状相当于一个蜗杆，如图13-33 (a) 所示。为了形成刀刃，在垂直于螺旋线的方向开出沟槽，并磨出刀刃，形成切削刃和前、后角，于是就变成滚刀，其切削刃近似齿条的齿形。当滚刀转动时，就像一个无限长的齿条在缓慢移动，如图13-33 (b) 所示。齿条与同模数的任何齿数的渐开线齿轮都能正确啮合，即滚刀刀齿侧面运动轨迹的包络线为渐开线齿形，如图13-33 (c) 所示。因此，用滚刀滚切同一模数任何齿数的齿轮时，都能加工出所需齿形的齿轮。

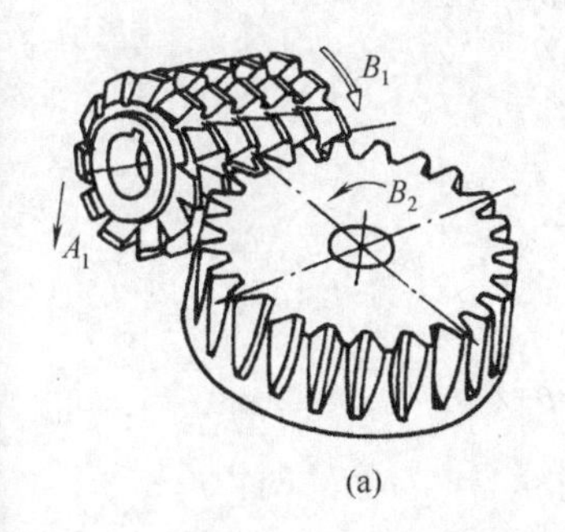

(a)

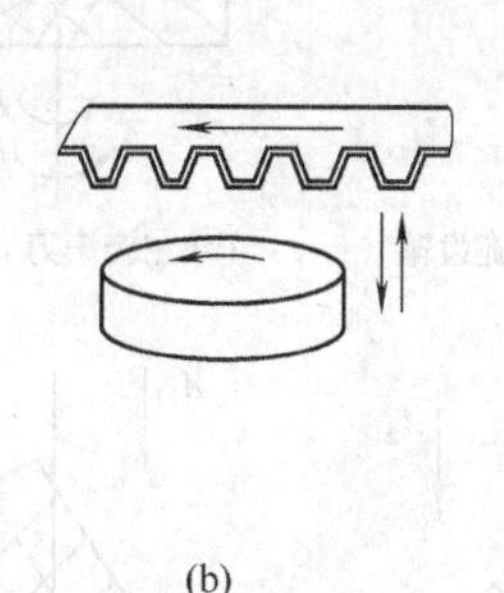

(b)

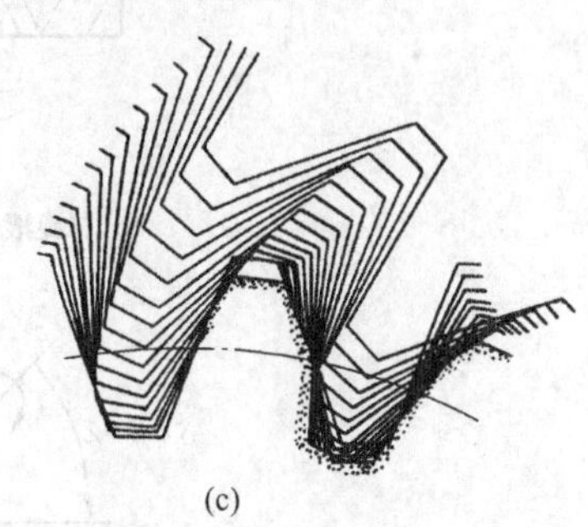

(c)

图13-33 滚齿工作原理

滚齿加工［加工直齿圆柱齿轮，如图13-34 (a) 所示］时，滚刀与工件之间的运动如下。

(1) 主运动 即滚刀的旋转运动。

(2) 展成运动 是指滚刀与齿坯之间保持严格速比关系的运动。若工件的齿数为 z，则当单头滚刀转一转时，被切工件应转 $1/z$ 转；头数为 K 的多头滚刀转一转时，被切工件应

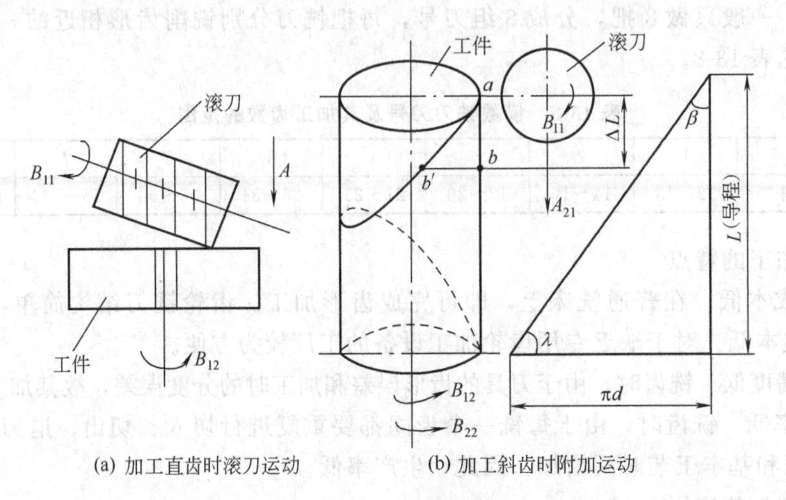

(a) 加工直齿时滚刀运动　　(b) 加工斜齿时附加运动

图 13-34　滚齿运动

B_{11}—滚刀旋转运动；A_{21}—刀具轴向进给运动；

B_{12}—工件旋转运动；B_{22}—工件附加旋转运动

转 K/z 转。滚刀与工件之间的速比关系由传动链来保证。

(3) 进给运动　它可分为滚刀沿工件轴向进给，以切出全齿宽；工作台沿横向进给，以切出全齿高；工件的圆周进给，以切出全部轮齿。

如果加工斜齿轮，工件圆周进给还增加一个附加运动，即滚刀沿轴向进给工件的一个导程，工件附加±1 转，如图 13-34（b）所示。

滚齿时，为使滚刀刀齿的方向与工件齿向一致，滚刀的安装方法如图 13-35 所示。

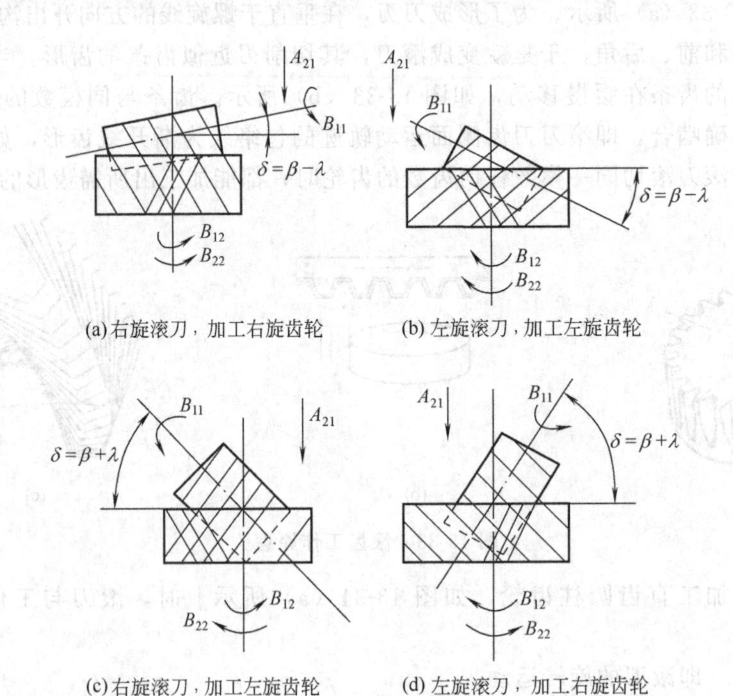

图 13-35　滚刀安装方法

滚齿的工艺特点如下。

① 可以用一把滚刀加工相同模数的所有齿数齿轮，因此减少了刀具的数量，给刀具制造和使用带来方便。

② 加工精度高。因展成法滚齿不存在成形法铣齿的那种齿形曲线理论误差，所以分齿精度高，一般可加工 8～7 级精度的齿轮。

③ 生产率高。滚齿加工属于连续切削，无辅助时间损失，生产率在一般情况下比铣齿、插齿都高。

在齿轮齿形加工中，滚齿应用最广泛，它不但能加工直齿圆柱齿轮，还可以加工斜齿圆柱齿轮、蜗轮等。但一般不能加工内齿轮、扇形齿轮和相距很近的多联齿轮。

2. 插齿

插齿是利用插齿刀在插齿机上加工直齿内、外齿轮或齿条等齿面的方法。

插齿是按一对圆柱齿轮相啮合的原理进行加工的。工件和插齿刀的运动形式，如图13-36所示。插齿用的插齿刀相当于一个在轮齿上磨出前角和后角，具有切削刃的齿轮，而齿轮坯则作为另一个齿轮。工作时，就利用刀具上的切削刃来进行切削。

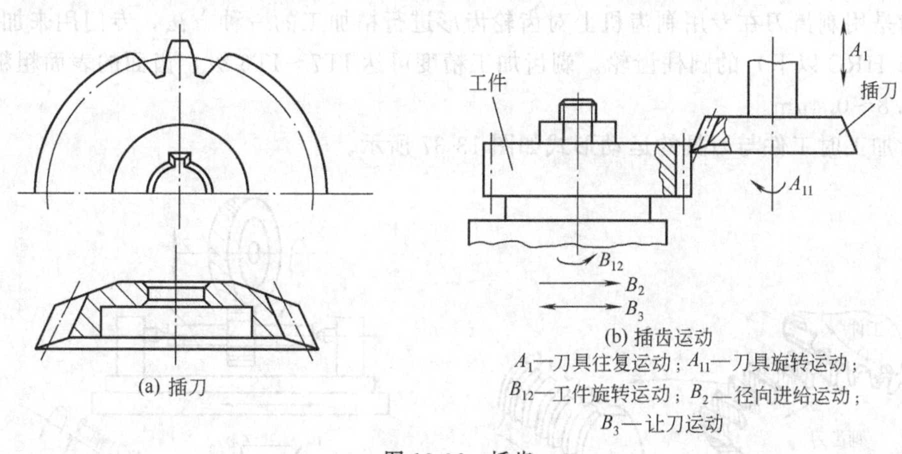

(a) 插刀

(b) 插齿运动

A_1—刀具往复运动；A_{11}—刀具旋转运动；B_{12}—工件旋转运动；B_2—径向进给运动；B_3—让刀运动

图 13-36　插齿

插齿时，插齿刀与工件的运动如下。

(1) 主运动　主运动是指插齿刀的上下往复运动。

(2) 展成运动　插齿刀和工件齿坯之间强制严格保持一对齿轮副的啮合运动关系，其传动比为

$$I=n_{刀}/n_{工}=z_{工}/z_{刀}$$

式中　$n_{工}$、$n_{刀}$——工件和插齿刀的转速；

$z_{工}$、$z_{刀}$——工件和插齿刀的齿数。

(3) 径向进给运动　为了使插齿刀逐渐切至全齿深，插齿刀每上下往复一次应具有向工件中心的径向进给运动。

(4) 让刀运动　为了避免插齿刀向上返回退刀时，造成后刀面的磨损和擦伤已加工表面，工件应离开刀具做让刀运动。当插齿刀向下切削工件时，工件应恢复原位。

插齿的工艺特点如下。

(1) 加工精度较高　插齿刀的制造、刃磨和检验均较滚刀简便，易保证制造精度，但插

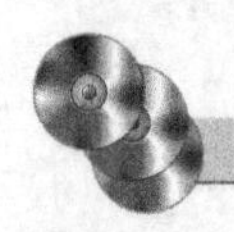

齿机的分齿传动链较滚齿机复杂，传动误差较大。因此，插齿的精度高于铣齿，与滚齿差不多，一般可加工7级以下的齿轮。

(2) 齿面粗糙度 Ra 值较小　插齿时，由于插齿刀是沿轮齿全长连续地切下切屑，还由于形成齿形包络线的切线数目一般比滚齿时多，因此，插齿加工的齿面粗糙度优于滚齿和铣齿，Ra 值可达 1.6μm。

(3) 生产率较低　由于插齿时插齿刀作往复运动，速度的提高受到一定的限制，故生产率低于滚齿。

在单件、小批生产和大量生产中，广泛采用插齿来加工各种未淬火齿轮，尤其是内齿轮和多联齿轮。

三、齿轮精加工简介

铣齿、滚齿和插齿均属齿形的成形加工，通常只能获得一般精度等级的齿轮。对于精度超过7级或齿形需要淬火处理的齿轮，在铣齿、滚齿和插齿后，尚需进行精加工。对不淬火齿轮，可用剃齿作精加工；对需要淬火的齿轮可采用磨齿做精加工。

1. 剃齿

剃齿是用剃齿刀在专用剃齿机上对齿轮齿形进行精加工的一种方法，专门用来加工未经淬火（35 HRC以下）的圆柱齿轮。剃齿加工精度可达IT7～IT6级，齿面的表面粗糙度 Ra 值可达 0.8～0.4μm。

剃齿加工时工件与刀具的运动形式如图13-37所示。

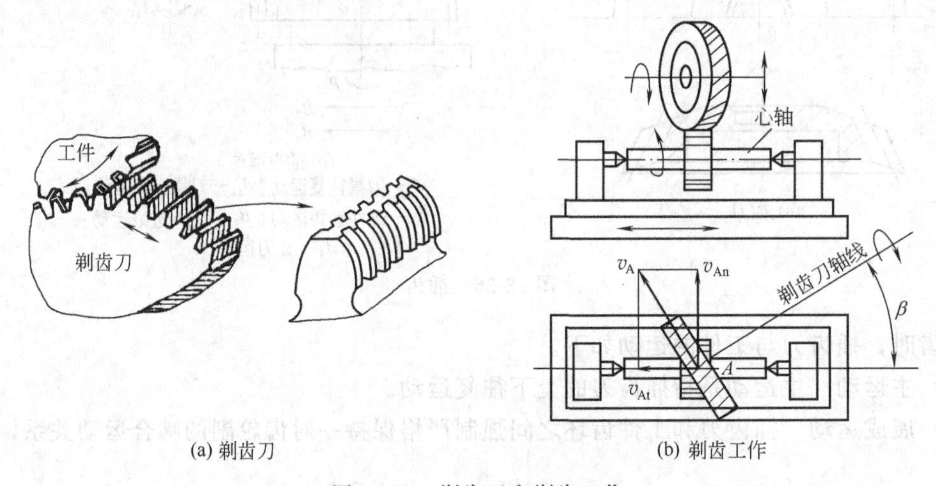

(a) 剃齿刀　　(b) 剃齿工作

图13-37　剃齿刀和剃齿工作

剃齿在原理上属展成法加工。剃齿刀的形状类似螺旋齿轮，齿形做得非常准确，在齿面上制作出许多小沟槽，以形成切削刃。当剃齿刀与被加工齿轮啮合运转时，剃齿刀齿面上的众多切削刃将从工件齿面上剃下细丝状的切屑，使齿形精度和齿面粗糙度得以提高。

剃齿加工时，工件安装在心轴上，由剃齿刀带动旋转。由于剃齿刀刀齿是倾斜的（螺旋角为 β），为使它能与工件正确啮合，必须使其轴线相对于工件轴线倾斜一个角。此时，剃齿刀在啮合点 A 的圆周速度可分解为沿工件切向的速度 v_{An} 和沿工件轴向的速度 v_{At}。v_{An} 使工件旋转，v_{At} 为齿面相对滑动速度，即剃削速度。为了剃削工件的整个齿宽，工件应由工作台带动作往复直线运动。并且在工作台每次往复行程的终了，工件相对于剃齿刀作垂直进

给运动，使工件齿面每次被剃去一层约 0.007～0.03mm 的金属。在剃削过程中，剃齿刀时而正转，剃削轮齿的一个侧面；时而反转，剃削轮齿的另一个侧面。

剃齿加工主要用于提高齿形精度和齿向精度，降低齿面的表面粗糙度。剃齿加工多用于成批、大量生产。

2. 珩齿

当工件硬度超过 35HRC 时，使用珩齿代替剃齿。珩齿与剃齿的原理完全相同，是用珩磨轮在珩齿机上对齿轮进行精加工的一种方法。

珩磨轮用金刚砂及环氧树脂等浇注或热压而成，硬度极高。珩磨时，能除去剃齿刀刮不动的淬火齿轮齿面氧化皮。珩磨过程具有磨、剃、抛光等几种精加工的综合作用。

珩齿对齿形精度改善不大，主要用于改善热处理后的轮齿表面粗糙度。

3. 磨齿

磨齿是用砂轮在专用磨齿机上进行，专门用来精加工已淬火齿轮。按加工原理可分为成形法和展成法两种。

(1) 成形法磨齿　砂轮截面形状修整成与被磨齿轮齿间一致，磨齿时与盘状铣刀铣齿相似，如图 13-38 所示。磨齿时的分齿运动是不连续的，在磨完一个齿后必须进行分度，再磨下一个齿，轮齿是逐个加工出来的。但砂轮一次就能磨削出整个渐开线齿面，因此，生产率较高。

(2) 展成法磨齿　是将砂轮的磨削部分修整成锥面，以构成假想齿条的齿面。工作时，砂轮作高速旋转运动（主运动），同时沿工件轴向作往复运动。砂轮与工件除具有切削运动外，并保持一对齿轮的啮合运动副关系，按展成法原理，完成对工件一个轮齿两侧面的加工。磨好一个齿，必须在分度后，才能磨下一个齿，如此自动进行下去，直至全部齿间磨削完毕。假想齿条可以由一个砂轮的两侧构成（即锥形砂轮），也可由两个碟形砂轮构成。为切制出全齿深，砂轮与工件之间应有沿工件齿间方向的往复直线运动，如图 13-39 所示。

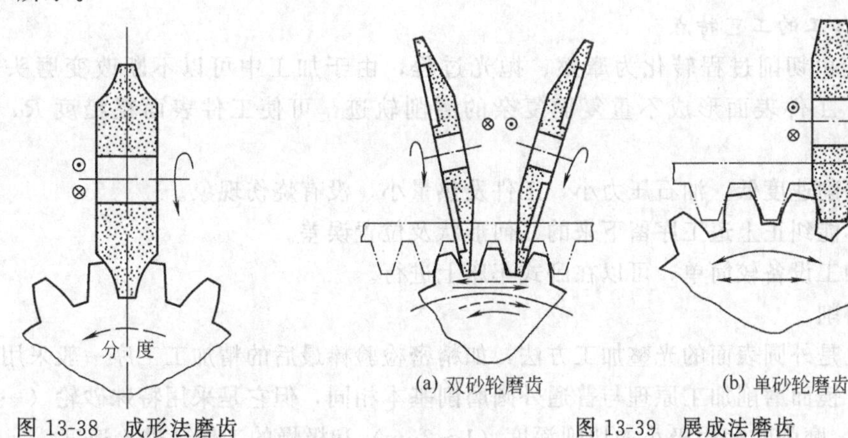

图 13-38　成形法磨齿　　图 13-39　展成法磨齿

随着技术的发展，齿形加工也出现了一些新工艺，例如精冲或电解加工微型齿轮，热轧中型圆柱齿轮，精锻圆锥齿轮，粉末冶金法制造齿轮，以及电解磨削精度较高的齿轮等。

四、齿形加工工艺方案分析

齿形加工方法的确定与齿轮齿形本身的加工精度要求有着十分密切关系，同时，还要考虑生产批量及工件尺寸大小，应根据条件适当确定齿形加工工艺方法。

不同工艺方案及适用条件见表13-9。

表13-9 齿形加工工艺方案及适用条件

序号	工艺方案	加工精度	适用条件
1	滚齿或插齿	8级及以下精度	精度要求不高的齿轮
2	滚(插)齿—磨齿	5～6级	传动精度较高淬硬齿轮
3	滚(插)齿—剃齿—珩齿	4～5级	未淬硬高精度齿轮

第七节 光整加工

以上介绍的各种表面加工方法，加工精度等级一般在IT6以下，工件表面粗糙度 Ra 值在0.4μm以上。当要求更高的加工精度和更小的表面粗糙度值时，就要采用光整加工方法，如超精加工、镜面磨削、研磨、珩磨等。

一、超精加工

超精加工是外圆表面的光整加工方法，它是减少工件表面粗糙度值的有效方法之一。

（一）超精加工的工作原理

如图13-40所示，超精加工时使用油石，以较小的压力压向工件，加工中有三种运动：工件低速转动；磨头轴向进给运动及磨头的高速往复运动。这样，使工件表面形成不重复的磨削轨迹。

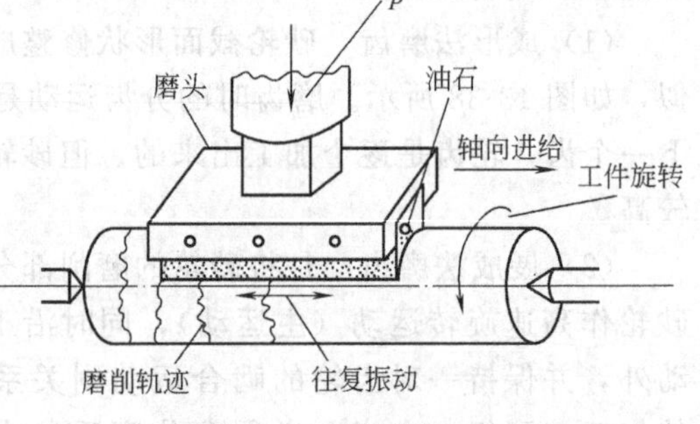

图13-40 超精加工

超精加工分为四个工作阶段：即强烈切削阶段、正常切削阶段、微弱切削阶段和自动停止磨削阶段。加工中一般使用煤油做冷却液。

（二）超精加工的工艺特点

超精加工能由切削过程转化为摩擦、抛光过程，由于加工中可以不断改变磨头的振动频率，因此，工件表面形成不重复而复杂的磨削轨迹，可使工件表面粗糙度 Ra 值为0.08～0.1μm。

超精加工切削速度低，油石压力小，工件发热量小，没有烧伤现象。

超精加工不能纠正上道工序留下来的几何形状及位置误差。

由于超精加工设备较简单，可以在卧式车床上进行。

二、镜面磨削

镜面磨削也是外圆表面的光整加工方法，如精密检验棒最后的精加工工序一般采用镜面磨削加工方法。镜面磨削加工原理与普通外圆磨削基本相同，但它是采用特殊砂轮（一般用橡胶做结合剂）。磨削时使用极小的切削深度（1～2μm）和极慢的工作台进给速度。

镜面磨削的表面粗糙度 Ra 值可达0.01μm，能部分修正上道工序留下来的几何形状误差和位置误差。

镜面磨削生产效率较低，且对机床的精度要求很高。

三、研磨

研磨可以做外圆、内孔及平面的光整加工。研磨方法简单，对设备要求不高，因此，是

光整加工中应用最广泛的工艺方法。

（一）研磨加工原理

图 13-41（a）所示为内圆表面的研磨，工件安装在车床三爪自定心卡盘上低速旋转，手持研具往复运动并慢慢正反方向转动研具（手工研磨），研具和工件间加入研磨剂。图 13-41（b)为平面的研磨，研具在一定压力下进行复杂移动，工件与研具间加入磨粒和研磨液。

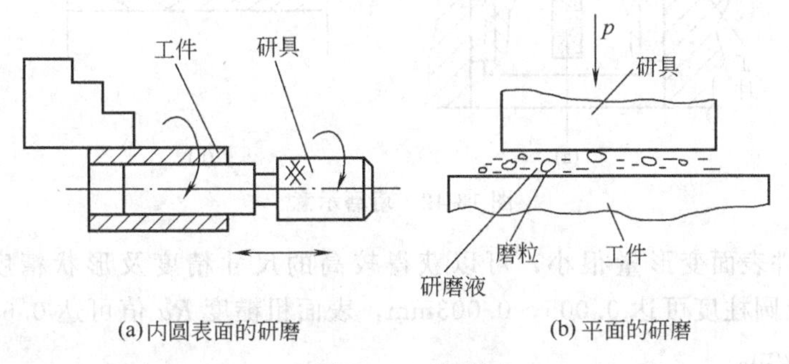

图 13-41 研磨

研磨过程有三种作用：即机械切削作用、物理切削作用（挤压作用）、化学作用（研磨液中加入硬脂酸或油酸与工件表面起氧化作用）。

（二）研磨方法

研磨方法分手工研磨与机械研磨两种。手工研磨适用于单件小批生产，工人劳动强度较大，研磨质量与工人技术熟练程度有关。

机械研磨适用于成批生产中，生产效率较高，研磨质量较稳定。

研磨剂包括磨料、研磨液（煤油与机油混合）、辅助材料（硬脂酸、油酸及工业甘油）。钢质工件选用氧化铝磨料，脆性材料工件选用碳化硅磨料。

（三）研磨工艺特点

研磨分粗研和精研。精研后，工件表面粗糙度 Ra 值可达 0.01μm，研磨可部分纠正上道工序留下来的几何形状及位置误差。

研磨方法简单，适应性较强。手工研磨工人劳动强度较大，现正在被机械研磨所取代。

四、珩磨

珩磨是内外圆表面及齿形的光整加工方法之一，珩磨多用于内圆表面的精加工，如内燃机汽缸套及连杆孔的光整加工。

（一）珩磨工作原理

图 13-42 所示为珩磨示意。珩磨是低速、大面积接触的磨削加工，与磨削原理基本相同。珩磨的磨具是由多根油石组成的磨头。油石本身有三种运动：正反方向旋转运动、往复运动及磨头向油石施加压力后的径向运动。由于油石的复杂运动，使内孔表面形成较复杂的磨削轨迹，如图 13-42（b）所示。图中 1、2、3、4 表示磨削轨迹形成顺序。

（二）珩磨的工艺特点

珩磨时，油石与工件表面接触面较大，但每一个磨粒的切削力很小（是磨削的 1/50～1/100），且切削速度较低（一般 v=1.5m/s 以下，是磨削的 1/30～1/100），所以发热量很小，几乎没有烧伤现象。

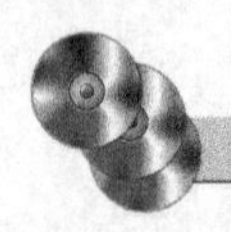

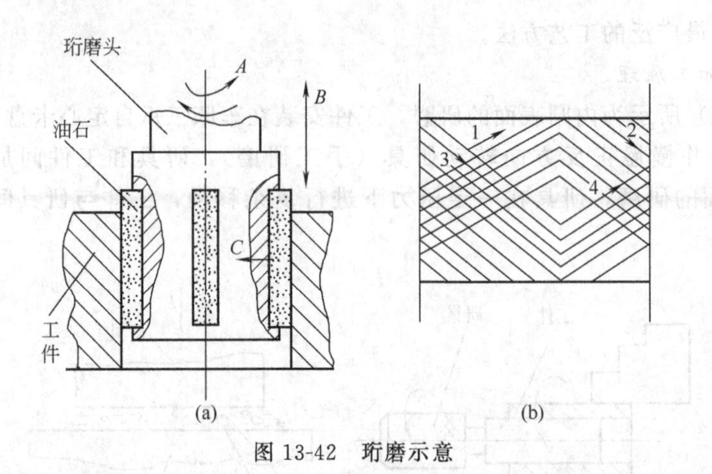

图 13-42 珩磨示意

珩磨时，工件表面变形量很小，可以获得较高的尺寸精度及形状精度，稳定地达到 IT6。孔的圆度及圆柱度可达 0.005～0.003mm，表面粗糙度 Ra 值可达 0.63～0.04μm，有时甚至可达 0.01μm。

为使油石与工件表面很好接触，珩磨头采用浮动连接，因此，珩磨对孔的位置误差不能修正。

珩磨的应用较广，可以加工铸铁、淬硬或不淬硬钢件，但不宜加工有色金属。珩磨孔径 ϕ5～500mm，可以加工 $L/D>10$ 以上的深孔。石油机械中柱塞泵的套筒内孔 L/D 可达 100 以上，其孔的精加工广泛采用珩磨方法。

习 题

1. 车削时工件的装夹方法有几种？各有何特点？适用于什么场合？
2. 什么叫顺铣和逆铣？为什么常采用逆铣？
3. 周铣与端铣比较各有何特点？
4. 磨削过程的实质是什么？磨削外圆有哪几种方法？各适用于什么场合？
5. 磨削的工艺特点是什么？主要用于加工何种工件表面？
6. 简述钻孔的工艺特点。
7. 简述镗孔的工艺特点。
8. 铰孔能否校正孔的位置精度？为什么？
9. 拉削内孔应用在什么条件下？为什么？
10. 常用的光整加工有哪些方法？适用于什么场合？
11. 试决定下列零件外圆面的加工方案。

① 纯铜小轴，ϕ20h7，$Ra=0.8\mu m$。

② 45 钢轴，ϕ40h6，$Ra=0.4\mu m$，表面淬火 40～50HRC。

12. 试决定下列零件平面的加工方案：

① 单件小批生产机座的底面，$L\times B=500mm\times 300mm$，$Ra=3.2\mu m$。

② 成批生产铣床工作台台面，$L\times B=1250mm\times 300mm$，$Ra=1.6\mu m$。

第十四章　机械加工工艺过程

第一节　机械加工工艺过程的基本知识

一、生产过程和工艺过程

（一）生产过程和工艺过程

生产过程是指将原材料转变为成品的全过程。机械产品的生产过程是产品设计、生产准备、制造和装配等一系列相互关联的劳动过程的总和。

在生产过程中，改变生产对象的形状、尺寸、相对位置和性质等，使其成为成品或半成品的过程，称为工艺过程。工艺过程是一个与由原材料改变为成品直接有关的过程。它包括毛坯制造、零件的机械加工、热处理、装配等。

工艺过程还可进一步地分为机械加工工艺过程和装配工艺过程，其中，机械加工工艺过程是利用机械加工方法使毛坯转变为成品或半成品的过程。

（二）机械加工工艺过程的组成

机械加工工艺过程是由一个或若干个顺序排列的工序组成的，而每一个工序又可分为一个或若干个安装、工位、工步、走刀，它们按一定顺序排列，逐步改变毛坯的形状、尺寸和材料的性能，使之成为合格的零件。

1. 工序

工序是一个或一组工人，在一个工作地点对同一个或同时对几个工件所连续完成的那部分工艺过程。

工序是工艺过程的基本组成单元，是安排生产作业计划、制定劳动定额和配备工人数量的基本计算单元。

确定工序有四个要素，划分工序的主要依据是工作地是否变动和加工是否连续。如图14-1所示的阶梯轴，工序划分见表14-1、表14-2。

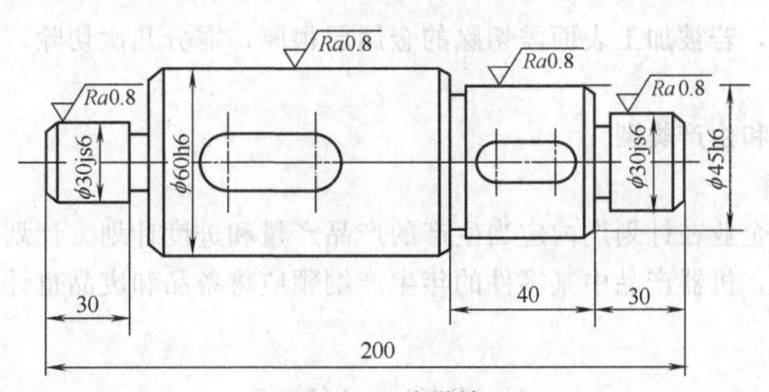

图14-1　阶梯轴

在表14-1的工序2中，先车工件的一端，然后调头安装，再车另一端。对每一个工件来说，加工是连续的，这些加工内容属于一个工序。如果先车好一批工件的一端，然后调头

表 14-1 阶梯轴工艺过程（生产量较小时）

工序号	工序内容	设备(地点)	工序号	工序内容	设备(地点)
1	车端面、钻中心孔	车床	3	铣键槽、去毛刺	铣床
2	车外圆、切槽和倒角	车床	4	磨外圆	磨床

表 14-2 阶梯轴工艺过程（生产量较大时）

工序号	工序内容	设备(地点)	工序号	工序内容	设备(地点)
1	两边同时铣端面，钻中心孔	组合机床	4	铣键槽	铣床
2	车小端外圆，切槽和倒角	车床	5	去毛刺	钳工台
3	车大端外圆，切槽和倒角	车床	6	磨外圆	磨床

再车这批工件的另一端，这时对每一个工件来说，两端的加工已不连续，所以应视作两道工序，见表 14-2 中工序 2 和工序 3。

2. 安装

安装是指工件经一次装夹后所完成的那一部分工序。在采用传统加工设备加工时，工件在一道工序中至少经一次安装，有时要经多次安装，这时工序中则包括多个安装。如表14-1中的工序 1 要进行两次安装：先安装工件一端，车端面、钻中心孔；再调头安装，车另一端面，钻中心孔。

3. 工位

一次安装工件后，工件与夹具或设备的可动部分一起相对刀具或设备的固定部分所占据的每一个位置称为一个工位。

如表 14-2 中的工序 1 铣端面、钻中心孔就是两个工位。工件装夹后先铣两个端面，即工位 1，然后钻中心孔，即工位 2。

4. 工步

工步是指在同一个工位上，加工表面、加工工具、切削速度和进给量不变的情况下，所连续完成的那一部分工位内容。

这里的加工表面可以是一个，也可以是由复合刀具同时加工的几个。用同一刀具对零件上完全相同的几个表面顺次进行加工，且切削用量不变的加工也视为一个工步。

5. 走刀

在一个工步中，若被加工表面需切除的金属层很厚，需分几次切除，则每一次切削称为一次走刀。

二、生产纲领和生产类型

（一）生产纲领

生产纲领是指企业在计划期内应当生产的产品产量和进度计划。计划期为一年的生产纲领称为年生产纲领，机器产品中某零件的年生产纲领应将备品和废品也计入在内，并可按下式计算

$$N=Qn(1+\alpha)(1+\beta) \tag{14-1}$$

式中 N——零件的年生产纲领，件/年；

Q——产品的年产量，台/年；

n——每台产品中包括的该零件的数量，件/台；

α——零件的备品率；

β——零件的废品率。

（二）生产类型

根据零件的生产纲领可以划分出不同的生产类型即企业（或车间、工段、班组、工作地）生产专业化程度的分类。一般分为单件生产、成批生产、大量生产。生产类型和生产纲领的关系见表 14-3，表中重型、中型和轻型零件，可参考表 14-4 确定。

从工艺特点上看，单件生产与小批生产相近，大批生产与大量生产相近。因此，在生产中一般按单件小批、中批、大批大量生产来划分生产类型，对于不同生产类型，为获得最佳技术效果，其生产组织、车间布置、毛坯制造方法、工夹具使用、加工方法以及对工人技术要求等各方面均不相同，即具有不同的工艺特征，见表 14-5。

三、机械加工工艺规程

（一）工艺规程

将机械加工工艺过程的各项内容用文字或表格形式写成工艺文件就是工艺规程。零件机械加工工艺规程包括的内容有：工艺路线，各工序的具体加工内容、要求及说明，切削用量，时间定额及使用的机床设备与工艺装备等。其中工艺路线是指产品或零部件在生产过程中，由毛坯准备到成品包装入库，经过企业各部门或工序的先后顺序。

（二）工艺规程的格式

机械加工中常用的机械加工工艺格式如下。

1. 工艺过程卡片

工艺过程卡片是以工序为单位简要说明零、部件的机械加工过程的一种工艺文件。该卡片是编制其他工艺文件的基础，也是生产准备、编制作业计划和组织生产的依据。一般仅在单件小批生产中直接指导工人的加工操作。格式如表 14-6。

2. 工艺卡片

工艺卡片是按零、部件的某一工艺阶段编制的一种工艺文件。它以工序为单位，详细说明零、部件在某一工艺阶段中的工序号、工序名称、工序内容、工艺参数、操作要求以及所采用的设备和工艺装备等。该卡片是指导工人生产和帮助车间技术人员掌握零件加工过程的一种主要工艺文件，广泛用于成批生产的零件和单件生产中的重要零件，格式见表 14-7。

3. 工序卡片

工序卡片是在工艺过程卡片或工艺卡片的基础上，按每道工序编制的一种工艺文件。一般附有工序简图，并详细说明该工序中每个工步的加工内容、工艺参数、操作要求以及所用设备和工艺装备等，多用于大批大量生产及重要零件的成批生产，格式见表 14-8。

四、工件的装夹

（一）工件装夹方法

在机床上加工工件时，需要使工件相对刀具及机床保持一个正确位置。使工件在机床上或夹具中占有正确位置的过程称为定位。工件定位之后一般还需夹紧，以便在承受切削力时仍能保持其正确位置。而在工件定位后将其固定，使其在加工过程中保持定位位置不变的操作称为夹紧。将工件在机床上定位、夹紧的过程称为装夹，也称为安装。工件的装夹方法有两种。

表 14-3　生产类型和生产纲领的关系

生产类型	零件生产纲领/台·年$^{-1}$或/件·年$^{-1}$		
	轻型零件	中型零件	重型零件
单件生产	≤100	≤10	≤5
小批生产	＞100～500	＞10～200	＞5～100
中批生产	＞500～5000	＞200～500	＞100～300
大批生产	＞5000～50000	＞500～5000	＞300～1000
大量生产	＞50000	＞5000	＞1000

表 14-4　不同机械产品零件的质量型别

机械产品类型	零件的质量/kg		
	轻型零件	中型零件	重型零件
电子工业机械	＜4	4～30	＞30
机床	＜15	15～50	＞50
重型机械	＜100	100～2000	＞2000

表 14-5　各种生产类型的工艺特征

特征	类型		
	单件、小批生产	中批生产	大批、大量生产
零件互换性	无互换性，广泛采用钳工修配	大部分有互换性，少数有钳工修配	全部互换，某些高精度配合件采用配磨、配研、分组选择装配
毛坯制造与加工余量	木模手工造型或自由锻造，毛坯精度低，加工余量大	部分用金属模造型或模锻，毛坯精度及加工余量中等	采用金属模机器造型，模锻或其他高效方法，毛坯精度高，加工余量小
机床设备及其布置	采用通用设备，按机群式布置	采用通用机床及部分高效专用机床，按加工零件类别分工段排列	广泛采用高效专用机床及自动机床，按流水线或自动线排列
工艺装备	广泛采用通用夹具、量具及通用刀具	广泛采用专用夹具，多用通用刀具、万能量具，部分采用专用刀具、专用量具	广泛采用高效专用夹具，专用量具或自动检测装置、专用高效复合刀具
获得规定加工尺寸的方法	广泛采用试切法	多采用调整法，有时用试切法	广泛采用调整法
装夹方法	找正或用通用夹具装夹	多用专用夹具装夹，部分找正装夹	用高效专用夹具装夹
对工人技术的要求	高	中	对操作工人要求低，对调整工人要求高
生产率	低	中	高
成本	高	中	低

表 14-6　机械加工工艺过程卡片

<table>
<tr><td rowspan="4">（工厂名）</td><td rowspan="4">综合工艺过程卡片</td><td colspan="2">产品名称及型号</td><td></td><td colspan="2">零件名称</td><td></td><td colspan="2">零件图号</td><td colspan="2"></td></tr>
<tr><td rowspan="3">材料</td><td>名称</td><td></td><td rowspan="2">毛坯</td><td>种类</td><td></td><td rowspan="2">零件质量/kg</td><td>毛重</td><td></td><td>第　页</td></tr>
<tr><td>牌号</td><td></td><td>尺寸</td><td></td><td>净重</td><td></td><td>共　页</td></tr>
<tr><td>性能</td><td></td><td colspan="2">每料件数</td><td></td><td>每台件数</td><td></td><td>每批件数</td><td></td></tr>
</table>

<table>
<tr><td rowspan="2">工序号</td><td rowspan="2">工 序 内 容</td><td rowspan="2">加工车间</td><td rowspan="2">设备名称及编号</td><td colspan="3">工艺装备名称及编号</td><td rowspan="2">技术等级</td><td colspan="2">时间定额/min</td></tr>
<tr><td>夹具</td><td>刀具</td><td>量具</td><td>单件</td><td>准备-终结</td></tr>
<tr><td></td><td></td><td></td><td></td><td></td><td></td><td></td><td></td><td></td><td></td></tr>
<tr><td>更改内容</td><td colspan="9"></td></tr>
</table>

编制		抄写		校对		审核		批准	

表 14-7　机械加工工艺卡片

<table>
<tr><td rowspan="4">（工厂名）</td><td rowspan="4">机械加工工艺卡片</td><td colspan="2">产品名称及型号</td><td></td><td colspan="2">零件名称</td><td></td><td colspan="2">零件图号</td><td colspan="2"></td></tr>
<tr><td rowspan="3">材料</td><td>名称</td><td></td><td rowspan="2">毛坯</td><td>种类</td><td></td><td rowspan="2">零件质量/kg</td><td>毛重</td><td></td><td>第　页</td></tr>
<tr><td>牌号</td><td></td><td>尺寸</td><td></td><td>净重</td><td></td><td>共　页</td></tr>
<tr><td>性能</td><td></td><td colspan="2">每料件数</td><td>每台件数</td><td></td><td>每批件数</td><td colspan="2"></td></tr>
</table>

<table>
<tr><td rowspan="2">工序</td><td rowspan="2">安装</td><td rowspan="2">工步</td><td rowspan="2">工序内容</td><td rowspan="2">同时加工零件数</td><td colspan="4">切削用量</td><td rowspan="2">设备名称及编号</td><td colspan="3">工艺装备名称及编号</td><td rowspan="2">技术等级</td><td colspan="2">工时定额/min</td></tr>
<tr><td>切削深度/mm</td><td>切削速度/m · min^{-1}</td><td>每分钟转数或往复次数</td><td>进给量/mm · r^{-1}或/mm · 双行程$^{-1}$</td><td>夹具</td><td>刀具</td><td>量具</td><td>单件</td><td>准备-终结</td></tr>
<tr><td>更改内容</td><td colspan="15"></td></tr>
</table>

编制		抄写		校对		审核		批准	

表 14-8 机械加工工序卡片

<table>
<tr><td rowspan="2">（工厂名）</td><td rowspan="2">机械加工工序卡片</td><td>产品名称及型号</td><td>零件名称</td><td>零件图号</td><td>工序名称</td><td>工序号</td><td>第 页</td></tr>
<tr><td></td><td></td><td></td><td></td><td></td><td>共 页</td></tr>
<tr><td colspan="3" rowspan="7">（工 序 简 图）</td><td>车间</td><td>工段</td><td>材料名称</td><td>材料牌号</td><td>力学性能</td></tr>
<tr><td></td><td></td><td></td><td></td><td></td></tr>
<tr><td>同时加工件数</td><td>每料件数</td><td>技术等级</td><td>单位时间/min</td><td>准备-终结时间/min</td></tr>
<tr><td></td><td></td><td></td><td></td><td></td></tr>
<tr><td>设备名称</td><td>设备编号</td><td>夹具名称</td><td>夹具编号</td><td>冷却液</td></tr>
<tr><td></td><td></td><td></td><td></td><td></td></tr>
<tr><td>更改内容</td><td colspan="4"></td></tr>
</table>

工步号	工步内容	计算数据/mm			走刀次数	切削用量				工时定额/min			刀具量具及辅助工具				
		直径或长度	走刀长度	单边余量		切削深度/mm	进给量/(mm/r)或(mm/min)	每分钟转数或双行程数	切削速度/(m/min)	基本时间	辅助时间	布置工作地时间	工具号	名称	规格	编号	数量

编制		抄写		校对		审核		批准	

1. 找正装夹法

找正装夹法是一种通过找正来进行定位，然后予以夹紧的装夹方法。工件的找正有两种方法。

（1）直接找正　是用划针、直尺、千分表等对工件被加工表面进行找正，以保证这些表面与机床工作台支撑面间有正确的相对位置关系的方法。例如，在磨床上磨削一个与外圆表面有同轴度要求的内孔时，加工前将工件装在卡盘上，用百分表直接找正外圆表面，即可获得工件的正确位置，如图 14-2（a）所示。又如在牛头刨床上加工一个同工件底面及侧面有平行度要求的槽时，用百分表找正工件的右侧面，如图 14-2（b）所示，即可使工件获得正确的位置。

（2）按划线找正　是在工件定位之前先在毛坯上按照零件图划出中心线、对称线和各待加工表面的加工线，然后将工件装在机床上，按照工件上划出的线进行找正的方法，如图 14-2（c）所示。划线时要求：使工件各表面都有足够的加工余量；使工件加工表面与不加工表面保持正确的相对位置关系；使工件找正定位迅速方便。

2. 夹具装夹法

夹具装夹法是通过夹具上的定位元件与工件上的定位基面相接触或是相配合，使工件能被方便迅速地定位，然后进行夹紧的方法，如图 14-2（d）所示。这种方法装夹快捷、定位精度稳定。广泛用于成批生产和大量生产。

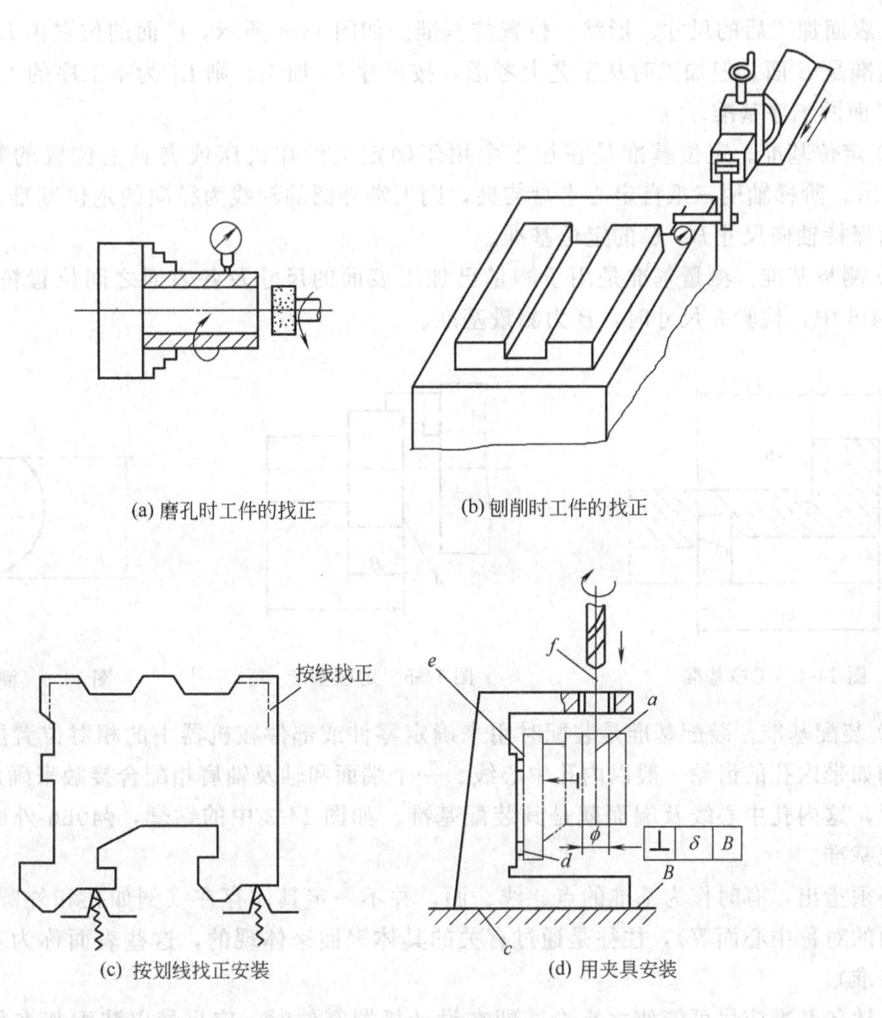

图 14-2　找正安装方式

（二）定位基准的选择

1. 基准及其分类

基准是用来确定生产对象上几何要素间的几何关系所依据的那些点、线、面。根据基准的使用作用不同，分为设计基准和工艺基准两大类。

(1) 设计基准　设计基准是设计图样上所采用的基准。如图 14-3 所示的钻套，轴线 O—O 是各外圆表面及内孔的设计基准；端面 A 是端面 B、C 的设计基准；内孔表面 D 的轴心线是ϕ40h6 外圆表面的径向跳动和端面 B 端面跳动的设计基准。

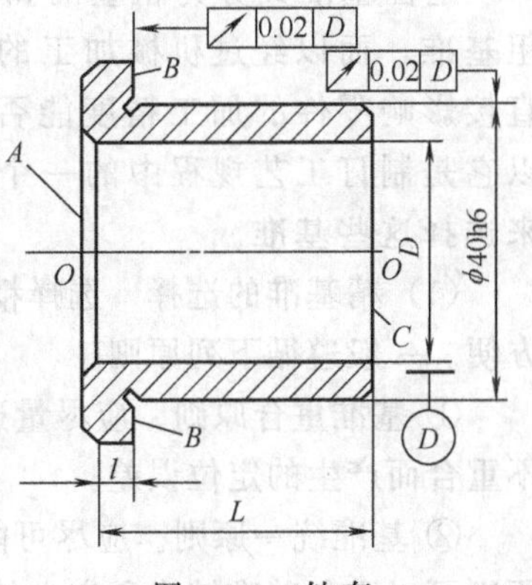

图 14-3　钻套

(2) 工艺基准　工艺基准是指在工艺过程中所采用的基准。按其用途不同分为工序基准、定位基准、测量基准和装配基准。

① 工序基准。工序基准是在工序图上用来确定本工序

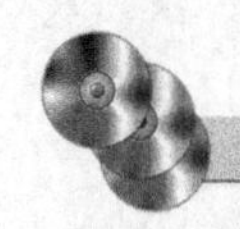

被加工表面加工后的尺寸、形状、位置的基准。如图 14-4 所示，C 面的位置由 L_1 确定，其设计基准是 B 面。但加工时从工艺上考虑，按尺寸 L_2 加工，则 L_2 为本工序的工序尺寸，A 面为 C 面的工序基准。

② 定位基准。定位基准是在加工中用于确定工件在机床或夹具上位置的基准。如图 14-5所示，阶梯轴用三爪自定心卡盘装夹，则大端外圆的轴线为径向的定位基准，A 面为加工端面保持轴向尺寸 B、C 的定位基准。

③ 测量基准。测量基准是用于测量已加工表面的尺寸及各表面之间位置精度的基准。如图 14-6 中，检验 h 尺寸时，B 为测量基准。

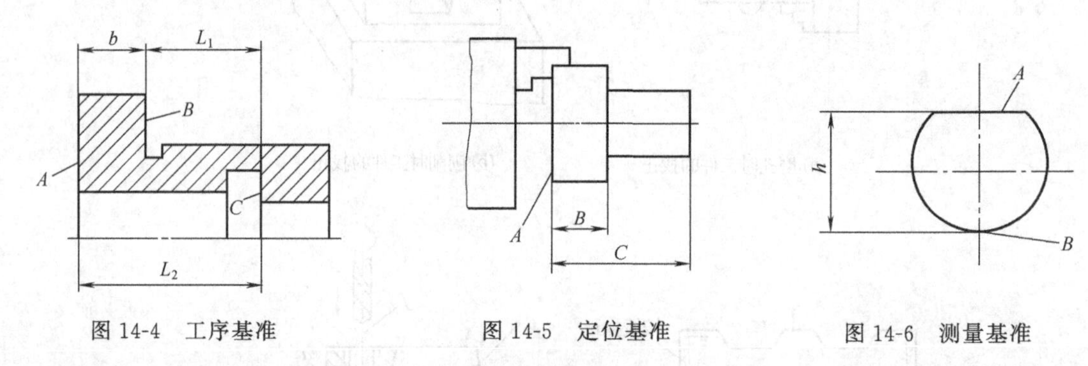

图 14-4　工序基准　　图 14-5　定位基准　　图 14-6　测量基准

④ 装配基准。装配基准是装配时用来确定零件或部件在机器中的相对位置所采用的基准。例如带内孔的齿轮一般以内孔中心线、一个端面和轴及轴肩相配合接触来确定它在轴上的位置，这内孔中心线及端面就是其装配基准。如图 14-3 中的钻套，ϕ40h6 外圆及端面 B 为装配基准。

必须指出，有时作为基准的点、线、面，并不一定具体存在（例如孔和外圆的中心线，某两面的对称中心面等），往往是通过有关的具体表面来体现的，这些表面称为基面（即实际的基准）。

上述各基准应尽可能使之重合。即在设计机器零件时，应尽量以装配基准作为设计基准，有利于保证装配技术要求；在确定零件加工的工序尺寸时，应尽量以设计基准作为工序基准，以直接保证零件的加工精度；在加工及测量工件时，应尽量使定位基准及测量基准与工序基准重合，以消除基准不重合带来的误差。

2. 定位基准的选择

定位基准又分为粗基准和精基准，以毛坯上未经加工表面作定位基准或基面的称为粗基准，而以经过机械加工的表面作定位基准或基面的称为精基准。定位基准的选择直接影响零件的加工精度能否保证，加工顺序的安排以及夹具结构的复杂程度等，所以它是制订工艺规程中的一个十分重要的问题。在制订工艺规程时应遵循一定的原则来选择这些基准。

(1) 精基准的选择　选择精基准时，主要考虑的问题是如何保证加工精度和安装准确、方便。一般遵循下列原则。

① 基准重合原则。应尽量选用零件上的设计基准作为定位基准，这样可以减少因基准不重合而产生的定位误差。

② 基准统一原则。应尽可能使多个表面加工时都采用统一的定位基准，采用基准统一原则可以避免基准转换所产生的误差，并可使各工序所用夹具的某些结构相同或相似，简化

夹具的设计和制造。有些工件可能找不到合适的表面作为统一基准，必要时可在工件上增设一组定位用的表面，这种为满足工艺需要，在工件上专门设计的定位面称为辅助基准。常见的辅助基准有轴类零件两端的中心孔，箱体零件一面两孔定位中的两个定位销孔，工艺凸台和活塞类工件的内止口等。

③ 自为基准原则。有些精加工或光整加工工序的余量很小，而且要求加工时余量均匀，如以其他表面为精基准因定位误差过大而难以保证要求，加工时则应尽量选择加工表面自身作为精基准，遵循自为基准原则时，不能提高加工面的位置精度，只能提高加工面本身的精度，而该表面与其他表面之间的位置精度则由前工序保证。例如，在导轨磨床上磨削床身导轨面时，就是以导轨面本身为基准来找正定位的。又如浮动铰孔、浮动镗孔、无心磨床磨外圆及珩磨等都是自为基准的例子。

④ 互为基准原则。对相互位置精度要求高的表面，可以采用互为基准、反复加工的方法，不断逐步提高定位基准的精度，进而达到高的加工要求。如车床主轴的主轴颈表面与前端锥孔的同轴度以及它们自身的圆度等要求很高，常以主轴颈表面和锥孔表面互为基准反复加工来达到要求。

⑤ 可靠、方便原则。应选定位可靠、装夹方便的表面作基准。为此，主要的定位基面应有足够大的面积。对外形不规则的某些铸件，必要时可在毛坯上增设工艺凸台作为辅助基准。如图 14-7 所示为工艺凸台。

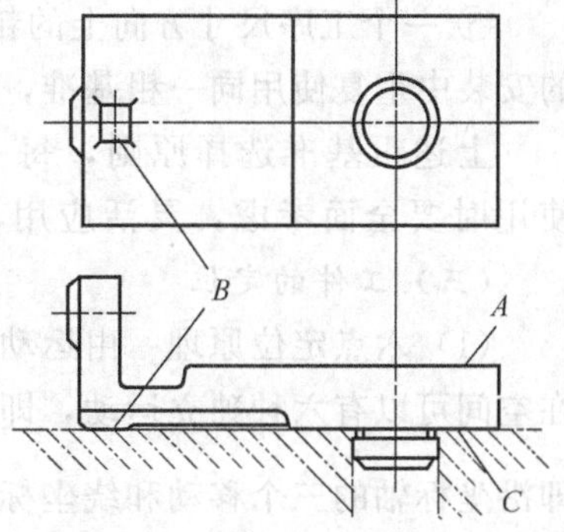

图 14-7 工艺凸台

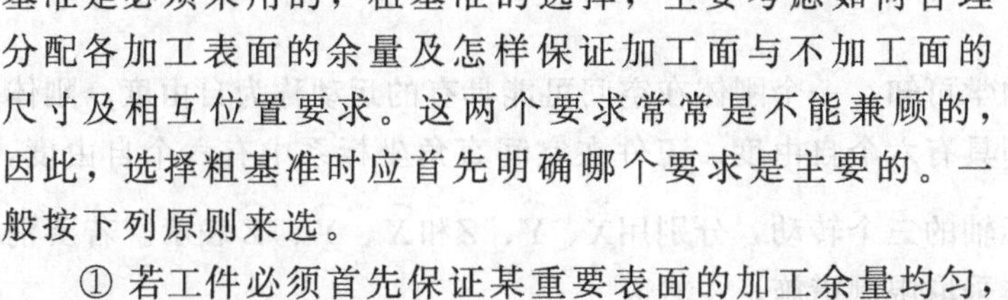

(2) 粗基准的选择 零件加工是由毛坯开始的，粗基准是必须采用的，粗基准的选择，主要考虑如何合理分配各加工表面的余量及怎样保证加工面与不加工面的尺寸及相互位置要求。这两个要求常常是不能兼顾的，因此，选择粗基准时应首先明确哪个要求是主要的。一般按下列原则来选。

① 若工件必须首先保证某重要表面的加工余量均匀，则应选该表面为粗基准。如车床床身导轨面不仅精度要求高，而且要求耐磨。在铸造床身时，导轨面向下放置，使其表面层的金属组织细致均匀，无气孔、夹砂等缺陷。加工时要求从导轨面上只切去小而均匀的余量，保留一层组织紧密耐磨的金属层。因此，加工时选择导轨面作粗基准加工床脚平面，再以床脚平面为精基准加工导轨面。反之，会使导轨面的加工余量大而不均匀，降低导轨面的耐磨性。图 14-8 所示为床身加工时粗基准选择的正误方案。

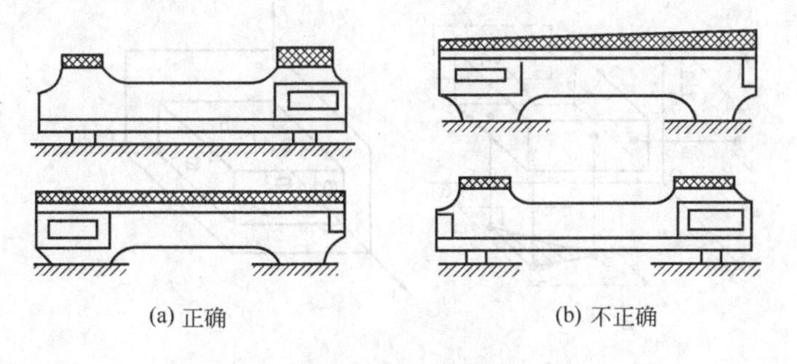
(a) 正确　　(b) 不正确

图 14-8 床身加工粗基准的两种方案比较

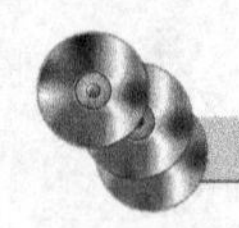

② 对于具有不加工表面的工件，为了保证不加工面与加工表面之间的相对位置要求，应选不加工面为粗基准。当工件上有多个不加工面之间有位置要求时，则应以其中要求较高的不加工面作为粗基准。如图 14-9 所示零件，要求壁厚均匀，应选不加工的外圆面为粗基准来镗孔。

③ 选作粗基准的表面应尽可能平整、光洁和有足够大尺寸，以及没有飞边、浇口、冒口或其他缺陷。

④ 若工件每个表面都要求加工，为保证各表面都有足够的余量，应选加工余量最小的表面为粗基准。如图 14-10 所示锻轴应选小端外圆面为粗基准。

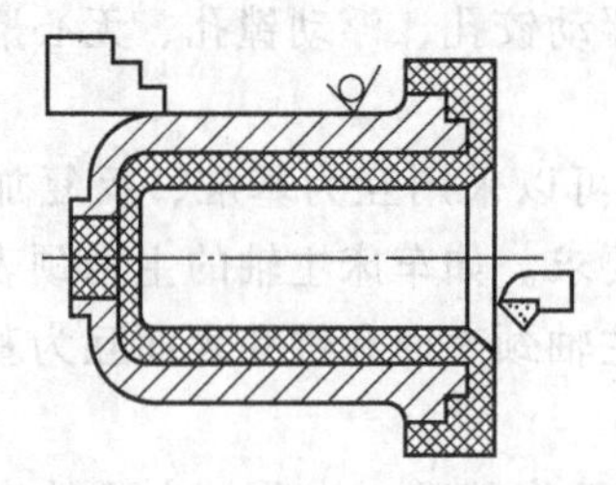

图 14-9 以不加工表面为粗基准

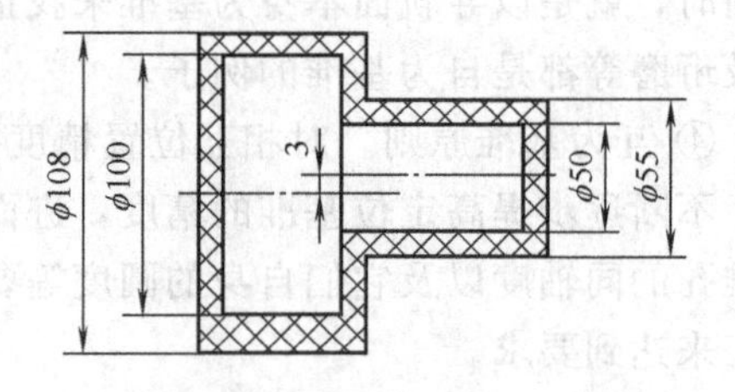

图 14-10 阶梯轴粗基准的选择

⑤ 一个工序尺寸方向上的粗基准只能使用一次，因为粗基准是毛坯表面，在两次以上的安装中重复使用同一粗基准，则这两次装夹所加工的表面之间会产生较大的位置误差。

上述粗基准选择原则，每一条只说明一个方面的问题，实际应用时常会相互矛盾。使用时要全面考虑，灵活应用，保证主要方面的要求。

（三）工件的定位

（1）六点定位原理　由运动学可知，一个刚体在空间可能具有的运动称为自由度。刚体在空间可以有六种独立运动，即具有六个自由度。工件在空间直角坐标系中有六个自由度，即沿坐标轴的三个移动和绕坐标轴的三个转动，分别用$\vec{X}$、$\vec{Y}$、$\vec{Z}$和$\widehat{X}$、$\widehat{Y}$、$\widehat{Z}$表示。若要消除刚体的自由度，就必须对刚体采取限制措施。

在分析工件定位问题时，用一个支承点限制工件的一个自由度。用合理分布的六个支承点限制工件的六个自由度，工件在夹具中的位置就完全确定了。因此，工件定位的基本条件可以表述如下：采用按一定规则布置的六个定位支承点限制工件的六个自由度，即可实现完全定位。这称为六点定位原理。

如图 14-11 所示的长方形工件定位时，可以在其底面布置三个不共线的支承点 1、2、3，

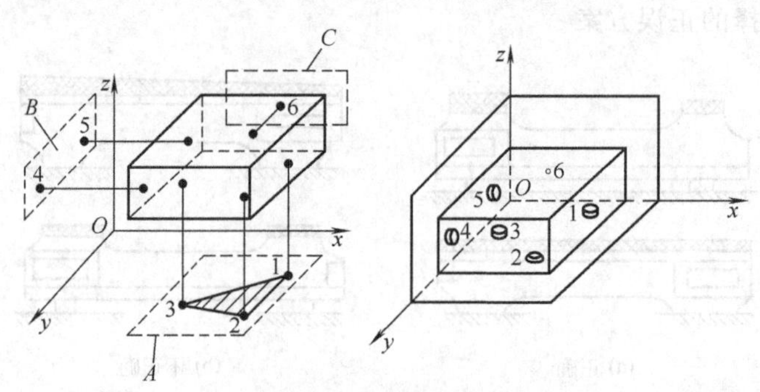

图 14-11 长方形工件的六点定位

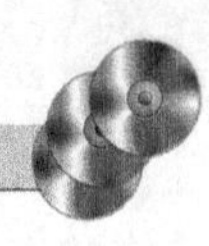

限制了工件的三个自由度$\vec{Z}$、$\widehat{X}$、$\widehat{Y}$；侧面布置两个支承点4、5，限制工件的两个自由度$\vec{X}$、$\widehat{Z}$；端面布置了一个支承点6，限制了工件的自由度$\widehat{Y}$。

正确理解工件的定位原理，还需注意以下几点。

① 定位支承点与工件的定位基准要始终保持紧密接触或配合，才能起到限制自由度的作用。二者一旦脱离即失去定位的作用。

② 用定位支承点限制工件某一方向的自由度，并不是说工件在该方向不可能产生运动（移动或转动），而是说工件在该方向的位置可以确定。

③ 工件在夹紧力作用下，即使完全失去某方向运动的可能性，但在该方向也不一定已被定位。

④ 把具体的定位元件抽象为定位支承点是为了分析问题方便，但不能从形式上看有几点与工件接触就抽象为几个支承点，而应看它实质上能消除几个自由度，就相当于几个定位支承点。

(2) 定位方式

① 完全定位。工件的六个自由度都限制了的定位称为完全定位。如图14-11所示即为完全定位。

② 不完全定位。工件被限制的自由度少于六个，但能保证加工要求的定位。如图14-12所示为车削内孔时工件的定位，工件只限制了$\vec{Y}$、$\widehat{Y}$、$\vec{Z}$、$\widehat{Z}$四个自由度，但不影响加工尺寸$d^{+\delta_d}_{0}$的精度。这在生产中是允许的；另一种采取部分定位的情况是：由于工件的形状特点，没有必要也无法限制工件某些方向的自由度。

③ 欠定位。按加工要求应该限制的自由度没有被全部限制，使工件定位不足，称为欠定位。欠定位不能保证加工要求，因而是不允许的。如图14-13所示为在一铣床上加工工件的缺口，缺口宽为A，底高为B。按图中所示坐标，要达到缺口加工要求，应限制除$\vec{X}$外五个自由度，图4-13 (a) 只限制三个自由度，属于欠定位，而在夹具上加一块支承板就保证了尺寸A、B。

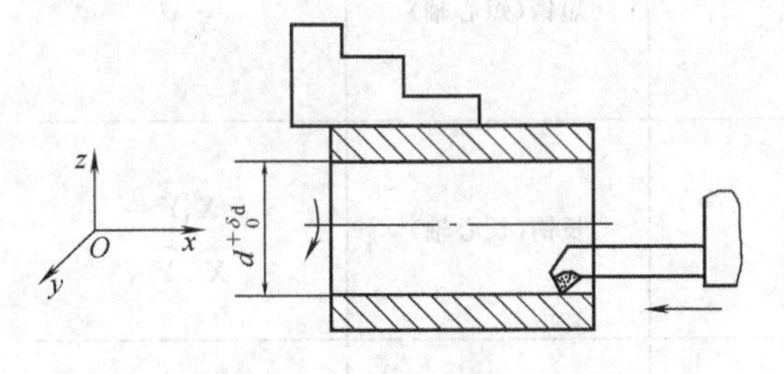

图14-12　工件不完全定位

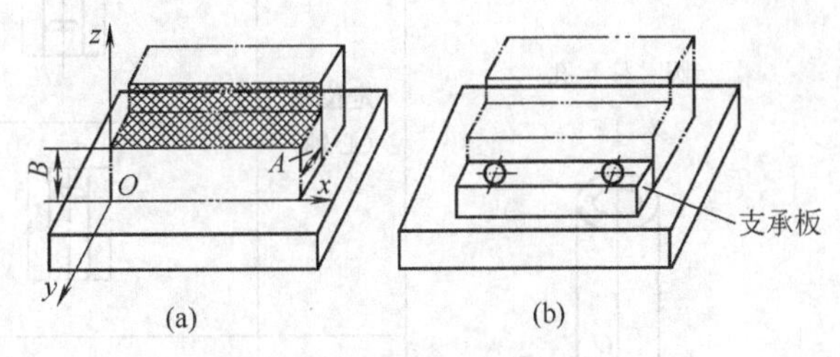

图14-13　欠定位

④ 过定位。工件定位时几个支承点重复限制同一个自由度，这样的定位称为过定位。一般情况下，重复定位会出现定位干涉，使工件的定位精度受到影响，工件或定位元件在工件夹紧后产生变形。因此，在分析和制订工件定位方案时应避免出现过定位。但是在生产实际中也常会遇到工件按过定位方式定位的情况。如图14-14所示

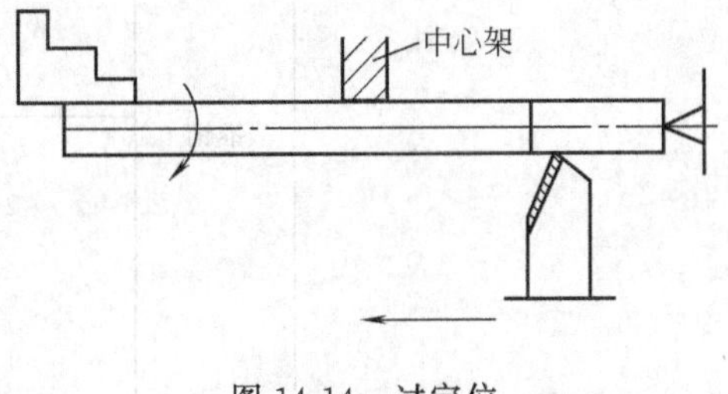

图14-14　过定位

的细长轴车削，通常采用中心架定位，这也属于过定位。在夹具设计时，常用改变定位装置的结构，或者提高夹具和工件有关表面的位置精度来消除过定位。

表 14-9 列出了一些常见定位方式所能限制的自由度。

表 14-9　常见定位方式所能限制的自由度

工件定位基准	定位元件	定位方式简图	定位元件特点	限制的自由度
平　面	支承钉			1、2、3—$\vec{Z}$、$\widehat{X}$、$\widehat{Y}$ 4、5—$\vec{X}$、$\widehat{Z}$ 6—$\vec{Y}$
	支承板		每个支承板也可设计为两个或两个以上小支承板	1、2—$\vec{Z}$、$\widehat{X}$、$\widehat{Y}$ 3—$\vec{X}$、$\widehat{Z}$
	固定支承与浮动支承		1、3—固定支承 2—浮动支承	1、2—$\vec{Z}$、$\widehat{X}$、$\widehat{Y}$ 3—$\vec{X}$、$\widehat{Z}$
	固定支承与辅助支承		1、2、3、4—固定支承 5—辅助支承	1、2、3—$\vec{Z}$、$\widehat{X}$、$\widehat{Y}$ 4—$\vec{X}$、$\widehat{Z}$ 5—增加刚性，不限制自由度
圆　柱　孔	定位销（心轴）		短销（短心轴）	$\vec{X}$、$\vec{Y}$
			长销（长心轴）	$\vec{X}$、$\vec{Y}$ $\widehat{X}$、$\widehat{Y}$
	锥销		单锥销	$\vec{X}$、$\vec{Y}$、$\vec{Z}$
			1—固定销 2—活动销	$\vec{X}$、$\vec{Y}$、$\vec{Z}$ $\widehat{X}$、$\widehat{Y}$

续表

工件定位基准	定位元件	定位方式简图	定位元件特点	限制的自由度
外圆柱面	支承板或支承钉		短支承板或支承钉	$\vec{Z}$(或$\widehat{X}$)
			长支承板或两个支承钉	$\vec{Z}$、$\widehat{X}$
	V形块		窄V形块	$\vec{X}$、$\vec{Z}$
			宽V形块或两个窄V形块	$\vec{X}$、$\vec{Z}$ $\widehat{X}$、$\widehat{Z}$
			垂直运动的窄活动V形块	$\vec{X}$(或$\widehat{Z}$)
外圆柱面	定位套		短套	$\vec{X}$、$\vec{Z}$
			长套	$\vec{X}$、$\vec{Z}$ $\widehat{X}$、$\widehat{Z}$
	半圆孔		短半圆孔	$\vec{X}$、$\vec{Z}$
			长半圆孔	$\vec{X}$、$\vec{Z}$ $\widehat{X}$、$\widehat{Z}$
	锥套		单锥套	$\vec{X}$、$\vec{Y}$、$\vec{Z}$
			1—固定锥套 2—活动锥套	$\vec{X}$、$\vec{Y}$、$\vec{Z}$ $\widehat{X}$、$\widehat{Z}$

第二节　工艺规程的制订

一、制订工艺规程的原则与步骤

（一）制订工艺规程的原则

在充分考虑和采取措施保证产品质量的前提下，尽可能提高生产率和降低成本，同时还应考虑有良好的生产条件和便于组织生产。

（二）制订工艺规程的步骤及内容

① 根据零件的年生产纲领确定生产类型。

制订工艺规程时，必须首先确定生产类型，才能使所制订的工艺规程与生产类型相适应，以取得良好的经济效果。

② 分析产品的零件图和装配图，进行零件的结构工艺分析。

通过分析零件图及有关的装配图，明确该零件在部件或总成中的位置、功用和结构特点，了解零件技术条件制订的依据，找出其主要技术要求和技术关键，以便在制订工艺规程时采取措施予以保证。

此外，应检查零件图上的视图、尺寸、表面粗糙度、表面形状和位置公差等是否标注齐全以及各项技术要求是否合理，并审查零件结构的工艺性。

零件结构的工艺性是指所设计的零件在能满足使用要求的前提下制造的可行性和经济性。根据制造方法的不同，零件结构工艺性还分为铸造工艺性、焊接工艺性、机械加工工艺性等。表14-10列举了一些关于零件结构工艺性的范例。

表 14-10　零件结构工艺性的范例

序号	A 结构工艺性不好	B 结构工艺性好	说　明
1	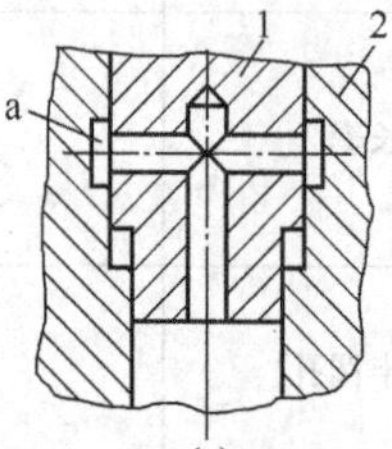 a 1 2 (a)	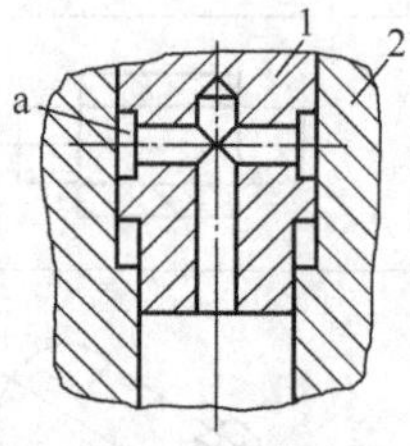 a 1 2 (b)	在结构A中，件2上的凹槽a不便于加工和测量。宜将凹槽a改在件1上，如结构B
2	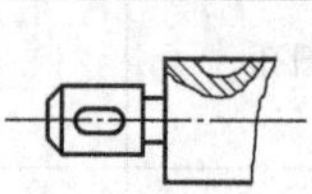 (c)	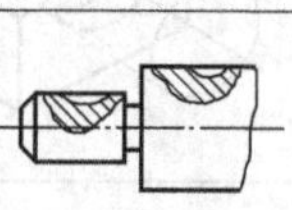 (d)	键槽的尺寸、方位相同，则可在一次装夹中加工出全部键槽，提高生产率
3	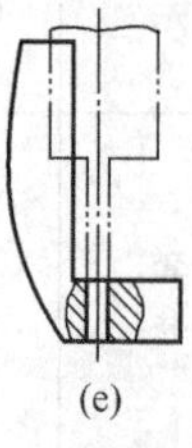 (e)	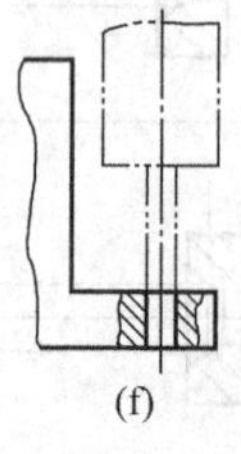 (f)	结构A的加工面，不便引进刀具

续表

序号	A 结构工艺性不好	B 结构工艺性好	说　明
4	(g)	(h)	箱体类零件的外表面比内表面容易加工，应以外部连接表面代替内部连接表面
5	(i)	(j)	结构 B 的三个凸台表面，可在一次走刀中加工完毕
6	(k)	(l)	结构 B 的底面的加工劳动量较小
7	$Ra0.8$ (m)	$Ra0.8$ (n)	结构 B 有退刀槽保证了加工的可能性，减少刀具（砂轮）的磨损
8	(o)	(p)	加工结构 A 上的孔时钻头容易引偏
9	(q)	(r)	结构 B 避免了深孔加工，节约了零件材料
10	$2l$　l　l_1 (s)	$2l$　l　l_1 (t)	加工表面长度相等或成倍数。直径尺寸沿一个方向递减，便于布置刀具，可在多刀半自动车床上加工，如结构 B 所示
11	4　5　2 (u)	4　4　4 (v)	凹槽尺寸相同，可减少刀具种类，减少换刀时间，如结构 B 所示

③ 确定毛坯。

毛坯选用是否合适，对零件的质量、材料消耗和加工工时都有很大的影响。显然，毛坯尺寸和形状越接近成品零件，机械加工的劳动量就越少，但是毛坯的制造成本就越高。所以应根据生产纲领，综合考虑毛坯制造和机械加工的费用来确定毛坯，以取得最好的经济效果。

④ 选择定位基准，拟定工艺路线。

这是制订工艺规程中关键性的一步，一般需要提出几个方案进行分析比较。

⑤ 确定各工序所用的设备和工艺装备。

⑥ 确定各工序的加工余量，计算工序尺寸及其公差。

⑦ 确定切削用量及时间定额。

⑧ 填写工艺文件。

二、工艺路线的拟订

工艺路线的拟订是制订工艺规程的关键，主要任务是选择各个表面的加工方法和加工方案，确定各个表面的加工顺序以及工序集中与分散的程度，合理选用机床和刀具，确定所用夹具的大致结构等。关于工艺路线的拟订，经过长期的生产实践已总结出一些带有普遍性的工艺设计原则，但在具体拟订时，还应注意根据生产实际灵活应用。

（一）表面加工方法的选择

零件表面加工方法的选择应根据加工表面的技术要求，先选择能保证该要求的最终加工方法，后选择其前导加工方法。使加工表面达到同等质量的加工方法是多种多样的，选择时应考虑下列因素。

1. 加工经济精度和表面粗糙度

为了正确选择表面加工方法，首先应了解各种加工方法的特点和掌握加工经济精度的概念。加工经济精度是指在正常的加工条件下（即采用符合质量标准的设备、工艺装备和标准技术等级的工人，不延长加工时间）所能保证的加工精度。表 14-11、表 14-12、表 14-13 分别为外圆、平面和孔的加工方法及其所能达到的加工经济精度和表面粗糙度，供选用时参考。

2. 工件材料的性质

例如淬火钢的精加工要用磨削；对于有色金属圆柱面的精加工，为避免磨削时堵塞砂轮，则要用高速精细车或精细镗（金刚镗）。

3. 工件的结构形状和尺寸

例如对于加工精度要求为 IT7 的孔，采用镗削、铰削、拉削和磨削均可达到要求，但对于箱体上 IT7 级公差的孔不宜用拉孔和磨孔，通常用镗孔（大孔）或铰孔（小孔）。

4. 生产类型

选择加工方法必须考虑生产率和经济性。大批量生产时，应采用高效率的先进工艺。例如用拉削方法加工孔和平面，用组合铣削或磨削同时加工几个表面，对于复杂的表面采用数控机床及加工中心等；单件小批生产时，宜采用刨削、铣削平面和钻、扩、铰孔等加工方法。

5. 现有生产条件

充分利用现有设备和工艺手段，发挥工人的创造性，挖掘企业潜力，创造经济效益。

表 14-11　外圆柱面的加工方法

序号	加工方法	经济精度（公差等级表示）	经济粗糙度 Ra 值/μm	适用范围
1	粗车	IT11～13	12.5～50	适用于淬火钢以外的各种金属
2	粗车-半精车	IT8～10	3.2～6.3	
3	粗车-半精车-精车	IT7～8	0.8～1.6	
4	粗车-半精车-精车-滚压（或抛光）	IT7～8	0.025～0.2	
5	粗车-半精车-磨削	IT7～8	0.4～0.8	主要用于淬火钢，也可用于未淬火钢，但不宜加工有色金属
6	粗车-半精车-粗磨-精磨	IT6～7	0.1～0.4	
7	粗车-半精车-粗磨-精磨-超精加工（或轮式超精磨）	IT5	0.012～0.1（或 Ra0.1）	
8	粗车-半精车-精车-精细车（金刚车）	IT6～7	0.025～0.4	主要用于要求较高的有色金属加工
9	粗车-半精车-粗磨-精磨-超精磨（或镜面磨）	IT5 以上	0.006～0.025（或 Ra0.05）	极高精度的外圆加工
10	粗车-半精车-粗磨-精磨-研磨	IT5 以上	0.006～0.1（或 Ra0.05）	

表 14-12　平面加工方法

序号	加工方法	经济精度（公差等级表示）	经济粗糙度 Ra 值/μm	适用范围
1	粗车	IT11～13	12.5～50	端面
2	粗车-半精车	IT8～10	3.2～6.3	
3	粗车-半精车-精车	IT7～8	0.8～1.6	
4	粗车-半精车-磨削	IT6～8	0.2～0.8	
5	粗刨（或粗铣）	IT11～13	6.3～25	一般不淬硬平面（端表面粗糙度 Ra 值较小）
6	粗刨（或粗铣）-精刨（或精铣）	IT8～10	1.6～6.3	
7	粗刨（或粗铣）-精刨（或精铣）-刮研	IT6～7	0.1～0.8	精度要求较高的不淬硬平面，批量较大时宜采用宽刃精刨方法
8	以宽刃精刨代替上述刮研	IT7	0.2～0.8	
9	粗刨（或粗铣）-精刨（或精铣）-磨削	IT7	0.2～0.8	精度要求高的淬硬平面或不淬硬平面
10	粗刨（或粗铣）-精刨（或精铣）-粗磨-精磨	IT6～7	0.025～0.4	
11	粗铣-拉	IT7～9	0.2～0.8	大量生产，较小的平面（精度视拉刀精度而定）
12	粗铣-精铣-磨削-研磨	IT5 以上	0.006～0.1（或 Ra0.05）	高精度平面

表 14-13　孔加工方法

序号	加工方法	经济精度（公差等级表示）	经济粗糙度 Ra 值/μm	适用范围
1	钻	IT11～13	12.5	加工未淬硬钢及铸铁的实心毛坯，也可用于加工有色金属，孔径小于 15～20mm
2	钻-铰	IT8～10	1.6～6.3	
3	钻-粗铰-精铰	IT7～8	0.8～1.6	
4	钻-扩	IT10～11	6.3～12.5	加工未淬硬钢及铸铁的实心毛坯，也可用于加工有色金属，孔径大于 15～20mm
5	钻-扩-铰	IT8～9	1.6～3.2	
6	钻-扩-粗铰-精铰	IT7	0.8～1.6	
7	钻-扩-机铰-手铰	IT6～7	0.2～0.4	
8	钻-扩-拉	IT7～9	0.1～1.6	大批大量生产（精度由拉刀的精度而定）
9	粗镗（或扩孔）	IT11～13	6.3～12.5	除淬火钢以外的各种材料，毛坯有铸出孔或锻出孔
10	粗镗（粗扩）-半精镗（精扩）	IT9～10	1.6～3.2	
11	粗镗（粗扩）-半精镗（精扩）-精镗（铰）	IT7～8	0.8～1.6	
12	粗镗（粗扩）-半精镗（精扩）-精镗-浮动镗刀精镗	IT6～7	0.4～0.8	
13	粗镗（扩）-半精镗-磨孔	IT7～8	0.2～0.8	主要用于淬火钢，也可用于未淬火钢，但不宜用于有色金属
14	粗镗（扩）-半精镗-粗磨-精磨	IT7～8	0.1～0.2	
15	粗镗-半精镗-粗磨-精细镗（金刚镗）	IT6～7	0.05～0.4	
16	钻-（扩）-粗铰-精铰-珩磨；钻-（扩）-拉-珩磨；粗镗-半精镗-精镗-珩磨	IT6～7	0.025～0.2	主要用于精度要求高的有色金属
17	以研磨代替上述方法中的珩磨	IT5～6	0.006～0.1	精度要求很高的孔

（二）加工阶段的划分

1. 划分方法

零件的加工质量要求较高时，都应划分加工阶段。一般划分为粗加工、半精加工和精加工三个阶段。如果零件要求的精度特别高，表面粗糙度值很小时，应还增加光整加工和超精密加工阶段。各加工阶段的主要任务如下。

（1）粗加工阶段　主要任务是切除毛坯上各加工表面的大部分余量，使毛坯在形状和尺寸上接近零件成品。因此，应采取措施尽可能提高生产率。同时要为半精加工阶段提供精基准，并留有充分均匀的加工余量，为后续工序创造有利条件。

（2）半精加工阶段　达到一定的精度要求，并保留有一定的加工余量，为主要表面的精加工做好准备。同时完成一些次要表面的加工（如紧固孔的钻削、攻螺纹、铣键槽等）。

（3）精加工阶段　主要任务是保证零件各主要表面达到图样规定的技术要求。

（4）光整加工阶段　对精度要求很高（IT6 以上）、表面粗糙度值很小（小于

$Ra0.2\mu m$）的零件，需要安排光整加工阶段。其主要任务是减少表面粗糙度或进一步提高尺寸精度和形状精度。

2. 划分加工阶段的原因

（1）可保证加工质量　因为粗加工切除的余量大，切削力、夹紧力和切削热都较大，致使工件产生较大的变形。同时，加工表面被切除一层金属后，内应力要重新分布，也会使工件变形。如果不划分加工阶段，则安排在前面的精加工工序的加工效果，必然会被后续的粗加工工序所破坏。而划分加工阶段，则粗加工造成的误差可通过半精加工和精加工予以消除。而且各加工阶段之间的时间间隔有自然时效的作用，有利于使工件消除内应力和充分变形，以便在后续工序中修正。

（2）可合理使用机床　粗加工采用功率大、一般精度的高效率设备；精加工可采用精度较高的机床。有利于发挥设备的效能，保持高精度机床的工作精度。

（3）发现缺陷　粗加工阶段可发现毛坯缺陷，及时报废或修补。

（4）可适应热处理的需要　为了便于穿插必要的热处理工序，并使它发挥充分的效果，就自然而然地将加工过程划分成几个阶段。例如精密主轴加工：在粗加工后进行时效处理；在半精加工后进行淬火；在精加工后进行冰冷处理及低温回火；最后进行光整加工。

（5）减少表面损害　表面精加工安排在最后，可使这些表面少受或不受损害。

应当指出：加工阶段的划分不是绝对的。对于刚性好、余量小、加工要求不高或应力影响不大的工件，可以不划分加工阶段。

3. 工序的集中和分散

（1）工序集中　工序集中是指多工步集中在一道工序中完成，可减少工件在加工过程中安装次数，紧缩辅助时间，保证加工的几个表面的相互位置精度，可利用高生产率的机床和专用工艺装备，减少机床和夹具的数量，减少操作人员数量和生产面积。工艺路线短，简化生产计划和组织工作。但工序集中的生产准备工作量大。目前，单件小批量生产和重型零件的加工都采用工序集中，大批量生产因广泛采用高效自动机床、专用机床或加工中心，因此也都采用工序集中安排生产。

（2）工序分散　工序分散与工序集中相反，它简化了每一工序的内容而增加了工序数目，因此工艺路线长。某些零件因本身结构所限，不便于采用工序集中时，则采用工序分散的原则。生产条件限制时，也采用工序分散原则。

4. 工序顺序的安排

（1）机械加工工序的安排　机械加工工序的安排应遵循以下原则。

① 基准先行。零件加工一般多从精基准的加工开始，再以精基准定位加工其他表面。因此，选作精基准的表面应安排在工艺过程起始工序进行加工，以便为后续工序提供精基准。例如，轴类零件先加工两端中心孔，然后再以中心孔作为精基准，粗、精加工所有外圆表面；齿轮加工则先加工内孔及基准端面，再以内孔及端面作为精基准，粗、精加工齿形表面。

② 先粗后精。精基准加工好以后，整个零件的加工工序，应是粗加工工序在前，相继为半精加工、精加工及光整加工。按先粗后精的原则先加工精度要求较高的主要表面，即先粗加工再半精加工各主要表面，最后再进行精加工和光整加工。在对重要表面精加工之前，有时需对精基准进行修整，以利于保证重要表面的加工精度，如对主轴进行高精密磨削时，精密和超精密磨削前都须研磨中心孔；精密齿轮磨齿前，也要对内孔进行磨

削加工。

③ 先主后次。根据零件的作用和技术要求，先将零件的主要表面和次要表面分开，然后先安排主要表面的加工，再把次要表面的加工工序插入其中。次要表面一般指键槽、螺纹孔、销孔等表面。这些表面一般都与主要表面有一定的相对位置要求，应以主要表面作为基准进行次要表面加工，所以次要表面的加工一般放在主要表面的半精加工以后、精加工以前一次加工结束。也有放在最后加工的，但此时应注意不要碰伤已加工好的主要表面。

④ 先面后孔。对于箱体、底座、支架等类零件，平面的轮廓尺寸较大，用它作为精基准加工孔，比较稳定可靠，也容易加工，有利于保证孔的精度。如果先加工孔，再以孔为基准加工平面，则比较困难，加工质量也受到影响。

(2) 热处理工序的安排

① 预备热处理。预备热处理的目的在于改善金属的切削加工性能，应安排在切削加工工序的前面。如退火，正火一般安排在获得毛坯以后，粗加工以前。

② 调质处理。调质处理的目的在于获得良好综合力学性能的回火索氏体组织，常安排在粗加工之后，半精加工之前。

③ 最终热处理。最终热处理主要指淬火并回火、表面淬火、渗碳、渗氮等。其目的在于提高零件的强度、硬度和耐磨性。通常安排在半精加工之后，磨削加工之前，热处理后的变形和表面氧化层，可在磨削加工中加以去除。

④ 时效处理。时效处理的目的在于消除工件的内应力。尺寸较大的铸件和形状复杂的锻件必须在粗加工、半精加工和精加工之前各安排一次时效；一般铸件至少在粗加工之前或粗加工之后安排一次时效。

热处理工序在加工工序中的安排如图 14-15 所示。

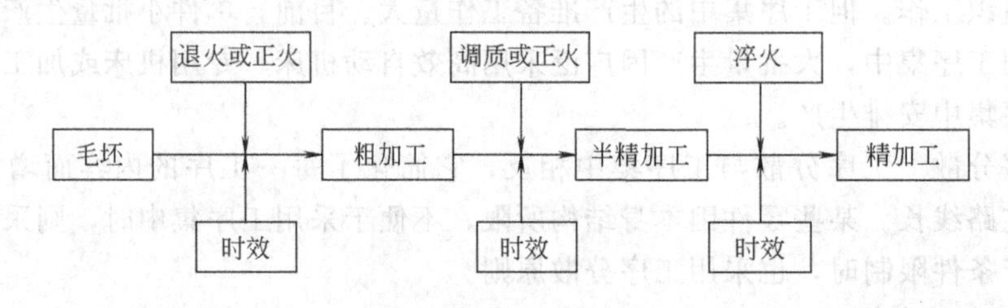

图 14-15　热处理工序的安排

第三节　典型零件加工工艺过程举例

一、轴类零件加工

主运动为回转运动的各种金属切削机床的主轴，是轴类零件中最有代表性的零件。主轴上通常有着内外圆柱面和圆锥面以及螺纹、花键、横向孔、沟槽、凸缘等不同形式的几何表面。主轴的精度要求高、加工难度大。如果对主轴加工中的一些重要问题，如基准的选择、工艺路线的拟订等，能作出正确的分析和解决，则其他轴类零件的加工问题都能迎刃而解。本节以 CA6140 型卧式车床主轴为例，分析轴类零件的加工工艺。图 14-16 为 CA6140 型卧式车床主轴简图，其材料为 45 钢。

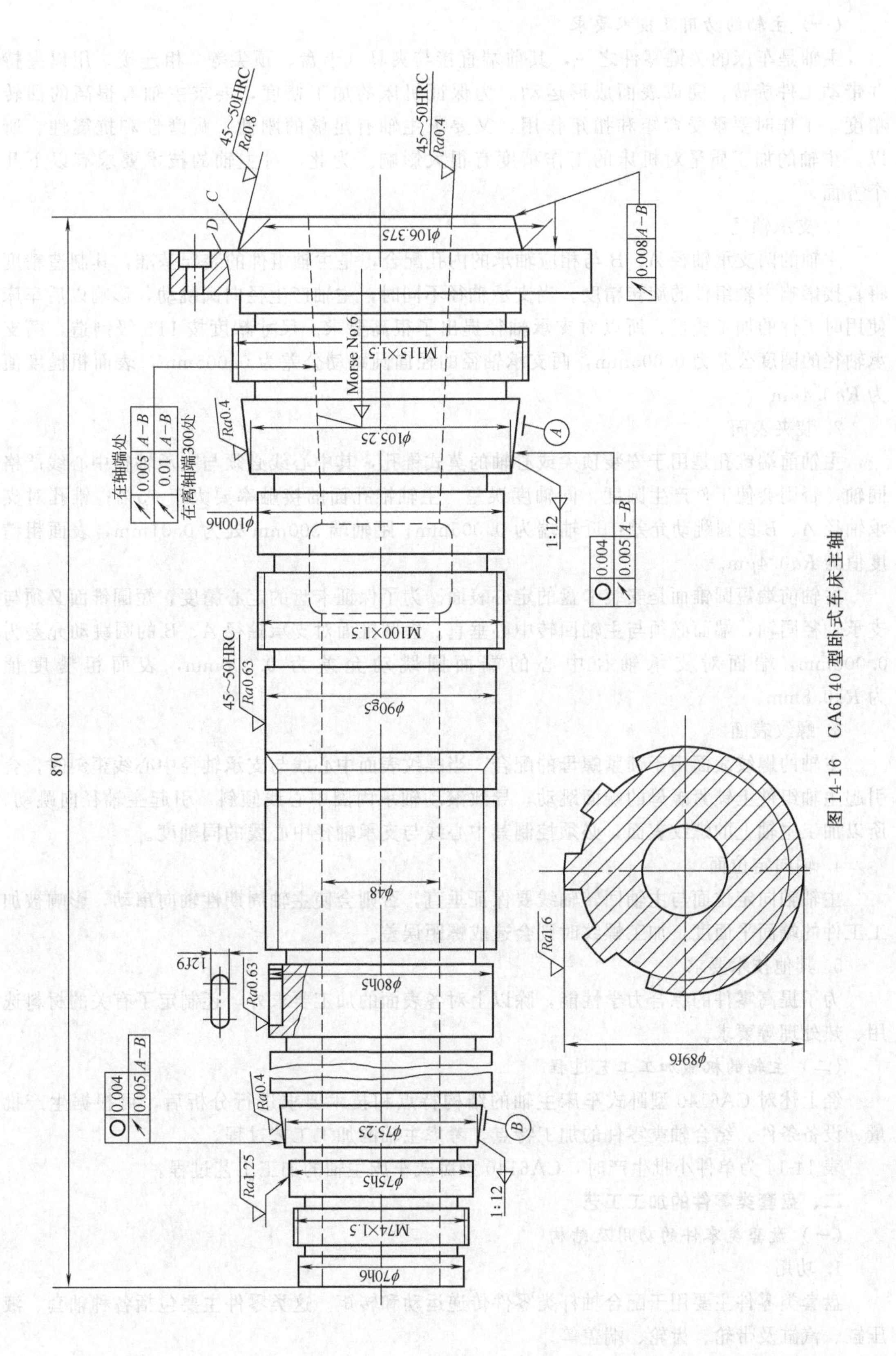

图 14-16　CA6140型卧式车床主轴

（一）主轴的功用及技术要求

主轴是车床的关键零件之一，其前端直接与夹具（卡盘、顶尖等）相连接，用以夹持并带动工件旋转，完成表面成形运动。为保证机床的加工精度，要求主轴有很高的回转精度，工作时要承受弯矩和扭矩作用，又要求主轴有足够的刚性、耐磨性和抗震性。所以，主轴的加工质量对机床的工作精度有很大影响。为此，对主轴的技术要求有以下几个方面。

1. 支承轴径

主轴的两支承轴径 A、B 与相应轴承的内孔配合，是主轴组件的装配基准，其制造精度将直接影响主轴组件的旋转精度。当支承轴径不同时，主轴产生径向圆跳动，影响以后车床使用时工件的加工质量，所以对支承轴径提出了很高要求。尺寸精度按 IT5 级制造，两支承轴径的圆度公差为 0.005mm，两支承轴径的径向圆跳动公差为 0.005mm，表面粗糙度值为 $Ra0.4\mu m$。

2. 装夹表面

主轴前端锥孔是用于安装顶尖或心轴的莫式锥孔，其中心线必须与支承轴径中心线严格同轴，否则会使工件产生圆度、同轴度误差，主轴锥孔面的接触率要大于 75%；锥孔对支承轴径 A、B 的圆跳动允差：近轴端为 0.005mm，距轴端 300mm 处为 0.01mm，表面粗糙度值为 $Ra0.4\mu m$。

主轴前端短圆锥面是安装卡盘的定心表面。为了保证卡盘的定心精度，短圆锥面必须与支承轴径同轴，端面必须与主轴回转中心垂直。短圆锥面对支承轴径 A、B 的圆跳动允差为 0.008mm，端面对支承轴径中心的端面圆跳动允差为 0.008mm，表面粗糙度值为 $Ra0.8$mm。

3. 螺纹表面

主轴的螺纹表面用于锁紧螺母的配合。当螺纹表面中心线与支承轴径中心线歪斜时，会引起主轴组件上锁紧螺母的端面跳动，导致滚动轴承内圈中心线倾斜，引起主轴径向跳动，所以加工主轴上的螺纹表面，必须控制其中心线与支承轴径中心线的同轴度。

4. 轴向定位面

主轴轴向定位面与主轴回转轴线要保证垂直，否则会使主轴周期性轴向窜动，影响被加工工件的端面平面度，加工螺纹时则会造成螺距误差。

5. 其他技术要求

为了提高零件的综合力学性能，除以上对各表面的加工要求外，还制定了有关的材料选用、热处理等要求。

（二）主轴的机械加工工艺过程

经上述对 CA6140 型卧式车床主轴的结构特点和技术要求进行分析后，可根据生产批量、设备条件，结合轴类零件的加工特点，考虑主轴的加工工艺过程。

表 14-14 为单件小批生产时，CA6140 型卧式车床主轴的加工工艺过程。

二、盘套类零件的加工工艺

（一）盘套类零件的功用及结构

1. 功用

盘套类零件主要用于配合轴杆类零件传递运动和转矩。这类零件主要包括各种轴套、液压缸、汽缸及带轮、齿轮、端盖等。

表 14-14　CA6140 型卧式车床主轴加工工艺过程

序号	工序内容	定位基准	设　备
1	自由锻		
2	正火		
3	画两端面加工线(总长 870mm)		
4	铣两端面(按划线找正)	外圆	端面铣床
5	画两端面中心孔的位置		
6	钻两端中心孔(按划线找正中心)	外圆	钻床或卧式车床
7	车外圆	中心孔	卧式车床
8	调质		
9	车大头外圆、端面及台阶,调头车小头各部外圆	中心孔顶一端,夹另一端	卧式车床
10	钻 ϕ48mm 通孔(用加长麻花钻加工)	夹一端,托另一端支承轴颈	卧式车床
11	车大头锥孔、外短锥及端面(配莫氏 6 号锥堵),调头车小头孔(配 1∶12 锥堵)	夹一端,托另一端支承轴颈	卧式车床
12	画大头端面各孔		
13	钻大头端面孔及攻螺纹(按划线找正)		
14	表面淬火		
15	精车外圆并车槽	中心孔顶一端,夹另一端	卧式车床
16	精磨 ϕ75h5、ϕ90g5、ϕ100h6 外圆	两锥堵中心孔	外圆磨床
17	磨小头内锥孔(重配 1∶12 锥堵),调头粗磨大头锥孔(重配莫氏 6 号锥堵)	夹一端,托另一端支承轴颈	内圆磨床
18	粗、精铣花键	两锥堵中心孔	卧式铣床
19	铣 12f9 键槽	ϕ80h5 车 M115×1.5 处外圆	万能铣床
20	车大头内侧、车三处螺纹(配螺母)	两锥堵中心孔	卧式车床
21	精磨各外圆及两端面	两锥堵中心孔	外圆磨床
22	粗磨两处 1∶12 外锥面	两锥堵中心孔	外圆磨床
23	粗精磨两处 1∶12 外锥面、*D* 端面及短锥面 *C*	两锥堵中心孔	外圆磨床
24	精磨莫氏 6 号内锥孔	夹小头托大头支承轴颈	锥孔磨床
25	按图样要求全部检验		

2. 结构

盘套类零件主要由内圆面、外圆面、端面和沟槽等表面组成。根据使用要求，形状各有差异。在盘套类零件中，齿轮是典型的一种传递运动和动力的零件，下面以齿轮为例介绍加工工艺。

（二）盘套类零件的材料及毛坯制造

1. 材料

一般的轴套、端盖、带轮等零件，常选用铸铁，有的轴套选用有色金属材料。齿轮承受交变载荷，工作时处于复杂应力状态。要求所选用的材料具有良好的综合力学性能，因此常选用 45 钢、40Cr 钢、20CrMnTi 钢锻件毛坯。对于受力不大、主要用来传递运动的齿轮，也可采用铸件、有色金属件和夹布胶木、电木、尼龙等。

2. 齿轮的毛坯制造

齿轮的毛坯制造方法主要是锻造和铸造，传递动力的齿轮在成批生产时采用模锻生产，锻后须正火或退火，以消除内应力，改善组织，改善材料的切削加工性能。对于尺寸小、形状复杂的齿轮，可用精密铸造、精密锻造、粉末冶金、冷轧、冷挤等新工艺制造齿坯，以提高生产效率节约原材料。

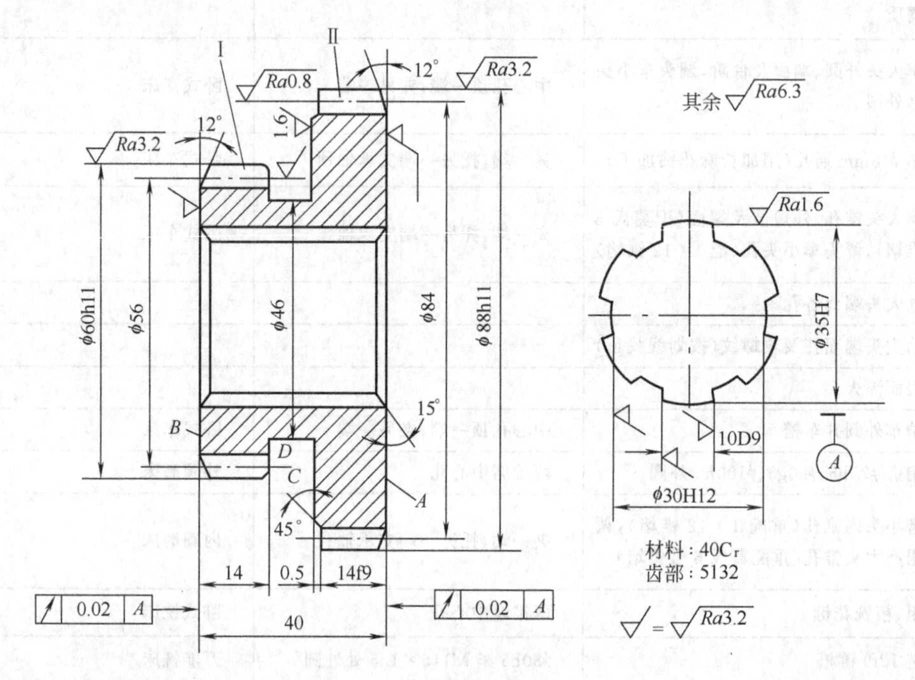

齿轮号		Ⅰ	Ⅱ
模数/mm	m	2	2
齿数	z	28	42
精度等级		7GK	7JL
齿圈径向跳动公差/mm	F_r	0.036	0.036
公法线长度变动公差/mm	F_w	0.028	0.028
基圆齿距极限偏差/mm	f_{pb}	±0.013	±0.013
齿形公差/mm	f_f	0.011	0.011
齿向公差/mm	F_β	0.011	0.011
跨齿数	k	4	5
公法线平均长度/mm	W	$21.36_{-0.05}^{\ 0}$	$27.61_{-0.05}^{\ 0}$

图 14-17 双联齿轮

（三）圆柱齿轮加工的主要工艺问题

圆柱齿轮加工的主要工艺问题，一是齿形加工精度，它是整个齿轮加工的核心，直接影响齿轮的传动精度要求，因此，必须合理选择齿形加工方法；二是齿形加工前的齿坯加工精度，它对齿轮加工、检验和安装精度影响很大，在一定的加工条件下，控制齿坯加工精度是保证和提高齿轮加工精度的一项极有效的措施，因此必须十分重视齿坯加工。

圆柱齿轮加工工艺，常随齿轮的结构形状、精度等级、生产批量及生产条件不同而采用不同的工艺方案。欲编制出一份切实可行的工艺过程，必须具备以下条件。

① 零件图上所规定的各项技术要求应明确无误。

② 了解国内外工艺现状、设备能力、技工技术水平及今后的发展方向。

③ 根据生产批量、生产环境、制订切实可行的生产方案。

图 14-17 所示为双联齿轮，材料 40Cr，精度等级为 7 级，中批生产，其加工工艺过程见表 14-15。

表 14-15　双联齿轮加工工艺过程

序号	工序内容	定位基准	序号	工序内容	定位基准
1	毛坯制造		9	插齿($z=28$)，留剃量 0.04～0.06mm	花键孔及 A 面
2	正火		10	倒角（Ⅰ、Ⅱ齿缘 12°牙角）	花键孔及 A 面
3	粗车外圆和端面，留余量 1.5～2mm，钻镗花键底孔至尺寸 ϕ30H12	外圆及端面	11	钳工去毛刺	
4	拉花键孔	ϕ30H12 孔及 A 面	12	剃齿($z=42$)，公法线长度至尺寸上限	花键孔及 A 面
5	钳工去毛刺		13	剃齿($z=28$)，公法线长度至尺寸上限	花键孔及 A 面
6	上心轴精车外圆、端面及槽至图样要求尺寸	花键孔及 A 面	14	齿部高频感应加热淬火:5132	
7	检验		15	推孔	
8	滚齿($z=42$)，留剃量 0.07～0.10mm	花键孔及 A 面	16	珩齿（Ⅰ、Ⅱ）至要求尺寸	花键孔及 A 面
			17	总检入库	

从表中可见，齿轮加工工艺过程大致要经过如下几个阶段：毛坯加工及热处理、齿坯加工、齿形加工、齿端加工、齿面热处理、修正精基准及齿形精加工等。

三、箱体类零件加工

（一）箱体零件机械加工工艺特点

由于箱体零件的结构复杂、刚性差和加工后容易变形，因此如何保证各表面间的相互位置精度，是箱体加工的一个重要问题。拟订箱体零件的工艺过程应遵循以下几个原则：先面后孔；主要表面粗精加工分开；合理安排热处理工序。

（二）箱体零件加工工艺过程举例

在单件小批生产分离式减速箱体（见图 14-18）时，其加工工艺过程见表 14-16。由图 14-18 可知，分离式减速箱体的主要加工部分如下。

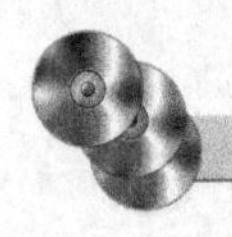

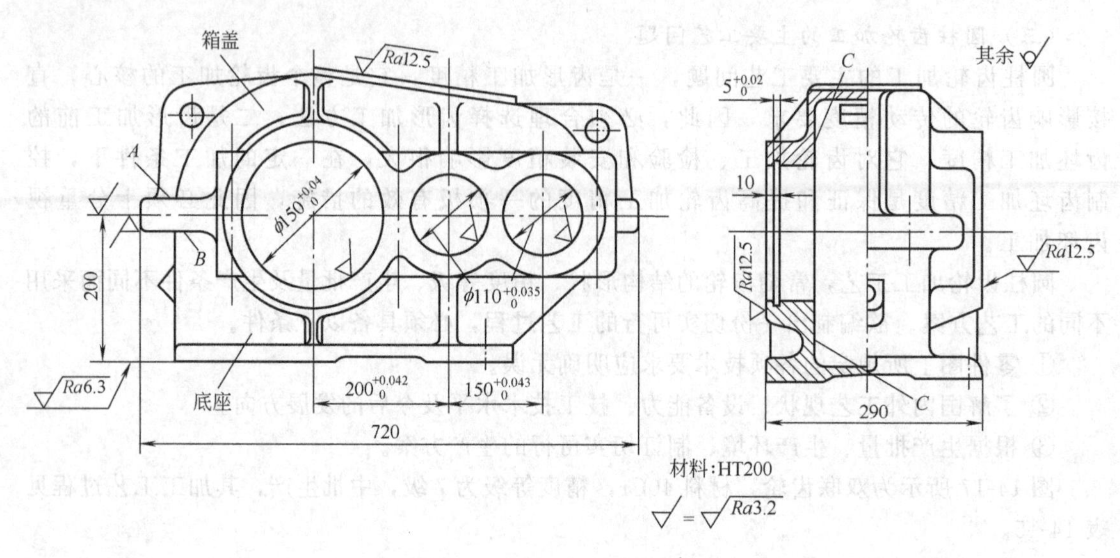

图 14-18 分离式减速箱体

表 14-16 分离式减速箱体的加工工艺过程

序号	工序内容	定位基准
1	铸造毛坯	
2	时效处理	
3	分别划出箱盖和底座上各平面的加工线和校正线	箱盖以 A 面和 C 面,底座以 B 面和 C 面
4	粗刨箱盖的对合面、方孔顶面和轴承孔的两端面;粗刨底座的对合面、底面和轴承孔的两端面	按划线找正加工对合面。然后以对合面和 C 面为基准
5	精刨箱盖对合面至尺寸,再精刨方孔顶面至尺寸;精刨底座对合面至尺寸,再精刨底面至高度 200mm,$Ra6.3\mu m$	方孔和对合面互为基准
6	分别找出箱盖各孔的位置线和加工边界线	箱盖以对合面,底座以底面
7	按划线钻箱盖各孔,并锪平端面;配钻底座螺纹底孔并攻螺纹	箱盖以对合面,底座以底面
8	将箱盖和底座对合面,用螺钉连接,钻、铰定位销孔并紧固	
9	精刨对合面箱体轴承孔的两端面至宽 290mm,$Ra12.5\mu m$	以底面定位,端面本身找正
10	在一端面上划出三个轴承孔的位置线和加工边界线	
11	粗镗两个轴承孔至 ϕ108mm,另一个至 ϕ148mm;加工三个轴承孔内的环槽,宽度为 5mm	按划线找正
12	精镗三个轴承孔至尺寸,并保证各孔距位置精度要求	底面和端面
13	配钻箱盖顶面螺孔的底孔,并攻螺纹;钻底座上的油标指示孔,并锪平端面;钻油塞螺孔	
14	按图样要求检验各加工面	

主要孔：安装轴承的支承孔 2-$\phi110^{+0.035}_{0}$、$\phi150^{+0.04}_{0}$及孔内的环槽。

主要平面：底座的底面和对合面，箱盖的对合面和顶部方孔面等。另外，轴承支承孔的两端侧面也需要加工。

其他加工部位有连接孔、螺孔、销孔和连接孔的孔口端面等。

习　　题

1. 试述生产过程、工序、工步、走刀、安装、工位的概念。
2. 工件的装夹方式有几种？试述它们的特点和应用场合。
3. 根据什么原则选择粗基准和精基准？
4. 机械加工为什么要划分加工阶段？什么情况下可以不划分或不严格划分加工阶段？
5. 试述机械加工过程中安排热处理工序的目的及安排顺序。
6. 何谓“工序集中”、“工序分散”？什么情况下采用“工序集中”？什么情况下采用“工序分散”？
7. 主轴的机械加工工艺路线大致过程是怎样安排的？
8. 拟定箱体零件机械加工工艺的原则是什么？

第十五章　先进制造技术

第一节　数控加工技术

一、概述

1. 数字控制和数控机床

数字控制（Numerical Control）简称数控或 NC，它是用数字化信号对设备运行及其加工过程进行控制的一种自动化技术。采用了数控技术的机床或者说装备了数控系统的机床称为数控机床。

2. 数控加工

数控加工是指在数控机床上根据设定的程序对零件进行切削的过程，这种控制零件加工过程的程序称之为数控程序。数控程序由一系列指令代码组成，每一指令对应于工艺系统的一种动作状态，数控程序的编制称之为数控编程。数控编程是数控加工的关键环节，其实质是用数控系统能识别的数控程序表达零件的加工工艺。

数控机床上加工零件的过程见图 15-1。

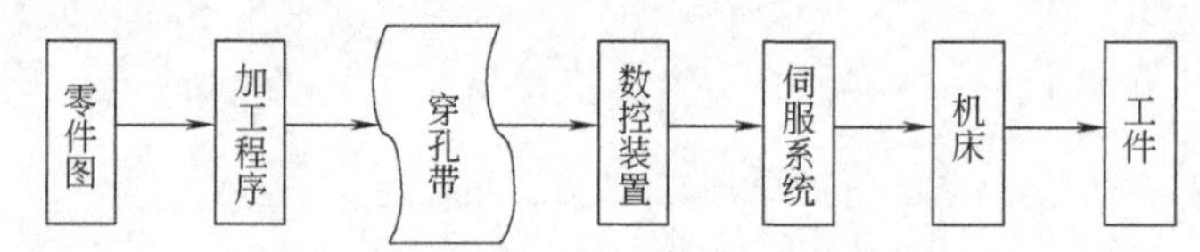

图 15-1　数控机床上加工零件的过程

① 根据加工零件的图纸与工艺方案，用规定的代码程序格式编写程序单。

② 根据程序单，制作穿孔带。

③ 通过阅读装置将穿孔带的代码逐段输入到数控装置或用 MDI（手动数据输入）方式或编程计算机通信方式（RS232C 串行通信口）将信息送入数控装置。

④ 数控装置将代码进行译码、寄存和运算后，向机床各坐标的伺服机构发出信号，以驱动机床的各运动部件，并控制其他必要的辅助操作，如变速、开关冷却液、松夹工件及刀具转位等，从而加工出合格的零件。

二、数控机床的组成和特点

（一）数控机床的组成

数控机床主要由控制介质、数控装置、伺服系统和机床本体四部分组成。如图 15-2 所示。

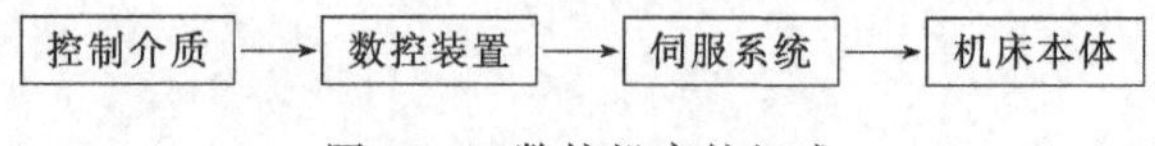

图 15-2　数控机床的组成

1. 控制介质

对机床进行控制，就必须在人与数控机床之间建立某种联系，这种联系的中间媒介物就

是控制介质。它有多种形式，常用的有穿孔带、穿孔卡、磁带和磁盘等。

控制介质上记载的加工信息要经输入装置输送给数控装置。常用的输入装置有光电纸带输入机、磁带录音机和磁盘驱动器等。对于用微机控制的数控机床，也可用操作面板上的按钮和键盘将加工程序直接输入，并在CRT显示器上显示。

2. 数控装置

数控装置是数控机床的核心，目前，绝大部分数控机床采用微型计算机控制。数控装置一般由运算器、控制器（运算器和控制器构成CPU）、存储器、输入装置及输出装置等组成。数控装置根据纸带阅读机输送来的指令码和数据码进行译码、寄存和运算后，将运算结果送到机床各坐标的伺服机构，以驱动机床的各运动部件，并控制其他必要的辅助操作，如变速、开关冷却液、松夹工件及刀具转位等。

3. 伺服系统

伺服系统由伺服驱动电机和伺服驱动装置组成，它是数控系统的执行部分。伺服系统的作用是把来自数控装置的运动指令（脉冲信号）转变成机床移动部件的运动，使工作台按规定的轨迹移动或精确定位，加工出符合要求的工件。伺服系统的性能将直接影响数控机床的加工精度、表面质量和生产率。每一个脉冲信号使机床移动部件产生的位移量叫脉冲当量，常用的脉冲当量为0.01mm/脉冲、0.005mm/脉冲、0.001mm/脉冲等。

目前在数控机床的伺服系统中，常用的伺服驱动电机有功率步进电机、直流伺服电机和交流伺服电机。伺服电机将电控信号的变化，转换成电机输出轴的角速度和角位移的变化，从而带动机械部件作进给运动。

4. 机床本体

它是数控机床实现切削加工的机械结构部分，与普通机床相比，应具有更高的精度、刚度、热稳定性和耐磨性；要求相对运动面的摩擦因数要小，如采用滚动导轨或塑料涂层导轨等，以消除爬行现象；齿轮传动副和丝杠螺母副应采取消除间隙措施。

（二）数控机床的特点

数控机床与传统机床比，具有以下一些特点。

1. 适应性强

在数控机床上加工工件，因为采用简单的组合夹具，所以改变加工工件后，不需制作专用的夹具，更不需要重新调整机床，只需要重新编制新工件的加工程序，就能实现新工件的加工。因而数控机床生产准备周期短，灵活性强，适合单件、小批生产及新产品的开发。

2. 加工精度高

数控机床的脉冲当量普遍可达0.001mm/脉冲，传动系统和机床结构都具有很高的刚度和热稳定性，进给系统采用了间隙消除措施，并且可以通过数控装置对反向间隙和丝杠螺距误差等实现自动补偿，所以加工精度高。

3. 产品质量稳定

数控机床的加工完全是自动进行的，消除了操作者人为产生的误差，使同一批工件的尺寸一致性好，加工质量稳定。

4. 生产率高

数控机床可有效地减少零件的加工时间和辅助时间。数控机床的主轴转速和进给量的范围大，机床刚性好，允许机床进行大切削量的强力切削，数控机床移动部件的快速移动和停止都采用了加、减速措施，因而能提高运动速度，而且能保证定位精度，有效缩短了加工时

间。另外数控机床更换工件时，不需调整机床，同一批工件加工质量稳定，无需停机检验，大大缩短了辅助时间，可以在一台机床上实现多工序连续加工，大大提高了生产率。

5. 减轻劳动强度

数控机床加工是自动进行的，工件加工过程不需要人工干预，加工完毕后自动停车，这就使工人的劳动强度极大降低。

6. 良好的经济效益

虽然数控机床的价格昂贵，一次性投入的设备费用较大。但使用数控机床可节省许多其他费用，如工件的安装、调试、加工和检验所花时间减少，不用设计制造钻模板、凸轮、模型等专用工装夹具，加工精度高，质量稳定，废品率低，一机多用，使用效率高，节省厂房，能快速响应市场要求，所以总体成本下降，可获得良好的经济效益。

7. 有利于生产管理的现代化

数控机床使用数字信息与标准代码处理、传递信息，特别是在数控机床上使用计算机控制，为计算机辅助设计、制造以及实现生产过程的计算机管理与控制奠定了基础。

三、数控机床的分类

目前数控机床的品种数量很多，功能各异，通常可按下列几种方法进行分类。

（一）按控制的运动轨迹分类

1. 点位控制数控机床

点位控制数控机床只要求控制移动部件的终点位置，在移动过程中不进行任何加工，对运动轨迹并无要求。为提高生产率和保证定位精度，通常刀具或工件以快速接近终点坐标，然后低速准确移动到定位点。这类数控机床主要有数控钻床、数控坐标镗床、数控冲床和数控弯管机等。

2. 点位直线控制数控机床

点位直线控制数控机床不仅控制移动部件的终点位置，而且保证移动的运动轨迹是一条直线，移动部件在移动过程中进行切削加工，并可设定直线加工的进给速度。这类数控机床主要有数控车床、数控镗铣床和数控加工中心等。

3. 轮廓控制数控机床

轮廓控制数控机床的数控装置能同时控制2～5个坐标轴联动，使刀具与工件按平面直线、曲线或空间曲面轮廓进行相对运动，加工出形状复杂的零件。在加工中需不断地进行插补运算，然后进行相应的速度与位移控制。这类数控机床主要有数控铣床、数控凸轮磨床、数控线切割机、功能完善的数控车床和加工中心等。

（二）按控制方式分类

1. 开环控制数控机床

图 15-3 是典型的开环控制系统。开环控制数控系统不带检测反馈装置，数控装置发出

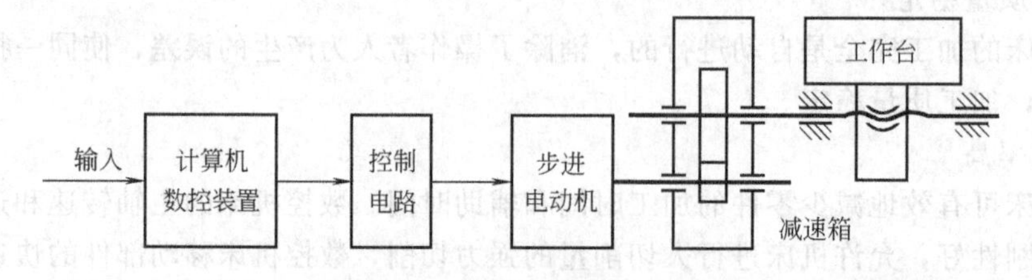

图 15-3 开环控制系统框图

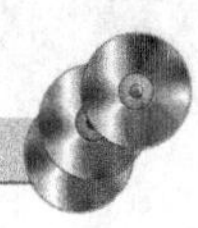

的指令信号是单方向传送的，通常使用步进电机作为伺服驱动元件，数控机床的位移精度主要取决于步进电机的步距角精度、齿轮箱中齿轮副和丝杠螺母副的精度与传动间隙等。

开环控制系统对移动部件的误差没有补偿和校正，所以位置控制精度低。但其结构简单、工作稳定、容易调试、价格较低，仍被广泛用于经济型数控机床和旧机床数控改造。

2. 闭环控制数控机床

闭环控制系统框图如图 15-4 所示，它在机床移动部件上直接装有直线位置检测装置，将测量的实际位移值反馈到数控装置中，与输入的位移值进行比较，用差值进行补偿，使移动部件按照实际需要的位移量运动，实现移动部件的精确定位。闭环控制系统可以补偿机械传动部件的各种误差和加工过程中各种干扰的影响，从而使加工精度大大提高。

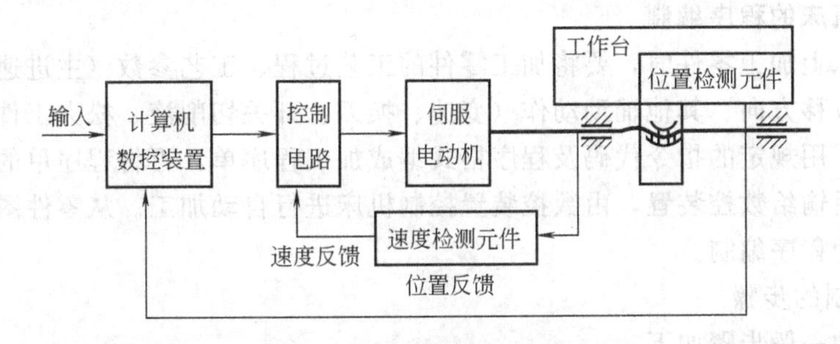

图 15-4　闭环控制系统框图

闭环控制系统精度高，移动速度快。但其调试复杂，价格较贵，所以闭环控制系统主要用于一些精度要求很高的数控镗铣床、数控超精车床和数控超精磨床等。

3. 半闭环控制数控机床

半闭环控制系统框图如图 15-5 所示，它不是直接检测工作台的位移量，而是通过与伺服电动机有联系的转角检测元件，如圆光栅、光电编码器及旋转式感应同步器等，测出伺服电动机或丝杠的转角，推算出工作台的实际位移量，反馈到计算机数控装置中进行位置比较，用比较的差值进行控制。由于反馈系统内没有包含工作台，故称半闭环控制。

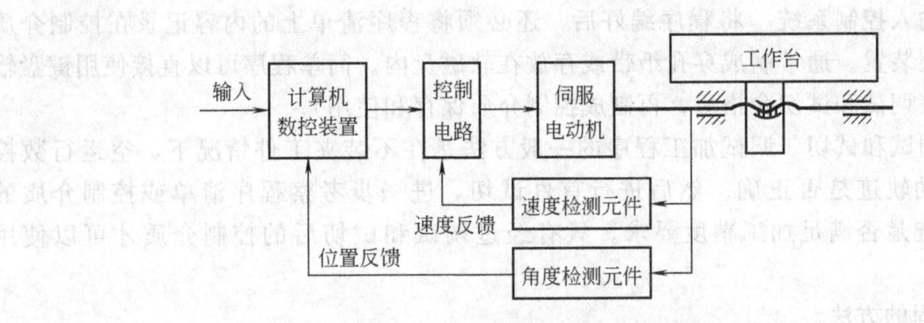

图 15-5　半闭环控制系统框图

半闭环控制因丝杠螺母副的误差仍然会影响移动部件的位移精度故精度低于闭环系统，但因测量装置结构简单，稳定性好，安装调试方便，价格便宜，兼顾了开环和闭环两者的优点，因此应用比较广泛。

（三）按工艺用途分类

1. 金属切削类数控机床

金属切削类数控机床有数控车床、数控铣床、数控钻床、数控镗床、数控磨床、数控镗铣床等。

2. 金属成形类数控机床

金属成形类数控机床有数控折弯机、数控弯管机、数控压力机、数控组合冲床等。

3. 数控特种加工机床

数控特种加工机床有数控线切割机床、数控电火花加工机床、数控火焰切割机、数控激光加工机床、数控超声波加工机床等。

4. 其他类型数控机床

其他类型数控机床有数控三坐标测量机等。

四、数控机床的程序编制

在数控机床上加工零件时，要将加工零件的工艺过程、工艺参数（主进速度、切深等）、刀具位移量及位移方向、其他辅助动作（变速、换刀、开关切削液、松夹工件等）等加工信息按运动顺序，用规定的指令代码及程序格式编成加工程序单，再将程序单的内容记录在控制介质上，然后输给数控装置，由数控装置控制机床进行自动加工。从零件图到制成控制介质的全过程称为程序编制。

1. 程序编制的步骤

程序编制的一般步骤如下。

(1) 分析零件图和工艺要求　分析零件图和工艺要求，以确定该零件是否适宜在数控机床上加工，在哪种数控机床上加工，并确定该零件的加工路线，装夹方法及夹具，切削用量及刀具和工艺参数等。

(2) 计算运动轨迹　根据零件的几何形状、尺寸、加工路线、刀具参数和所设定的坐标系来计算刀具中心（或刀尖）运动轨迹的坐标值。以获得编程所需要的所有相关位置坐标数据。

(3) 编制加工程序　根据计算出的运动轨迹坐标值和已确定的运动顺序、刀具号、切削参数及辅助动作等，按照数控机床规定使用的功能代码及程序格式，逐段编写零件加工程序清单。

(4) 程序输入控制系统　将程序编好后，还必须将程序清单上的内容记录在控制介质上，再输入数控装置。通常制成穿孔纸带或存放在软磁盘内。简单程序可以直接使用键盘输入至数控装置（调试和试切合格后，再制成控制介质保存和使用）。

(5) 程序调试和试切　调试加工程序的一般方法是在不装夹工件情况下，空运行数控机床，观察运动轨迹是否正确。然后进行首件试切，进一步考察程序清单或控制介质的正确性，并检查是否满足加工精度要求。只有经过调试和试切后的控制介质才可以使用和保存。

2. 数控编程的方法

数控编程的方法主要有手工编程和自动编程两种。

(1) 手工编程　手工编程指编制工件加工程序的各个步骤均由人工来完成。对于形状不太复杂的零件，所需计算工作量不大，程序不长，程序检验也容易实现，用手工编程简便、易行、经济及时。因此，手工编程在点位直线加工及直线圆弧组成的轮廓加工中被广泛应用。

(2) 自动编程　自动编程又称计算机辅助编程。自动编程在自动编程系统（automatic

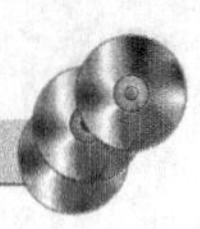

programming system）上进行，它是由一台通用计算机配上打印机、自动穿孔机和自动绘图仪组成，可以完成手工编程的大部分工作。编程人员只需根据图样要求，用一种直观易懂的数控语言手工编写出一个简短的零件加工源程序，并将其输入计算机中，则诸如划分工步、选择切削用量、计算运动轨迹、编制加工程序及制作穿孔纸带等，都由计算机及外围设备自动完成。自动编程用于几何形状复杂、数值计算量大而繁琐、程序量大的零件编程中，可明显提高技术经济效益。

五、数控加工的发展

（一）数控机床的发展

自1952年美国麻省理工学院与帕森斯公司合作研制成功了世界上第一台数控铣床以来，随着电子技术，特别是计算机技术的发展，数控机床也在迅速地发展和不断地更新换代，先后经历了第一代电子管NC、第二代晶体管NC、第三代小规模集成电路NC、第四代小型通用计算机CNC和第五代微型计算机MNC数控系统等五个发展阶段。其中，前三代都是采用硬件逻辑线路构成的数控系统称为硬件数控系统，简称NC系统。对于不同功能的机床，该系统的组合逻辑电路也不同，改变或增减功能时，需改变数控系统的硬件电路，通用性、灵活性差，制造周期长，成本高。第四代和第五代系统是由小型或微型计算机（现在小型计算机基本上已被微型计算机取代）组成的数控系统，称为计算机数控系统，简称CNC系统。它具有很强的程序存储能力和控制功能，具有很大的柔性。目前计算机数控系统几乎完全取代了NC数控系统。

中国1958年开始研制数控机床，但没有取得实质性的成果。1980年开始，通过研究和引进技术，中国数控机床发展很快，现已掌握了5～6轴联动、螺距误差补偿、图形显示和高精度伺服系统等多项关键技术。目前中国已能批量生产和供应各类数控系统，基本上能满足全国各机床厂的生产需要。数控机床的品种已超过500种，其中金属切削机床品种的数控化率达20%。

（二）自动编程系统的发展

最早的自动编程系统是美国麻省理工学院研制的APT（Automatically Programmed Tools）系统，公布于1955年。到20世纪60年代又推出了APTⅢ，到20世纪70年代发展了APTⅣ。由于APT系统具有可靠性高、通用性好、容易掌握、制带快捷等优点，很快就得到了广泛应用。继美国之后，世界上许多先进工业国家也都开展了自动编程技术的研究，相继研究出了各种APT的变型。如德国的EXAPT、法国的IFAPT、日本的FAPT等。发展至今，自动编程系统已相当完善并广泛应用。

中国的自动编程系统发展较晚，但进步很快。目前主要有用于航空零件加工的SKC系统以及ZCK、ZBC和用于线切割加工的SKG等系统。

（三）自动化生产系统的发展

近年来，随着微电子技术、计算机技术以及系统工程学的发展，数控机床也得到了迅速发展和广泛应用，使加工技术跨入了一个新的里程，并建立起一种全新的生产模式，出现了以数控机床为基础的自动化生产系统。如计算机直接数控DNC系统（Direct Numerical Control）、柔性制造单元FMC（Flexible Manufacturing Cell）、柔性制造系统FMS（Flexible Manufacturing System）和计算机集成制造系统CIMS（Computer Integrated Manufacturing System）。中国已开始在自动化生产系统方面进行探索与研制，并且取得了可喜的成果，已有一些FMS和CIMS成功地用于生产。

第二节 成组技术

随着经济的发展和消费水平的提高，人们对商品的需求不断增长，更注重商品的更新和多样化。中小批量、多品种生产已成为当今机械制造业的一个重要的特征。但是传统的小批量生产方式，生产效率低，生产周期长，工装费用高，精度质量难以保证，市场竞争能力差。成组技术（Group Technology，简称 GT）正是为解决这一矛盾而产生的。

成组技术是一种将工程技术与管理技术集于一体的生产组织管理方法体系，它利用产品零件间的相似性，将零件分类成组，然后根据每组零件的相似特征为其同组零件找出相对统一的最佳处理方法，从而在不变动原有的工艺和设备的条件下，取得提高效率、节省资源、降低成本的效果。

成组技术已广泛应用于设计、制造和管理等各个方面。成组技术与数控加工技术相结合，大大推动了中小批量生产的自动化进程。成组技术也成了进一步发展计算机辅助设计（CAD）、计算机辅助工艺规程编制（CAPP）、计算机辅助制造（CAM）和柔性制造系统（FMS）等方面的重要基础。

在实施成组工艺时，首先要把产品零件按零件分类编码系统进行分类成组，然后制订零件的成组加工工艺，设计工艺装备，建造成组加工生产线以及有关辅助装置。

一、零件的分类编码系统

零件的分类编码是实施成组技术的重要手段。零件的分类码反映零件固有的名称、功能、结构、形状和工艺特征等信息。分类码对于每种零件而言不是惟一的，即不同的零件可以拥有相同的或近似的分类码，因此就能据此划分出结构相似或工艺相似的零件组来。

零件的分类编码系统是用数字和字母对零件特征进行标识和描述的一套特定的规则和依据。目前，国内外已有 100 多种分类编码系统。每个工业部门都可以根据本企业的产品特点选择其中一种，或在某种编码系统基础上加以改进，以适应本单位的要求。下面介绍一个较为著名的奥匹兹（Opitz）分类编码系统。

奥匹兹分类编码系统是 1964 年由德国阿亨工业大学 Opitz 教授领导编制的，是世界上最早的一种适用于设计和工艺的多功能系统。它一共有 9 位代码组成，前五位为主码，主要用来描述零件的基本形状元素。后四位为辅码，表示零件的主要尺寸、材料及热处理性质、毛坯形状和精度要求。每一个码位内有 10 个特征码（0~9）分别表示 10 种零件特征。其基本结构如图 15-6 所示。

奥匹兹系统的特点是功能多、码位少、构造简单、使用方便，因此得到广泛应用。其不足之处是对非回转体零件的描述比较粗糙，在零件尺寸和工艺特征方面给出的信息较少。

二、零件分类成组的方法

所谓零件的分类成组，就是按照一定的相似准则，将产品中品种繁多的零件归并成几个具有相似特征的零件族，这是成组技术的核心。零件分类成组的方法很多，但大致可分为编码分类法和生产流程分类法两大类。

1. 编码分类法

根据编码系统编制的零件代码代表了零件的一定特征。因此，利用零件代码就能方便地找到相同或相似特征的零件，形成零件族。原则上讲，代码完全相同的零件便可组成一个零件族。但这样做会造成零件族数很多，而每个族内零件种数都不多，达不到扩大批量、提高

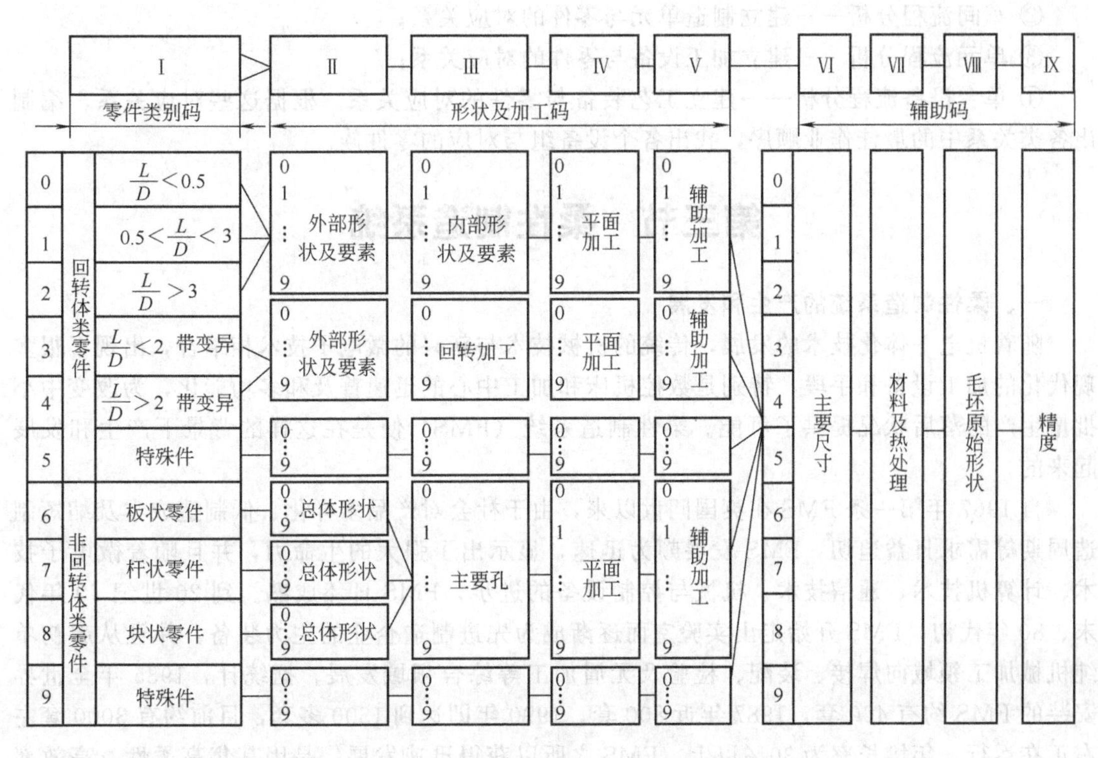

图 15-6　奥匹兹分类编码系统的结构形式

效率的目的。为此，应适当放宽相似性程度，做到合理分类。目前，常用的编码分类方法如下。

（1）特征码位法　此法是从零件代码中选择其中反映零件工艺特征的部分代码作为零件分组的依据，这几个码位称为特征码位。特征码位相同，不论其他码位如何，都认为属同一零件族，这样就可以得到一系列具有相似工艺特性的零件族。在采用 Opitz 系统时，将与加工关系密切的 1、2、6、7 四个码位作为特征码位。

（2）码域法　此法是对分类编码系统中各码位数值规定出一个范围，用它来作为零件分组的依据，这样就将相应码位的相似特征放宽了范围。这一范围称为码域。此种方法可适当扩大成组零件的种类。

（3）特征位码域法　此法是将特征码位法与码域法结合起来而成的一种分组方法，即先选出特征码位，再在选定的特征码位上规定适当的码域。此法灵活性大且适应性强，特别是对零件种数很多、编码系统码位也多的情况，可使分组工作大大简化。

2. 生产流程分类法

零件的分类编码系统一般是以零件的结构形状和几何特征为依据建立的，对于零件加工工艺信息它不可能描述得很细致。采用编码分类成组方法来划分零件族，不能很好地将之与加工工艺和加工设备联系起来。而生产流程分类法是以生产过程或以加工工艺过程为主要依据的零件分类成组方式，它通过相似的物料流找出相似的零件集合，并以生产实施或设备的对应关系来确定零件族，同时也能得到加工该族零件的生产工艺流程和设备组。

生产流程分析通常包含如下四方面内容：

① 工厂流程分析——建立车间与零件的对应关系；

② 车间流程分析——建立制造单元与零件的对应关系；

③ 单元流程分析——建立加工设备与零件的对应关系；

④ 单台设备流程分析——建立工艺装备与零件的对应关系。根据这些对应关系，编制出各类关系中的最佳作业顺序，找出各个设备组与对应的零件族。

第三节　柔性制造系统

一、柔性制造系统的产生和发展

随着机电一体化技术的发展，传统的机械技术与新兴的微电子技术相结合，出现了很多现代化的加工设备和手段，特别是数控机床和加工中心的迅速普及和多功能化，为改变中小批量生产的落后状况提供了可能。柔性制造系统（FMS）便是在这样的背景下产生和发展起来的。

自1967年第一条FMS在英国问世以来，由于社会对产品多样化、低制造成本及缩短制造周期等需求日益迫切，FMS发展颇为迅速，显示出了强大的生命力，并且随着微电子技术、计算机技术、通信技术、机械与控制设备的进步，FMS日臻成熟。到20世纪70年代末、80年代初，FMS开始走出实验室而逐渐成为先进制造企业的主力装备，并且从起初单纯机械加工领域向焊接、装配、检验及无屑加工等综合领域发展。据统计，1985年全世界安装的FMS约有400套，1987年近800套，1990年即达到1500多套，目前约有3000套左右正在运行，年增长率为30%以上。FMS之所以获得迅速发展，是因其集高柔性、高效率及高质量三者于一体，解决了近百年来中小批量、多品种和生产自动化的技术难题。可以说FMS的问世与发展是机械制造业生产及管理上的历史性变革。

美国、日本、德国等世界主要工业发达国家在发展FMS方面居领先地位。中国是1984年开始研制FMS的，虽然起步较晚，由于很受重视，目前已有15条FMS投入调试和使用。随着全球化市场的形成和发展，世界各国都越来越重视柔性制造技术的发展，FMS已成为当今乃至今后若干年机械制造自动化发展的重要方向。

二、柔性制造系统的定义和组成

FMS目前尚无统一定义。在中国有关标准中，对FMS的定义为：柔性制造系统（Flexible Manufacturing System，简称FMS）是由数控加工设备、物料运储装置和计算机控制系统等组成的自动化制造系统。它包括多个柔性制造单元，能根据制造任务或生产环境的变化迅速进行调整，以适宜于多品种、中小批量生产。

国外有关专家对FMS的定义更为直观：柔性制造系统至少是由两台数控加工设备、一套物料运储系统和一套计算机控制系统所组成的制造系统。它通过简单地改变软件的方法便能制造出多种零件中任何一种零件。

柔性和自动化是FMS的两个主要特点。有关专家认为，一个理想的FMS应具备八种柔性：

① 设备柔性，指系统中的设备具有适应加工对象变化的能力；

② 工艺柔性，又称加工柔性，指系统能以多种方法加工某一族工件的能力；

③ 运行柔性，指系统处理其故障并维持其生产持续进行的能力；

④ 产品柔性，指系统能经济而迅速地转向生产新产品的能力；

⑤ 批量柔性，指系统在成本核算上能适应不同批量的能力；

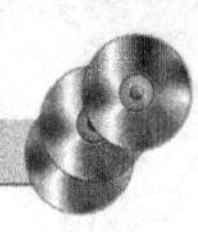

⑥ 扩展柔性，指系统能根据需要通过模块进行组建和扩展的能力；

⑦ 工序柔性，指系统改变每种工件加工工序先后顺序的能力；

⑧ 生产柔性，指系统适应生产对象变换的范围和综合能力。

柔性制造系统主要由加工系统、物流运储系统以及计算机控制系统三个基本部分组成。

1. 加工系统

由两台以上的数控机床、加工中心或柔性制造单元（FMC）及各种自动清洗机、测量机、动平衡机、装配机和特种加工设备等组成，是FMS的基础部分。

加工系统的结构形式以及所配备机床的数量、规格、类型取决于工件的形状、尺寸和精度要求，同时也取决于生产的批量及加工自动化程度。目前，加工系统的主要类型如下。

① 以加工箱体类零件为主的FMS，这类FMS配备有数控加工中心（有时也有CNC铣床）。

② 以加工回转体类零件为主的FMS，这类FMS多配备有CNC车削中心和CNC车床（有时也有CNC磨床）。

③ 适合于混合零件加工的FMS，这类FMS既能够加工箱体类零件又能够加工回转体类零件，它们既配备有数控加工中心，又配备有CNC车削中心和CNC车床。

④ 用于专门零件加工的FMS，如加工齿轮等零件的FMS，它除配备有CNC车床外还需配备CNC齿轮加工机床。

加工系统内的加工机床除具有自动化加工的功能外，还应具有与外界进行物流和信息流交换的功能。所谓物流交换功能，就是指在FMS中的加工机床应能和外界自动进行刀具、工件的更换。既能将损坏的刀具清理出机床刀库，又能将新刀具装入机床刀库待使用，既能将加工好的工件送出机床的加工位置，又能将待加工的工件送到加工位置并定位夹紧。所谓的信息流交换功能是指FMS内的加工机床必须具有与上一级计算机进行信息交换的能力，即数控机床能接收上一级计算机送来的加工程序和各种命令，同时向上一级计算机反馈各种机床状态信号和检测信号。

2. 物流运储系统

该系统一般由工件装卸站、托盘缓冲站、物料运送装置和自动化仓库等几部分组成，主要用来完成工件、刀具、托盘以及其他辅助设备与材料的装卸、运输和储存工作。

(1) 工件装卸站　工件装卸站设在FMS的入口处，用于完成工件的装卸工作。由于装卸工作比较复杂，通常由人工完成对毛坯和待加工零件的装卸。为了方便工件的传送以及在各台机床上进行准确定位和夹紧，通常先将工件装夹在专用的夹具中，然后再将夹具夹持在托盘上。这样，完成装夹的工件将与夹具和托盘组合成为一个整体在系统中进行传送。

(2) 托盘缓冲站　托盘缓冲站是一种待加工零件的中间存储站，也称为托盘库。由于FMS中各机床节拍不一定完全相等，因而避免不了会产生工件在加工工作站前的排队现象，托盘缓冲站正是为解决此问题而设置的，它起着缓冲物料的作用。托盘缓冲站一般在机床附近，可存储若干只工件/托盘组合体。若机床发出接受工件信号，通过托盘交换器便可将加工好的工件从机床工作台上拉出，然后再通过托盘交换器将待加工的工件从托盘缓冲站送到机床上进行加工。

(3) 自动化仓库　自动化仓库一般由货架、堆垛机以及控制计算机三部分组成。自动化仓库一般采用多层立体布局的结构形式，所占用的面积较小。货架是仓库的主体，是存放物料的场所。可存放毛坯、原材料、半成品、成品以及各种工艺装备。货架之间留有巷道，根

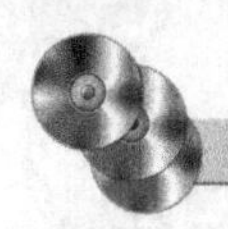

据需要可安排一到多条巷道。每个巷道都配有自己专用的堆垛机，用来负责物料的存取。物料的存取由计算机控制自动进行。计算机系统还可对全仓库进行物资、账目、货位以及其他物料信息的管理，定期或不定期地打印各种报表等。

(4) 物料运载装置　物料运载装置直接担负着工件、刀具以及其他物料的运输，包括物料在加工机床之间、自动仓库与托盘缓冲站之间以及托盘缓冲站与机床之间的输送与搬运。FMS 中常用的物料运载装置有传送带、自动运输有轨小车、自动运输无轨小车、搬运机器人等，其中用得最多的是搬运机器人和自动运输无轨小车。

3. 计算机控制系统

计算机控制系统是 FMS 的核心。FMS 系统除了少数操作由人工控制外（如装卸、调整和维修），可以说正常的工作完全是由计算机自动控制的。为了避免用一台计算机过于集中的控制，目前几乎所有的 FMS 都采用了多级计算机递阶控制结构。通常大多采用三级计算机控制。

第一级计算机为中央计算机，又称管理计算机。它是 FMS 全部生产活动的总体控制系统，全面管理、协调和控制 FMS 的各项制造活动。同时它还是与上级（车间级）控制系统联系并承上启下的桥梁。

第二级计算机为工作站级计算机，又称过程控制计算机。它将来自中央计算机的数据和任务分送到底层的各个 CNC 装置和其他控制装置上去，并协调底层的工作，同时还对每台机床进行生产状态分析和判断，并随时给出指令对控制参数进行修改。

第三级计算机为设备计算机。它由加工机床、机器人、自动导向小车（AGV）、自动仓库等设备的 CNC 装置和 PLC 逻辑控制装置组成。它直接控制各类加工设备和物料系统的自动工作循环，接受和执行上级系统的控制指令，并向上级系统反馈现场数据和控制信息。

三、柔性制造系统的效益

(1) 有很强的柔性制造能力　由于 FMS 备有较多的刀具、夹具以及数控加工程序，因而能接受各种不同的零件加工，柔性度很高。

(2) 提高设备利用率　在 FMS 中，工件是安装在托盘上输送的，并通过托盘能使工件快速地在机床上定位与夹紧，节省了工件装夹时间。此外，因借助计算机管理而使加工不同零件时的准备时间大为减少，从而可使机床利用率提高到 75%～90%。

(3) 减少设备数量和占地面积　由于机床利用率的提高，在 FMS 中完成同样加工所需的机床台数减少，占地面积也会相应减少。通常机床数量可减少 2/3。美国通用电气公司的资料表明，一条具有 9 台机床的 FMS 代替了原来 29 台机床，还使加工能力提高了 38%，占地面积减少了 25%。

(4) 工人数量减少　FMS 除了少数操作由人工控制外（如装卸、调整和维修），可以说正常的工作完全是由计算机自动控制的。FMS 通常实施 24h 工作制，将靠人力完成的操作集中安排在白天进行，晚班除留一人在计算机房看管外，系统完全处于无人操作状态下工作，生产工人数量大为减少，劳动生产率提高。

(5) 产品质量提高　由于 FMS 比单机数控自动化水平提高，工件装夹次数减少，有助于工件加工质量的提高。

(6) 减少在制品　FMS 与一般加工车间比，由于工件的加工工序合并，所需装夹次数和使用机床数量减少，主要加工设备又都集中在同一个系统内，可利用计算机实现优化调

度，所以FMS的在制品大为减少。

(7) FMS可以逐步地实施计划　若建一条刚性自动线，要等全部设备安装调试建成后才能投入生产，因此它的投资必须一次性投入。而FMS则可进行分步实施，每一步的实施都能进行产品的生产，因为FMS的各个加工单元都具有相对独立性。

第四节　计算机集成制造系统

一、CIM和CIMS的含义

计算机集成制造（Computer Integrated Manufacturing，简称CIM）的概念是1974年首先由美国Joseph Harrington博士在《Computer Integrated Manufacturing》一书中提出的，他的基本观点如下。

① 企业生产的各个环节（即从市场分析、产品设计、加工制造、经营管理到售后服务的全部生产活动）是一个不可分割的整体，要紧密联系，需统一考虑。

② 整个生产过程实质上是一个信息的采集、传递和加工处理的过程，最终形成的产品可看作是信息的物质表现。

这一观点提出以后，人们通过实践对CIM的理解不断深化，并逐渐认同了这样一种看法：CIM是用全局观点（即系统观点）对待企业的全部生产经营活动，企业追求效益便要做到全局优化，信息集成是支持企业总体优化的重要手段。信息集成必须通过计算机来实现。因此人们将CIM定义为："CIM是一种组织、管理与运行企业生产的先进哲理，它在计算机和网络的支撑下，综合运用现代管理技术、制造技术、信息技术、自动化技术、系统工程技术等，将企业生产经营全过程中有关人、技术、经营管理三要素及其信息流与物质流有机地集成并优化运行，以实现产品高质量、低成本、上市快、服务好，从而使企业赢得市场竞争。"也可以把CIM通俗地理解为"用计算机通过信息集成实现现代化的生产制造，求得企业的总体效益"。

计算机集成制造系统（Computer Integrated Manufacturing System，简称CIMS）是基于CIM思想而构成的优化运行的企业制造系统，是CIM的具体体现。如果说CIM是一种企业组织生产的新哲理，而CIMS则应理解为一种工程技术系统。它是由一个多级计算机控制结构，配合一套将设计、制造和管理综合为一个整体的软件系统所构成的全盘自动化生产系统。

二、CIMS的构成和功能

从功能角度看CIMS包含了一个制造工厂的设计、制造和经营管理三方面的功能，要使这三者集成起来，还要有一个支撑环境，即计算机网络和数据库。一般认为CIMS系统由经营管理信息系统、工程设计自动化系统、制造自动化系统和质量保证系统四个应用分系统及计算机网络和数据库两个支撑分系统组成。

1. 经营管理信息系统

经营管理信息系统是CIMS的神经中枢，指挥与控制着其他各部分有条不紊地工作。它根据市场需求信息作出生产决策，确定生产计划和估算产品成本，同时作出物料、能源、设备、人员的计划安排，保证生产的正常运行。

经营管理信息系统是一个生产经营与管理的一体化系统。它把企业内的各个管理环节有机地结合起来，各个功能模块可在统一的数据环境下工作，以实现管理信息的集成，从而达到缩短产品生产周期、减少库存、降低流动资金、提高企业应变能力的作用。

2. 工程设计自动化系统

工程设计自动化系统实质上是指在产品开发过程中引用计算机技术，使产品开发活动更高效、更优质、更自动地进行。产品开发活动包括产品的概念设计、工程与结构分析、详细设计、工艺设计以及数控编程等设计和制造准备阶段的一系列工作，即通常所说的CAD、CAPP、CAM三大部分。

CAD系统应包括产品结构的设计、定型产品的变型设计以及模块化结构的产品设计。通常应具有计算机绘图、有限元分析、产品造型、图像分析处理、优化设计、动态分析与仿真、物料清单（Bill of Material，简称BOM）的生成等功能。

CAPP系统可进行毛坯设计、加工方法选择、工艺路线制订、加工余量分配、切削用量选择、工序图生成以及机床、刀具和夹具的选择等功能。

CAM系统指刀具路径的确定、刀位文件的生成、刀具轨迹仿真以及NC代码的生成等工作。

3. 制造自动化系统

制造自动化系统主要是指车间生产设备和过程的控制与管理。制造自动化系统是CIMS的信息流和物料流的结合点，是CIMS最终产生经济效益的聚集地，通常由CNC机床、加工中心、FMC或FMS等组成。

制造自动化系统在计算机的控制与调度下，按照NC代码将一个个毛坯加工成合格的零件并装配成部件以至产品，完成设计和管理部门下达的任务；并将制造现场的各种信息实时地或经过初步处理反馈到相应部门，以便及时地进行调度和控制。

制造自动化系统的目标可归纳为：

① 实现多品种、小批量产品制造的柔性自动化；

② 实现优质、低成本、短周期及高效率生产，提高企业的市场竞争力；

③ 为作业人员创造舒适而安全的劳动环境。

4. 质量保证系统

在激烈的市场竞争中，质量是企业求得生存的关键。CIMS中的质量保证系统覆盖产品生命周期的各个阶段，它由以下四个子系统组成。

(1) 质量计划子系统　用来确定改进质量目标，建立质量标准和技术标准，计划可能达到的途径和预计可能达到的改进效果，并根据生产计划及质量要求制订检测计划及检测规程和规范。

(2) 质量检测子系统　采用自动或手工对零件进行检验，对产品进行试验，采集各类质量数据并进行校验和预处理。

(3) 质量评价子系统　包括对产品设计质量评价、外购外协件质量评价、供货商能力评价、工序控制点质量评价、质量成本分析及企业质量综合指标分析评价等。

(4) 质量信息综合管理与反馈控制子系统　包括质量报表生成，质量综合查询，产品使用过程质量综合管理以及各类质量问题所采取的各种措施及信息反馈。

5. CIMS数据库系统

数据库管理系统是一个支撑系统，它是CIMS信息集成的关键之一。它包括各分系统的地区数据库和公用的中央数据库。在数据库管理系统的控制和管理下供各部门调用和存取。

6. CIMS计算机网络系统

计算机网络技术是CIMS又一主要支撑技术，是CIMS重要的信息集成工具。通过计算机通信网络将物理上分布的CIMS各个功能分系统的信息联系起来，以达到共享的目的。目前，CIMS一般以互联的局域网为主。

三、CIMS在中国的发展及实施CIMS的效益

（一）CIMS在中国的发展

当今世界各国的高新技术的发展水平已成为衡量一个国家综合国力及其国际地位的主要标志。为跟踪国际高新技术的发展，参与国际竞争，中国在1986年3月制订了国家高技术研究发展计划（简称“863”计划）。在这个计划中，将计算机集成制造系统（CIMS）确定为自动化领域研究主题之一。

通过十多年的实践，中国863/CIMS主题的研究、开发与应用取得了重大进展，完成了一批CIMS前沿技术的研究，开发了一批具有实用价值的CIMS工具产品，建立了十多个典型的CIMS应用工程。

1994年11月建立在清华大学的国家CIMS工程中心获得美国制造工程师学会的CIMS应用开发“大学领先奖”，这表明中国CIMS研究达到了国际先进水平，中国CIMS技术得到国际社会的承认。

1995年11月，北京第一机床厂和东南大学联合设计实施的CIMS应用工程荣获美国制造工程师学会的CIMS“世界工业领先奖”，这进一步表明中国的CIMS在工业应用上也进入国际先进水平。

目前，CIMS的应用已经覆盖了机械、电子、航空、航天、石油、化工、纺织、轻工、冶金等多个行业。实践表明，CIMS工程使中国大、中、小型企业增强了竞争力，取得了良好的经济和社会效益。

成都飞机工业公司是中国航天工业的骨干企业，实施CIMS工程后，麦道（MD）机头的装配周期从12个月缩短到6个月，成为飞机部件合格的国际承包商。

沈阳鼓风机厂是中国生产大型涡轮压缩机的骨干企业，实施CIMS工程后，产品的设计、制造周期也从18个月缩短到10～12个月，达到国际先进水平，大大提高了产品设计制造能力。

北京第一机床厂，在实施CIMS工程后，加工中心的开发周期从12个月缩短到6个月，显示了技术进步的巨大威力。提高了企业对市场的应变能力，同时也提高了企业的市场竞争能力。

通过上述一系列的工作，中国的CIMS研究，无论是在水平和应用效果上，都已逐渐进入国际先进水平的行列。

（二）实施CIMS的效益

CIMS技术追求的是综合效益或称整体效益，其中包括可以量化的经济效益和难以量化的社会效益，必须结合起来进行综合评价。由于系统高度集成，使分系统之间的配合和参数配置得以更好的优化，各种生产要素的潜力得到更大的发挥，存在于企业生产中的各种资源浪费减到最小，从而可获得更好的经济效益。

此外，实施CIMS以后，明显提高了企业新产品的开发能力和市场竞争能力。由于产品质量明显提高，生产率提高，生产成本下降，使产品交货期缩短，交货准时，价格合理，从而提高了企业的信誉。良好的信誉和强大的市场竞争力，可给企业带来不可量化的极大的经济效益。

习 题

1. 什么是数控机床？它与传统机床相比有何特点？
2. 数控机床由哪几部分组成？各部分的作用是什么？
3. 什么是成组技术？
4. 零件的分类成组有哪几种方法？各有什么特点？
5. 试述柔性制造系统的组成。
6. 试述 CIM 和 CIMS 的定义，CIMS 的核心。
7. CIMS 由哪几部分构成？各部分的作用是什么？

第十六章　特种加工

自20世纪50年代以来，由于材料科学和高新技术的发展，以及尖端国防和科学研究的需要，产品向高精度、高速度、高温、高压、高可靠性、大功率、小型化等方向发展，各种新材料、新结构、形状复杂的精密机械零件大量涌现，给制造业提出了一系列需要迫切解决的新问题。对此，采用传统的切削加工方法很难实现，甚至根本无法实现。于是，人们相继探索研究新的加工方法，特种加工就是在这种前提条件下产生和发展起来的。特种加工是指利用电能、光能、声能、热能和化学能等进行去除金属和非金属材料的非传统性加工方法的总称。

特种加工与传统加工的主要区别如下。

① 主要依靠机械能以外的其他能量（如电能、光能、声能、热能和化学能等）来去除金属材料。

② 工具的硬度可以低于被加工材料的硬度。

③ 加工过程中工具和工件之间不存在显著的机械切削力。

特种加工目前仍在继续研究和发展，它的种类很多，目前用于生产的特种加工方法主要有：电火花加工、电解加工、超声加工、激光加工、电子束加工、离子束加工等。本章主要介绍常用的电火花加工、电解加工、激光加工和超声加工。

第一节　电火花加工

一、电火花加工的原理

电火花加工是利用脉冲性火花放电的腐蚀作用来蚀除材料的一种加工方法。

电火花加工原理如图16-1所示。加工时将工具电极（常用石墨或纯铜制成）和工件电极分别与脉冲电源的两输出端相连接。当自动进给调节装置使工具电极和工件电极在绝缘液

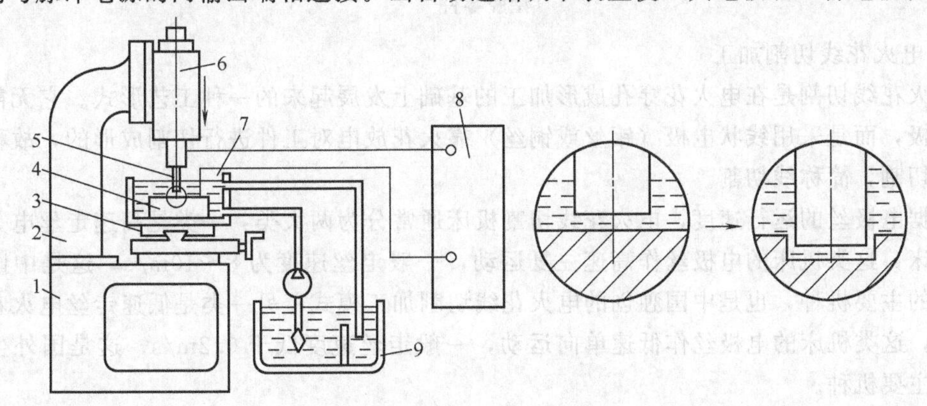

图16-1　电火花加工原理示意

1—床身；2—立柱；3—工作台；4—工件电极；5—工具电极；6—进给结构及间隙调节器；7—工作液；8—脉冲电源；9—工作液循环过滤系统

体介质（煤油及很少量机油）中相靠近时，极间电压将在两极的微观凹凸不平的表面间的“相对最近点”处的介质击穿。介质击穿后，被电离成电子和正离子，在电场的作用下，电子奔向阳极，正离子奔向阴极，形成脉冲放电。在放电通道中瞬时产生大量的热能，使金属局部熔化甚至汽化，并在放电爆炸力的作用下，把熔化的金属抛出去，使工具和工件表面都蚀除掉一小部分金属，各自形成一个小凹坑。这样随着相当高的频率，连续不断地重复放电，工具电极不断地向工件进给，就可以将工具电极的形状复制在工件上，加工出所需要的零件，整个加工表面将由无数个小凹坑所组成。由此可见，电火花加工过程大致可分为以下四个连续阶段：极间介质击穿、脉冲放电、金属熔化及被抛出和极间介质的消电离。

二、电火花加工的特点

① 适合于难切削材料的加工。由于加工中材料的去除是靠放电时的电热作用实现的，材料的可加工性主要取决于材料的导电性及其热学特性（熔点、沸点等），而与材料的力学性能几乎无关，这就使电火花加工能用较软的工具加工较硬和较韧的材料，如用纯铜或石墨工具电极加工淬火钢、不锈钢、硬质合金，甚至加工各种超硬材料。

② 可以加工特殊及复杂形状的零件。由于加工时工具电极与工件不直接接触，两者之间无显著的“切削力”，因此适宜加工低刚度工件及微细加工。由于可以简单地将工具电极的形状复制到工件上，因此特别适合加工复杂表面形状的工件，如复杂型腔模具加工等。

三、电火花加工的类型

1. 电火花穿孔成形加工

电火花穿孔成形加工是利用火花放电蚀除金属的原理，用工具电极对工件进行复制加工的工艺方法。其应用范围可归纳如下。

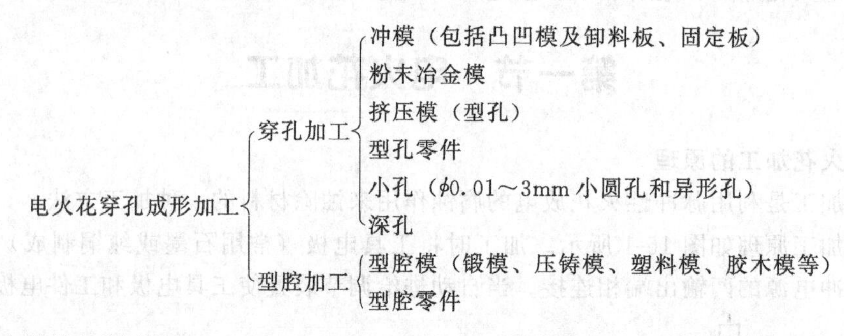

2. 电火花线切割加工

电火花线切割是在电火花穿孔成形加工的基础上发展起来的一种工艺形式。它无需制作成形电极，而是采用线状电极（钼丝或铜丝）靠火花放电对工件进行切割成形的，故称为电火花线切割，简称线切割。

根据电极丝的运行速度，电火花线切割机床通常分为两大类：一类是高速走丝电火花线切割机床，这类机床的电极丝作高速往复运动，一般走丝速度为 8～10m/s，这是中国生产和使用的主要机种，也是中国独创的电火花线切割加工模式；另一类是低速走丝电火花线切割机床，这类机床的电极丝作低速单向运动，一般走丝速度低于 0.2m/s，这是国外生产和使用的主要机种。

电火花线切割加工原理如图 16-2 所示。脉冲电源的一极接工件，另一极接工具电极钼丝，在钼丝和工件之间浇注工作液介质。钼丝穿过工件预先加工的小孔，经导轮由储丝筒带动做正反向交替移动。当钼丝与工件接近到一定距离时，便发生火花放电而蚀除金属，实现

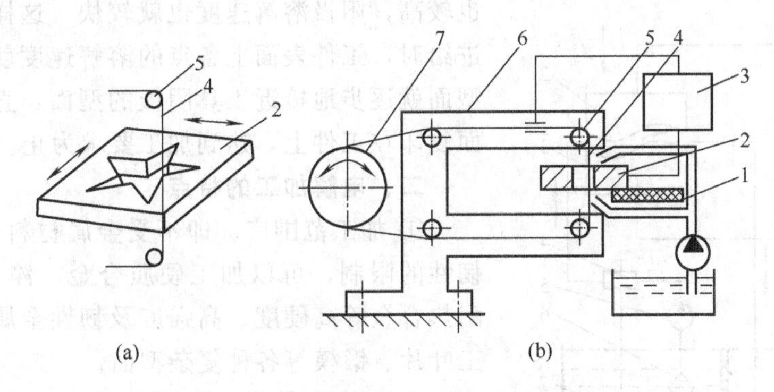

图 16-2 电火花线切割加工原理

1—绝缘底版；2—工件；3—脉冲电源；4—钼丝；5—导向轮；6—支架；7—储丝筒

切割工作。通过控制电火花线切割机床的工作台在水平面两个坐标方向的进给移动，就能切割出一定形状和尺寸的工件。

电火花线切割加工由于省掉了成形的工具电极，大大降低了成形工具电极的设计和制造费用，缩短了生产周期，利于新产品的试制。因电极丝比较细，切缝很窄，只对工件材料进行“套料”加工，对金属蚀除量很少，所以生产率较高，可以加工微细异型孔、窄缝和复杂形状的零件。由于采用移动的长电极丝进行加工，电极丝损耗较少，因此加工精度较高。

线切割加工为新产品试制、精密零件加工及模具制造开辟了一条新的工艺途径，主要应用于加工模具、加工电火花成形加工用的电极、加工零件等方面。

3. 其他电火花加工

随着生产的发展，电火花加工领域不断扩大，除了电火花穿孔成形加工、电火花线切割加工外，还出现了许多其他方式的电火花加工方法，主要包括电火花磨削、电火花共轭回转加工、电火花展成加工、金属电火花表面强化、电火花刻字等。

四、电火花加工的应用

由于电火花加工具有许多传统加工所无法比拟的优点，因此其应用领域日益扩大，目前已广泛用于机械、宇航、航空、电子、仪器仪表等行业，以解决难加工材料及复杂形状零件的加工问题，如加工各种模具、拉丝模喷嘴及叶轮、叶片等零件。此外，电火花加工还可用于表面强化、打印、雕刻等其他场合。

第二节 电解加工

一、电解加工的原理

电解加工是利用金属在电解液中产生阳极溶解的原理将工件加工成形的。电解加工原理如图 16-3 所示。加工时，工件接直流电源（10～20V）的正极，工具接电源的负极。工具向工件缓慢进给，使两极之间保持较小的间隙（0.1～1mm），从电解泵出来的氯化钠电解液以一定的压力（0.5～2MPa）和速度（5～50m/s）从间隙中流过，这时阳极工件表面的金属被逐渐电解腐蚀，电解产物被高速流过的电解液及时冲走，使阳极溶解不断地进行。若工件的原始形状与工具阴极型面不同，则在加工刚开始时，工具与工件相对表面之间距离是不等的，各点的电流密度也就不一样。距离较近的地方通过的电流密度较大，电解液的流速

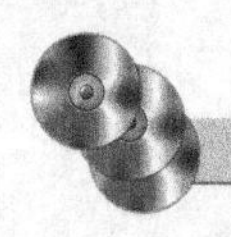

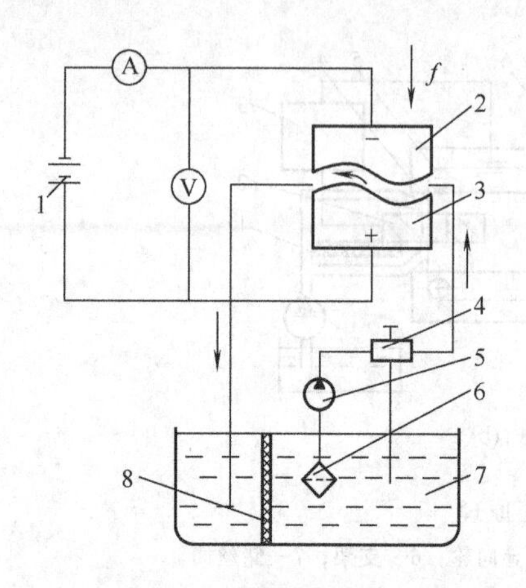

图 16-3　电解加工原理示意

1—直流电源；2—工具阴极；3—工件阳极；
4—调压阀；5—电解液泵；6—过滤器；
7—电解液；8—过滤网

也较高，阳极溶解速度也就较快。这样，当工具不断进给时，工件表面上各点的溶解速度就不同，工件的型面就逐步地接近工具阴极的型面，直到将工具的型面复印在工件上，达到加工要求为止。

二、电解加工的特点

① 加工范围广。即不受金属材料的硬度、强度、韧性的限制，可以加工硬质合金、淬火钢、不锈钢、耐热合金等高硬度、高强度及韧性金属材料，并可加工叶片、锻模等各种复杂型面。

② 生产率较高。电解加工的生产率约为电火花加工的 5～10 倍，在某些情况下，比切削加工的生产率还高，且加工生产率不直接受加工精度和表面粗糙度的限制。

③ 由于加工过程中不存在机械切削力，所以不会产生由切削力所引起的残余应力和变形，加工表面也不会产生毛刺。其表面粗糙度 Ra 值较小，一般为 1.25～0.2μm；平均加工精度为±0.1mm 左右。

④ 加工过程中工具阴极不参与电极反应，同时工具材料又是抗腐蚀性良好的不锈钢或黄铜等，所以除产生火花短路等特殊情况外，其工具阴极基本上无损耗，可长期使用。

⑤ 电解加工的主要缺点是不易达到较高的加工精度和加工稳定性；附属设备多，占地面积较大，机床要有足够的刚性和防腐性能，造价较高；电解产物的处理和回收困难。

三、电解加工的应用

电解加工与电火花加工相比，生产率高，机床费用高，加工精度低，所以电解加工适合于大批量生产精度较低、形状较复杂的难加工材料零件。

目前，电解加工广泛用于各种膛线、花键孔、深孔、内齿轮、叶片、异型零件及模具等的加工。

第三节　激光加工

激光技术是 20 世纪 60 年代发展起来的一门新兴学科。激光束加工是利用能量密度很高的激光束照射工件被加工部位，使工件材料瞬间熔化、蒸发和汽化，在汽化冲击波作用下，将熔融的物质喷射出去，从而对工件材料进行去除加工的方法。

一、激光加工的原理

激光不是普通的可见光。普通光线是非单色光，能量密度不大，经凸镜聚焦后，只能达到几毫米直径的光斑，聚焦附近的温度仅有 300℃左右，能量密度也不高，所以不能加工工件。而激光是单色光，强度高、相干性和方向性好。加工时，激光器产生激光束，通过光学系统可将激光束聚焦成直径仅几微米的光斑，能量密度高达 10^8～10^{10} W/cm^2，能产生 10^4℃以上的高温，从而能在千分之几秒甚至更短的时间内使任何可熔化、不可分解的材料熔化、蒸发、汽化，在汽化冲击波作用下，将熔融的物质喷射出去，以蚀除被加工表面，并通过工作台与激光束间的相对运动来完成对工件的加工。图 16-4 为固体激光器加工原理示意。

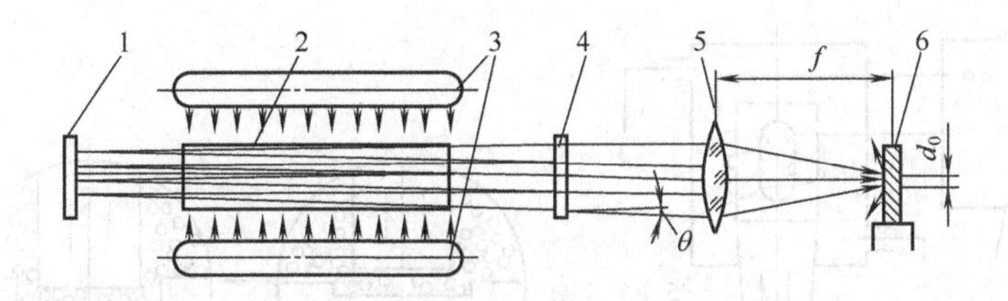

图 16-4　固体激光器加工原理示意

1—全反射镜；2—激光工作物质；3—激励能源；4—部分反射镜；5—透镜；6—工件；θ—激光束发散全角；d_0—激光焦点直径；f—焦距

二、激光加工的特点

① 激光加工不需要加工工具，没有工具损耗问题，容易实现加工过程自动化。并且激光还能通过透明体对工件进行加工，如对真空管内部进行焊接加工等。

② 由于激光加工的功率密度高，几乎可以加工任何材料，如耐热合金、陶瓷、石英、金刚石等硬脆材料。对于透明材料，需采取一些色化和打毛措施方可加工。

③ 利用激光束进行加工，是非接触加工，所以没有明显的机械力，加工速度高、热影响区小，激光光斑可以聚焦到微米级，输出功率可以调节，因此适用于精密微细加工。

④ 激光束加工是一种瞬时、局部熔化、汽化的热加工，影响因素很多，故加工精度难以保证和提高。

⑤ 激光对人体有害，须采取相应的防护措施。

三、激光加工的应用

1. 激光打孔

激光打孔已成为激光加工领域中应用最广泛的方法。利用激光几乎可在任何材料上打微型小孔，目前已应用于火箭发动机和柴油机的燃料喷嘴加工、化学纤维喷丝板打孔、钟表及仪表中的宝石轴承打孔、金刚石拉丝模打孔等方面。

2. 激光切割

采用激光可以对许多材料进行高效的切割加工，激光切割切缝窄、速度快、省材料。不仅可以切割金属材料，还可以切割布匹、木材、纸张、塑料等非金属材料。

3. 激光焊接

利用激光进行焊接速度快、无焊渣，可实现同种材料、不同种材料甚至金属与非金属的焊接。用于集成电路、晶体管元件等的微型精密焊接。

第四节　超声加工

一、超声加工的原理

超声加工是利用工具端面作超声频振动，通过磨料悬浮液加工脆硬材料的一种成形方法。超声加工原理如图 16-5 所示。加工时，在工具 6 和工件 7 之间加入液体（水或煤油等）和磨料混合的悬浮液 8，并使工具以很小的力 F 轻轻压在工件上。超声波发生器 1 产生超声频电振荡，通过超声换能器 4 将其转变为 16kHz 以上的超声频纵向机械振动，并借助于变幅杆 5 把振幅扩大到 0.05～0.1mm 左右，驱动工具端面作超声振动，迫使工作液中悬浮的磨粒以很大的速度和加速度不断地撞击、抛磨被加工表面，把被加工表面的材料粉碎成很细

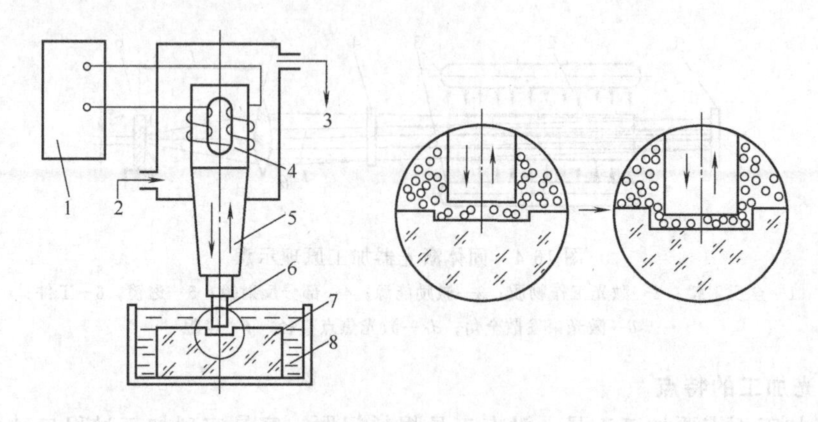

图 16-5　超声加工原理示意

1—超声波发生器；2,3—冷却水；4—超声换能器；5—变幅杆；6—工具；7—工件；8—悬浮液

的微粒，从工件上被打击下来。虽然每次打击下来的材料很少，但由于每秒钟打击的次数多达 16000 次以上，所以仍有一定的加工速度。与此同时，工作液受工具端面超声振动作用而产生的高频、交变的液压正负冲击波和空化作用，促使工作液钻入被加工材料的微裂缝处，加剧了机械破坏作用。所谓空化作用，是指当工具端面以很大的加速度离开工件表面时，加工间隙内形成负压和局部真空，在工作液体内形成很多微空腔，当工具端面以很大的加速度接近工件表面时，空泡闭合，引起极强的液压冲击波，可以强化加工过程。此外，正负交变的液压冲击也使悬浮工作液在加工间隙中强迫循环，使变钝了的磨粒及时得到更新。随着工具沿加工方向以一定速度移动，实现有控制的加工，逐渐将工具的形状“复制”在工件上，加工出所要求的形状。

由此可见，超声加工是磨粒在超声振动作用下的机械撞击和抛磨作用以及超声空化作用的综合结果，其中磨粒的撞击作用是主要的。

二、超声加工的特点

① 适合加工各种硬脆材料，特别是玻璃、陶瓷、石英、锗、硅、宝石、金刚石等不导电的非金属材料。对于导电的硬质金属材料，如淬火钢、硬质合金等，也能进行加工，但生产率较低。

② 由于去除加工材料是靠极小磨料瞬时局部的撞击作用，故工件表面的宏观切削力很小，切削应力、切削热很小，不会产生变形及烧伤，表面粗糙度 Ra 值较小，为 0.63～0.08μm，加工精度可达 0.01～0.02mm，而且可以加工薄壁、窄缝、低刚度零件。

③ 由于工具可用较软的材料，做成较复杂的形状，故不需要工具和工件作比较复杂的相对运动，便可方便地加工出各种复杂的型孔、型腔和型面，因此超声加工机床的结构比较简单，只需一个方向轻压进给，操作、维修也比较方便。

④ 超声加工面积不大，且工具头磨损较大，故生产率较低。

三、超声加工的应用

目前，超声加工主要用于工件的成形加工，如加工各种圆孔、型孔、型腔、沟槽、套料等。超声加工的生产率虽然不如电火花、电解加工，但其加工精度及工件表面质量优于电火花、电解加工，并且适合于加工半导体、非导体的硬脆材料。即使是电火花加工后的一些淬火钢、硬质合金冲模、拉丝模、塑料模具等，最后还常用超声抛磨进行光整加工。此外超声

加工还可用于清洗、切割和探伤等。近年来超声加工和其他加工方法结合进行的复合加工也发展很快，如超声电火花加工、超声电解加工、超声振动切削加工等。这些复合加工方法集中了多种加工方法的优点，使生产率、加工精度及工件表面质量都有显著提高，显示出良好的综合应用效果，因而应用也越来越广泛。

习 题

1. 特种加工与传统加工的主要区别是什么？
2. 电火花加工的原理和特点是什么？它有哪些用途？
3. 电解加工的原理和特点是什么？它有哪些用途？
4. 激光加工的原理和特点是什么？它有哪些用途？
5. 超声加工的原理和特点是什么？它有哪些用途？

参考文献

[1] 章守华主编. 合金钢. 北京：冶金工业出版社，1981.
[2] 王健安主编. 金属学热处理：下册. 北京：机械工业出版社，1983.
[3] 王笑天主编. 金属材料学. 北京：机械工业出版社，1986.
[4] 许德珠主编. 机械工程材料. 北京：高等教育出版社，1996.
[5] 吴培英主编. 金属材料学. 北京：国防工业出版社，1987.
[6] 耿洪滨，吴宜勇编著. 新编工程材料. 哈尔滨：哈尔滨工业大学出版社，2000.
[7] 王纪安主编. 工程材料与材料成形工艺. 北京：高等教育出版社，2000.
[8] 肖智清主编. 机械制造基础. 北京：机械工业出版社，2001.
[9] 孙学强主编. 机械制造基础. 北京：机械工业出版社，2001.
[10] 颜景平主编. 机械制造基础. 北京：中央广播电视大学出版社，1991.
[11] 丁德全主编. 金属工艺学. 北京：机械工业出版社，2000.
[12] 史美堂主编. 金属材料及热处理. 上海：上海科学技术出版社，1980.
[13] 李景波主编. 金属工艺学. 热加工. 北京：机械工业出版社，1995.
[14] 王志海主编. 金属工艺学. 冷加工. 北京：机械工业出版社，1995.
[15] 邓文英主编. 金属工艺学. 上册. 北京：高等教育出版社，1981.
[16] 王隆太主编. 现代制造技术. 北京：机械工业出版社，1998.
[17] 张宝林主编. 数控技术. 北京：机械工业出版社，1997.
[18] 宗培言，丛东华主编. 机械工程概论. 北京：机械工业出版社，2001.
[19] 刘晋春，赵家齐，赵万生主编. 特种加工. 北京：机械工业出版社，2000.
[20] 中国机械工业教育协会组编. 金属工艺学. 北京：机械工业出版社，2001.
[21] 蔡光起，马正元，孙凤臣主编. 机械制造工艺学. 沈阳：东北大学出版社，1994.
[22] 周昌治，杨忠鉴，赵之渊，陈广凌主编. 机械制造工艺学. 重庆：重庆大学出版社，1997.
[23] 李华主编. 机械制造技术. 北京：高等教育出版社，2000.
[24] 魏康民主编. 机械制造技术. 北京：机械工业出版社，2002.
[25] 韩春鸣主编. 机械制造基础. 北京：化学工业出版社，2006.